游戏设计概论

第5版

胡昭民　吴灿铭　著

清华大学出版社
北京

内 容 简 介

《游戏设计概论》由《巴冷公主》游戏开发团队为读者全方位了解游戏行业而编写。第5版在原畅销书的基础上适时更新了手机游戏应用开发等内容。

全书共分16章，从话说奇妙的游戏世界开始，介绍游戏平台、游戏设计初体验、游戏类型简介、游戏开发团队的建立、游戏营销导论、游戏数学与游戏物理、游戏与数据结构、人工智能在游戏中的应用、游戏开发工具简介、细说游戏引擎、游戏编辑工具软件、2D游戏贴图制作技巧、2D游戏动画、3D游戏设计与算法、手机游戏开发实战等内容。

本书的最大特色是理论与实践并重，包括对整个游戏产业的认识、设计理念、团队分工、开发工具等皆有专题，不仅融入了作者团队数十年来的游戏开发经验及许多制作方案，亦不乏对游戏开发未来的思考。

本书是游戏设计新手快速迈向进阶的佳作，也适合作为大中专院校游戏与多媒体设计相关专业的课程教材。

图书在版编目（CIP）数据

游戏设计概论 / 胡昭民，吴灿铭著. —5版. —北京：清华大学出版社，2017

ISBN 978-7-302-45572-1

I. ①游… II. ①胡… ②吴… III. ①游戏程序—程序设计 IV. ①TP317.6

中国版本图书馆CIP数据核字（2016）第281894号

责任编辑： 夏毓彦
封面设计： 王 翔
责任校对： 闫秀华
责任印制： 刘海龙

出版发行： 清华大学出版社
网　　址： http://www.tup.com.cn，http://www.wqbook.com
地　　址： 北京清华大学学研大厦A座　**邮　　编：** 100084
社 总 机： 010-62770175　**邮　　购：** 010-62786544
投稿与读者服务： 010-62776969，c-service@tup.tsinghua.edu.cn
质 量 反 馈： 010-62772015，zhiliang@tup.tsinghua.edu.cn
印 装 者： 北京密云胶印厂
经　　销： 全国新华书店
开　　本： 190mm×260mm　**印　　张：** 23　**字　　数：** 600千字
版　　次： 2008年3月第1版　2017年1月第5版　**印　　次：** 2017年1月第1次印刷
印　　数： 1～3000
定　　价： 59.00元

产品编号：069357-01

推荐序

游戏设计是一项非常专业的领域，要开发出一款质量佳、趣味度高、销量大的游戏，绝对需要聚集各领域的专业人员才可以完成。这些专业包括游戏企划、程序设计、平面美术、3D 动画、网络程序、音乐制作等。但是，光是融合这么多人的智慧来完成一款游戏的制作，本身就不是一件容易的事，而要将这些人的设计想法与经验结晶全部融入到书籍中更是难上加难。除了要有丰富的游戏设计开发经验外，还必须找到一位足以有能力将其编辑成书的专业作者。

这次荣钦科技公司将游戏开发实践经验用一种概论性的写作形式进行介绍，期许可以让游戏设计的新手们更容易理解游戏设计的相关知识。

非常高兴可以为本书写推荐序，一方面庆幸市面上又多了一本游戏设计的佳作；另一方面，我相信本书浅显易懂且图文并茂的写作风格，以及兼顾理论与实践的写作精神，将使它不仅成为一本游戏设计入门者的必读佳作，也很值得推荐给大专院校作为游戏与多媒体设计相关专业的入门教材。最后，希望这次荣钦科技抛砖引玉的著作，可以鼓励更多的游戏开发团队陆续将游戏设计相关的技术编著成书，共同为游戏产业的未来开创更美好的新局。

智冠科技　副总经理

李原益

第 5 版序

就如同学习计算机必须先从计算机原理着手，学习游戏设计之前，也应对整个游戏设计有个通盘的了解。本书就是从这个观念出发，希望定位在概论性介绍，帮助读者对整个游戏设计领域有个通盘的认识。虽然定位为游戏设计的入门教材，书中也不缺乏游戏开发的实战经验。

这些年来，有越来越多大专院校成立多媒体或游戏设计相关专业，对不曾接触游戏设计领域的初学者而言，可能无法想象投入游戏设计领域所要付出的努力及承受的挫折。尤其刚踏入这个领域的学生，学习的方向千头万绪，能了解游戏领域相关知识及技术正是他们迫不及待的需求。

市面上游戏设计的相关书籍有的偏重算法及程序设计，适合有游戏设计经验的老手；有的则是国外引进的翻译书，内容虽然十分专业，却让入门者眼花瞭乱、一知半解。基于以上种种考虑，我们整理了游戏制作的实战经验，编写出这一本浅显易懂的入门书。

这次改版的重点，除了重新审视内容的难易度与适当性，还将章节架构调整为 16 章，以期符合一学期的课程教材。本书在语句的表达上更加浅显易懂，同时更新了游戏产业的相关信息。本书保留了手机 APP 的开发实战及上架发行，加入了游戏营销导论及工具的介绍，并探讨了大数据(Big Data)与游戏营销的关联性。另外，在游戏引擎方面新增了 Unity 3D 技术的介绍，同时也适当增修了一些游戏新名词。

本书理论与实战并重，产业的认识、游戏类型、相关技术及工具都有所介绍。在实战方面讨论了 2D/3D、数学/物理现象仿真、音效等主题，读者可以按照书中的算法在相关的游戏制作。期许本书深入浅出的介绍可以帮助读者了解游戏开发工作的全貌。

胡昭民　敬上

改编者的说明：

本书作者来自中国台湾地区，并且其本身就是游戏开发设计人员，由于海峡两岸地区的游戏界面和称谓都有所差异，书中所引用的游戏名称、截图大多都是由其所率团队开发设计出来的，为保留原创的真实性，故图中所用文字会有部分繁体字出现，本书并未对此做修正，特此声明。

目　录

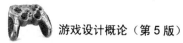

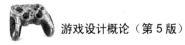

第 1 章 话说奇妙的游戏世界

谈到游戏，想必会勾起许多人年少轻狂时的快乐回忆，还记得当年“玛丽兄弟”曾经带领过多少青少年度过漫长的年轻岁月，后来台式计算机的盛行带动个人计算机普及化，促使个人计算机逐渐取代游戏机，成为主要的硬件平台。接着因为因特网的全面普及，又再一次重组整个游戏产业生态，网络的跨地域性与互动性改变了游戏的玩法与内容，不但成功塑造了一个虚拟空间，更让玩家一股脑踏入了无限可能的虚拟世界（虚拟世界就犹如一个小型的社会缩影）。

网吧已经成为年轻人聚集玩游戏的场所

宅经济商机的大饼让在线游戏的数量也随着裁员及无薪假的人数剧增，使得越来越多的民众喜欢窝在家或网吧玩在线网络游戏。除了大型在线游戏，移动设备成就了智能手机发展新趋势，更带动手机游戏快速窜起。不少人在上班途中或等人时，都会拿出智能手机玩游戏。近来火起来的手机游戏“打糖果”（Candy Crush Saga）广受全世界低头族欢迎，玩家们每天都期待不断突破极限，打开新的关卡。

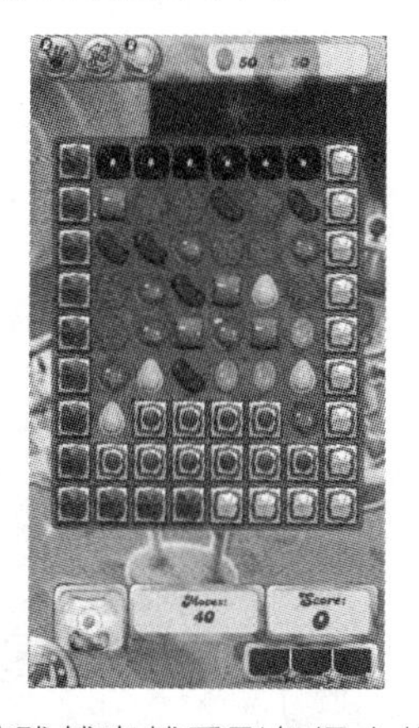

手机游戏越来越受到年轻人的喜爱

如今游戏已经成为现代人日常生活中不可或缺的一部分。随着生活水平的提高与信息技术的进步，运用数字科技与创意结合并具有休闲娱乐功能的产品与服务成为必然的发展趋势，也使得数字游戏正式成为社会大众多样化休闲娱乐的重要选择之一。甚至随着这种科技话题的转变，电玩游戏慢慢取代传统电影与电视的地位，继而成为家庭休闲娱乐的最新选择。本章将会告诉读者进入游戏世界必须了解的基本常识。

1-1　游戏的组成元素

游戏，最简单的定义就是一种可以娱乐我们休闲生活的元素。从更专业的角度形容，游戏是具有特定行为模式、规则条件，能够娱乐身心或判定输赢胜负的一种行为表现（Behavior Expression）。随着科学技术的发展，游戏在参与的对象、方式、接口与平台等方面，更是不断改变、日新月异。以往单纯设计给小朋友娱乐的电脑游戏软件，已朝规模更大、分工更专业的游戏工业方向迈进。题材的种类更是五花八门，从运动、科幻、武侠、战争，到与文化相关的内容都跃上电脑屏幕。具体而言，游戏的核心精神就是一种行为表现，而这种行为表现包含了 4 种组成元素，分别说明如下：

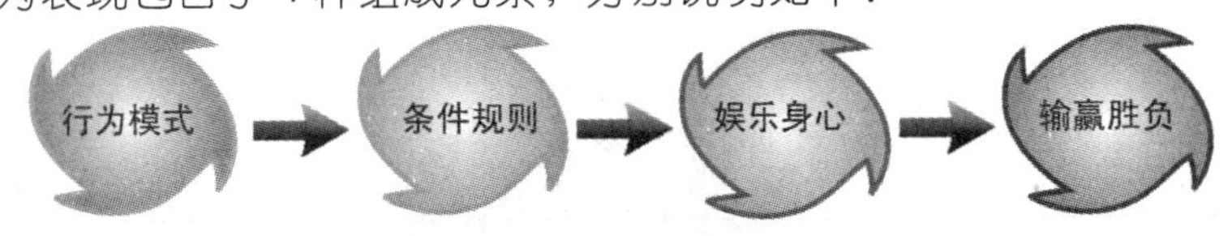

从古至今任何类型的游戏都包含以上 4 种必备元素。从活动的性质来看，游戏又可分为动态和静态两种类型，动态的游戏必须配合肢体动作，如猜拳游戏、棒球游戏；而静态游戏则是较偏向思考的行为，如纸上游戏、益智游戏。不管是动态还是静态的行为，只要它们包含上述 4 种游戏的基本元素，都可以将其视为游戏的一种。

1-1-1　行为模式

任何一款游戏都有其特定的行为模式，这种模式贯穿于整个游戏，而游戏的参与者也必须依照这个模式来执行。倘若一款游戏没有了特定的行为模式，那么这款游戏的参与者也就玩不下去了。

游戏中要有主要的行为模式作为主轴

例如，猜拳游戏没有了剪刀、石头、布等行为模式，那么还能叫作猜拳游戏吗？或者棒球没有打击、接球等动作，那怎么会有全垒打的精彩表现。所以不管游戏的流程有多复杂或者多么简单，一定具备特定的行为模式。

1-1-2　条件规则

当游戏有了一定的行为模式后，接着还必须制定出一整套的条件规则。简单来说，就是大家必须要遵守的游戏行为守则。如果不遵守这种游戏行为守则，就叫做“犯规”，这样就会失去游戏本身的公平性。

篮球场上有各种的条件规则

如同一场篮球赛，绝不仅是把球丢到篮中就可以了，还必须制定出走步、两次运球、撞人、时间等规则，如果没有这些规则，大家为了得分就会想尽办法去抢，那原本好好的游戏竞赛，就要变成打架互殴事件了。所以不管是什么游戏，都必须具备一组规则条件，而且必须制定得清楚、可执行，让参与者有公平竞争的机会。

1-1-3　娱乐身心

游戏最重要的特点就是它具有娱乐性，能为玩家带来快乐与刺激感，这也是玩游戏的目的所在。就像笔者大学时十分喜欢玩桥牌，有时兴致一来，整晚不睡都没关系。究其原因，在于桥牌所提供的高度娱乐性深深吸引了我。不管是很多人玩的线上游戏，还是通过计算机运行的电玩游戏，只要好玩，能够让玩家乐此不疲，就是一款好游戏。

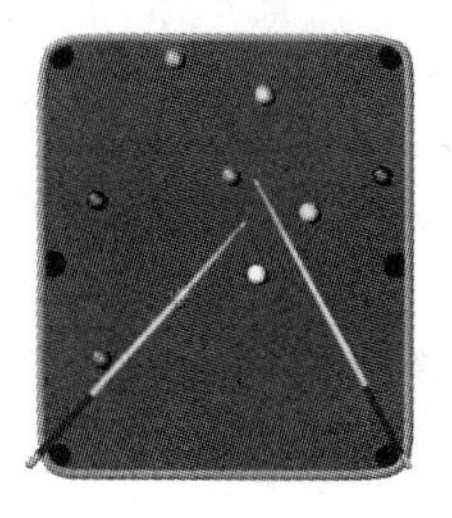

不同的游戏有不同的娱乐效果

例如，目前电脑上的各款麻将游戏，虽然未必有实际的真人陪你打麻将，但游戏中设计出的多位角色，对碰牌、吃牌、取舍牌支和作牌的思考，都具有截然不同的风格，配合多重人工智能的架构，让玩家可以体验到与不同对手打牌时不一样的牌风，感受到在牌桌上大杀四方的乐趣。

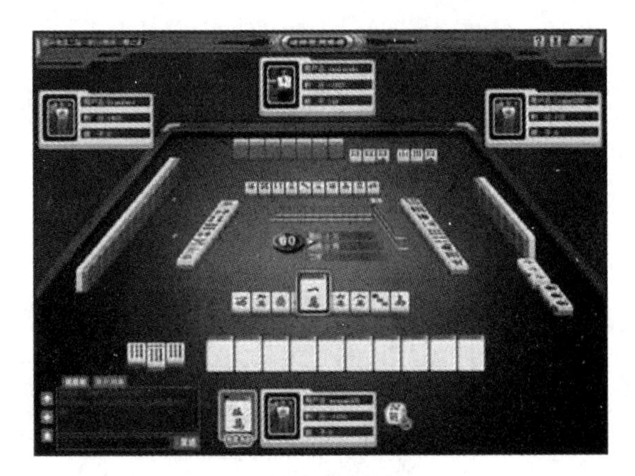

网上麻将游戏

1-1-4 输赢胜负

常言道：人争一口气，佛争一炷香。争强好胜之心每个人都有。其实对于每个游戏而言，输赢胜负都是所有游戏玩家期待的最后结局，一个没有输赢胜负的游戏，也就少了它存在的真实意义，如同我们常常会接触到的猜拳游戏，最终目的也只是要分出胜负而已。

就像马拉松比赛，任何一场游戏都必须具有赢家与输家

1-2 游戏类型的三要素

每一款游戏都有其独特的进行方式，也就是游戏类型，比如利用角色扮演、动作、策略、冒险等特性对游戏的运作模式做出分类。例如，《巴冷公主》游戏就是既有动作角色扮演（ARPG）又有益智类游戏的特性。该游戏强调角色扮演（RPG）的故事性，节奏明快，过关的过程又加入动作游戏的刺激，采取一比一比例的全 3D 表现方式，借此强调各个人物的个性与特质。除了一般所扮演的人物成长及经历内容外，还加入了激烈的魔法战斗情节，玩家可在游戏过程中自行决定是要进行战斗还是选择绕路而行避开冲突。

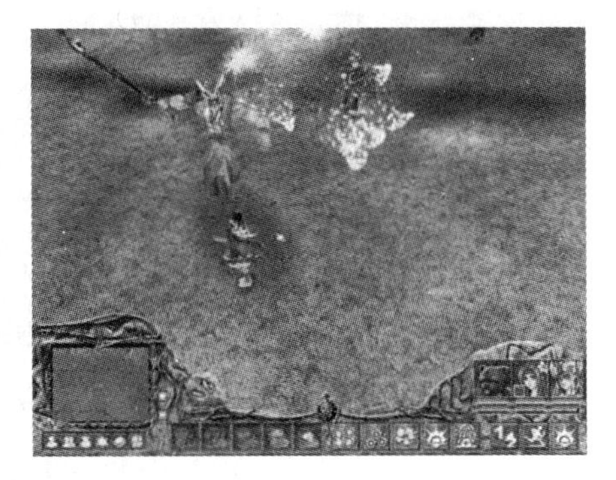

游戏界面

简单地说，如果决定一款游戏的基本类型，可以从“给谁玩”（Who plays）、“玩什么”（What plays）、“如何玩”（How plays）3 种要素来定义。

1-2-1　给谁玩

这是定义游戏类型最基本的元素。在设计一款游戏的初期，首先要确定游戏是给哪些玩家玩。通常玩家可以用年龄与等级两种方式来区分，第一种是直接以年龄层来定位，也就是锁定在某个特定的年龄层来规划游戏，就好比小学生与高中生所玩的游戏类型多半会有一定的差距。例如，《巴冷公主》游戏主要的客户群为 13~35 岁的年轻玩家，这种类型的游戏最注重的莫过于游戏的流畅度与丰富的声光效果。另外一种是将玩游戏的人区分为玩家级与非玩家级，以这样的类型区分必须要以能清楚掌握该产品销售成绩为前提，通常是接续作品或是针对特定玩家级族群所设计的游戏类型。

玩家族群的定位对一款游戏的成败是相当重要的

1-2-2　玩什么

要让玩家对游戏产生好感，必须让玩家感受到游戏的魅力。是让玩家感受到打斗带来的刺激呢？还是解谜所带来的快感，在设定游戏类型的时候，必须考虑到这些因素。例如游戏可以面向较为普通的玩家，以飞弹混乱射击的方式表现出游戏的刺激感，以取得更高的得分数与飞机操控的流畅感为主轴。

陆战英豪游戏是以坦克车对战为主

好玩的游戏类型还必须符合所谓的游戏平衡原则。一款好的游戏必定是以公正平衡作为基本条件，通常都是经过反复测试才能达到游戏平衡的目的，如果失去游戏平衡，就会降低游戏好玩度。事实上，一款游戏可以形容为各种选择的集合，当选择数相对减少时，就容易出现不平衡的现象。例如主角招式重复过多，过度强调其辅助性质，虽可加强主角功能，却无疑会破坏其他人物间的游戏平衡。

1-2-3　如何玩

在设定完游戏的“给谁玩”和“玩什么”两个要素之后，接下来就要让玩家知道游戏到底要怎么玩。简单地说，“如何玩”就是要告诉玩家们怎么样才能让游戏可以顺利地进行下去。如果将“如何玩”设定的含糊不清或太过于复杂，玩家们就不容易找出游戏方向。例如定义操控一台小飞机可以在游戏画面中四处飞行，当小飞机遇上敌机的时候，小飞机可以将敌机打落，而被打落的某些特殊敌机中，会掉落出能够加强小飞机功能的宝物，如下图所示。

小飞机大战敌机

根据上述说明，就可以很轻易地定义出一套类似“雷电”的游戏类型。一般而言，在游戏系统中可以看到两个极为重要的因素，那就是足以牵引故事情节的动力——“障碍”与“冲突”。“障碍”就是游戏中的谜题，“冲突”为游戏中的战斗。在角色扮演（RPG）类型的游戏中，这两个因素就被广泛地使用。成功的游戏类型就是将这两个因素搭配的天衣无缝。

1-3　游戏相关硬件常识

计算机硬件不断地发展，游戏的制作技术也在不停地进步，游戏的配备更是对整个计算机系统综合性能的考验，游戏对硬盘传输速度、内存容量、CPU 指令周期等等也有不同程度的要求。所谓“工欲善其事，必先利其器”，计算机相关设备是否符合游戏的基本硬件需求，通常是影响游戏执行性能的重要原因。例如玩家们经常说的玩游戏最重要的 3 种计算机配备：CPU、显卡和内存，作为一个合格的玩家应该对游戏相关硬件有一定的认识。

1-3-1　认识在线游戏

中央处理器（Central Processing Unit，CPU）是构成个人计算机运算的中心，它是计算机的大脑、信息传递者和主宰者，负责系统中所有的数值运算、逻辑判断以及解读指令等核心工作，是微处理器的一种。CPU 是一块由数十或数百个 IC 所组成的电路基板，后来因集成电路的发展，让处理器所有的处理组件得以浓缩在一片小小的芯片上。在游戏中，图形处理器（Graphic Processing Unit，GPU）主要负责图像处理工作。对于玩家来说，同一款游戏在不同的 GPU 上会有不同的效果，通常单机游戏是否能够顺畅执行，大部分就是看 GPU 的性能。虽然 GPU 对于玩游戏的影响没显卡那么明显，但 GPU 频率的高低对指令周期仍然会有影响。

CPU 内部也有一个像心脏一样的石英晶体，CPU 要工作时，必须要靠晶体振荡器所产生的脉波来驱动，称为系统时间（system clock），也就是利用有规律的跳动来掌控计算机的运行。

每一次脉动所花的时间，称为时钟周期（clock cycle）。至于 CPU 的执行速度，则称为工作频率或内频，是测定计算机运作速度的主要标准，以兆赫（Mega Hertz, MHz）和千兆赫（Giga Hertz，GHz）为单位。例如 800MHz，也就是每秒执行 8 亿次。近年来由于 CPU 技术的不断提高，CPU 的执行速度已经提高到每秒十亿次（GHz）。例如，3.2GHz 的执行速度即为每秒 3.2G 次，等于每秒 3200M 次（每秒 32 亿次）。

MHz 代表每秒钟能运算百万次，GHz 则代表每秒钟能运算十亿次。

不过执行一个指令，通常需要数个频率，我们常以 MIPS（每秒执行百万个指令数）或 MFLOPS（每秒执行百万个浮点指令数）来说明。

下表是 CPU 速度相关名词的说明。

CPU 速度相关名词

速度计量单位	特色与说明
频率周期	频率的倒数，例如 CPU 的工作频率（内频）为 500 MHz，则频率周期为 $1/(500\times10^6)=2\times10^{-9}$=5 ns（纳秒）
内频	就是中央处理器（CPU）内部的工作频率，也就是 CPU 本身的执行速度。例如 Pentium 43.8G 的内频为 3.8GHz
外频	CPU 读取数据时在速度上需要外部设备配合的数据传输速度，速度比 CPU 本身的运算慢很多，可以称为总线（BUS）频率、前置总线或外部频率，速率越高性能越好
倍频	内频与外频间的固定比例倍数。其中： CPU 执行频率（内频）= 外频×倍频系数 例如以 Pentium 4 1.4GH_Z 计算，此 CPU 的外频为 400MH_Z，倍频为 3.5，则工作频率则为 400MH_Z×3.5=1.4GH_Z

1-3-2 显卡

对于目前的最新 3D 游戏大作，玩这些游戏简直就是在玩显卡（又称显示适配器）。显卡（Video Card）负责接收由内存送来的数字信号，再将其转换成模拟电子信号传送到屏幕，来形成文字与影像显示的接口。显卡的好坏当然影响游戏的质量，一定要综合不同的显卡和游戏才可以为显卡的性能下定论。例如屏幕所能显示的分辨率与色彩数，是由显卡上内存的多少来决定的。

显卡性能的优劣主要取决于所使用的显示芯片以及显卡的内存容量，内存的作用是加快图形与图像处理速度，通常高阶显卡都会搭配容量较大的内存。

AGP 界面的显卡

显示芯片是显卡的心脏，在计算机的数据处理过程中，CPU 将其运算处理后的显示信息通过总线传输到显卡的显示芯片上，显示芯片再将这些数据做运算处理后经由显卡将数据传送到屏幕上。

Tips 大家可能听过 VRAM（视频随机存取存储器），也就是显卡自带的影像暂存空间。屏幕上所显示的影像是一个点矩阵的图文件，叫作屏幕区域。为了屏幕的影像显示能快速的随用户的操作而变动、更新，因此屏幕区域这个图文件并不是存储在用户的硬盘中，而是直接存储在 VRAM 中。VRAM 越大，计算机屏幕所显示的像素及色彩就越多。

VRAM（容量）= 分辨率×每个像素所占的位数

早期的显卡功能比较少，现在一般使用的显卡都带有 3D 画面运算和图形加速功能，所以也叫作“3D 加速卡”。目前市场上常见的 3D 加速卡是英伟达（NVIDIA）公司所生产的芯片，如 TNT2、NVIDIA GeForce 系列（GeForce 4、GeForce FX、GeForce 6、GeForce 7、GeForce 8、GeForce 9 以及最新的 GeForce GTX200 等）、NVIDIA Quadro 专业绘图芯片等。

显示芯片

在 AMD 收购 ATI 并取得 ATI 的芯片组技术之后，推出了整合式芯片组，也将 ATI 芯片组产品更名为 AMD 产品。常见的 AMD 芯片组有：IGP3xx、480X CrossFire 、570X CrossFire 、580X CrossFire 、AMD 690G 、AMD 780G 、AMD 790FX 等。

一般来说，ATI 的显卡适合用在 DirectX 游戏开发中，而 NVIDIA 的显卡则适合用在 OpenGL 游戏的开发中。显示内存的主要功能体现在将显示芯片处理的数据暂时存储在显示内存上，然后再将显示数据传送到显示屏幕上，显卡分辨率越高，屏幕上显示的像素点就会越多，并且所需要的显示内存也会跟着越多。

每一块显卡至少要具备 1MB 的显示内存，而显示内存会随着 3D 加速卡的更新而不断增加。从早期的 1MB、2MB、4MB、8MB、16MB，一直到 TNT2 的 8MB、32MB、64MB 的 SDRAM，甚至到最新的 NVIDIA GeForce2、3、4，它们都是 64MB 显示内存的版本。

最早期普遍使用的 VGA 显示器支持的是 ISA 显卡，到了 80486 以后的个人计算机大多采用的是 VESA 显卡。至于 PCI（Peripheral Component Interconnect）显卡，通常使用在较早期或精简型的计算机中。

AGP（Accelerated Graphic Ports ）接口就是在 PCI 接口架构下，增加了平面（2D）与立体（3D）的加速处理能力，可用来传输视频数据，数据总线的宽度为 32 bits，工作频率是 66MHz，是为 3D 显示应用而产生的高性能接口规格与设计规范的插槽。而 PCI Express 显卡（也称作 PCI-E）是目前用来取代 AGP 显卡的。

Tips

游戏画质的设定主要取决于 RAMDAC（Random Access Memory Digital-to-Analog Converter），RAMDAC 就是“随机存取内存数模转换器（简称数模转换器）”，它的分辨率、颜色值与输出频率也是影响显卡性能最重要的因素。因为计算机是以数字的方式来进行运算的，因此显卡的内存就会以数字的方式来存储显示数据，对于显卡来说，这些 0 与 1 便可以用来控制每一个像素的颜色值及亮度。

1-3-3 RAM

如果说显卡决定了玩家在玩游戏时能够获得的视觉享受，那么内存的容量就决定了玩家的硬件是否够格玩这款游戏。对于大型的 3D 游戏来说，内存容量比内存性能更为重要。一般玩家口中所称的内存是种相当笼统的称呼，通常就是指 RAM（随机存取内存）。RAM 中的每个内存都有地址（Address），CPU 可以直接存取该地址内存上的数据，因此访问速度很快。RAM 可以随时读取或存入资料，不过所存储的数据会随着主机电源的关闭而消失。RAM 根据用途与价格，可分为动态存储（DRAM）和静态内存（SRAM）。DRAM 的速度较慢、组件密度高，但价格低廉，需要周期性充电来保存数据。

以前市场上内存的主流种类有 168-pin SDRAM（Synchronous Dynamic Random Access Memory）、184-pin DRDRAM（俗称 Rambus）及 184-pin DDR（Double Data Rate）SDRAM3 种类型，其中 SDRAM 与 Rambus 有逐渐被淘汰的趋势。至于接脚数为 240 的 DDR2 SDRAM，相较于 DDR SDRAM 来说拥有更高的工作频率与更大的单位容量，特别是在高密度、高功效和散热性的杰出表现，使它俨然成为市场新一代的主流产品。最新的 DDR3 是以 DDR2 为起点，性能是 DDR2 的两倍，速度也进一步提高。

DDR3 的最低速率为每秒 800MB，最大为 1 600MB。当采用 64 位总线带宽时，DDR3 能达到每秒 6 400MB 到 12 800MB。特点是速度快、散热佳、数据带宽高及工作电压低，并可以支持需要更高数据带宽的四核处理器。对一些使用时间较长的主机来说，如果内存容量不够大又想要改善游戏的顺畅度，建议买些 DDR2 内存回来安装。

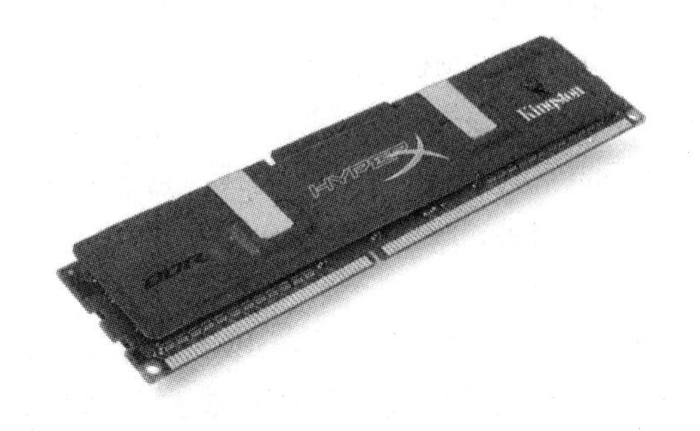

DDR3 SDRAM 外观图

1-3-4 声卡

声卡（Sound Card）的主要功能是将计算机所产生的数字音频转换成模拟信号，然后传送给喇叭来输出声音。一般声卡不仅有输出音效的功能，还包含其他端口方便连接影音或娱乐设备，如 MIDI、游戏手柄、麦克风等。声卡主要以 PCI 适配卡为主，不过有不少声卡已经直接内建到主板上，不需要另外再安装。

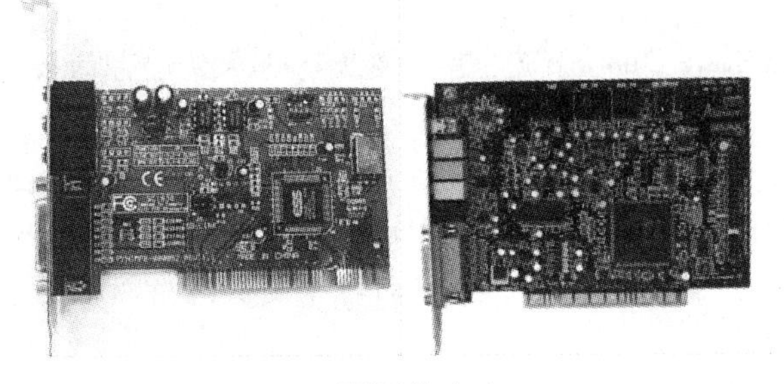

PCI 界面的声卡

Tips SNR（Signal to Noise Ratio）指的是信噪比，是一个诊断声卡中抑制噪音能力的重要指标。SNR 值越大，声卡的滤波效果越好。

1-3-5　硬盘

游戏和硬盘速度的关系主要体现在单机游戏上，例如硬盘速度快，加载速度就快一些，对于经常转换大场景的游戏有一点帮助，而在线游戏不太受影响。硬盘（Hard Disk）是目前计算机系统中主要的存储设备，是由几个磁盘堆栈而成的，上面布满了磁性涂料，对于各个磁盘（或称磁盘片）上编号相同的磁道，则称为磁柱（Cylinder）。磁盘可以高速运转，通过读写头的移动从磁盘片找到适当的扇区并取得所需的数据，如下图所示。

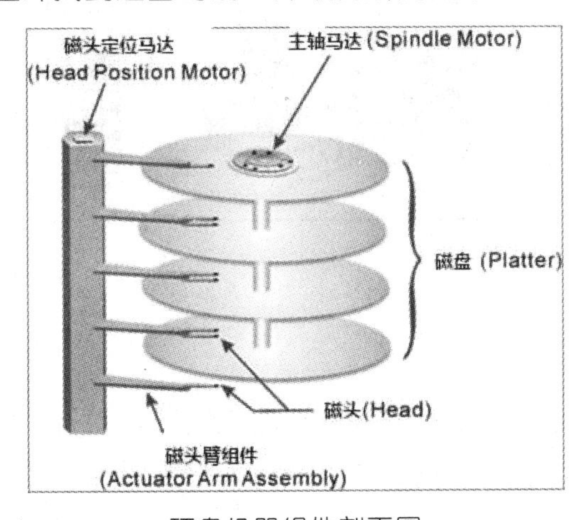

硬盘机器组件剖面图

目前市面上售卖的硬盘尺寸是以内部圆形盘的直径大小来衡量的，有 3.5 寸与 2.5 寸两种。个人计算机几乎都是 3.5 寸的规格，而且存储容量在数百 GB，有的高达 3TB，而且价格相当便宜。另外，当用户购买硬盘时经常会发现硬盘规格上标示着“5400RPM”“7200RPM”“10000RPM”“15000RPM”等数字，这表示主轴马达的转动速度。

硬盘传输速度是指硬盘与计算机配合下传送与接收数据的速度，例如 Ultra ATA DMA 133 规格表示传输速度为 133MB/s。硬盘访问时间是指从硬盘机取出数据并到达主存储器所需的时间。一般说来，硬盘传输接口可分为 IDE、SCS、SATA 与 SAS 四种。

Tips 固态硬盘（Solid State Disk,SSD）是一种最新的永久性存储技术，属于全电子式的产品，没有任何一个机械装置，重量可以压到一般硬盘的几十分之一，规格有 SLC 与 MLC 两种。SSD 主要是通过 NAND 型闪存加上控制芯片作为材料制造而成，跟一般硬盘使用机械式马达和碟盘的方式不同，SSD 没有会转动的盘片，也没有马达的耗电需求。SSD 硬盘具有耗电低、重量轻、抗震动与速度快的特点，但也有机械式的往复动作所产生的热量与噪音。

1-3-6　摇杆

摇杆主要用于电玩游戏上，因为电动玩具注重操控性，特别是动作类的游戏方向感很重要，摇杆可以弥补键盘的不足，让玩家有人机一体的感受，并能减少键盘的损坏率。摇杆的设计原理是以摇杆中心为原点，当玩家推动摇杆时，摇杆驱动程序便会将水平与垂直的变化量转换成坐标回传。随着时代的进步，摇杆已经可以支持更多按钮，精确度也提高了，有些较高级的摇杆还可以支持不同方向轴的旋转。

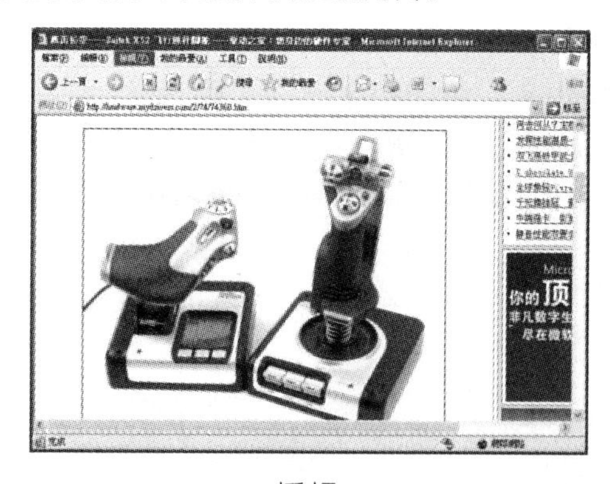

摇杆

1-3-7　方向盘

方向盘是体验赛车类游戏最重要的设备，使用方向盘来进行赛车游戏，产生的游戏感是使用键盘与摇杆比不上的，感觉真的是在车道上风驰电掣一样。特别提醒，设计方向盘程序与撰写摇杆程序类似，不同的地方在于方向盘将水平与垂直的位移变化分别应用在方向盘的转动与油门的踩踏上，刹车也是一个一维的变量。

方向盘

1-3-8　游戏手柄

游戏手柄（Game Pad）像是个小型的键盘，早期的游戏手柄通常只有 4 个箭头键、4 个按键与 2 个系统按键。现在的游戏手柄已经可以支持更多的按键与功能。

游戏手柄

1-3-9　扬声器

扬声器（Speaker）的主要功能是将计算机系统处理后的声音信号，通过声卡的转换后再将声音输出，这也是游戏中不可或缺的外围设备。早期的扬声器多在玩游戏或听音乐时使用，现在的扬声器大多都搭配高质量的声卡，不仅将声音信号进行多重的输出，而且音质也更好，种类有普通扬声器、可调式扬声器与环绕扬声器 3 种。

许多扬声器在包装上会强调几百瓦，甚至千瓦。有些店家更告诉买家，瓦数越高表示听起来更具震撼力。但是输出的功率（即瓦数）越高，扬声器的承受张力越大。不过一般消费者看到的都是厂商刻意标示的 P.M.P.O 值，也就是扬声器的“瞬间输出最大功率”。

通常人耳在聆听音乐时，所需要的不是瞬间的功率，而是“持续输出”的功率，这个数值叫作 R.M.S。对于正常人而言，15 瓦的功率已经绰绰有余了。另外，喇叭摆设的角度和位置，也会直接影响音场平衡，如常见的二件式喇叭，通常摆放在屏幕的两侧，并与自己形成正三角形，这样可以达到最佳的听觉效果。

1-4 游戏发烧名词

与专业领域中的术语一样，在游戏世界，也有一些只有发烧友能听明白的专用名词，如果是一个刚踏进游戏领域的初学者，一定很难理解他们在说什么。事实上，在游戏领域里，相对的游戏术语实在是太多了，这些术语多到可能让读者应接不暇，只有建议多看、多听、多问，才能在游戏世界里畅行无阻。

本小节收录了一些笔者个人认为在游戏界里比较常见的发烧名词，希望读者能与朋友多讨论，不断补充。

- Boss：是"大头目"的意思，一般指在游戏中出现的较为强大有力且难缠的敌方对手。这类敌人在整个游戏过程中一般只会出现一次，且常出现在某一关的最后，而不像小只的怪物可以在游戏中重复登场。
- E3：E3 是 Electronic Entertainment Expo 的缩写，指的是美国电子娱乐展览会。目前，它是全球最为盛大的电脑游戏与视频游戏的商业展示会，通常会在每年的五月举行。
- HP：HP 是 Hit Point 的缩写，它是"生命力"的意思。在游戏中代表人物或作战单位的生命值。一般而言，HP 为 0 表示死亡，甚至 Game Over。
- 潜水：指的是一些只会待在现场不会发表任何意见的玩家。论坛中就有许多潜水会员。
- NPC：NPC 是 Non Player Character 的缩写，它指的是非玩家人物的意思。在角色扮演类游戏中，最常出现的是由计算机来控制的人物，这些人物会提示玩家重要的情报或线索，使玩家可以继续进行游戏。
- KUSO：KUSO 在日文中原本是可恶、大便的意思，但对目前网络 e 时代的青年男女而言，KUSO 则代表恶搞、无厘头、好笑的意思，通常指离谱的有趣事物。
- 骨灰：骨灰并不是一句损人的话，反而有种怀旧的味道。骨灰级游戏是形容这款游戏在过去相当知名，而且该游戏可能不会再推出新作，或已经停产。
- 街机：是一种用来放置在公共娱乐场所的商用大型专用游戏机。
- 游戏资料片：是游戏公司为了弥补游戏原来版本的缺陷，在原版程序、引擎、图像的基础上，新增的包括剧情、任务、武器等元素内容。
- 必杀技：通常在格斗游戏中出现，是指利用特殊的摇杆转法或按键组合，使用出来的特别技巧。
- 超必杀技：指的是比一般必杀技的损伤力还要强大的强力必杀技。通常用在格斗游戏中，但它是有条件限制的。
- 小强：就是讨厌的"蟑螂"，在游戏中代表打不死的意思。
- 连续技：以特定的攻击来连接其他的攻击，使对手受到连续损伤的技巧（超必杀技造成的连续损伤通常不算在内）。
- 贱招：是指使用重复的伎俩让对手毫无招架之力，进而将对手打败。
- 金手指：是一种外围设备，可用来改变游戏中的某些数值的设置值，进而达到在游戏中顺利过关的目的。例如利用金手指将自己的金钱、经验值、道具增加，而不是通过正常的游戏过程来提升。

- Bug：Bug 即是“程序漏洞”，俗称“臭虫”。它是指那些因游戏设计者与测试者疏漏而剩留在游戏中的程序错误，严重的话将会影响整个游戏作品的质量。
- 包房：在游戏场景中，在某个常出现怪物的地点等候，并且不允许其他玩家跟过来打这个地方的怪物。
- 秘技：通常指游戏设计人员遗留下来的 Bug 或故意设置在游戏中的一些小技巧，在游戏中输入某些指令或触发一些情节就会发生意想不到的事件，其目的是为了让玩家享受另外一个游戏的乐趣。
- MP：MP 是 Magic Point 的缩写，指的是角色人物的魔法值。如果某个角色的 MP 一旦用完，就不能再用魔法招式。
- Crack：Crack 指的是对游戏开发者设计的防复制行为进行破解，从而可以复制母盘。
- Experience Point：Experience Point 即“经验点数”的意思。通常出现在角色扮演类游戏中，以数值来计量人物的成长，如果经验点数达到一定数值之后，人物的能力便会升级。
- Alpha 测试：指在游戏公司内部进行的测试，就是在游戏开发者控制环境下进行的测试工作。
- Beta 测试：指交由选定的外部玩家单独来进行测试，不在游戏开发者控制环境下进行的测试工作。
- 王道：认定某个游戏最终结果是个完美结局。
- 小白：指这个玩家有很多不懂的地方。
- Storyline：Storyline 是“剧情”的意思，换句话说，也就是游戏的故事大纲，通常可被分成“直线型”“多线型”以及“开放型”3 种剧情主轴。
- Caster：指游戏中的施法者，如在魔兽争霸游戏中常用。
- DOT：Damage Over Time 的首字母缩写，指在游戏进行中的一段时间内对目标造成的持续伤害。
- 活人：指游戏中未出局的玩家，相对应的是“死人”。
- PK：Player Kill player ，指在游戏进行中一个玩家杀死另一个玩家。
- EP：Experience Point，通常是在角色扮演游戏中代表人物成长的数值，EP 达到一定数值后便会升级。
- FPS：Frames Per Second（每秒显示帧数）。NTSC 标准是国际电视标准委员会所制定的电视标准，其中基本规格是 525 条水平扫描线、FPS（每秒显示的画面帧数）为 30，不少计算机游戏的显示数都超过了这个数字。
- GG：Good Game（好玩的一场比赛），常常在联机对战比赛间隔中，对手赞美上一回合棒极了！
- Patch：Patch（补丁）是指设计者为了修正原游戏中程序代码错误而提供的小文件。
- Round：Round（回合），通常是指格斗类游戏中一个双方较量的回合。
- Sub-boss：Sub-boss（隐藏头目），在有些游戏中，会隐藏有更厉害的大头目，通常是在通关后。

- MOD: Modification 的缩写。有些游戏的程序代码是对外公开的，如《雷神之槌 II》，玩家们可以依照原有程序修改，甚至可以写出一套全新的程序文件，就叫作 MOD。
- Pirate：指目前十分泛滥的盗版游戏。
- MUD：Multi-user Dungeon（多用户城堡），一种类似 RPG 的多人网络联机游戏，但目前多为文字模式。
- Motion Capture：动态捕捉，是一种可以将物体在 3D 环境中运动的过程转为数字化的过程，通常用于 3D 游戏的制作。
- Level：关卡，也叫作 Stage，指游戏中一个连续的完整场景，而 Hidden Level 则是隐藏关卡，在游戏中隐藏起来，可由玩家自行发现。
- 新开服务器：随着网络游戏会员人数的增加，大量玩家进入游戏造成服务器负荷，为了缓解这些新增玩家所带来的服务器压力，就必须新开服务器，以便于所有玩家都有更好的游戏品质。
- 封测：封测即指封闭测试，目的是为了在游戏正式发布前，先找到游戏的错误，确保游戏上市后有较佳的品质。封测人物资料在封测结束后会删除，封测主要是测试游戏内的 BUG。

电视游戏机是一种玩者可借助输入设备来控制游戏内容的主机，输入设备包括游戏手柄、按钮、鼠标，并且电视游戏机的主机可和显示设备分离，从而增加了其可移植性。电视游戏机玩家的年龄层相对于电脑游戏玩家而言要低许多。世界上公认的第一台电玩机是 Atari 公司 1977 年出产的 Atari 2600。

功能不断创新的 TV 游戏机宠儿：PS3、Xbox 360 与 Wii

- PVP：PVP 指的是游戏中玩家与玩家间的对战。
- RVR：RVR 指的是游戏中各阵营间的对战。
- 帮复：角色死亡后，请求其他玩家协助帮忙复活的用语。
- 金装：游戏中独特且等级最高的装备或道具，名称显示为金黄色。
- DP：DP 是 Divine Point 的缩写，代表游戏中角色具备的神圣力。
- 肉盾：通常是指在游戏战斗队伍中位于最前线抵挡敌人攻击的职业角色。
- 守尸：守候在已经死去的玩家附近，并准备加以攻击的行为。
- OT：OT（Over Threat）是指攻击怪物时，当怪物对其他角色的仇恨值高过对队伍中肉盾的仇恨值时，会造成怪物转而攻击伤害值高的角色。

- 漏洞：由于游戏设计上被忽略掉的小 Bug，而被玩家所利用的地方。
- 砍掉重练：当游戏中角色培育得不如预期理想，于是直接删除该角色，另开始重新培育新角色。

课后练习

1. 简述游戏的定义与组成元素。
2. 请简述目前市面上的显卡的功能与特色。
3. RAMDAC（Random Access Memory Digital-to-Analog Converter）的主要功能是什么？
4. 游戏中 Caster 是指什么？
5. 设定游戏类型的要素是什么？
6. 试说明游戏平衡的意义。
7. 试简述 VRAM（视频随机存取内储器）与其功能。
8. 什么是 Experience Point？

第 2 章 认识游戏平台

“游戏平台”（Game Platform）不仅可以运行游戏程序，也是游戏与玩家们沟通的一种管道与媒介，如一张纸便是一个游戏平台，它可以作为大富翁游戏与玩家的一种沟通媒介。游戏平台又可分为许多不同类型。电视游戏机与电脑当然是一种游戏平台，称为“电子游戏平台”。

电视游戏器与大型游戏机都属于游戏平台的一种

随着科技的进步，电子游戏平台的硬件技术也不断地向上提升，从大型游戏机、TV 游戏主机、掌上型主机，慢慢地进入 PC 与网络的世界，甚至是现在的手机等便携设备，画面也从只能支持单纯的 16 色游戏发展到现在的 3D 高彩游戏，目的都是使人们接触与体会更为精致与方便的游戏。目前国内外主要游戏产品种类可分为电视游戏机（TV game）、大型机游戏、单机游戏（PC game）、在线游戏、网页游戏与目前最当红的手机游戏（Mobile game）6 种。

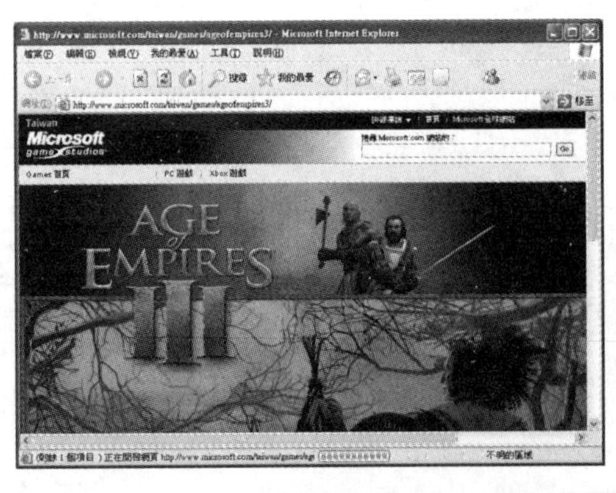

《世纪帝国》与《星海争霸》是大型多人 3D 在线游戏

2-1　大型游戏机

在以前说起电玩，大家首先想到的就是摆放在赌博类型游乐场或百货公司里经营的大型游戏机，往往给人比较负面的印象。但不可否认，它是所有游戏平台的祖师爷，经久不衰。

2-1-1　认识大型游戏机

大型游戏机就是一台附有完整外围设备（显示、音响与输入控制等）的娱乐机器。通常它会将游戏的相关内容，刻录在芯片中加以存储，玩家可通过机器所附带的输入设备（游戏手柄、按钮或方向盘等特殊设备）来进行游戏的操作。例如，街机就是一种用来放置在公共娱乐场所的商用大型专用游戏机。

世嘉大型游戏机

2-1-2　大型游戏机的优缺点

通常大型游戏机多半以体育与射击类游戏为主要类型，因为这两种类型的游戏可以提供专用的动作操作方式。大型游戏机的优缺点整理如下。

■ 优点：

- 集成了屏幕与扬声器等多媒体设备，游戏的声光效果是其他平台所无法比拟的，具有现场感与身临其境的震撼效果。
- 操作接口针对具体游戏设计，因此比其他游戏平台更贴心、更人性化。
- 游戏内容模块化设计，封装在芯片之中，因此不需要考虑是否会发生硬件设备不足而无法执行游戏的错误现象。
- 运行游戏前，不需要任何的安装操作，直接上机就能开始游戏。

■ 缺点：

- 价格较为昂贵。
- 由于游戏是封装在芯片之中，如要切换游戏，必须更换机器内部的游戏机主板，因此每台大型机几乎只能运行一种游戏程序。

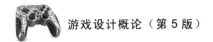

大型游戏机的制作厂商相当多，但世嘉（SEGA）公司的产品几乎垄断了国际上的大型游戏机市场，而且成功地把许多 TV 游戏机上的知名作品移植到大型游戏机上。走入街头巷尾的游乐场，看到的电动玩具机和游戏软件多数都是 SEGA 的产品。除了许多自 20 世纪 80 年代就红极一时的运动型游戏外，也曾推出像《甲虫王者（Mushi King）》这样颇受好评的益智游戏，可以让小朋友在大型机游戏当中，见识到大自然的百态，因此在日本受到家长与小朋友的喜爱。

2-2 电视游戏机

电视游戏机是一种玩者可借助输入设备来控制游戏内容的主机，输入设备包括游戏手柄、按钮、鼠标，并且电视游戏机的主机可以和显示设备分离，从而增加了可移植性。电视游戏机玩家的年龄层相对于电脑游戏玩家而言要低许多。目前大家公认的世界上第一台电玩主机是 Atari 公司 1977 年出产的 Atari2600。

功能不断创新的 TV 游戏机宠儿：PS3 、Xbox 360 与 Wii

2-2-1 独领风骚的任天堂

读者应该常听到许多老玩家口中念念不忘的红白机吧！虽然现在的 TV 游戏机一直不断推陈出新，不过它们还是不能取代红白机在玩家心中祖师级的地位。从 1983 年任天堂公司推出了 8 位的红白机后，这个全球总销售量 6000 万台的超级巨星就决定了日本厂商在游戏机产业的龙头地位。现在不同平台的 TV 游戏（如 PS3、Xbox 等）如雨后春笋般推出，但任天堂游戏机仍是全球市场的主流。

红白机外观

所谓红白机，就是任天堂（Nintendo）公司所出产发行的 8 位 TV 游戏主机，正式名称为“家用计算机”（Family Computer，FC）。为什么称为“红白机”呢？因为当初 FC 在刚出产发行的时候，就是以红白相间的主机外壳来呈现，所以才叫“红白机”。

后来任天堂公司又推出了 64 位 TV 游戏机，即“任天堂 64（N64）”，其最大的特色就是它是第一台以 4 个操作接口为主的游戏主机，并且以卡匣作为游戏的存储媒体，这大大地提升了游戏的读取速度。

N64

GameCube 是任天堂公司推出的 128 位 TV 游戏机，也是属于纯粹家用的游戏主机，并没有集成太多影音多媒体功能。另外，为了避免和 Sony 的 PS2、微软的 Xbox 正面冲突，任天堂把精力全部集中在 GameCube 游戏内容质量的加强方面，其“玛利兄弟”更是历久弥新，到现在仍然有许多玩家对它情有独钟。所以 GameCube 的硬件成本自然就可以压得很低，售价也成为最吸引玩家们的地方。

GameCube 游戏机

掌上型游戏机可以说是家用游戏机的一个变种，它强调的是高携带性，因此会牺牲部分多媒体效果。由于其轻薄短小的设计，加上种类丰富的游戏内容，向来吸引不少游戏玩家。有时在机场或车站等候时，经常可以看到人手一机，利用它来打发无聊的时间。

近年来由于消费水平日渐提升，一般单纯的掌上型游戏机已经无法满足玩家的需求，因此许多便携型电子产品（例如 PDA、移动电话、移动存储器等）也纷纷投身于这块尚未完全开拓的市场之中。

例如，Game Boy 是任天堂所发行的 8 位掌上型游戏机，中文是“游戏小子”的意思。一直到现在，市面上还是很流行，之后还推出了各式各样的新型 Game Boy 主机。NDS（Nintendo Dual Screen）是任天堂新发布的掌上型主机，NDSL（NDS-Lite）则是于 2006 年 3 月所推出的改良版，具有双屏幕与 Wi-Fi 联机的功能，翻盖式设计与上下屏幕是其主要特点，下屏为触摸屏，玩家可以使用触控笔来进行游戏操作。

Game Boy 与 NDS 轻巧的外观

事实上，由于 PS2 和微软的 Xbox 带来的竞争，从 1994 年起，任天堂就失去了它在游戏界的领导地位。

2-2-2 互动科技与 Wii

近年来许多模拟设备开始数字化，新的创作媒介与工具给创作者提供了新的思考与可能性，互动设计的产品近年来不断出现。互动设计的应用其实无所不在，通过类似各种传感器功能，可让用户借由肢体动作、温度、压力、光线等外在变化达到与计算机互动沟通的目的。最简单的房间中的冷气温控，就是利用传感器侦测环境温度；或者智能型洗衣机，可以依据所洗衣物的纤维成分，来决定水量和清洁剂的多少及作业时间长短；甚至于大家较熟知的多点触控技术，能够让用户在操作计算机时更为直接地运用手指、手势完成复杂的操作。

Wii 在 2007 年强势推出后立刻受到国内外的热烈欢迎。与 GameCube 最大的不同在于 Wii 开发出了革命性的指针与动态感应无线遥控手柄，并配备有 512MB 的内存，对游戏方式来说是一种革命，将虚拟现实技术向前推进一大步，也算是目前流行的互动设计（Interaction Design）的鼻祖。

这款遥控器不但可以套在手腕上来模拟各种电玩动作而且可以直接指挥屏幕，还能通过 Wii remote 的灵活操作，让平台上所有游戏都能使用指向定位及动作感应，从而让使用者仿佛身历其中。

Wii 可以通过套在手腕上的遥控手柄来玩游戏

比如玩家在游戏进行时做出任何实际动作（打网球、棒球、钓鱼、高尔夫、格斗等），无线手柄都会模拟震动并发出真实般的声响。如此一来，玩家不但能有身临其境的感受体验，还可以手舞足蹈将自己融入游戏情景当中。

任天堂于 2012 年正式发表 Wii 后继机种“Wii U”。Wii U 结合了合家同乐与个人娱乐诉求，是任天堂历史上第一部支持全画质高分辨率（最高分辨率为 1080p）的家用游戏主机，主机闪存为 8G，Wii U 的内存容量是 Wii 的 20 倍，并且包含一个 Wii U GamePad 控制器与一支触控笔，基本配线有 HDMI、电源线与变压器，采用配备 6.2 寸触控屏幕的平板式游戏控制器，利用新控制器玩家可以直接使用主机进行游戏，而且 Wii U 还拥有许多玩家无法在 PS4 和 XboxOne 上玩到的独家游戏。

任天堂的新一代产品 Wii U

2-2-3　Play Station

谈到 TV game，绝对不可能忽略任天堂的另一个强劲对手——索尼（Sony）公司。Sony 产品的发展史就是一个不断创新的历史，自从 1994 年 Sony 凭借着优秀的硬件技术推出 PS 之后，两年内就热卖一千万台。PS 为 Play Station 的缩写，意思为“玩家游戏站”，它是 Sony 公司所生产的 32 位 TV 游戏机。

PS 游戏机

PS 游戏机的历史可以说是电玩史上的一个奇迹。它最大的特色就在于其 3D 指令周期，许多游戏都在 PS 游戏主机上，极大限度地发挥了 3D 性能，其中最吸引玩家的地方也就是可以支持许多画面非常华丽的游戏。Sony 于 2006 年所开发的次世代 PlayStation 游戏机（简称为 PS3），拥有超流线外形，共有白、黑、银 3 种颜色，最大特色是设置了蓝光播放器（Blu-ray Disk），能够欣赏到超高画质影片，并可以将数字内容先存储在游戏主机上，再转到电视上播放。

2013 年推出的最新机种 PS4 拥有 x86-64 架构的 8 核心 CPU，搭配运用云端技术的高性能的系统结构与 8GB 的高性能统一主机内存，更提供了面积加大的触控版，可在表面滑动或是点击，还内建了一个动作控制器，有扬声器和耳机插孔并且采用 500G 硬盘，玩家还可以自行更换更大的硬盘，并且新增了社群分享功能，通过分享键可以直接连接各大社群，将玩游戏的画面直播给好友观看，带给玩家丰富的游戏体验。

造型简洁与功能更先进好玩是 PS4 的主要特色

2-2-4　Xbox

Xbox 是微软（Microsoft）公司出产发行的 128 位 TV 游戏机，也是微软的下一代视频游戏系统，它可以带给玩家们有史以来最具震撼力的游戏体验。Xbox 也是目前游戏机中拥有最强大绘图运算处理器的主机，能给游戏设计者带来从未有过的创意想象技术与发挥空间，并且创造出梦幻与现实界线变得模糊的超炫游戏。目前最新型 Xbox 360 可以完全以无线模式操作，具备 512MB RAM 与三核的 64 位 PowerPC CPU，所有 Xbox 360 的游戏都可以存储在硬盘中，并提供了影像、音乐及相片串流的功能。由于其内置有 ATi 图像处理器，游戏画面精致度大大提高，播放也更为顺畅，画质性能表现更优于目前 PC 上大多数的显卡。

具有整合式娱乐中心设计概念的 Xbox One

继 Xbox 360 之后，微软的最新一代家用游戏主机取名为 Xbox One，包括了八核处理器，内建 8GB DDR3 内存，Kinect 的镜头分辨率也提高至 1080p，具备更强大的动态感应功能；能够快而准地判断玩家的动作，硬盘容量达到 500GB，光驱则为蓝光光盘机。另外新机黑色方正的造型，也和 Xbox 360 白色流线型的外观不相同，并设有支持 Wi-Fi Direct 的 802.11n 无线网络，光驱为蓝光光盘机。

2-3　单机游戏

随着电子游戏渐渐在 PC 上发展，计算机俨然成为电子游戏最重要的一种游戏平台。自从 APPLE II 成功地将个人计算机带入一般民众家庭，当时就有了一些知名的计算机游戏，如骨灰级游戏《创世纪系列》《超级运动员》《樱花大战》《反恐精英》等。

《樱花大战》与《反恐精英》游戏

2-3-1　认识单机游戏

单机游戏是指仅使用一台游戏机或者电脑就可以独立运行的电子游戏。由于计算机的强大运算功能以及多样化的外接媒体设备，使得计算机不仅仅是实验室或办公场所的最佳利器，更是每个家庭不可或缺的娱乐重心。早期的电子游戏多半都是单机游戏，如《帝国时代》（Age of Empires，AOE）《魔兽争霸》《轩辕剑》《巴冷公主》等。

《大富翁》系列与《魔兽争霸》是当年红极一时的单机游戏

2-3-2 单机游戏的发展与未来

与电视游戏不同，单机游戏是在电脑上进行，它并非一台单纯的游戏设备，电脑强大的运算功能以及其丰富的外围设备，使得它可以用来进行各种运算工作。单机游戏结合了大型机与家用游戏机的优点，不仅能营造出强大的影音效果，而且可以随意切换所要进行的游戏。此外，在电脑上的单机游戏还能配合使用特殊的控制设备，把游戏的临场感表现得淋漓尽致。

近年来随着在线游戏的兴起，单机游戏日渐式微，大部分在线游戏的耐玩程度及互动程度都比单机游戏高。而现今游戏市场中最主力的玩家应该是 12~25 岁的青少年，这个年龄层次的玩家最重视的就是与伙伴之间的关系与互动，传统的单机版游戏不管做得多好，都无法让玩家感受到与人互动聊天的乐趣。单机游戏日益不景气的原因可以归纳为以下几点：

（1）单机游戏的盗版风气太盛，只要有一定的销售量或名气，上市后不出三天就能发现“满山遍野”的各种盗版游戏，这也是现在市场上在线游戏普遍流行的主要原因之一。

（2）由于计算机由各种不同的硬件设备组成，而每款单机游戏对硬件的要求标准不一，因此常常造成兼容上的问题，加上安装与运行游戏过程繁杂，玩家必须对计算机有基本的操作常识，才能够顺利进行游戏。

（3）一些影音效果十足、画面设计精美的单机游戏，虽然也会吸引不少玩家的青睐，不过随后会发现电脑单机游戏的画面怎么也无法跟电视游戏机媲美。所以为了追求更好的声光效果，玩家宁可买 PS、GC、Xbox 来玩，也不愿意花钱买只能享受次级的声光效果的计算机游戏，这也造成了单机游戏玩家的流失。

（4）在市场不景气、所有人的荷包都缩水的时候，一些非必要性的支出会被删减，单机游戏一次所付出的成本较重而大部分玩家都不是经济独立的个体，所以在经济不景气的状况下市场难免会受到影响。

2-4 网络游戏

随着网络硬件环境的不断发展以及受到丰富的信息与服务的影响，网络化游戏进一步达到人与人之间的互动交流，因此网络游戏占据了最大的市场。简单来说，就是一群人通过网络，连接到提供游戏程序的服务器来玩游戏的一种方式，可经由网络与其他玩家产生互动，不像单机游戏只能在自己的计算机前自得其乐。

网络游戏又可再细分为网页游戏（Web Game）、局域网络游戏（LAN Game）及在线游戏（Online Game）等。与传统游戏的不同之处在于网络游戏可以经由网络与其他玩家产生互动，不像传统游戏只能自己享受乐趣。对于生活在电子世代的青少年来说，计算机与网络所提供的休闲娱乐功能远胜于其他电子多媒体，计算机与网络已经成为年轻人休闲娱乐历程中不可缺少的工具。

魔兽世界是风靡一时的在线游戏

例如，局域网络游戏可以设立一个小型的区域网（LAN），容许少数玩家进行游戏对战。荣钦科技团队开发的新无敌炸弹超人游戏，是一款简单易上手、内容不失刺激又有趣的动作益智游戏，更提供了 IPX 局域网络和 TCP/IP 网络联机对战功能。虽然是一款小游戏，但由于娱乐性高，令用户百玩不厌。

炸弹超人是一款耐玩度相当高的局域网络游戏

2-4-1　在线游戏简介

随着因特网的逐渐盛行，WWW（World Wide Web）的应用方式成形，在线游戏的潜在市场大幅倍增，网络的互动性改变了游戏的游玩方式与类型，又再一次重组整个游戏产业生态，借在线游戏精心设计的平台，玩家可以互相聊天、对抗、练功。网络让游戏突破了其本身的意义，它塑造了一个虚拟空间，这时结合声光、动作、影像及剧情的在线游戏应运而生，短短数年已经非常流行。

在线游戏受到广大年轻族群的喜爱

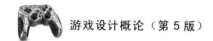

不论国内外，在线游戏的产值都在不断地成长。由于网络社群的高度互动性和黏性，不需要实体通路的电子商务而靠收取连接费用的商业模式，说明了在线游戏真的是网络时代下的全新商业模式。虽然全球经济不景气，不过在线游戏产业因为与基本娱乐需求链接，加上用户平均花费有限并且在线游戏有解决盗版的效果，因此在线游戏市值不断成长，成为市场上最为风行的游戏软件种类。

2-4-2 在线游戏发展史

在线游戏的发展可追溯至 20 世纪 70 年代的大型计算机上，由于网络游戏需要较大量运算以及网络传输容量，因此早期的网络游戏通常以纯文本信息为主，20 世纪 80 年代由英国所发展出的最早的大型多人在线游戏——泥巴（Multi-User Dungeon , MUD）算是始祖。

MUD 是一种存在于网络、多人参与、使用者可扩张与互动的虚拟网络空间。其接口是以文字为主，最初目的仅在于提供给玩家一个经由计算机网络聊天的管道，让人感觉不够生动活泼。国内自制的第一款大型多人在线游戏是“万王之王”，但形成流行趋势的则是战略游戏——星海争霸和微软的世纪帝国。

世纪帝国与星海争霸是大型多人在线游戏

实时战略游戏就是联机对战游戏，此种联机游戏的机制是由玩家先在服务器上建立一个游戏空间，其他玩家再加入该服务器参与游戏，有千变万化的游戏画面，具有团队竞争乐趣。目前此类游戏产品以欧美游戏软件居多，例如在网络上曾经红极一时的在线游戏“CS”（战栗时空之绝对武力），以团队合作为基础的网络游戏模式让玩家可以体验游戏呈现的真实感及前所未有的感官刺激。

目前在线游戏以大型多人在线角色扮演游戏（Massive Multiplayer Online Role Playing Game, MMORPG）为主，玩家必须花费相当多的时间来经营游戏中的虚拟角色。例如，后来由游戏橘子代理的韩国在线游戏（天堂）更是造成一股潮流，那时候天堂几乎成了在线游戏的代名词。大型多人在线角色扮演游戏为了吸引更多的玩家进入市场，在内容和风格上也逐渐扩展出更多的类型，例如以生活和社交、人物或是宠物培养为重心的另类休闲角色扮演游戏。

2-4-3 虚拟宝物和外挂的问题

在线游戏的一个吸引人之处在于玩家只要持续“上网练功”就能获得宝物，例如在线游戏的发展后来产生了可兑换宝物的虚拟货币。一个网络游戏最主要的好玩之处就是平衡，而平衡带来的就是将虚拟货币价值化。虚拟货币不仅在游戏中具有使用价值，而且由于市场的需求，间接保证了虚拟货币的价值稳定。现在许多年轻人都不分昼夜地整天沉迷于在线游戏。正因为在线游戏的蓬勃发展，相关的法律问题也随之产生。虚拟宝物就是游戏内的虚拟道具或物品。随着在线游戏的发展，一些虚拟宝物因其取得难度高，开始在现实世界中进行买卖，甚至逐渐发展成虚拟世界的货币（如天堂币），能和真实世界中的货币进行交换。

天堂游戏中的天堂币是玩家打败怪兽所获得的虚拟货币

随着在线游戏的魅力不减，且虚拟货币及商品价值日渐庞大，玩家需要投人大量的时间才可以获得这类价值不菲的虚拟宝物。也因此产生了不少针对在线游戏设计的插件，可用来修改人物、装备、金钱、机器人等，最主要的目的就是提升等级或打宝，进而缩短投资在游戏里的时间。游戏中虚拟的物品不仅在游戏中有价值，其价值感更延伸至现实生活中。这些虚拟宝物及货币，往往可以转卖其他玩家以赚取实体世界的金钱，并以一定的比率兑换，这种交易行为在过去从未发生过。

更有一些在线游戏玩家运用自己的计算机知识和特殊软件（如特洛伊木马程序）侵人他人电脑或某些网站从而获取其他玩家的账号及密码，或用外挂程序洗劫对方的虚拟宝物，再把那些玩家的装备转到自己的账号上来。由于目前在线宝物一般已认为具有财产价值，这些行为实际已构成犯罪。

Tips

近期全球最热门的网络虚拟货币，应该非“比特币”（Bitcoin）莫属，和在线游戏的虚拟货币相比，比特币可以说是这些虚拟货币的进阶版。几个月前，一枚比特币可以兑换 15 美元，而几个月后甚至可以兑换到 1000 美元以上。比特币是一种不依靠特定货币机构发行的全球通用加密电子货币，是通过特定算法大量计算产生的一种 P2P 形式虚拟货币，它不仅是一种资产，还是一种支付的方式。任何人都可以下载 Bitcoin 的钱包软件，这像是一种虚拟的银行账户，并以数字化方式存储于云端或是用户的计算机中。

此外，在线游戏令人着迷之处最主要还是在于人的好胜心，有了人性就产生了比较与竞争，因此外挂会造成在线游戏的极度不公平，这就好像是考试作弊一样。外挂的大量入侵，也造成未使用外挂玩家的反感。另外，因为玩家长期处于“挂机”状态，服务器需要使用更多资源来处理这些并非人为控制的角色，使得服务器端的工作量激增。对于游戏公司的形象与成本来说，都有相当负面的影响。

说到外挂问题，一般玩家对此的痛恨程度大概仅次于盗用账号。所谓插件（Plug-in），是一种并非由该程序的原设计公司所设计的计算机程序，区分为游戏与软件，在这边主要说明游戏的外挂，最常见的外挂就是游戏外挂，分为单机游戏外挂和网络游戏外挂。单机游戏外挂的定义是“游戏恶意修改程序”，例如修改游戏的纪录存盘，让很多不是游戏高手的玩家，可以很轻易地完成游戏。简单来说，“外挂”是一些可以用来替游戏增加新功能的程序，这个名词在目前计算机游戏中，通常是说各种游戏外加的作弊程序。

2-4-4　在线游戏技术

在线游戏技术的基本运作就是由玩家购买的客户端程序连上厂商所提供的付费服务器，而服务器则提供一个玩家可以活动的虚拟网络空间。由于网络的四通八达，一台主机不可能只接受一个玩家，要能让玩家从不同地方进入。若以服务器端的观点来看，必须知道玩家到底是正把过关数据写入，还是在读取主机的数据。

单机游戏与在线游戏的架构有相当大的不同，最大不同之处在于流程的驱动，差别在于控制其信息的驱动组件不相同。一般在玩单机游戏时，若有另一个角色在游戏中，其驱动是由人工智能来控制其行为，但在玩在线游戏时，是由另一名在线玩家来控制。

一款在线游戏的开发重点大概包括游戏引擎、美术设计与服务器系统 3 个重点。而在线游戏上市后的成败与否，服务器的软硬件稳定度与网络质量（也就是游戏流畅度）也占了重要的成分。由于网络软硬件架构质量不够统一，因此在线游戏在开发时最严重的问题在于联机延迟（lag），任何一个连接节点出了状况，都会影响到游戏的整体速度。由于在线游戏涉及网络联机的层面，在此先简单为各位介绍基本观念，对于网络联机有 3 个需要注意的重点问题：

■ 因特网地址

因特网地址即大众常称的 IP 地址（Internet Protocol Address），IP 地址代表网络上的一个地址，每台计算机要连接网络都必须有一个独一无二的地址，而要进行网络联机，本机计算机自己要有一个地址，而用户也要指定一个连接目的地址。

■ 通信端口

通信端口是指那些具有网络联机能力的应用程序，所传递出去的数据都必须指定一个通信端口，当操作系统接收到网络上所传来的数据时，就是根据这个信息来判别的，并将这些数据交由专责的应用程序来处理。

■ Socket 地址

简单来说，Socket 就是两部计算机要进行传输的管线。通过 Socket 接收端可以接收传送端传送的任何信息，当然传送端可以在近处也可以在远程，只要对方的 Socket 和自己的 Socket 产生连接就能通行无阻。一个 IP 地址加上一个通信端口，我们称之为“Socket 地址”（Socket Address），如此就可以识别数据是属于网络上哪一台主机中的哪一个应用程序。Socket 的观念较为抽象，读者可以将它想象为两台计算机后有个“插座”，而有一条电线连接两台计算机，数据则像是电流一般在两台计算机之间传递。

要创建一个 Socket 网络应用程序，首先必须包含服务器端和客户端。例如通过服务器端来聆听网络上各种链接，并等待客户端的要求。当服务器端和客户端的 Socket 连接，就形成了一个点对点的通信管道。

一般说来，在线游戏所使用的通信协议是非面向连接的 UDP，而不是面向连接的 TCP。原因在于 TCP 的可靠性虽然较好，但是缺点是所需要的资源级别较高，每次需要交换或传输数据时，都必须建立 TCP 联机，并于数据传输过程中不断地进行确认和应答的工作。

像是在线游戏这种小型但频率高的数据传输，必须考虑到大量存储游戏角色数据的可能性，这些工作都会耗掉很多的网络资源。至于 UDP 则是一种非连接型的传输协议，能允许在完全不理会数据是否传送至目的地的情况进行传送，当然这种传输协议就比较不可靠，不过它适用于广播式的通信，因为 UDP 还具备有一对多数据传送的优点，这是 TCP 一对一联机所不具备的。

事实上，在线游戏所需要的技术相当复杂。通常开发团队会将在线游戏分成客户端与服务器端两个主要部分来开发。客户端与单机游戏的架构十分近似，但是必须多考虑连接对象与封包处理机制，其实这部分的机制也让客户端的设计变得比一般单机游戏复杂。

例如，原本单机游戏的 NPC（Non-Player Character）的行为模式是由客户端自行处理的，但是在在线游戏中却是由服务器端依照实际人物在游戏世界中的位置，通过联机将人物的相关信息传送至客户端，客户端接收到封包后再将人物呈现出来。人物的信息中会包括种族、性别、脸型、装备、武器、状态甚至对话信息等等，所以客户端的所有运作都会跟服务器端的封包有关，对于服务器端来说，连接对象（Winsock）、数据库（DB）、多线程（multi-thread）、内存管理等都是极为重要的技术。以内存管理来说，服务器将接受许多客户端成千上万的封包，并且连续长时间的运作，若内存不能有效地管理，服务器端往往承受不住这庞大的负荷，这也会影响到服务器端本身的性能与稳定性。

2-4-5　网页游戏

网页在线游戏，意指网页服务器，又称网页游戏。早在 20 世纪 90 年代，欧美就出现了许多网页游戏。近几年，正值游戏产业极速成长的时刻，开发成本相对较低的网页游戏自然也成为业界开发的重点目标之一。与在线游戏相比，网页游戏中的场景规模没有那么大，也没有办法呈现较佳的画面效果，多半可从实时策略、模拟经营等方面着手，以弥补画面上的不足。

一般在线游戏都需要下载与安装客户端软件，对计算机配置要求也越来越高，而且运行游戏需要占用一定的资源和空间。网页游戏则不须安装客户端程序，只要注册账号就可通过因特网浏览器来玩游戏，无论任何地方、任何时间、任何一台能上网的计算机，都可以直接开始玩。网页游戏具有简便小巧的特性，玩家在进行网页浏览、通信聊天的同时还可以玩游戏。

游戏新干线 Web 三国是在线经营战略的网页游戏

在线游戏也面临着新的竞争威胁，其中之一便是逐渐兴盛的 SNS（Social Networking Service）网站。在线游戏相当重视视觉效果，不管在美术或动作风格上，都有一定水平，而成本低廉的网页游戏很难呈现这些效果，不过以休闲为主的模拟经营与策略类型的游戏弥补了以往在线游戏类型的缺口。开心农场成功的关键就是创造出了与人互动的游戏模式，让玩家玩游戏时不再孤单一人，加强甚至创造了与朋友之间的互动模式与联系性。事实上，社群网页游戏在过去网络游戏的世界上早已发展健全，可以运用既有的庞大社群置人游戏功能，这种社群内的网页游戏不但种类多元，而且黏着度高，只要上网就可以开始玩。

开心农场网页游戏

2-4-6　在线游戏的未来

在线游戏是目前比较热门的休闲活动，在线游戏的兴起也彻底改变了游戏开发厂商的商业模式。以往的单机版游戏必须依靠实体通路商去铺货，这次的对象转向虚拟的网络通路。从在线游戏推出以来，国内本土游戏产业发展趋势一直受美日韩游戏的影响，其中韩国的在线游戏可以说是风格最为多元化，也是影响国产在线游戏最多的国家。国内在线游戏经营厂商在考虑技术及营销成本策略下，多半以代理方式为主，例如天堂、仙境传说、枫之谷等都属于韩国风的游戏。

在线游戏由于在剧情架构上具有延伸性，而且玩家需要经过一段时间才能累积经验值与黏着性，故在放弃旧游戏而去玩新游戏的成本相对较高的情况下，玩家的忠诚度通常都非常高，加上玩家除了享受一般单机游戏的乐趣外，还可以通过各种社群交谈功能认识志同道合的新朋友，在整个游戏市场人口的扩大方面扮演了很重要的角色。因此它的商业模式也随着时代背景以及玩家群的需求不断地进行调整、竞争和创新，从急剧兴起到泡沫化后的成熟期，并且由单机购买到在线、收费到免费。

对于在线游戏来说，软件的销售仅占其营收的一小部分而已，主要营收来自于玩家上网的点数卡或会员月会费的收入。例如在线游戏的付费方式可分成免费游戏与付费游戏两种。付费游戏多数是高服务质量的在线游戏。在线游戏以月卡、包月、点卡制度收费，至于身上道具栏、仓库、创新人物、新资料片都不需用再额外收费。因为需要缴费的门槛，所以以这种方式进入游戏不容易冲高使用人数，需要一定的时间及足够的营销费用。

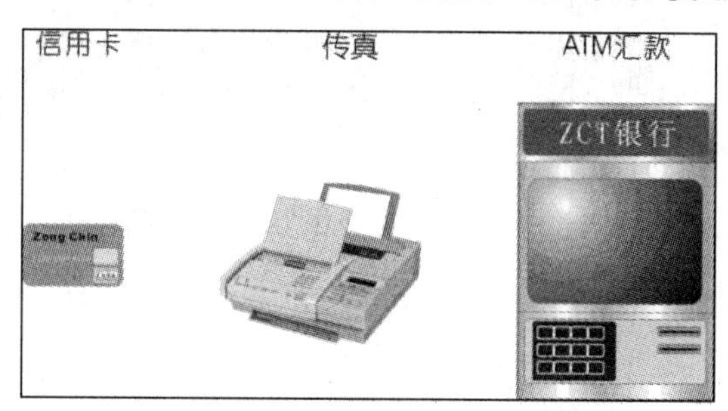

目前有许多方便的缴费方式

对于游戏要求较低的非死忠玩家市场就可以施行免费制度。免费在线游戏在近几年犹如雨后春笋般出现，在现在的游戏市场中，在线游戏都偏向于免费游戏，人气通常都会飙高。不过如果要购买游戏中的虚拟道具或装备，则需另外付费购买。甚至有些免费在线游戏收费模式不同于以往用户付费的概念，也就是玩家如果不想花钱购买游戏内的道具、宝物、创新人物、商城商品、游戏新版本之类，依然可以继续玩游戏，而且账号不会因此被停止，也就是使用者付费，不使用者免费。

在线游戏（Online Game）的产值高，但相对的风险也相当高，在线游戏的业绩起伏向来随季节变化，和景气并无明显连动，但受消费者节约开支影响。由于目前免费游戏盛行，加上大型多人在线游戏（MMORPG）收费机制逐渐稳固，相较于早期仅个位数在线游戏的时代，现在市面上早有数百款游戏让消费者选择，这块大饼已经由早期卖家市场转成买家市场。

由于每个玩家的喜好不同，因此不同题材的游戏能够吸引不同属性的玩家，在市场规模有限的情况下，多数玩家不会同时玩太多游戏，多会集中在一两款游戏，花费最多的时间来玩。演变到最后，将形成同一题材网站可能仅有一到两家能够存活于市场上。一款游戏能否持续受欢迎，则在于能否持续不断地推出新款产品的研发深度。不过在线游戏的经营模式可免除掉盗版的困扰以及凝聚社群力量的特性，近年来还是保持一定的成长速度。

2-5 手机游戏

如果仔细观察身边来来往往的人群，就会发现无论是在车水马龙的大街上，还是在麦当劳挤满学生的餐桌旁、上下班的地铁上，随时随地都有人拿出手机把玩一番，多半是在玩手机游戏来消磨时间。

刀塔传奇是目前相当受到欢迎的手机游戏

随着智能型手机和平板电脑逐渐攻占世界各地消费者的荷包以及后 PC 时代来临，市场已经逐步将计算机产业的功能移转至智能型手机应用上，智能型手机（Smartphone）是一种运算能力及功能比传统手机更强的手机，不但规格较高，而且大多具备上网的功能，可以说正在向一台个人化的小型计算机目标迈进。特别是近年来由于无线传输技术的发达，手机也可以上网联机，因此让手机成为游戏行动平台的想法也就萌发出来。手机游戏，顾名思义就是以智能型手机等移动设备为平台而开发的游戏，智能型手机的大屏幕外加触碰式屏幕的噱头，让手机游戏成为智能型手机流行趋势中的重要一环。由于智能手机价格也越来越便宜，现在已经普及到几乎人手一台的程度，同时也让我们看到了手机游戏开始大放异彩的现象。

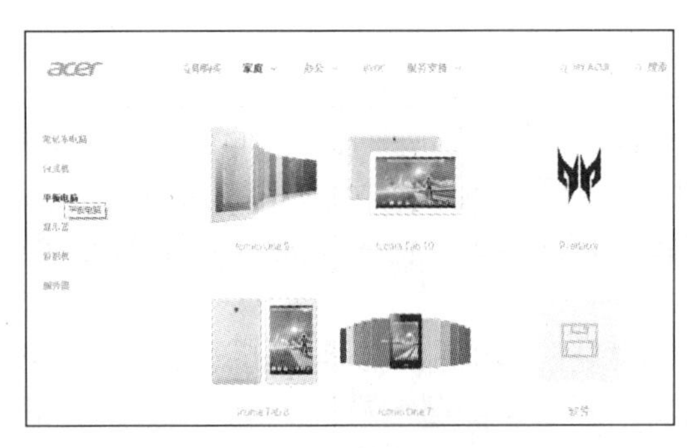

功能卓越的宏碁平板电脑

永远创新流行的苹果平板电脑

iphone 6 上市就造成空前采购

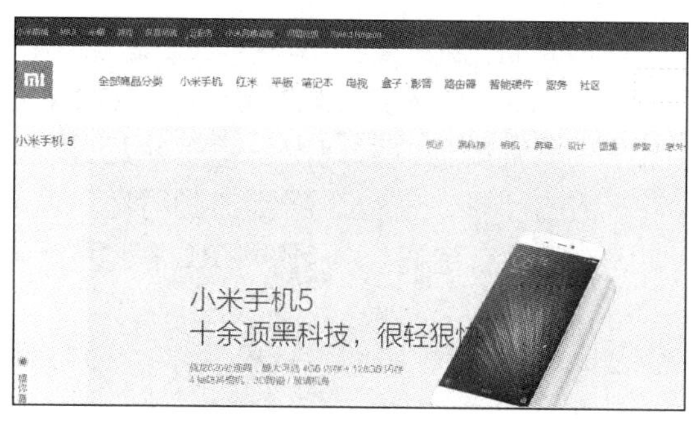

小米机热卖

游戏产业是一个变动剧烈的市场，几乎每一个游戏平台都曾有红极一时的年代。在最近这几年，玩家就可以观察到才不过几年的光景，脸书游戏就从极盛到衰退，也掉入了逐渐被取代的命运。过去几年可以说是手机游戏准备迈入“战国时代”的一个开端，可以发现各国大厂几乎都投入了相当多的资源在这块市场，也带动了如愤怒的小鸟（Angry Bird）这样的 App 游戏开发公司爆红。最近越来越多的公司加入了开发 App 游戏（手机游戏）的行列，就像愤怒的小鸟在非常短的时间吸引了全世界的目光，我们可以预见在智能型手机与平板电脑持续热卖之下，会有越来越多的消费者通过 App 商店来购买手机游戏，进而带动行动游戏软件的发烧现象。

2-5-1　iOS 操作系统

近年来因为处理器演算能力不断强化以及通信芯片能力的进步，智能移动设备已成为目前 3C 产品的一大主力市场，移动操作系统近似在桌面计算机上运行的操作系统，它们通常比较简单，而且提供了无线通信的功能。要发挥移动设备的强大功能，关键在于机器本身所使用的移动操作系统以及各项软硬件之间的配合。

目前非常当红的手机 iPhone，是使用原名为 iPhone OS 的 iOS 的智能手机操作系统，苹果公司以自家开发的 Darwin 操作系统为基础，由 Mac OS X 核心演变而来，承继自 2007 年最早的 iPhone 手机，经过了四次的重大改版，该系统是一种封闭的系统，并不开放给其他从业者使用。

拥有众多功能的 iphone 手机主画面

iOS 系统目前更新到 iOS 9，主要的更新包括针对电池的续航进行改善；同时将 Siri 功能提升，之后可要求其在特定时间地点拍下照片；而在地图 App 上可以支持大众运输系统，点击任一车站就可以展现出所有车次和经过此站的班次和发车时间，你也可以看见如何到达该车站的步骤，包含走路到达的导航；备忘录方面可让你轻易地将一串名单变成检视清单、增加照片、涂鸦、视频、URL 和地图地点等。

2-5-2　Android 操作系统

Android 是 Google 公司公布的智能手机软件开发平台，结合了 Linux 核心的操作系统，可以使用 Android 的系统开发应用程序。承袭 Linux 系统一贯的特色，也就是开放源代码（Open Source Software，OSS）的精神，在保持原作者源代码完整性的条件下，不但完全免费，而且还允许任意衍生修改及复制，以满足不同用户的需求。

Google 公司在 2007 年发表 Android 操作系统后，在同年成立了开放手机联盟 OHA（Open Handset Alliance），并以 Java 作为开发语言，建立移动设备上的业界开发标准，任何合作厂商都能免费使用 Android 系统来开发各种软件。

Android 内置的浏览器是以 WebKit 的浏览引擎为基础所开发而成的，配合 Android 手机的功能，可以在浏览网页时达到更好的效果，还能支持多种不同的多媒体格式，如 MPEG4、MP3、AAC、AMR、JPG 等。另外，Android 的最大优势就是与各项 Google 服务的完美结合，不但能享受 Google 上的优先服务，而且凭着 Open Source 的优势，越来越受手机品牌及电信公司的支持。Android 目前已成为许多嵌入式系统的首选，当程序设计师开发应用程序时，可以直接调用 Android 基础组件来使用，减少开发应用程序的成本，目前 Android 的版本已经到 Android 6.0 Marshmallow，使用者可以自行上网下载。

Android SDK 的官方网页

2-5-3　移动应用程序商店

智能手机能够根据使用者的需求，任意安装各种应用软件，以往的手机游戏，都是通过电信商的加值服务平台销售给玩家。为了增加操作系统的附加价值，iOS 与 Android 两大手机阵营都针对其移动设备操作系统推出了移动应用程序商店，连带的也让行动应用程序市场（App）的竞争趋于白热化。两大在线服务平台都提供了多样化的应用软件和游戏等。让消费者在购买其智能型手机后，能够方便地下载所需求的各式服务。接着我们就来介绍目前的两大移动应用程序商店：App Store 与 Google Play。

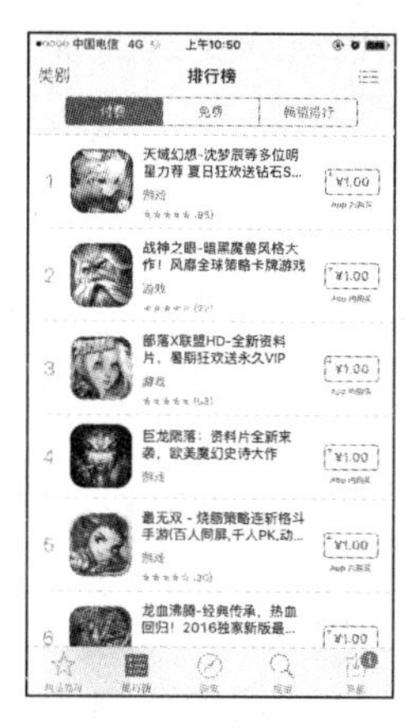

App Store 首页画面

App Store 是苹果公司基于 iPhone、iPod Touch 所建立的移动应用程序商店平台，也是一个让网络与手机相融合的新型经营模式，不但提供给全世界的软件开发公司、开发人员挥洒创意的舞台，也让 iPhone 用户可通过手机或上网购买或免费试用里面的软件。用户只要在 iTunes 上注册过账号，就可以购买这个平台上的所有软件。相对于 App 开发团队而言，只要上传与发布至 App Store，就可以直接销售给全球潜在的苹果用户。

App Store 除了对所售卖软件加以分类，让用户方便寻找外，还提供了方便的金流处理方式和软件下载安装方式，甚至有软件评比机制，游戏类软件是苹果 App Store 最重要的销售类别，让使用者有选购的依据。App 开发团队将程序交给苹果团队进行审核并通过后，就可以将程序放置于 Apple Store 进行售卖，不但有透明的拆账比例与价格决定权，并且有良好的使用者沟通管道与回报机制。

Google Play 商店首页画面

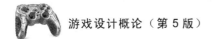

当然 Google 也推出了 Android Market（目前已改为 Android Play）在线应用程序商店，Android Market 平台系统对全世界所有人开放，只要交一笔上传平台的费用，谁都可以把自己写的游戏程序放上 Android Market 平台，全世界的玩家都可以通过 Android 的 Marketplace 网页寻找、购买、下载及评级使用手机应用程序及其他内容，有鉴于 Android 平台手机设计的各种优点，可见未来手机游戏将会像今日的 PC 游戏设计一样普及。

2-5-4　手机游戏的发展与未来

手机游戏具有鲜明的界面、五光十色的动作，让它具有庞大的市场用户、可移植性高及网络支持等优点，而且手机游戏已经不单纯在移动时使用，它具有想玩就玩的方便性、容易上手且花费时间少的优点，比起计算机或电视游戏方便很多。随着 4G 时代的来临，各种移动上网、无线传输技术也日新月异，让手机游戏市场充满发展空间。

当然就目前手机的处理能力和性能而言，初期阶段支持 Java 的手机就像早期第二代游戏机与 80 年代中期家庭计算机和早期的手持游戏机一样。早期的手机内存有限，主要的输入接口还是以按键为主，碍于手机按键的传统配置，无法让游戏充分地发挥其操作性，手机游戏每次玩的时间不长，使用者多是利用通勤、上班或无聊时来做短暂消遣。手机游戏设计首重操作方式，由于各家厂商推出的手机屏幕大小不一，在设计操作方式上就得特别用心，不过目前在智能型手机中，普遍搭载触摸屏、GPS 等硬件，让游戏操作接口的问题获得很大的改善。

随着硬件技术的日新月异，从广大的市场面来考虑，以往手机游戏在线化最大的门槛就是在线游戏对于网络联机质量要求较高，目前在 4G 牌照颁发以后，手机上网速度明显加快，各大电信从业者也不断推出新的网络技术，强化网络基础建设与增设基地台，解除了手机游戏联机发展的网络瓶颈。虽然游戏的开发较为简单，但通过网络口耳相传，市场的反应却是相当迅速，产品要大卖的几率其实不高，因此虽然游戏开发时间短，通常为了延长游戏本身的生命周期，需要不断推出游戏的新版本。

课后练习

1. 试简述 3D 及虚拟现实在娱乐领域的应用。
2. 请自行上网查询并说明三国志的开发背景及相关系列游戏。
3. 请问“空战奇兵”（Ace Combat, AC）游戏中有哪一种特别的设计。
4. 请自行上网查询并介绍“世纪帝国”（Age Of Empires, AOE）游戏的特色是什么？
5. 什么是 App？试简述。
6. 什么是 App Store？
7. 请介绍 Android 操作系统。
8. 游戏平台的意义与功能是什么？试简述。
9. 请介绍微软 TV 游戏机的发展史。
10. 掌上型游戏机的功能与特色。

第 3 章
游戏设计初体验

自打年少咿呀学语，开始对周围环境感到好奇的时候，相信“玩游戏”这个念头就一直在各位的脑海中打转。举个例子来说吧！在小时候，大家可能都玩过猜拳、打弹珠、捉迷藏等游戏；稍大一些，想必接触了更多不同类型的电玩游戏。

超级玛丽兄弟是一款历久弥新的好玩游戏

那时候由于计算机硬件性能的限制，加上游戏设备本身价格昂贵而且并不普及，使得游戏相关产业并未受到人们的关注与重视。但毕竟娱乐仍然是人类物质生活的最大享受，因此即使在那个堪称游戏产品蛮荒年代的时候，也诞生出不少如《大金刚》《水管玛莉兄弟》等脍炙人口的经典名作。

3-1 游戏主题的选择

早期的游戏，并没有现在成熟的多媒体技术与计算机高性能的支持，只是凭借着所谓“好玩”的原则，带给玩家经久不衰的怀念。在笔者看来，不管是以前还是现在，对于任何一款游戏，只要有好的游戏开发架构与创新的细节规划，就一定能获得玩家的青睐，千万不可过分追求主机硬件性能与五光十色的多媒体技术。

游戏开发团队产生一个游戏主题（Game Topic）通常会经历 3 个阶段：从最初的概念（concept）形成，再转化为游戏结构（structure）雏形，最后才进入真正的游戏设计（design）

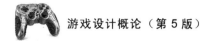

阶段，涵盖了软件与创意企划的开发流程。

游戏主题是设计一套游戏的开端，通常具有一般、普及故事性的游戏剧本，比较适用于不同的文化背景的玩家族群，例如爱情主题、战争主题等，并容易引起玩家们的共鸣。如果游戏题材比较老旧的话，不妨试着从一个全新的角度来诠释这个古老的故事，让玩家能在不同的领域里领略到新的意境。

例如，巴冷公主的主题起缘于台湾原住民所流下的口传故事，如果能够利用科技来让它重新呈现，就是一个很有原味的梦想开始。巴冷公主取材自鲁凯族最古老的爱情神话故事，描述蛇王阿达礼欧为了迎娶巴冷公主，历经千辛万苦，通过恶劣环境的考验，到大海另一端去取回七彩琉璃珠，这样高潮迭起的剧情，配合最新的 3D 引擎系统在游戏世界中改编制作。

《巴冷公主》游戏中的主角群

此外，游戏的主题必须明确，这样玩家对游戏才有认同感与归属感。例如我们在欣赏《神鬼无间》影片时，很清楚地知道主角莱昂纳多就是一个卧底，他的任务是揭发黑道老大犯案的证据。就因为主题如此清晰，所以观众很容易就投人剧中而难以自拔。游戏主题的建立与强化，可以从时代、背景、故事、人物、目的 5 个方面着手。

3-1-1 时代

“时代”因素是用来描述整个游戏运行的时间与空间，它代表的是游戏中主角人物所能存在的时间与地点。所以“时代”具有时间和空间双重特性。单纯以时间特性来说，时间可以影响游戏中人物的服饰、建筑物的构造以及合理的周边对象，明确游戏发生的时间背景，才会让玩家觉得整个游戏剧情的发生发展合情合理。

《巴冷公主》屏东小鬼湖场景

“时代”的空间特性指的是游戏故事的存在地点，如地上、海边、山上或者是太空中，其目的是要让玩家可以很清楚地了解到游戏中存在的方位，所以时代因素主要是描述游戏中主角存在的时空意义。例如《巴冷公主》游戏演绎的是一千多年前，屏东小鬼湖附近的故事。

3-1-2 背景

一旦定义出游戏所存在的时代，接下来就必须描述游戏中剧情发展需要的各种背景元素。根据定义的时间与空间，还要设计出一连串的合理背景，如果在游戏中常常出现一些不合理的背景，例如将时代定义在汉朝末年的中原地区，可是背景却出现了现代的高楼大厦或汽车，除非有合理的解释，要不然玩家会被游戏中的背景搞得晕头转向，不知所措。

其实，背景包括每个画面所出现的场景，例如，《巴冷公主》的故事场景都发生在原住民部落中，所以一景一物都必须符合那个时代土著居民的生活所需，如山川、树林、沼泽、洞穴、建筑物等都利用 3D 刻画，力求保留原住民的原始风味，对于各部落的建筑物，我们的制作团队还特地深入原住民部落去实地考据，力求精确，可以将原住民生活环境完整呈现。

原汁原味的鲁凯部落及百步蛇图腾的花纹

3-1-3 故事

一个游戏的精彩与否取决于它的故事情节是否足够吸引人，具有丰富的故事内容能让玩家提高对游戏的满意度，例如《大富翁 7》这款游戏，它并没有一般游戏的刀光剑影、金戈铁马，而是以繁华都市的房地产投资、炒股赚钱为主线，还通过相互陷害的故事情节来提高故事的吸引力。

当我们定义了游戏发生的时代与背景之后，就要编写游戏中的故事情节了。故事情节是为了增加游戏的丰富性，安排上最好能让人捉摸不定、高潮迭起。当然，合理性是最基本的要求，不能突发奇想就胡乱安排。例如，许多原住民都认为自己是太阳之子，当然这是一种民俗传说，但旁人必须予以尊重。在《巴冷公主》中，故事情节就巧妙地对此加以合理神化，以下是部分内容：

且说“太阳之泪”的传说来自阿巴柳斯家族第一代族长，他曾与来自大日神宫的太阳之女发生了一段可歌可泣的恋情。当太阳之女奉大日如来之命，决定返回日宫时，伤心地留下了泪水，这泪水竟然化成了一颗颗水晶般的琉璃珠。

她的爱人串起了这些琉璃珠，并命名为“太阳之泪”。“太阳之泪”一方面是他二人恋情的见证，另一方面也保护着她留在人间的代代子孙。传说中这“太阳之泪”具有不可思议的神力，对一切的黑暗魔法与邪恶力量有着相当强大的净化能力。

只有阿巴柳斯家族的真正继承人才有资格佩带这条“太阳之泪”项链，在巴冷十岁时，朗拉路将“太阳之泪”送给她作为生日礼物，也宣示了她即将成为鲁凯族第一位女头目。

至于故事剧情的好坏，判断是因人而异的，有的人会觉得好，有的人会觉得不好，这都取决于玩家自己的感受。所以说，故事剧情是游戏的灵魂，它不需要高深的技术与华丽的画面，但绝对是举足轻重的。

3-1-4　人物

通常玩家最直接接触到游戏的元素就是他们所操作的人物与故事中其他角色进行互动，因此在游戏中必须刻画出正派与反派角色，而且最好每一个角色人物都有自己的个性与特色，这样游戏才能淋漓尽致地展现出人物的特质，这包括外形、服装、性格、语气与所使用武器等。有了鲜明的人物才能强化故事内容。例如在巴冷公主游戏中每个人物的个性、动作，还有肖像的表情，都有自己的一套风格。而怪兽的种类、属性非常多，都有自己独特的动作，这些都是制作小组为了追求原住民的原始风味，深入原住民部落实地考察而得来的。下图是巴冷游戏中丰富的人物形象。

《巴冷公主》中丰富的人物形象

3-1-5　目的

游戏的“目的”是要让玩家们有肯继续玩下去的理由，如果没有明确的游戏目的，相信玩家们可能玩不到十分钟就会觉得索然无味。不管是哪一种类型的游戏，都会有其独特的玩法与最终目的，而且游戏中的目的不一定只有一种，如同有些玩家会为了让自己所操作的人物达到更强的程度，这些玩家就会更加拼命地提升自己主角的等级，有些玩家就会为了故事剧情的发展而去拼命地打敌人过关，或者是为了得到某一种特定的宝物而去收集更多的元素等。好的关卡设计就是表示游戏进行中目的的最佳方式，通常它会在游戏的桥段中隐藏惊奇的宝箱、神秘的事物或者是惊险的机关、危险的怪兽。无论是哪一种，对于开发者而言就是将场景和事件结合，建立任务的逻辑规范。在“导火线”游戏中，就可以看到开发者利用非线性的关卡设计，使得玩家能以第三人称视角进行游戏，闯关时主角有 5 种主要武器及 4 种辅助武器可以使用，若运用得当则这些武器能变换出 20 多种不同的攻击方式。

例如，《巴冷公主》游戏中的目的是蛇王阿达礼欧为了要迎娶巴冷为妻，毅然决然地踏上找寻由海神保管着的七彩琉璃珠下落的旅途。历经了三年的风霜与冒险，旅途上到处充满了各式各样可怕的敌人，阿达礼欧终于带着七彩琉璃珠回来了，并依照鲁凯族的传统，通过了抢亲仪式的考验，带着巴冷公主一同回到鬼湖过着幸福美满的生活。

游戏内容中的每个关卡都巧妙地安排各种事件，依照事件的特性编排不同的玩法。就游戏的地图而言，以精确的考据及精美的画工为主要诉求点。我们并不希望玩家在森林或地道里面迷路，而希望玩家可以在丰富多变的关卡里找到不同的过关方法。

《巴冷公主》游戏以刺激有趣的关卡来强化游戏的最终目的

2-1-6 迷你游戏项目设置

学习了与建立游戏主题相关的内容之后，我们马上就来做一个热身练习，尝试设计一个简单的游戏主题。首先从“时代”因素说起，笔者设计了一个未来时空，在未来时空中，刚经过星际大战，城市混乱不堪，计算机已经发展成一种可怕的怪物，并且控制了整个 G 星球，而人类将要被计算机消灭。在这个简短的例子描述中，它就交代清楚了游戏的“时代”与“背景”两大要素。

定出了“时代”与“背景”要素后，接着开始拟定游戏故事的剧情内容。例如，为了打败计算机，人类决定在这个星球的各个角落里挑选出几个英勇的战士，主角就在这几个战士中产生，主角为了打败计算机怪物，在冒险的旅途中开始召集各地区的英勇战士，在召集的过程中，战士之间还会发生一些爱恨情仇的小插曲。这些内容就可以当作整个游戏的故事大纲。

有了前 3 项的要素之后，接下来就可以开始初步设计基本的演出角色，如男主角、女主角、反派角色等。在这里，可以先设计男主角的出生背景，男主角年约二十出头，出生在 G 星球上某一个国家，是一个从小父母双亡的孤儿，在一次勇士选拔赛中被选中，国王告诉男主角前因后果之后，男主角决定担负起这个重大责任。男主角初步的人物设计参数如下表所示，对应的角色原画如右图所示。

男主角人物设计参数

特征名称	设置值
姓名	巴亚多
年龄	23
身高	181 厘米
体重	65 公斤
个性	火爆、见义勇为、拥有特殊神力
衣着	G 星球原住民勇士的传统服饰
人物背景	农村长大，体形高大壮硕

男主角角色原画

女主角是国王的独生女，温柔体贴、冰雪聪明，为了父亲与意中人抛弃养尊处优的宫中生活，与男主角共同冒险抗敌。人物设计参数如下表所示，造型原画如右图所示。

女主角人物设计参数

特征名称	设置值
姓名	爱莉娜
年龄	20
身高	167 厘米
体重	46 公斤
个性	温柔婉约、拥有特殊魔法
衣着	G 星球贵族公主服饰
人物背景	皇宫长大，美貌高挑

女主角角色原画

3-2 游戏内容设置

要制作一款受人欢迎的游戏，必须注重游戏内容的合理性与一致性，因此许多呈现方式都必须做预先的设置。本节将从美术、道具、主角风格的角度来讨论设置的原则与方式。

3-2-1 美术风格设置

美术风格，简单形容就是一种视觉角度的市场定位，借此吸引玩家的眼光。在一款游戏中，应该要从头到尾都保持一致的风格。游戏风格的一致性包括人物、背景特性和游戏定位等。在一般的游戏中，如果不是剧情特殊需要，我们都尽量不让游戏中的人物说出超越当时历史场景的语言，尤其是时代的特征。

《诛魔记》画面

有一款 2D 冒险动作游戏——《诛魔记》，以清朝末年的宫闱野史为时代背景，融合中国乡野僵尸鬼魅传说作为游戏的故事背景。游戏风格采用古典幽秘的中国画风，采取多层次横向滚动条画面，搭配主角丰富的动作，加上各种炫丽的魔法特效，让玩家在玩游戏的过程中感受到独特的故事性。

3-2-2 道具设置

游戏中的道具设计，也要注意它的合理性，就如同不可能将一辆大卡车装到自己的口袋一样。另外，在设计道具的时候，也要考虑道具的创意性。例如，可以让玩家完全用事先准备好的道具来玩游戏，也可以让玩家自行设计道具。当然，无论使用什么样的形式，都不能违背游戏风格一致性的原则，如果我们让巴冷公主突然拿把冲锋枪歼灭怪物，那肯定让玩家哭笑不得。下图所示为《巴冷公主》中符合当时原住民风格的经典道具。

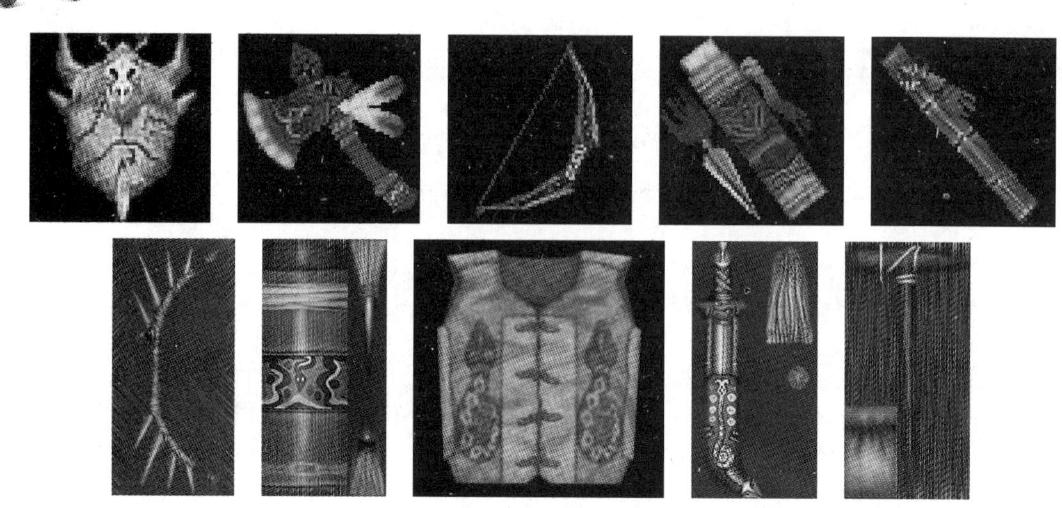

《巴冷公主》中出现的道具

3-2-3　主角风格设置

游戏中的主角绝对是游戏的灵魂，只有出色的主角才能让玩家在我们设计的游戏世界中流连忘返，只有这样才能演绎出让人欲罢不能的故事剧情，游戏也就有了成功的把握。事实上，在游戏中主角不一定非要是一名正直、善良、优秀的好人，也可以是邪恶的或者介于正邪之间让人又爱又恨的角色。

从人性弱点的角度看，有时邪恶的主角比善良的主角更容易使游戏受欢迎。如果游戏中的主角能够邪恶到既让玩家厌恶又不忍心甩掉的地步，那么这款游戏就成功了一半，因为玩家会更想弄清这个主角到底能做什么坏事、会有什么下场，这种打击坏人、看坏人恶有恶报的心态，更容易抓住玩家的心。

例如，本团队设计的《英雄战场》游戏（见下图），融合 FTG（格斗）、STG（射击）两种游戏的特点，重现亦正亦邪的主角西楚霸王项羽，他在乌江江畔所获的邪恶“蚩尤之石”，可以自由穿梭时空，并能用它控制中国各朝历代武将，一举颠覆历史，企图完成时空霸业。这款游戏可以让玩家选择扮演古今著名武将与传说中的英雄角色，相互争夺宝物，厮杀对战，享受着畅快淋漓的 PK 对战乐趣，最大限度地满足玩家的杀戮快感。

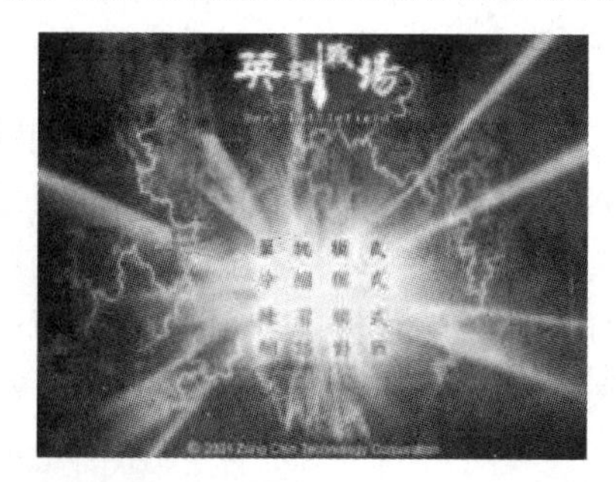

《英雄战场》游戏界面

还有一点要注意，当我们在设计主角风格时，千万不要将它太脸谱化、原形化，不要落入俗套。简单地说，就是不要将主角设置的太“大众化”。主角如果没有自己的独特个性、形象，玩家就会感到平淡无趣。

3-3　游戏界面设计

对于一款游戏来说，最直接与玩家接触的画面就是游戏界面，不过设计界面可不是想象中的那么简单，并不是把选单规划一下，按钮、文字框随便安排到画面上就结束了。从剧情内容的架构、操作流程的规划、互动组件的选择到页面呈现的美观都是一门学问。其实游戏接口主要功能是用来让玩家使用游戏所提供的命令或提供给玩家游戏所传达的信息而已。当游戏进行到关键时，一个游戏界面的好坏绝对会影响到玩家们的心情，因此在游戏界面的设计上也要下一点功夫才行。

巴冷原木古典风格的操作主界面示范

环境界面设计的最简单原则是：尽量采用图像或符号来代表指令的输入，尽量少用单调呆板的文字菜单。如果非要使用文字的话，也不一定要使用一成不变的菜单，我们可以使用更新潮的形式来表达。

对于游戏环境界面的设计，笔者建议从以下 3 方面进行考虑。

3-3-1　避免环境界面干扰操作

一款好的游戏应尽量避免环境界面干扰玩家的操控。例如，一套游戏的环境界面采用实时框架的形式来实现，这种构思很不错，很有时效性，但如果事先没有做好妥善的空间规划处理，时常会挡住玩家对主角的操作，玩家操作的游戏主角会因为被弹出界面阻挡无法及时反应而被敌人打到半死，那么玩家就会非常反感了。这是一般游戏最很容易犯下的错误，不但对游戏的故事剧情没有任何帮助，反而会招致玩家反感。下面左图的环境界面对话框设计得就不好，挡住了游戏主角，右面的比较好，把环境界面对话框放到了底部。

人物被对话框挡住了

对话框应配置在下方

3-3-2 人性化界面

从环境界面的功能来说，它是一种介于游戏与玩家之间的沟通渠道，所以，如果环境界面的人性化设计成分越多，玩家使用起来就越容易与游戏沟通。以笔者个人的观察，玩家是非常不喜欢看游戏说明书的，尽管有些标榜超专业的游戏还是沾沾自喜地制作厚厚一本游戏说明书，让游戏包装看起来很有分量，但实际上能将这种说明书看完的玩家，几乎是寥寥无几。

以《古墓丽影》的 PC 版来说，为了配合劳拉的动作变化，除了基本操作的方向键之外，可能还要加入 Shift 或 Ctrl 键，因此在发展到《古墓丽影 7》时，劳拉不只有水中的动作，身上还有望眼镜、绳索及救生包等。进入游戏系统后，用平行窗口还是子窗口进行控制比较好，要不要存储按键信息等，这些都在考验着开发者的智慧；如果艺术和实用并进，则会增加游戏的耐玩度。如养成类游戏的界面都以讨喜可爱风居多。如果一个游戏的界面操作困难，即使故事性十足，玩家也有可能放弃它，真是“差之毫厘，失之千里”。

养成类游戏的界面以讨喜可爱风居多

有些实时战略类游戏，界面就做得非常人性化。当玩家去单击敌方的部队时，游戏界面上会出现“攻击”图标，而当我们去单击地图上某一个地方时，游戏界面上则会出现“移动”图标，诸如此类。在游戏中，不会看到一堆无用的说明，整个画面让玩家看起来相当干净、简洁，即使没有说明书，也可以直接操作，而且又很容易上手。

下图为本公司制作的一款动作射击类游戏——《陆战英豪之重回战场》，它提供 4 种联机对战模式，最简单的只需要串行端口即可联机对战。另外，还可以通过调制解调器拨号联机对战、通过局域网对战以及通过 Internet 联机大战。可以控制的因素很多，但操作却又很简单，加速、减速、刹车、倒车等功能一应俱全，还能作定速巡航。最重要的是 5 个按键就能让你无拘无束奔驰沙场，与敌军周旋作战了。

《陆战英豪之重回战场》

3-3-3　抽象化界面

笔者曾经在《黑与白》（Black & White）这款游戏中看到了一种非常让人感动的游戏环境界面，那就是“无声胜有声的界面”，也就是“抽象化界面”。换句话说，玩家在游戏中是看不到任何固定的窗体、按钮或菜单的，它利用鼠标的滑动方式来下达“辅助命令”。

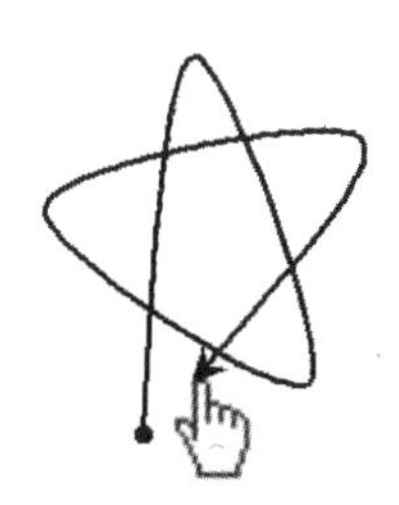

换“火爆”的绳子

换“快乐”的绳子

“辅助命令”就是除了捡拾物品、丢掉物品或点选人物之外的功能命令，例如在《黑与白》游戏中，我们要换牵引圣兽的绳子时，只要利用鼠标在空地上画出我们所要的绳子命令即可。事实上，游戏中使用抽象化界面是一种相当有创意的方式，可以让玩家有耳目一新的观感，在进行游戏设计时是一种可以考虑的做法。

3-3-4 输入设备

一款游戏必须拥有良好的人机操作接口设计，还要有合适的输入设备来帮助玩家体验更精彩的游戏世界。例如对手机游戏来说，目前许多智能手机或平板电脑的游戏都会在触控屏幕画面上显示虚拟游戏手柄，仿真一般实体控制器让玩家使用。

对较早期的游戏来说，不难发现游戏主要的输入工具不是键盘就是鼠标。甚至有些游戏还会使用鼠标作为一种控制模式，再加入键盘控制模式，而且这两者互不相关。以一个单纯的玩家而言，这么复杂的输入环境不但令玩家非常困扰，而且键盘搭配往往不容易记得，导致一套游戏非要按这么多按钮才可以玩，真是想到就头皮发麻。这种情况特别容易在某些模拟类游戏中出现。

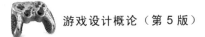

例如某种赛车类型游戏，当按上键，车子会执行加油前进动作、按下键，车子会执行刹车动作、而换挡则是 1、2、3、4 及 5 键、切换第一人称视角则为 F1 键、切换第三人称视角为 F2 键等复杂的组合键，搞得玩家们晕头转向。

记得之前还玩过一种 3D 第三人称的游戏，其人物的移动控制键分别为上、下、左、右，手攻击键为 A 键、脚攻击键为 S 键、跳跃为空格键。看似简单，不过由于它的左右键是控制人物的平行左右移，一旦要执行转身动作，就要使用鼠标。天啊！如果没有遇到敌人那还好，但是一遇到敌人的时候，两只手便得迅速地在鼠标与键盘之间穿梭，不要说打敌人了，就连主角要移动都来不及了，这时就算是一个电玩高手来玩，都没有办法控制地很流畅。

虽然键盘可以下达许多不同的指令，但是对于一款游戏而言，不方便的输入模式绝对会让玩家手足无措，完全摸不着游戏的方向。对于游戏设计者而言，游戏输入设备是玩家与游戏真正接触的实体接口，互动与实用性的好坏可以直接影响到玩家们对于游戏质量的评断，必须要细心规划与设计。总归一句话，如果没有了良好贴心的输入控制机制，就算游戏有再华丽的画面、故事题材再怎么动人，这些也全部是枉然。

3-4 游戏流程描述

在定义出游戏主题与游戏系统后，接着就可以尝试画出整个游戏的概略流程架构图，用于设计与控制整个游戏的运作过程。首先可以从两个基本方向来定义，那就是游戏要“如何开始”和“如何结束”。下面就以一个简单的小游戏来说明如何画出游戏流程架构图。

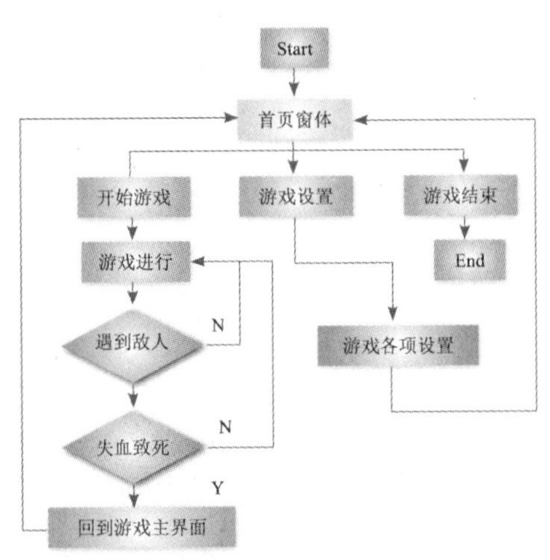

游戏设计流程

从图中可以清楚地看到，游戏开始后，玩家可通过首页窗体进入游戏，而在游戏中可能会得到宝物或者遇到魔王，也可能稍不注意就被敌人打死，然后结束游戏。以上的流程图只是从程序的角度来描述流程。如果从剧情的角度来描述，又可分为以下两种。

3-4-1　倒叙法

倒叙法就是将玩家所在的环境先设置好，换句话说，就是先让玩家处于事件发生后的状态，然后再让玩家自行回到过去，让他们自己去发现事件到底是怎样发生的，或者让玩家自行去阻止事件的发生。《神秘岛》（MYST）这款 AVG 游戏就是最典型的例子。

3-4-2　正叙法

正叙法就是以普通表达方式，让游戏剧情随着玩家的遭遇而展开，换句话说，玩家对游戏中的一切都是未知的，而这一切都在等待玩家自己去发现或创造。一般而言，多数游戏都是以这样的陈述方式来描述故事剧情的，《巴冷公主》游戏采用的就是这种方式。

3-5　电影技巧与游戏的结合

近几年当红的游戏，不少都是将电影里的拍摄手法应用在游戏上，使得玩游戏更像看电影，让玩家大呼过瘾。比如 SQUARE（史克威尔）公司推出的《最终幻想》（Final Fantasy）游戏系列，就将现今电影的制作手法加入到了游戏中，画面精美感人，从而大受欢迎。

《最终幻想》经典游戏

电影拍摄规律也可以用于游戏，例如，在电影拍摄中有一个相当流行的规律，就是在移动的时候，摄影机的位置与角度不能跨越两物体的轴线。

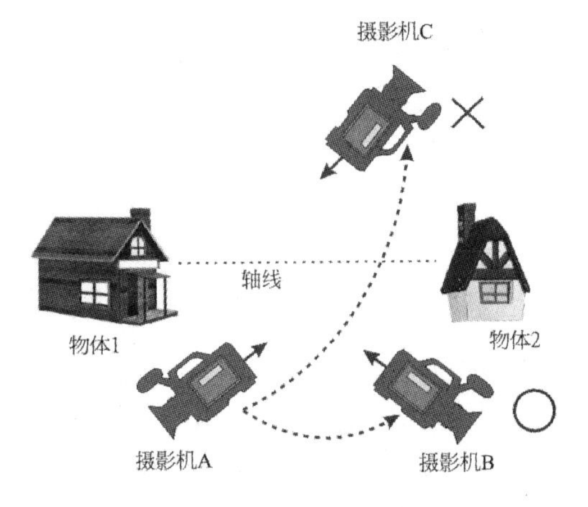

摄影规则示意图

当摄影机在拍摄两个物体的时候，例如两个面对面对话的人，这两个物体之间的连线称为“轴线”。当摄影机在 A 处先拍摄物体 2 之后，下一个镜头，就应该要在 B 处拍摄物体 1，其目的是要让观众感觉物体在屏幕上的方向是相对的。

遵守这样的规律进行拍摄后，播放时就不会让观众对视觉方向造成困扰。但是如果将摄影机在 A 处拍摄完对象 2 之后，在 C 处拍摄对象 1 的话，那么给人的感觉就像是人物在屏幕上瞬间移动一样，让观众在方向上产生混乱感。

3-5-1 第一人称视角

游戏有一个与电影相同的地方，也是近年来游戏产业在制作游戏时的一种趋势：利用各种摄影机技巧，变更玩家在游戏中的“可视画面”。就拿上述规律来说，也不是严格规定不能跨越这条轴线，只要将摄影机的移动过程让观众看见，而且不把绕行的过程剪掉，那么观众便可以自行去调整他们自己的视觉方位。我们可以将这种手法运用在游戏的过场动画中。这种类似摄影机的规律，都可以应用在一般游戏中。通常，按玩家的角度（视角）来进行类别划分，可分为“第一人称视角”和“第三人称视角”。

所谓的第一人称视角，就是以游戏主人公的亲身经历来介绍剧情，通常在游戏屏幕中不出现主人公的身影，这让玩家感觉他们自己就是游戏的“主人公”，更容易让玩家投入到游戏的意境中。从摄影角度来讲，至少从 x、y、z 与水平方向 4 个角度来定义摄影机，拍摄游戏的显示画面。玩家可以通过光标来左右旋转摄影机的角度，或上下移动（垂直方向）调整摄影机的拍摄距离。这种形式的摄影机，并不是固定在原地的，而是可以在原地做镜头旋转，用以观察不同的方向。示意图如下所示。

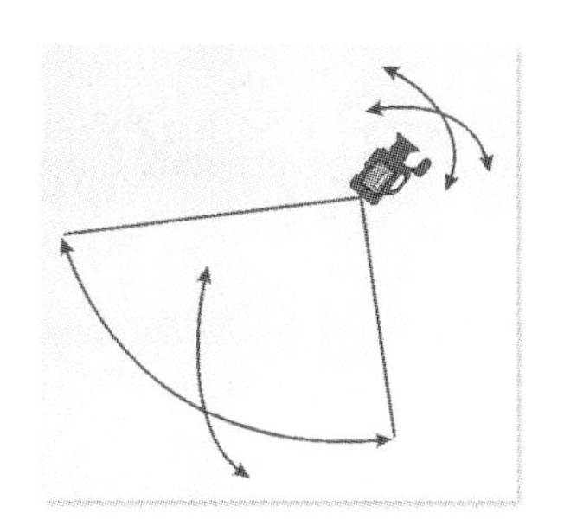

固定型摄影机的拍摄原理

事实上，自从第一个第一人称视角射击游戏《德军总部 3D》推出以来，越来越多的游戏开始以第一人称视角来制作游戏画面。第一人称视角不仅仅只应用在射击类游戏上，许多其他类型的游戏（SPT、RPG、AVG，某些以 Flash 软件制作的第一人称虚拟电影）都允许玩家通过“热键（Hot Key）”的方式来切换摄影机在游戏中的拍摄角度。不过，第一人称视角的游戏，在编写上比第三人称视角游戏难度大。

《德军总部 3D》游戏画面

3-5-2　第三人称视角

第三人称视角是以一个旁观者的角度来观看游戏的发展，虽然玩家所扮演的角色是一个“旁观者”，但是在玩家的投入感上，第三人称视角的游戏不会比第一人称视角游戏来得差。在过去普通的 2D 游戏中，一般感觉不到摄影机存在，但也可以利用摄影机技巧，从某个固定角度拍摄游戏画面，并提供缩放控制操作，模拟 3D 画面的处理效果，这也是“第三人称视角”的应用。这种形式的摄影机的移动方式是以某一点为中心做圆周运动，并保持摄影机镜头朝向中心点，相当于是追踪某一点。

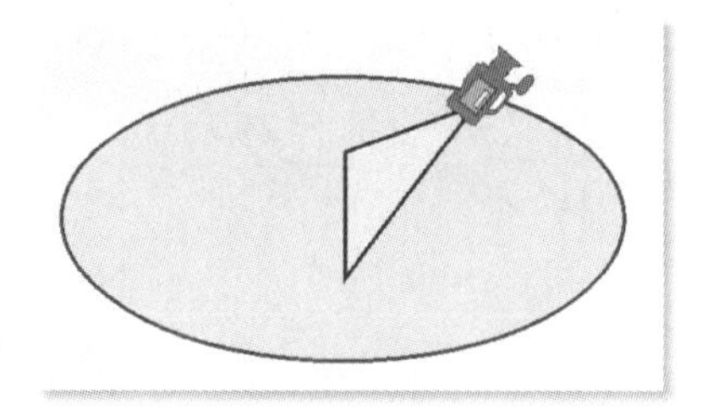

同心圆型路径

笔者比较偏好于第三人称视角的游戏，因为在玩第一人称视角游戏时，经常被弄得晕头转向，《巴冷公主》采用的就是第三人称视角。另外，在第三人称视角游戏中，也可以利用各种不同的方式来加强玩家对于游戏的投入感，例如：玩家可自行输入主人公的名字或自行挑选主人公的脸谱等。但是，千万不要在同一款游戏中随意做视角间切换（一会儿用第一人称视角，一会儿用第三人称视角），这样会导致玩家对于游戏困惑不解。通常，只有在游戏中的过关演示动画或游戏中交代剧情的动画里，才有机会使用这种不同视角切换。

3-5-3　对话艺术

谈到这里，我们顺便介绍另外一种电影手法的应用——对话。对话在表演类艺术中非常重要，为了要突显游戏中每一个人物的性格与特点，势必要在游戏中确定每一个人的说话风格，同时，游戏的主题也会在对话中得以实现。例如，《巴冷公主》中两个头目的对话，因为是头目，所以对话内容必须沉稳庄重。

《巴冷公主》中的对话

通常，一款游戏中至少要出现 50 句以上常用且充满趣味的对话，而且它们之间又可以互相组合，如此一来，玩家才不会觉得对话过于单调无聊。还要尽量避免过于简单的字句出现，如“你好！”“今天天气很好！”等。事实上，对话可以加强剧情张力，在游戏中的对话不要太单调呆板，应该要尽量夸张一些，必要的时候补上一些幽默笑话，并且不必完全拘泥于时代的背景与题材的限制。毕竟游戏是一项娱乐产品，目的是为了让玩家在游戏中得到最大的享受和放松。

3-6　游戏不可测性的设计

人类是一种好奇心很重的动物，越是扑朔迷离的事情，越是感兴趣。而游戏中所要表达的情境因素非常重要，只有满足人的本性，才能牵动人心，才能让玩家真正沉醉于游戏中，例如制造悬念，可为游戏带来紧张和不确定因素，目的是勾起玩家的好奇心，让他们猜不出下一步将要发生什么事情。

例如，游戏设计者可以在一个奇怪的门后面放一些玩家需要的道具或物品，但门上有几个必须开启的机关，如果开启错误机关，会引起粉身碎骨的爆炸。虽然玩家不知道门后面到底放置些什么物品，但可以通过外围提示使玩家了解这个物品的功能，同时也知道打开门后可能发生的危险。因此，如何安全打开门就成为玩家费尽心思解决的问题。由于玩家并不知道游戏会如何发展，所以玩家对于主角的动作有了一种忐忑不安的期待与恐惧。

3-6-1　关卡

在游戏发展过程中，玩家就是不断通过积累经验来与不可预测性的事件抗争，如此一来，便提升了游戏对玩家的刺激感。这就是游戏关卡的应用。别出心裁的关卡设计可以弥补游戏性不足的缺陷，通常它会在游戏中隐藏惊奇的宝箱、惊险的机关、危险的怪兽，或者隐藏关卡、隐藏人物、过关密码等。

例如在《导火线》中，以非线性方式设计关卡，玩家能以第三人称视角玩游戏。故事主人翁要完成使命，在主角跳跃、射击、翻滚的闯关过程中，必须利用巧妙的机智才能闯过 7 个关卡。

当玩家通过游戏的关卡时，设计者也可以给玩家一些突如其来的奖励，例如精彩的过场动画、漂亮的画面，甚至让玩家可以得到一些稀有的道具等。这些无厘头的惊喜非常有意思，但有一点要注意，这些设计不能影响游戏的平衡度，毕竟这些设计只是一个噱头而已。

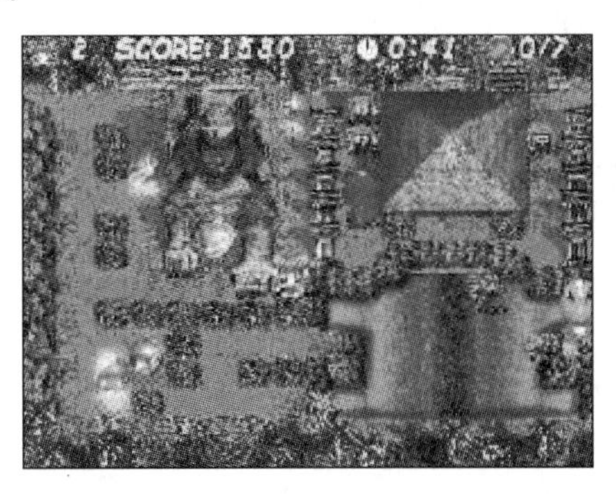
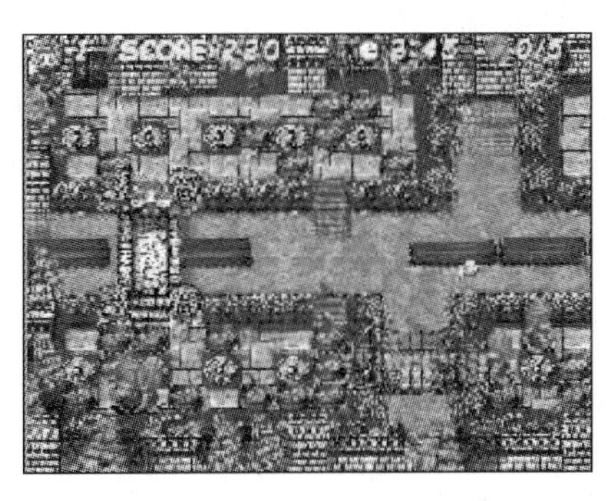

《新无敌炸弹超人》游戏关卡

曾有一套相当受欢迎的《新无敌炸弹超人》游戏，这是一款简单易上手，内容又不失刺激的动作益智类游戏。游戏共分 8 大关卡，每关分为 3 小关，共计 24 关，加上两个隐藏关卡，总计 26 个关卡。主要玩法是在有限的时间内，充分利用游戏中的地形关卡，掌握不同炸弹的引爆时间，歼灭对手。游戏过程中还会随机出现许多丰富有趣的道具，可用来陷害竞争对手。

3-6-2　交互性

另一种制造游戏不可测气氛的方法则是利用游戏的交互性。游戏交互性指的是游戏对于玩家在游戏中所做的动作或选择做出的某些特定的反应。例如，主角来到一个村落中，村落里没有人认识他，因此而拒主角于千里之外，但是当主角解决了村落居民所遇到的难题之后，主角便在村落中声名大震，因而可以在村民的帮助下得到下一步任务的执行线索。再举一个很简单的例子，在游戏中，有一个非常吝啬的有钱人，这个有钱人平常就不太爱理会主角，但是在一个机缘下，主角救了这个有钱人，之后有钱人遇到主角时，态度则发生一百八十度的转变。要实现诸如此类的效果，可以将主人翁身上加上某些参数，使得他的所作所为足以影响到游戏的进行和结局。这种有明显的前因后果的关系称为线性交互，又可细分为线性结构与树形结构。

游戏的非线性交互指的是开放型结构，而不是单纯的单线或多线性。一般来说，游戏的结构应该是属于网状非线性结构，而不是线性结构或是树形结构。在非线性交互游戏中，游戏的分支交点可以允许互相跳转。

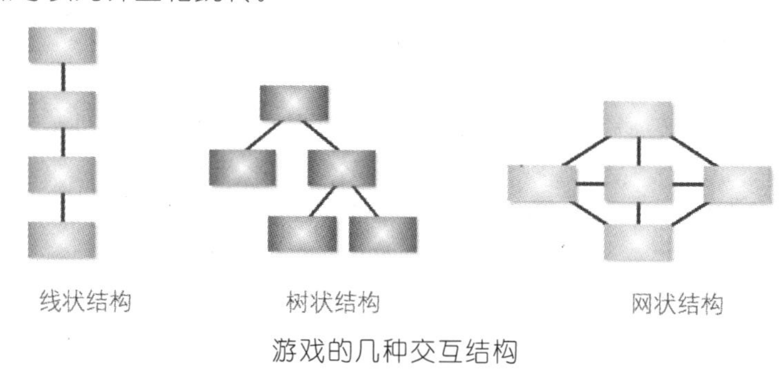

游戏的几种交互结构

事实上，在游戏中使用非线性交互结构来推动剧情发展，更容易让游戏有高深莫测的神秘感。如果从游戏的不可预测性来看，可以将游戏区分成以下两种类型。

■ **技能游戏**

技能游戏的内部运行机制是确定的，而不可预测性产生的原因是游戏设计者故意隐藏了运行机制，玩家可通过了解游戏的运行机制来解除这种不可预测性事件。

■ **机会游戏**

机会游戏中游戏本身的运行机制是模糊的，它具有随机性，玩家不能完全通过对游戏机制的了解来消除不可预测性事件，而游戏动作所产生的结果也是随机的。

3-6-3　情境感染

上面讲述的都是利用游戏执行流程来控制悬念，其实还有一种“情境感染法”，借助周边的人物、情境来烘托某个角色的特质。例如，洞中有一个威猛无比的可怕怪物，当主角走进漆黑洞穴时，赫然看到满地的骨骸、尸体或者在两旁的墙壁上，有许多人被不知名的液体封死在上面，接着传来鬼哭狼嚎的惨叫。这种情境感染的手法可以立刻让玩家不寒而栗，产生即将面对生死存亡的恐惧感，间接展示了这只怪物令人胆寒的威力。

恐怖的场景能让玩家更投人其中

3-6-4　掌控游戏节奏

游戏节奏的流畅性也是紧扣玩家心弦的法宝之一，因此在制作一款游戏的时候，也应该要明确指出游戏中的时间概念与现实生活中时间概念的区别。游戏中的时间是由定时器控制的，而这种定时器又可以分成两种，下面分别进行介绍。

Tips 在游戏中，定时器的作用是给玩家一个相对的时间概念，使得游戏的后续发展有一个相对参考。

■ 真实时间定时器

真实时间定时器就是类似《命令与征服》（C&C）和《毁灭战士》（DOOM）的时间表示方式。

■ 事件定时器

它指的是回合制游戏与一般 RPG 和 AVG 游戏中所定时的表现方式。事实上，有些游戏也会轮流使用这两种定时设备，或者同时采用这两种定时的表现方式。例如《红色警戒》中的一些任务关卡的设计。在实时计时类游戏中，游戏的节奏是直接由时间来控制的，但对于其他类游戏来说，真实时间的作用就不是很明显，需要用其他的办法来弥补。

在当红游戏中，大多都会尽量让玩家来控制整个游戏的节奏，较少由游戏本身的 AI 来控制。如果必须由游戏本身控制的话，游戏设计者也要尽量做到让玩家难以察觉。例如在冒险类游戏（Adventure Game，AVG）中，可以调整玩家的活动空间（如 ROOM）、玩家的活动范围（如游戏世界）、游戏谜题的困难度等，这些调整都可以改变游戏本身的节奏。在动作类游戏（Action Game，ACT）中，则可以通过调整敌人的数量、敌人的生命值等方法来改变游戏本身的节奏。在 RPG 游戏中，除了可以采用与 AVG 游戏类似的手法外，还可以调整事件的发生频率、敌人强度等。总之，尽量不要让游戏拖泥带水。一般情况下，游戏越接近尾声，游戏的节奏就会越快，这样一来，玩家就会感觉到自己正逐渐加快步伐地接近游戏的结局。

3-7 游戏设计的死角

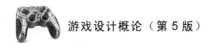

即便对于一个游戏设计的老手而言，都很容易在游戏进行时发生以下 3 种类似死角或停滞的状况，那就是“死路”“游荡”“死亡”，三者之间的差距如下。

3-7-1 死路

“死路”指的是玩家在游戏进行到一定程度后，突然发现自己进入了绝境，而且竟然没有可以继续进行下去的线索与场景，这种情况也可以称为“游戏死机”。通常，出现这种情况是因为游戏设计者对游戏的整体考虑不够全面，也就是没有将所有游戏中可能出现的流程全部计算出来，当玩家没有按照游戏设计者规定的路线前进时，就很容易造成“死路”现象。

3-7-2 游荡

“游荡”指的是玩家在地图上移动时，很难发现游戏下一步发展的线索和途径，这种情况玩家将它称为“卡关”。虽然这种现象在表面上与“死路”类似，但两者本质却并不相同。通常，解决“游荡”的方法是在故事发展到一定程度时，把地图的范围缩小，让玩家可以到达的地方减少，或者是让游戏路径的线索再明显地增加，让玩家可以得到更多提示，而且可以轻松找到故事发展的下一个目标。

3-7-3 死亡

通常，游戏主角死亡的情况分成两种，这也是开发者容易弄错的地方。一种是因目的而死亡，另一种是真正的结束。

■ **因目的而死亡**

这是一种配合剧情需要设计的假死亡，例如当主角被敌人打死（其实只是受到重伤而已），很幸运地被一个世外高人所救，并且从这个高人身上学习到一些厉害招式后，再重出江湖。

■ **游戏结束**

这种死亡是真正的“Game Over”，是让玩家所操作的主角面临真正的死亡。一般而言，玩家必须重新开始或读取存储在电脑中的原有进度，游戏才能继续。

3-8 游戏剧情的作用

有些游戏玩一会就觉得索然无味，有些则是百玩不厌，关键就在于游戏的剧情张力，它也是影响游戏耐玩度的重要因素。目前市场上的游戏可以分成两种，一种是无剧情的刺激性游戏，另一种是有剧情的感观性游戏。

3-8-1　无剧情游戏

无剧情的游戏着重于游戏带给玩家的临场刺激感，如《战栗时空》。这种游戏的主要目的是要让玩家自行去创造故事的发展，在游戏中，它只告诉玩家主角所在的时空与背景，而游戏剧情的流程运作是要玩家自己去闯荡。在这个游戏中，玩家所扮演的角色是一个拿着枪的人物，并且伙同朋友一起去攻打另外一支队伍，而在这种攻打另一支队伍的同时，也创造出了一个属于玩家自己的故事。

3-8-2　有剧情游戏

有剧情游戏侧重于游戏带给玩家的剧情感触。这种游戏的主要目的是让玩家随着游戏中编排的故事剧情玩游戏。在游戏中，会先让玩家了解所有的背景、时空、人物、事情等要素，然后玩家就可以依照游戏剧情的排列顺序往下进行，比如在一般的角色扮演类游戏中，玩家会扮演故事中的一名主角，而剧情则围绕这名主角周围发生的大小事件展开，所以有剧情游戏的特点是用“故事”来引导玩家，《巴冷公主》就是这种类型。

对于有剧情的游戏，如果剧情精彩，绝对会增加游戏的耐玩度。通常，游戏设计者会利用剧情来增加游戏效果，而剧情安排方式又可以划分为 3 种类型，下面分别介绍。当然，一款游戏中有时也会穿插不同的剧情安排方式。

■ 细致入微式剧情

人是很容易被感染的动物，越能细致入微地刻画描述人、事、时、地、物，就越能让玩家有身临其境的感觉。举个例子来说，如果只是以一种很简单的叙述方式说明某种状况，就没有任何感染力，例如：

> A 君向着 B 君。
> A 君说：“听说树林里出现了一些可怕的怪物。”
> B 君说：“嗯！”
> A 君说：“这些可怕的怪物好像会吃人。”

上面这段对话平淡无奇，很难从对话的内容去推断当时的氛围到底是“不以为然”还是“忧心忡忡”，既然连设计者都不能判断它的意境，那就更不用说玩家了。不过，如果将上述对话修改成下面的样子：

> A 君背上背着一把短弓，腰上系着一把生锈的短刀，面色凝重地向着 B 君。
> A 君以微微颤抖的双唇说道：“前几天，我的兄长到村外不远的树林里打猎，可是他这一去就去了好几天，不知道会不会发生什么危险。”
> B 君说：“你的兄长？！村外的树林？！哎呀！会不会被怪物抓走了啊！”
> A 君脸色大变地说道：“怪物？！村外的树林里有怪物？！”

从上面这两个简单的对话例子可以看出，两者的情境感染力差距就相当大，第二个对话很容易就将玩家带进当时的情境，而且会让玩家产生想要了解游戏剧情的冲动。下面是《巴冷公主》中的一段情节，叙述大战山区特有的鬼魅魔神仔的精彩片段，通过这段剧情，便可让玩家产生惊悚刺激、高潮迭起的投入感。

听完小黑的遗言，巴冷心意已决，只见她凌空跃起，以大鹏展翅之势，紧绕魔神仔上空旋转。她眼中紧含着泪水，心中悲愤异常。一头乌黑的秀发竟然如刺猬般地竖立起来，巴冷准备驱动自己生命中所有的灵力与魔神仔同归于尽。

正当魔神仔兴奋地咀嚼小黑还在跳动的心脏时，巴冷使出幽冥神火的最终一击，即使知道这招可能会让她丧命也在所不惜，她大喝道："乌利麻达吽呸！"

一道紫红色泛着金黄光环的强光疾射向魔神仔的心脏，当被幽冥神火不偏不倚地射中时，他突然停止所有的动作，静止不动，已经剩下最后一口气的小黑，同时自杀式地引爆，结束自己的生命。

"砰！砰！砰！"连续数声如雷般的巨响，魔神仔与小黑同时被炸成了数不清的肉块和残骸。不过匪夷所思的是，魔神仔的心脏竟然还能跳动，一副作势想要逃走的模样。在半空中施法的巴冷见状，唯恐这颗心脏日后借尸还魂，急忙丢出身上所佩带的"太阳之泪"。

■ 单刀直入式剧情

游戏是围绕主题展开的，而主题贯穿于游戏的整体架构。但是，游戏设计者设计出来的游戏主题，可以从玩家角度衍生出许多变化。单刀直入式剧情一般被放置在游戏的起始阶段，目的是用来将剧情讲清楚说明白，最主要的是告诉玩家游戏的最终目的。

以《巴冷公主》为例，游戏画面一开始，玩家会看到巴冷公主与阿达里欧在溪边相遇的情景，正当巴冷公主要与阿达里欧面对面接触时，阿达里欧又化做一阵轻烟，消失在空气中。

《巴冷公主》的游戏开始画面

说时迟那时快，巴冷公主从床上醒来，发现刚才的画面原来是一场梦，而这个梦便揭开了巴冷公主与阿达里欧之后的冒险历程。在以上叙述中，可以看到游戏的结局，巴冷公主在游戏冒险中巧遇阿达里欧、卡多、依莎莱等伙伴，并且故事剧情一直让阿达里欧出现在巴冷公主的生活中，最后两个人相爱结合。

坦白地说，对于一款游戏，最差劲的做法就是直截了当地告诉玩家故事的结局。《巴冷公主》的剧情虽然在游戏画面一开始时就已经知道了，不过这种直截了当的剧情结局必须以主题的特殊性为基础。因为《巴冷公主》不只是单纯的爱情故事，而是前所未闻的人蛇恋。在这种有趣的主题引导下，玩家才会一直想要了解巴冷公主与阿达里欧之间难分难舍、生死与共的爱情故事，因此可以创造出游戏的延续性，并且玩家会有想继续看完游戏故事剧情的决心。

■ **柳暗花明式剧情**

游戏设计者并不能够事先知道玩家会如何想象一款游戏的剧情发展，只能够从自己的角度来尽量编写游戏剧情，而故事发展的精彩度就必须取决于玩家的想象力。柳暗花明式剧情就是利用情节转移技巧来将游戏的故事剧情转向，目的是让玩家冷不防地朝着另外一个全新的方向走去。比如在《最终幻想 10》中，男主角与女主角在第一次相遇的时候，虽然他们俩对彼此都有好感，但是基于族群的使命安排，两个人只能默默地对彼此示爱。故事一开始，男主角一直处于次要地位，故事剧情随大召唤师而变化，这让玩家感觉男主角是为了保护女主角而参与故事中的所有任务。

到了游戏的末期，男主角就渐渐突显出来。当大召唤师向女主角示爱之后，男主角才发觉他对女主角有了一股升华的感情，而且为了阻止女主角与大召唤师结成连理，他与大召唤师进行了一场决斗，最后又发现大召唤师背后还有另外一个难以想象的阴谋。

《最终幻想 10》的经典画面

在《最终幻想 10》的故事主题安排下，我们发觉它让玩家有了很大的想象空间，虽然玩家都知道游戏中的男女主角必定会结为连理，但玩家还是喜欢那种峰回路转的惊奇感。

3-9　游戏感觉的营造

游戏是种表现艺术，也是一种人类感觉的综合温度计。在早期双人格斗游戏中，可以看到两个人物很简单的对打和单纯的背景画面，在类似这种游戏刚出现的时候，玩家被这种特殊的玩法给打动了，这种两人互殴的游戏带给玩家的纯粹是一份打斗刺激感。但因为这种游戏不能表现出真实的感觉，玩家对这种游戏的热度很快下降。

现在的格斗游戏，虽然玩法和机制与过去没有多大不同，但却在游戏画面上增加了声光十足的特效，足以挑动玩家的热情。例如，在《铁拳》游戏中，那些站在主角与计算机周围的观众，虽然与主角是否可以取胜完全搭不上关系，但是由于它们的衬托，玩家在玩游戏的时候，仿佛置身格斗现场。简单地说，这种气氛更能帮助玩家融入游戏中。下图是本公司开发的《英雄战场》游戏画面，通过流畅的实时 3D 技术从而展示出五光十色的声光特效画面，运用了全新的 3D 镜头手法，除了保留单机故事模式与自由对战模式外，还提供时下流行的网络对战模式。

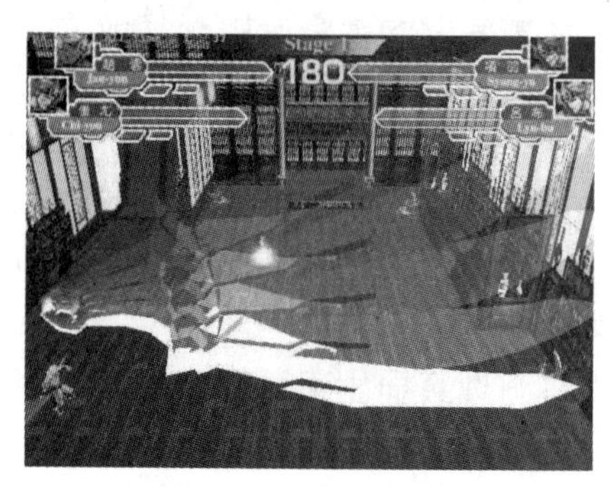

《英雄战场》游戏的格斗画面

3-9-1 视觉感受

电影是一种以视觉感受来触动人心的艺术，其目的是让观众受电影中故事情节的影响。例如，当你看恐怖片的时候，心里就会有一种毛骨悚然的感觉；或者在看温馨感人的文艺片时，泪水就会在眼眶中滚动；或者当你在看无厘头的喜剧片时，心情可以在毫无压力的情况下哈哈大笑！以医学的角度看，眼睛是心灵的窗户，我们大脑接收的外界信息大都是由眼睛传达的，简单地说，影响人的喜、怒、哀、乐的最直接方法就是利用视觉感受来传达信息。

同样的道理，在游戏里直接影响我们的就是视觉感受。一般情况下，如果在游戏中看到以暗沉色系为主的题材，相信一定会产生一种莫名的压力感，而游戏所要表达的意境也就是这种阴森、恐怖的情景；如果在游戏中看到以鲜艳色系为主的题材时，相信游戏所要表达的意境也是比较活泼、可爱的情景。

3-9-2 听觉感受

除了眼睛之外，对人类情绪影响最大的器官就是耳朵了，耳朵是人类可以接收声波的工具，所以当我们在听到声音时，大脑会去分析解释它的意义，然后再通知身体的每一个部分，并且适时地做出反应。如果一个人将鞭炮声定义成可怕的声音，那么当这个人听到鞭炮声时，大脑一定会通知他的手去捂住耳朵，然后身体再缩成一团，并且要等到鞭炮声停止才会停止这种举动。

在游戏表现上，也可以利用声音来强化游戏的质量与玩家感受。以现在的游戏质量要求，声音已经是一个不可或缺的角色。例如，读者在玩跳舞机时，若只能看到屏幕上那些上下左右的箭头在一直往上跑，却不能听到任何的音乐，也就是说你只能看着那些箭头猛踩踏板，而不能跟着音乐的节奏跳舞，那么这种游戏玩起来是不是就显得无聊了许多！

娱乐兼健身的跳舞机

一款成功的游戏，绝对会在音乐与音效上下很多功夫，有些玩家可能会因为喜欢某一款游戏而去购买它的电玩音乐 CD，那表示他不只是喜欢游戏，而且还喜欢它的音乐。一款质量好的游戏，也会设计出许多优质的音效。例如，在游戏中阴暗的角落里可以听见细细的滴水声，在空旷的洞穴中可以听到闷闷的回音，这些都是设计者以十分出色的技巧在游戏中塑造出的一种充满生命力的新气息。

3-9-3　触觉感受

游戏中的触觉，并不是我们一般所认定的身体上的感受，而是一种综合视觉与听觉之后的感受。那么什么是视觉与听觉的综合感受呢？答案很简单，就是一种认知感，当我们通过眼睛、耳朵接收到游戏的信息后，大脑就会开始运转，根据自己所了解到的知识与理论来评论游戏所带来的感觉，而这种感觉就是对于游戏的认知感。

从玩家对于游戏的认知感来看，一款游戏如果不能表现出华丽的画面、丰富的剧情，玩家就会对游戏产生厌恶感，就如同一款赛车游戏，如果游戏不能表现出赛车的速度感和物理上的真实感（撞车、翻车），纵然游戏画面再怎么华丽、音效再怎么好听，玩家还是不能从游戏中感受到赛车游戏所带来的快感与刺激，那么这一款游戏很快便会无疾而终了，所以触觉的感受可以解释成是视觉与听觉的综合感受。

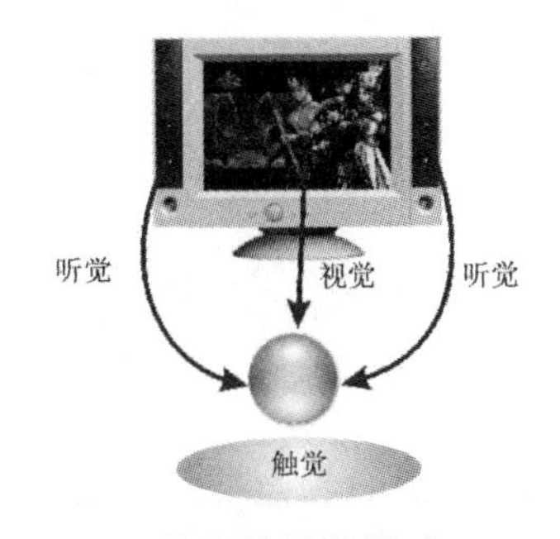

游戏触觉的组成

课后练习

1. 游戏主题的建立与强化可以从哪五种因素来努力?
2. 从剧情的角度来陈述倒叙法的作用是什么?
3. “第一人称视角”和“第三人称视角”有什么不同? 简要说明。
4. 什么是游戏风格? 简要说明。
5. 游戏接口的设计可以从哪 4 种方向着手?
6. 如果从游戏的不可预测性来看，可以将游戏区分成哪两种类型?
7. 在游戏中的时间是由定时器所控制，而这种定时器又可以区分成哪两种?
8. 什么是死路?简要说明。
9. 什么是游戏中的触觉感受?
10. 请问一款有剧情的游戏，可以区分为哪 3 种安排方式?

第 4 章
游戏类型简介

在游戏的王国里，玩家们通常都会遇到许多不同类型的游戏，可是却不太了解这些游戏制作与玩法有何不同。游戏分类方式因书、因人而异，到目前为止，还没有一套放诸四海皆准的标准分类方式。本章将尝试对游戏类型做一个分类，并介绍不同游戏的发展与特色。除了介绍游戏史上的知名游戏外，书后还提供由我们团队所设计的相关类型小游戏，首先就从益智类游戏开始介绍。

4-1 益智类游戏

益智类游戏（Puzzle Game，PUZ 或称 PZG）是最早发展的游戏类型之一，它并不需要强烈的声光效果，而是比较注重玩家的思考与逻辑判断。通常玩益智类游戏的玩家都必须要有恒心与耐心，思索着游戏中的问题，再依据自己的判断来突破各项不同的关卡。

4-1-1 发展过程

益智类游戏最初由纸上游戏（如黑白棋与五子棋等各种棋盘游戏）与益智玩具（例如魔术方块、七巧板等）衍生而来。益智类游戏所有要走的步骤都必须加以思考，并在一定的时间内做出正确的判断，不会让玩家猛按键盘。

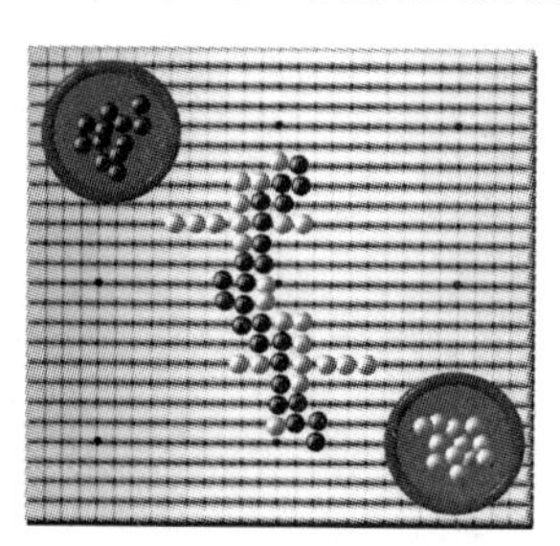

围棋与五子棋

例如，Windows 操作系统自带的《扫雷》（WinMine），就是一个典型的益智类游戏。

玩家必须在不触动地雷（Mine）的情况下，以最短的时间将地图内所有地雷加以标记（Mark）。下图是《扫雷》的游戏画面。

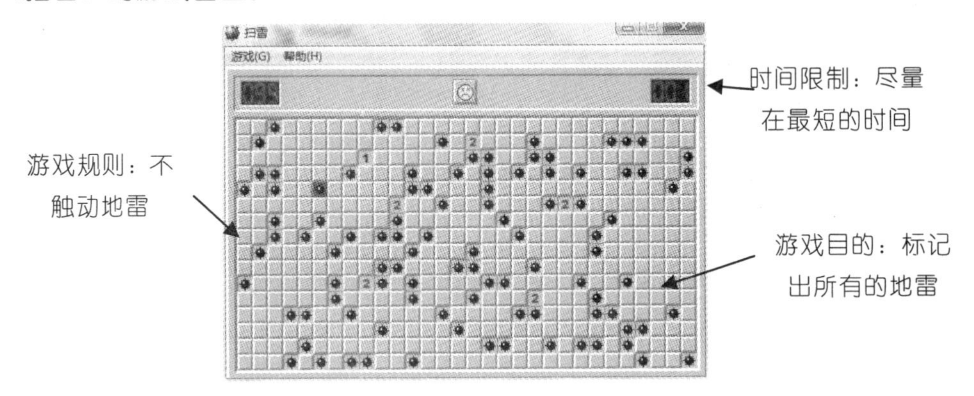

扫雷游戏

随后的发展中，益智类游戏开始以博弈市场为主，我们平日所玩的纸牌、麻将等，原本是在桌面进行，也搬到了电子游戏中。现在，更有赛马、赛船或赛车等赌博益智游戏出现。

麻将等桌面游戏也可搬至电脑上进行

4-1-2　设计风格

“规则”与“玩法”是益智类游戏的重心所在，制作游戏之前必须先了解游戏的全盘规则，以及它可能包含的全部玩法，以免因设计人员与游戏玩家想法不同而发生不可预期的状况。事实上，由于益智类游戏本身可能产生的变化并不多，因此为了吸引玩家、增加游戏的耐玩性，独创的游戏机制绝对是不可或缺的重要因素。

例如，《魔术方块》游戏当初风靡一时，但一段时日后，玩家已经渐渐地不满足于单调的游戏内容。因此就有人将魔术方块加以变化，通过创新游戏方式与规则，创造出《勇者泡泡龙》游戏。这款游戏不但将魔方类游戏彻底改头换面，更加入了对战因素与部分角色扮演（Role Playing）手法，可谓是一款具有高度独创性的益智类型游戏。下图是一款类似俄罗斯方块的小游戏——《魔法气泡》的界面。

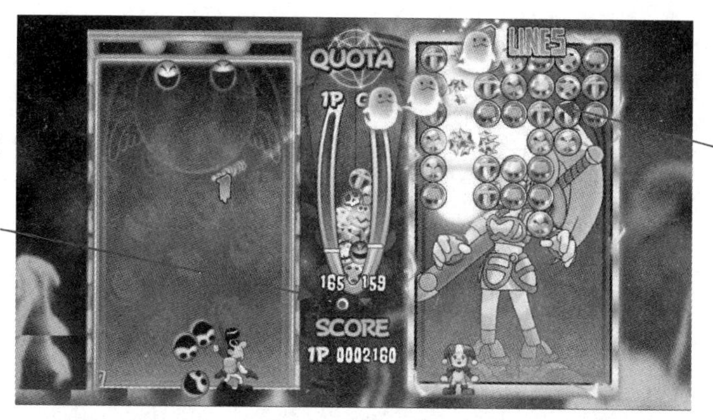

《魔法气泡》游戏的玩法类似于俄罗斯方块

另外，网络上已有越来越多益智类的小游戏，如“4399 小游戏”就提供了相当多的免下载、免安装的益智类小游戏。

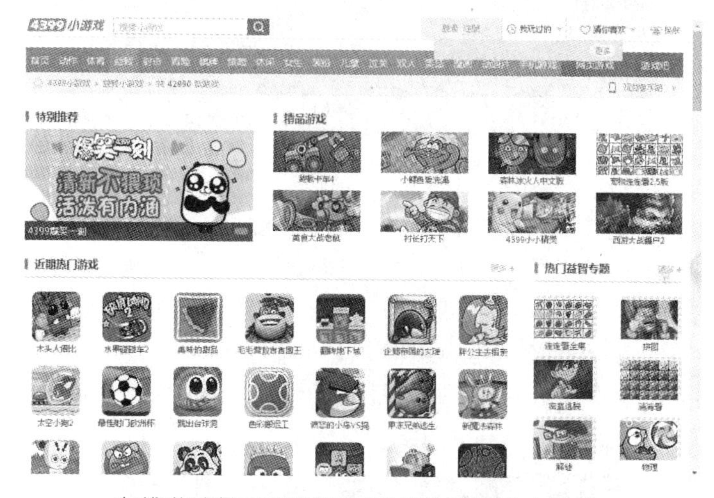

在线游戏俱乐部提供相当多的益智类小游戏

益智类游戏的特色就比较单纯，在游戏中不需要让玩家利用快节奏的表现方式来进行，反而比较偏向喜欢慢条斯理的玩家，最主要的目的就是能让玩家去运用自己的思考逻辑来做不同的判断。其中“规则”与“玩法”是益智类游戏的重心所在，制作游戏之前必须先了解游戏的全盘。

4-2　策略类游戏

策略类游戏（Strategy Game，STA）也属于让玩家动脑思考的游戏类型，早期的策略类游戏以棋类游戏为主，如象棋、军棋、国际象棋等，主要是让玩家能够在特定场合，运用自己的智慧，通过布置属于自己的棋子来打败对方，是一种智能型攻防游戏。

4-2-1 发展过程

策略类游戏出现的相当早，比如象棋游戏就是一款非常经典的策略类游戏，玩家靠自己的智慧来对棋子排局布阵，与计算机对垒，但这属于较为单纯的策略型游戏。因为它只能以“一次走一步”的方式来玩游戏，这样不但少了游戏的紧凑性，更少了一份战争的乐趣，经过后来的不断改版，在游戏中加入了诸多“实时”的游戏机制，成功地打造出策略类游戏的另一片天地，这方面最成功的代表作是 Blizzard 公司的《星际争霸》。

《星际争霸 2》的精彩画面

《星际争霸》以各种不同的种族为单位，而这些种族间又更细分出不同能力的小角色，为游戏形态添加了不少乐趣。后来微软公司又出品了《帝国时代》（Age of Empires）游戏，不但具有深度的内涵，更以历史文化演变为背景，把历史故事融人游戏之中，其任务玩法多变，场景细腻丰富，能满足不同玩家的需求，征服了整个游戏市场。后来，根据这种游戏机制又诞生了许多备受好评的游戏，如《暗黑破坏神》《魔兽争霸》《红色警戒》《诸神之战》等。

《魔兽争霸》游戏界面

事实上，《五子棋》游戏可以看成是最简单的策略类游戏（也有人认为是益智类游戏）。五子棋游戏是两方玩家在一个固定大小的棋盘中，将两种不同颜色的棋子随意摆放，当任何一方的五颗棋子连成一线时，即可取得这场游戏的最后胜利。下图是《五子棋》的执行画面。

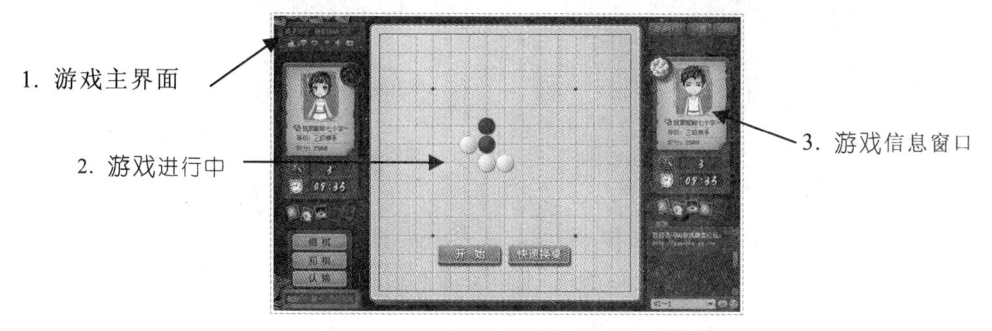

五子棋游戏——将五个同一颜色棋子连成一线即取得胜利

4-2-2　设计风格

策略型游戏除了需要玩家熟能生巧外，头脑的灵活性往往也是游戏成败的关键。早期军棋游戏只能让两个人对垒，目前策略类游戏的主要乐趣则取决于多人联机的厮杀过程。在游戏中可以互相结盟，也可以反目成仇，可以团结多个人的力量去灭掉另一个种族，也可以翻脸不认人，在同盟时期又去杀同盟国，在游戏里可以利用以物克物的方式来攻打对方，对方也可以用同样的方式来攻打我们，游戏的最大特色就在于如何充分调动玩家的智能来配置兵种、管理内政。

策略类游戏是所有游戏类型中包含最多类型的一种游戏模式，只要是让玩家们花心思来达成另外一种目的所做的游戏模式，都能够称得上是策略型游戏。如果以现在的游戏来说，策略类游戏还可以区分为两大类，分别是“单人剧情类”与“多人联机类”，说明如下：

■ 单人剧情类

以单人单机为主，目的是让玩家可以操作自己的战棋来达成单关的故事剧情，玩家可以一边玩着丰富的故事剧情，又可以随着自己的意思来布置自己的战棋攻守计算机战棋，来完成单关的任务。

■ 多人联机类

是以多人多机方式来进行游戏的，目的是让游戏中的玩家们可以呼朋引伴在游戏中来一场大厮杀，在没有联机的情况下，玩家们也可以与计算机对战，以自己的思路来打败对方。

策略类游戏除了战略模式外，还包括现在相当流行的“经营”与“养成”游戏方式，如较为经典的《美少女梦工厂》系列游戏。本公司所制作的《宝贝奇想曲》就是一款养成游戏。玩家扮演热爱动物的宠物店老板，除了一般常见的宠物外，亦可移植各种动物的不同部位培育出各式各样新品种的宠物，在销售或各类比赛中获得佳绩。

《宝贝幻想曲》游戏画面

《宝贝幻想曲》的游戏玩法如下，读者可以通过玩法描述对这类游戏有更清楚的认识。

（1）游戏之初玩家必须利用有限的金钱建构理想的宠物饲育空间并取得基本类型的宠物，升级之后可改善宠物饲育空间，可饲养及培育的宠物类型会逐渐增加。

（2）不同的开店地点会有不同的消费客群，玩家可针对所在地点的顾客喜好贩卖不同类型的宠物，以提高销售成绩。

（3）除了向固定饲养场购买宠物贩卖外，玩家也必须到世界各地去采集稀有品种的宠物以满足不同顾客的需求，在采集的过程中会遇到战斗（野兽或其他的宠物店主人抢夺），玩家可选择店内战斗力较强的宠物随行为自己提供保护。

（4）玩家可以订阅“宠物日报”，它会提供特别宠物需求或各类宠物比赛（如选美、比武、特异功能等）信息。玩家可依自己的能力培育出顾客所期望的宠物或适合参加各种比赛的宠物。达成要求或赢得比赛后可获得升级、赏金或提升知名度等奖励。

（5）玩家可依据自己的宠物饲育能力以不同品种的宠物合成新种，创造出前所未见的新形态宠物。每一种动物的各个部分有不同的属性（如白兔耳朵：可爱+3；獒犬牙齿：攻击+5；龟壳：防御+4 等），玩家所具备的各式基因药剂也可加强新品种的各类属性，借此培育出可赢得比赛的神奇宠物。

4-3 模拟类游戏

模拟类游戏（Simulation Game, SLG）就是模仿某一种行为模式的游戏系统，在这个系统中，让计算机仿真出各种在真实世界中所发生的情况，让玩家在特定状况中完成在真实世界中难以完成的任务。通常，仿真类游戏模仿的对象有汽车、机车、轮船、飞机、宇宙飞船等，如微软公司的《模拟飞行》（Flight Simulator）系列。

《模拟飞行》游戏画面

另外，也有人把经营游戏归类于模拟游戏，所谓“经营”模式就是让玩家去管理一种系统，如城市、交通、商店等，玩家需要凭着自己的智慧来经营该系统，如美国 EA 公司所发行的《仿真城市》系列与《仿真市民》系列。

4-3-1　发展过程

制作模拟类游戏的初衷是为了在计算机中仿真模拟飞行器具的操作状况，因为当时任何一台飞行器具都造价不菲。对于一个不太熟悉飞行器具的驾驶员来说，让他驾驶一台飞行器具是相当危险的，所以科学家就利用虚拟现实技术（VMRL）着手研发一套可以模仿各种物理现象与突发状况的飞行系统供飞行员练习，待能够做出正确反应后才允许飞行员担任真实任务。这就是模拟类游戏的最初原型。模拟飞行系统常应用于军机作战、民航飞行教学与太空飞行训练等。

Tips

VRML（Virtual Reality Modeling Language）即虚拟现实建模语言，它是一种程序语言，利用该语言可以在网页上建造出一个 3D 立体模型与空间。VRML 最大特色在于其互动性及其实时反应，可让设计者或参观者随心所欲地操纵计算机变换任何角度位置，360° 全方位地观看设计成品。例如房屋中介公司所架设的网站中，可以让有意购屋者利用虚拟现实技术以 360 度的方式来检视房子所有的外貌，同时也包含了各种细部装潢的部分。

飞行模拟训练与虚拟现实的应用

之后这种仿真系统慢慢地被引进到游戏中，当时玩家的心态就是没有办法买到昂贵的飞机，也能够在游戏中寻找到驾驶的乐趣与快感。演变至今，模拟类游戏已从飞行器具慢慢地发展到所有的硬件器具上，如汽车、机车等，甚至还能看到模拟空中飞车、火车及未来机器人的仿真系统。

4-3-2　设计风格

模拟类游戏最大的特色就是模仿力求完美，游戏操作指令也较为复杂，侧重于器具的物理原则及给玩家的真实感受，让玩家在玩游戏时获得置身其中的真实感。正因为模拟类游戏强调模拟现况，所以在设计上较重视物体的数学及物理反应。简单地说，一颗铅球从半空中落下，绝不会像羽毛那样随着风飘动；任何物体的移动都必须要符合物理学上的加速、减速原理，如果违反物理规律，就会让玩家感到无所适从，所以在制作模拟类游戏时，就要包含许多科学的原理，如风阻、摩擦力等，这样的模拟游戏才会更加吸引人。

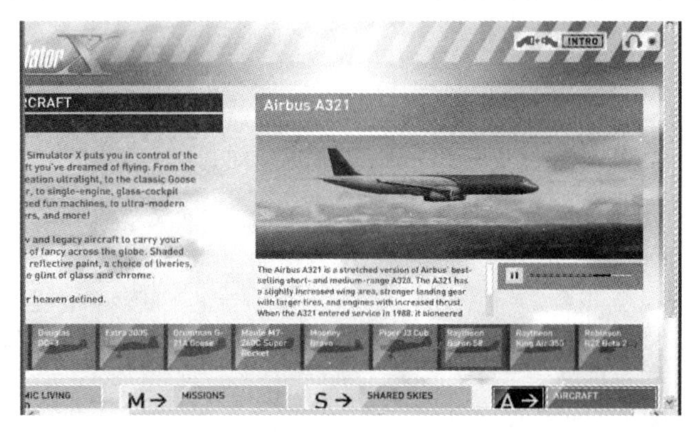

《模拟飞行》页面

例如，在微软推出的超写实模拟类游戏《模拟飞行 2002》中，玩家可以驾驶波音 747-400 型喷射客机，亲身体验开飞机时的滑行、起飞、降落等逼真场景，还包括了让人叹为观止的全新 3D 写真风景，加入了全新的机种。

4-4　动作类游戏

动作类游戏（Action Game，ACT）长久以来就是游戏市场上占有率最高的游戏，这类游戏的重点在于整体流畅性与刺激性。从早期大型游戏机上的《少林寺》、任天堂红白机上的《超级玛丽》《魔界村》，一直到现在的《越南大作战》《生死格斗》等，动作类游戏并未随着时代的进步而被游戏市场淘汰，反而随着软硬件功能的增强而不断进步，逐渐形成了多样化的游戏格局。

随着近年来主机平台功能的升级，动作类游戏在玩法上变得更为复杂、内容更加丰富，它带给游戏玩家的那份刺激是我们不可否认的，接下来就来探讨一下动作类游戏成功的地方。

4-4-1　发展过程

在早期的游戏产业中，游戏平台只能支持低位成像处理，因而该平台不能做非常复杂的运算，动作类游戏就在那个时候诞生了。或许可以这么说，所有的游戏类型几乎都是从动作类游戏演变而来的，比如最早的《小蜜蜂》游戏，不需要花费太多的心思与时间，即可让游戏顺利地进行下去；接下来任天堂红白机上的《超级玛丽》游戏，将动作游戏的狂热带到巅峰，当时多少人玩《超级玛丽》游戏，不分昼夜地沉醉在冲关的狂热中。后来又推出了许多代表性的动作游戏，如第一人称射击游戏的始祖《毁灭战士》、《半条命》系列、《银河争战录》系列等。

下图所示为《诛魔记》格斗游戏，采用的是以 2D 仿 3D 的横向多层卷轴画面，可通过键盘的上下左右箭头键，配合砍杀（B）、法术（V）、跳跃（空格键）等按键来进行操作，或者直接搭配 Game Pad 游戏手柄来进行游戏。

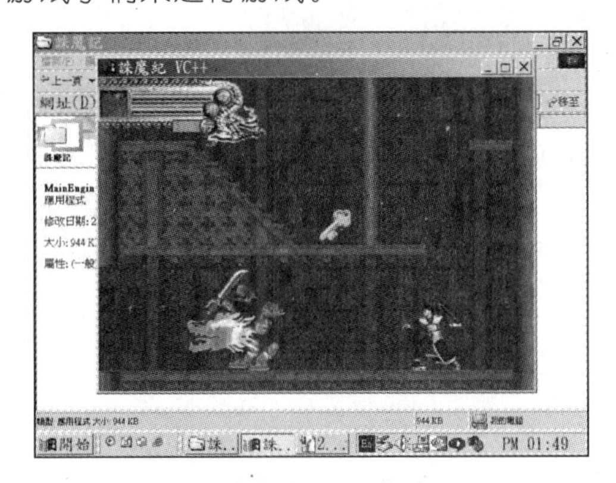

《诛魔记》小游戏

《勇者泡泡龙 4》是龙爱科技研发的创新加长游戏场景画面，是一种可连续闯关最多 5 拉幕的 ACT 动作游戏，这款游戏曾获 GAME STAR 游戏之星最佳动作游戏奖。

游戏中高达五拉幕式的创新关卡

4-4-2　设计风格

动作类游戏的特色在于挑战及从挑战中获得快感，游戏角色简单的操控方式，让玩家可以快速融入游戏，并通过角色的攻击、跳跃、前进与后退等动作来考验玩家的记忆力及

反应速度。随着关卡的推进，新式样的陷阱，难缠的敌人，以及游戏难度的增加，都给玩家带来了相当的成就感。

市面上的动作类游戏相当多，差异性也相当高，而操作性与游戏性也不尽相同。动作类游戏的开发架构是所有游戏中最为简单的一种，所以从动作类游戏衍生出来的游戏方式也相当多样化，大体可以分为以下几种。

■ 射击类动作游戏

射击类动作游戏主要是利用 2D 平面或 3D 立体画面来呈现游戏内容，玩家必须操控固定角色，并通过输入设备下达发射指令，来消灭游戏中所有敌人。下图是笔者所在公司团队设计的纵向卷轴射击游戏《娃娃射击战》的执行画面。

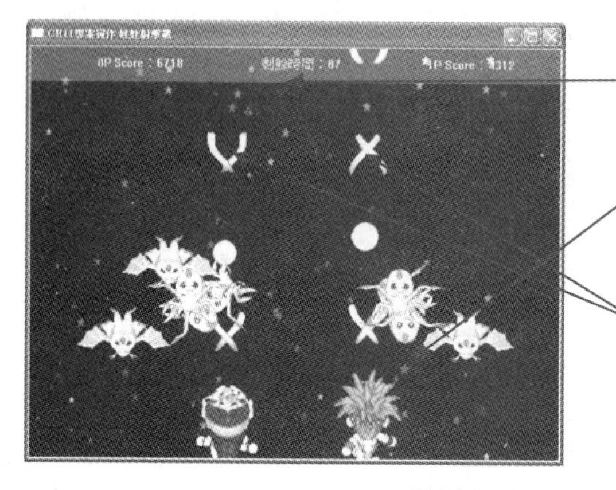

1 每局的游戏时间共有 120 秒

2. 敌人一组 10 只，会从画面四周不断涌出

3. 玩家必须发射飞弹将敌机击落，0P 玩家为蓝色飞弹，1P 玩家为黄色飞弹

《娃娃射击战》画面

■ 格斗类动作游戏

格斗类动作游戏的起步时间比较晚，是从单纯的动作类游戏发展而来的。但随着硬件设施的进步，格斗类游戏带给玩家的快节奏与多样的声光效果，使得格斗类游戏近年来成为大型机的主流。例如，《快打旋风》系列就以流畅的动作设计、抢眼的人物造型而大受欢迎。《快打旋风 4》是其中的经典，它延续系列作传统的 2D 玩法，但采用了最新的 3D 绘图技术来呈现原先的 2D 绘图风格。

《快打旋风 4》游戏画面

下图是本公司团队所设计的双人竞争 2D 格斗游戏《抢娃娃大作战》的执行画面。

2. 玩家可参考娃娃影子，移动到最佳位置取得娃娃。但在娃娃还没落到地面上时，并不能取得娃娃

1. 数秒结束后每隔 0.8 秒 (800ms)时，会从天上落下一只娃娃，而娃娃下方会出现影子阴影

■ 第一人称射击类游戏

第一人称射击类游戏（First-person Shooter）就是限定玩家必须以第一人称的视角来处理游戏中所有相关画面，正因为这种游戏的设置非常逼真，所以必须用到强大的 3D 立体成像技术与丰富的音效资源。

逼真的 3D 战斗场景

而这些让人叹为观止的声光效果是第一人称射击类游戏吸引玩家的主要原因，《半条命》（Half-life，PC）、《雷神之锤》（Quake，PC）系列等都是这类游戏的典范之作。

■ 第三人称射击类游戏

玩家以第三者的角度观察场景与主角的动作，玩家进入第三人称视角后，将能够更加清楚地观察到整个地形与所操控人物的背面，这是第一人称射击类游戏的一种变形，代表作为《古墓丽影》系列、《英雄本色》（Max Payne，PC）系列。

■ 其他类动作游戏

除了上述的几种动作类游戏外，还有一些比较静态且非主流的动作类游戏，例如《打

砖块》《跳舞机》等，只要是玩家必须通过角色或介质与其他图形进行碰撞情况的判断处理，都可以将其归纳成其他类型的动作类游戏。下图是笔者公司团队开发的非卷轴动作类游戏《快打砖块》的游戏画面。

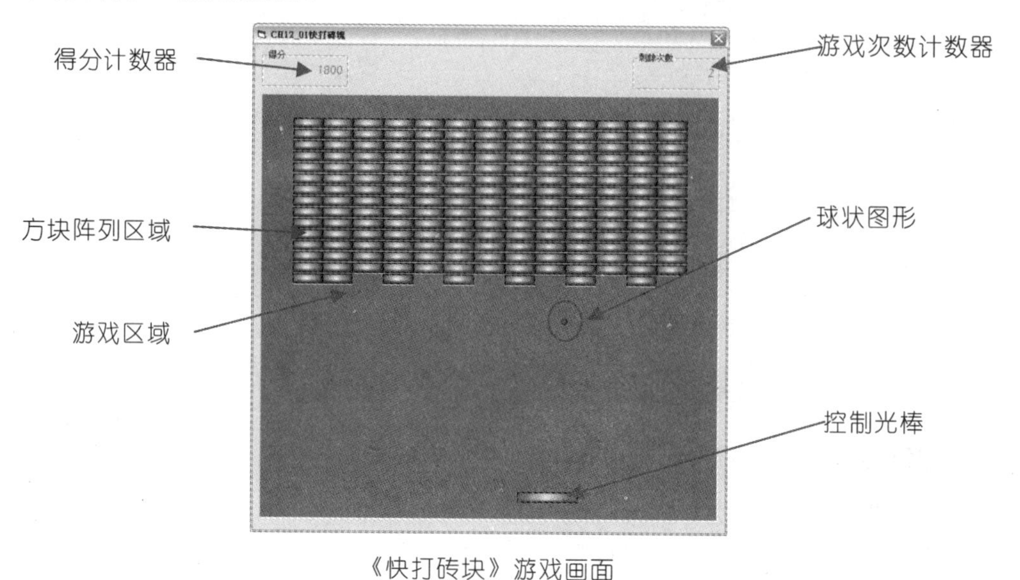

《快打砖块》游戏画面

4-5 运动类游戏

运动类游戏（Sports Game，SPT）与模拟类游戏有异曲同工之处，运动类游戏也必须要符合大自然的物理原理，二者的区别是模拟类游戏较注重机具类型，运动类游戏比较注重人体活动行为。一般来说，只要是与运动有关的游戏都可以纳入这个分类，比如网球游戏。在大型机游戏中，运动类游戏经常有突出的表现，因为大型机可以提供专用操作模式，而不是像计算机那样只能使用计算机特有的按钮进行操作。

运动类

跳舞机

运动类游戏网页及跳舞机游戏

4-5-1 发展过程

早期的运动类游戏，好像只是为喜好运动但不能亲自去参加的人设计的。随着真实运动在社会的日益普及，运动类游戏也大受欢迎，从篮球、足球到雪上运动，甚至高尔夫球运动，都慢慢被引入到游戏中。再到后来，奥运会的比赛项目也被带进游戏中，这让运动类游戏在游戏世界里占有一席之地。

其实，运动类游戏也让玩家们有着另外一种很奇妙的感情，那就是有许多玩家可能会因为支持真实世界中的某一个团队而爱上运动类游戏，甚至为了让所支持的队伍打败其他队伍，不惜日夜苦练支持的队伍，以此满足自己的好胜心。例如：著名游戏《NBA Live》系列的场景用 3D 建构，流畅度十足，音效、配音及人物均惟妙惟肖，搭配得宜，让玩家有如置身于 NBA 篮球赛中。

4-5-2 设计风格

运动类游戏的特色最主要就表现在某一种类型的运动上，在最近几年的运动游戏里，开始融入运动员的管理，使其成为游戏的一部分。在与真实运动比赛相同的环境下，和计算机或朋友打一场属于自己的运动竞赛，足以满足大多数人的运动参与需求。

运动类游戏以球类运动占多数，不管是篮球、高尔夫球，还是足球，只要是越多人热衷的运动，此类型的运动类游戏占有率就越高，其主要特色就是突出此类运动的刺激性与现场感。

4-6 角色扮演类游戏

不知用户是否有过在阅读一本书或看某部电影时，心中暗想如果自己是某某角色，我会如何的情况？角色扮演类游戏（Role Playing Games，RPG）就是基于这种考虑，给玩家提供一种无限想象的发挥空间。也就是说，玩家负责扮演一个或数个角色，而且角色会像真实人物那样不断成长，最著名的角色扮演类游戏包括《最终幻想》（Final Fantasy）、《创世纪》（Ultima）系列、《魔法门》（Might and Magic）系列等。

4-6-1 发展过程

角色扮演类游戏是由桌上型角色扮演游戏（Table-top Role Playing Game，TRPG）演变而来的，它属于纸上棋盘战略类游戏，必须由一个游戏主持人（Game Master，GM 或称地牢主人）和多个玩家共同组成。

游戏主持人负责在游戏流程中讲述游戏故事内容，它可以说是游戏的故事讲述人，同时也是游戏规则的解释人。游戏进行时，玩家以掷骰子的方式来决定前进的步数，再由主持人讲述此游戏的内容。在游戏中，主持人就是游戏的灵魂，所有玩家就等于是故事中一个特定角色，而这个故事的精彩与否则取决于主持人的能力。利用掷骰子的方式体验不可预知的结果和不可测的玩家行动，就是角色扮演类游戏的最原始雏形。

桌上型角色扮演类游戏在欧美国家已经风行多年，其中最深得人心的一款作品为《D&D》系列游戏。所谓的《D&D》就是我们通常所说的《龙与地下城》（Dragon and Dungeon），它是以中古时期的剑与魔法奇幻世界为主要背景的 TRPG 游戏系统。

《魔兽世界》网站

可以说《D&D》游戏系统是 RPG 类游戏的先驱，目前绝大部分同类型游戏都遵循《D&D》系统所制定的规则（战斗系统、人物系统、怪物数据等），与游戏内容相关的设置工作也大同小异。随着硬件设备的日新月异，RPG 游戏除了保留原来的故事性外，也慢慢地开始强调游戏画面的声光效果带给玩家的新奇感受。例如，目前最为盛行的网络游戏《天堂二》（Lineage II）、《无尽的任务》（EverQuest）和《魔兽争霸三》（WarCraft III）等，都完全参考《龙与地下城》各个时期所制作的规则系统。

4-6-2 设计风格

RPG 游戏的最大特色是它由许多游戏玩法综合而成，游戏内故事内容基本固定，玩家必须遵循固定路线操作，知道最终结局。单纯以一个场景来说，当玩家操作的人物在路上行走时，可能会与敌人不期而遇，也可能会捡到装备宝物或触发一些特定事件，这些都必须要经过策划人员事先深思熟虑的设计。一般来说，国内的 RPG 游戏多以剧情为重。

或许用户会问：“怎么样才能让玩家在游戏里找到乐趣呢？”这也是有章可循的。不管 RPG 游戏有多复杂，都离不开下图描述的几项基本原则。

RPG 游戏的基本原则

■ 人物的描写

RPG 游戏的首要原则就是强调人物的特性描写与故事背景表现，以此达到角色扮演的目的。简单地说，RPG 游戏的最终目标就是让玩家感觉到游戏中的人物就是自己扮演的。

■ 宝物的收集

RPG 游戏的另一个较为重要的原则就是宝物的收集。不管是装备、宝物，还是《最终幻想》游戏系列中的“召唤兽”机制，都可以成为玩家继续玩下去的理由。

■ 剧情事件

RPG 游戏的主要轴心就是它所呈现的故事剧情内容，这种故事剧情能将角色扮演的成分提升至最高，强调角色在故事里存在的必要。

■ 华丽的画面

为了提高 RPG 游戏的质量水平，华丽的战斗画面是设计者不能忽略的重点，因为这常会使玩家对游戏爱不释手，就如同“最终幻想”系列一般，它的 3D 真实战斗画面深深地吸引着玩家，而且让玩家们成为它忠实的粉丝。

■ 职业的特色

这是 RPG 游戏中较为成功的游戏机制，所有的人物都有自己独特的个性，再加上本身所属的职业，让角色个性更加突显，如勇士、魔法师、僧人等，每一种角色又可以与其他的角色做能力互补，这项原则加强了 RPG 游戏的质量与张力。例如，《最终幻想 9》就以画面精致、质感佳、动画生动而引人入胜，再加上战斗有趣、人物个性刻画鲜明，最终取得巨大成功。

下图所示为笔者团队开发的此类游戏的一个小专案——《忍者杀龙》的游戏画面。

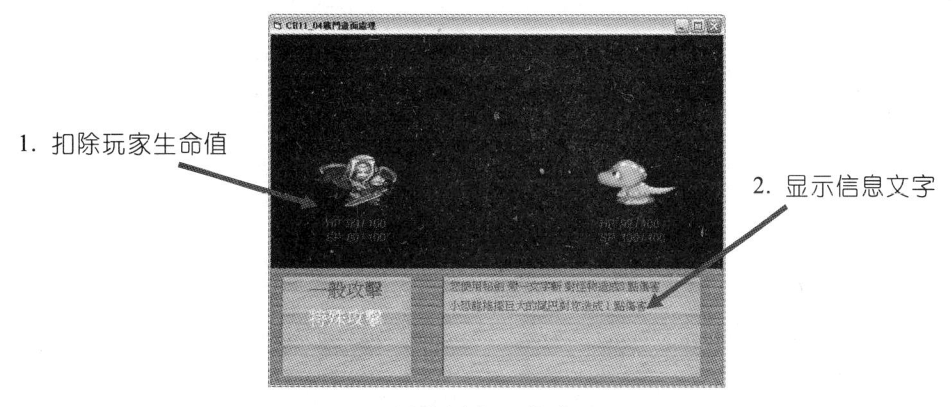

《忍者杀龙》游戏画面

4-7　动作角色扮演类游戏

动作角色扮演（Action Role Playing Game，ARPG）类游戏出现的时间比 RPG 游戏和动作类游戏都要晚，因为它同时具备动作类游戏与角色扮演类游戏的要素，以 RPG 游戏剧情的流程为主轴，采取动作类游戏紧凑的玩法。动作角色扮演类游戏的玩家可以在体验动作类游戏刺激感的同时，享受到 RPG 游戏的角色扮演机制，故而在游戏产业再度掀起一股独特的风潮。《巴冷公主》就是兼顾 ARPG 及益智类游戏的特性，强调 RPG 的故事性，节奏明快，又在过关过程中加入了动作类游戏的刺激感，其游戏画面如下图所示。

《巴冷公主》游戏界面

4-7-1　发展过程

以动作角色扮演游戏来说，最早带起这股风潮的游戏应该算是 PC 上的《暗黑破坏神》（Diablo）与电视游戏机上的《塞尔达传说》（Legend of Zelda），它们打败了当时单纯的 RPG 故事剧情叙述游戏与单纯的动作类游戏。该游戏以 RPG 游戏故事为中心，再辅以动作类游戏的表现方式，让玩家可以在游戏中看到整个角色扮演的故事情节发展，体验痛快的打斗方式。此类游戏比较经典的还有《圣剑传说》系列、《仙剑奇侠传》等。

4-7-2　设计风格

在设计一套动作角色扮演类游戏的时候，设计者必须考虑得非常详细，而且还要把动作类游戏与 RPG 游戏这两种游戏机制合并成另一种玩法。自从《暗黑破坏神》这款颠覆游戏产业视觉风潮的动作角色扮演类游戏发售以后，又出现了许多《暗黑破坏神》游戏模式的同类游戏。近几年，ARPG 游戏仿佛已经席卷了整个游戏市场，特别是近期又加入了网络联机功能，让玩家不仅可以在单机平台上玩，而且还能够让玩家呼朋唤友在游戏中大肆杀敌。

开发一套动作角色扮演类游戏，必须从以下 4 方面来着手。

■ **故事剧情架构**

实际上，动作角色扮演类游戏的故事剧情与 RPG 游戏是相同的，必须有角色升级与装备，以此增加玩家的参与感，还必须有故事剧情的逐步展开，交代出游戏人物的故事背景。

■ **人物特色表现**

动作角色扮演类游戏的人物特色表现与 RPG 游戏相同。

■ **场景对象配置**

在场景与对象的配置手法上，动作角色扮演类游戏要比单纯的 RPG 游戏来得仔细，因为在场景中，不只是单纯的玩家所操控的对象在移动，还包含怪物、NPC 人物的移动，如果分配不好，就有可能造成玩家根本打不到怪物或拿不到宝物的现象。下图所示为《巴冷公主》中的画面，从中我们可以看出不同场景的人物配置与分布。

《巴冷公主》游戏中的场景

■ **物体动作设计**

ARPG 游戏的主要操作模式是让玩家操作的主角去做事，如打敌人或拿宝物等。设计者必须去编排所有的物体动作行为，只有这样才能够让游戏更为生动自然。

4-8　冒险类游戏

冒险类游戏（Adventure Game，AVG）早期多在 PC 上发展，也算是计算机游戏最早的类型之一。随着计算机性能的提高，冒险类游戏也有了全新的变化，大多发展成类似动作角色扮演类游戏，只不过有一些特殊条件不太相同而已。

冒险类游戏具有 RPG 类游戏的人物特色，却没有角色扮演类游戏的人物升级系统。也就是说，在冒险类游戏中，可能会非常强调人物故事剧情的发展，但人物本身的等级强弱却不会有什么变化，《警察故事》（Police Quest）、《神秘岛》（Riven）、《古墓丽影》（Tomb Raider，PS）等都是冒险类游戏的代表作。

4-8-1　发展过程

冒险类游戏虽没有角色扮演类游戏的角色升级系统，却含有相当多的解谜与冒险成分，主角的属性通常是固定的。游戏本身最主要的目的是要让玩家在游戏中不断地思考，获得解决各种问题的答案。这方面最经典的游戏应该是日本卡普空（Capcom）公司发行的《生化危机》（Biohazard）与 Eidos 公司发行的《古墓丽影》（Tomb Raider）系列游戏，虽然故事内容不尽相同，但却都有一个共同点，那就是以解谜为游戏的主线。

《古墓丽影》系列游戏画面

不难看出，冒险类游戏通常以悬疑紧张的故事情节为游戏主线，主角会来到一个充满机关的城镇或建筑物里，在这些地方有着不可告人的秘密或富可敌国的宝藏，玩家们必须破解各种机关，设法通过各种关卡，思考判断与紧凑的剧情让玩家乐在其中。例如，知名的《恶灵古堡》系列对游戏气氛的掌握相当成功，3D 人物、怪物造型十分惊人，故事情节安排跌宕起伏，隐藏各种密技，游戏模式令人耳目一新。

4-8-2 设计风格

冒险类游戏的架构实际上与 ARPG 游戏非常相似，只是冒险类游戏还必须加上大量合理机关与剧情发展，让玩家感觉就好像在看一场电影或一本小说，如果设计者希望把游戏搞得更复杂一些，还可以在游戏中加入分支剧情，这样更能增加游戏的丰富性。在制作冒险游戏时，须把握以下 3 个特点。

■ 强调人物的刻画

冒险类游戏强调的是角色在故事里存在的价值，角色背景需要非常明朗，让玩家们了解得清清楚楚，所有在故事剧情里出现的人物都必须要有存在的合理性与意义。

■ 合理的故事情节

冒险类游戏非常重视故事剧情的发展，它是吸引玩家继续玩下去最有利的工具，合理又悬念丛生的剧情让玩家们很容易就能融入游戏当中，玩家会因为想要看到故事的结局而一直不断地玩下去。

■ 丰富的机关结构

冒险类游戏最主要的特色就是充满了各式各样的机关，这些机关必须具备丰富性与合理性，而且又不会太难破解，因为游戏中的机关通常是游戏进行的主干道，所有的故事剧情都可能在机关的前后发生。

事实上，当初以美式风格为主的冒险类游戏在刚进入国内游戏市场的时候，许多玩家很难接受它的游戏机制，但是从近几年的冒险类游戏看，其内容的丰富性与美式电影风格的制作手法，已经让冒险类游戏成功地打动了玩家的心。

课后练习

1. 什么是益智类游戏（Puzzle Game，Puz 或称 PzG）？
2. 益智类游戏的特色是什么？
3. 策略类游戏除了战略模式外，还包含哪些游戏方式？
4. 请简述什么是模拟类游戏（Simulation Game，SLG）？
5. 请说明动作类游戏的发展史。
6. 请简述第三人称射击类游戏的特色。
7. 运动类游戏的玩家有哪一种很奇妙的现象？
8. 请说明角色扮演类游戏的特色。
9. 关于 RPG 游戏，有哪几项设计原则？
10. 试说明动作角色扮演类游戏的发展过程。
11. 开发一套动作角色扮演类游戏时，必须要从哪 4 方面来着手？
12. 在制作冒险游戏时，可以秉持哪 3 项特点？

第 5 章

游戏开发团队的建立

早期的游戏，由于开发规模并不庞大，游戏硬件无法支持动听的音效，画面也极为简单，因此只需一、两个人就可以完成开发任务。游戏设计者一人扮演游戏策划、程序设计、美术设计、音乐创作，甚至于测试的角色。

游戏团队的沟通与合作能力是成功的关键

随着时代的进步，硬件性能显著提升，而想要开发一款在市场上能够生存的游戏产品，已不是独自一人就可以完成的任务。对游戏开发公司来说，可能会有许多部门，每个部门里会有许多人加入，各部门与各部门之间必须相互依附合作。而且由于游戏开发作为一个项目结合了众多不同领域的知识，并不是也不能像单人软件开发一样随时随地更改方案。如果规划不当或合作默契不够，有可能会牵一发而动全身，使得开发周期大大延长。

5-1 团队人力资源分配

在准备开发一款游戏之前，团队成员除了需要了解游戏市场走向、游戏的客户群、游戏未来前景等因素外，团队人力资源分配也是很重要的工作。通常一个游戏案子设计考虑的原因有若干因素，包括市场考虑、成本考虑、技术层面考虑、公司系列作品的续作压力以及策略性产品等。

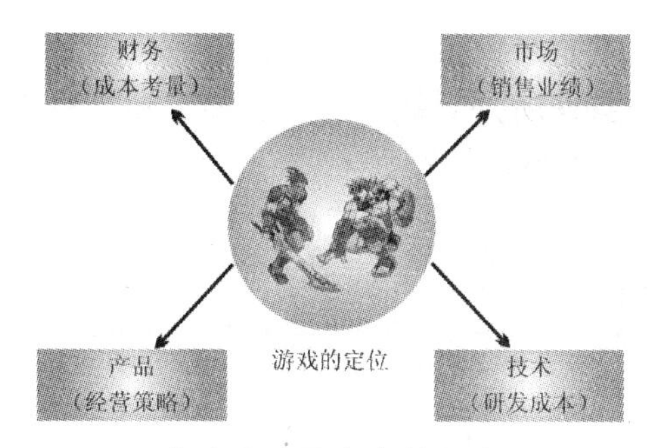

游戏设计要考虑的因素

一般而言，主事者会先将一个开发团队的人物角色分配到“最恰当”的状况，不过基于成本考虑与人力资源不足，也有可能会让一个人扮演起很多任务的角色，或者由某一些人来扮演跨越任务的角色。也就是说，开发团队中有些任务的座位上可能会坐着某些人，有些任务座位却很容易被空着放置在旁边，有些任务座位还可能会由许多人来扮演，甚至有些人会一起坐上两个座位的情况发生。实际上，如果没有很严格的规范，上述这些情形还是可以被接受的，但是在这种情况下，就必须要有某些角色担起其他沉重的工作。在人力资源不足或成本不能负荷的情况下，还是可以将这个游戏开发团队的任务分成 5 大类，如下表所示：

游戏开发任务的 5 大类

任务分类	主要角色
管理与设计	系统分析、软件规划、企划管理、游戏设置
程序设计	程序统筹、程序开发
美术设计	美术统筹、美工设计
音效设计	音乐作曲家、音效技术师
测试与支持	游戏测试、技术支持

通过人力资源的分配与任务规划的指派，可以将这 5 大类架构绘制成如下图所示的金字塔形状。

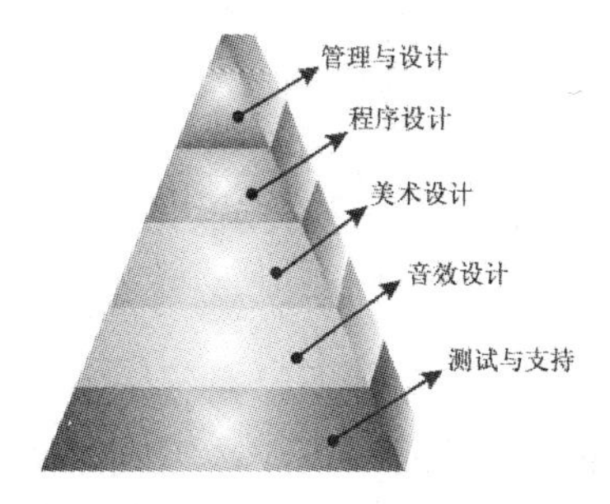

5-1-1　游戏总监

制作一款游戏通常是团队工作，由游戏总监带领游戏策划、程序设计、美术设计等工作人员共同完成。游戏总监就是掌控游戏制作流程与设计的管理人员，或者称为游戏制作人。他的主要任务就是控制管理所属团队的人力资源、建构游戏的整体基本架构，统筹游戏中的所有细节重点。例如，游戏总监在游戏开发期间，可以依照以下的步骤来进行：

游戏开发步骤

游戏制作过程	概述
游戏企划撰写	题材选择与故事介绍、游戏方式叙述、主要玩家族群分析、开发预算、开发时程
团队沟通	游戏概念交流、美术设定风格、游戏工具开发、游戏程序架构
游戏开发	美工制作、程序撰写、音乐音效制作、编辑器制作
成果整合	美术整合、程序整合、音乐音效整合
游戏测试	程序正确性、游戏逻辑正确性、安装程序正确性

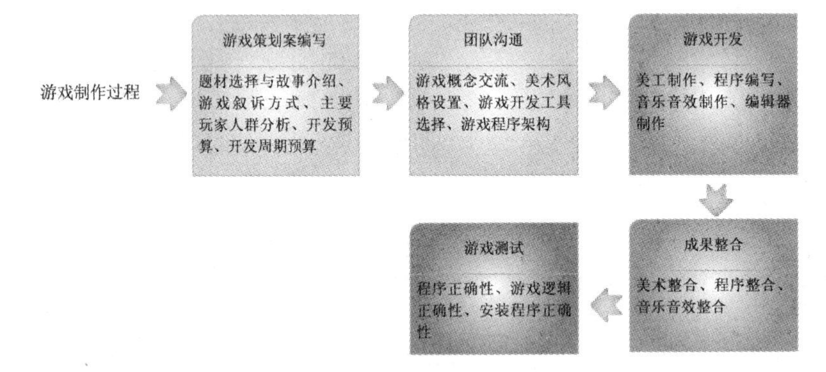

游戏制作过程

从实务面来讲，游戏总监就是整个游戏的领航者。他对市场与游戏的敏感程度几乎到了权威一般的存在，旗下可能管辖策划、美术与程序总监。

游戏总监是游戏团队中最核心的人物

虽然游戏总监可不必直接参与许多工作细节，但是必须要清楚地知道团队想要制作的是什么样的游戏，并且在采纳团队成员的意见时，也确保不偏离游戏的制作方向，有时候他也必须要扮演起开发团队部门之间“协调者”或者是“决策者”的身份，如此才不至于让游戏开发变成多头马车，而使得制作出来的游戏变为“四不像”。

在一家有一定规模的公司里，游戏总监的角色通常是公司某位具有统筹能力的人员来扮演的，能够对游戏进行整体规划并能够善用各种人力资源。在游戏开发的初期，必须建立跨部门的项目委员会，并由委员会来进行游戏的提案、简报与雏形的制作。各部门的员工依照委员会所产出的策划案与细节要求加以开发，这个委员会的负责时间包括游戏提案到正式上线为止。

5-1-2　企划人员

由于游戏策划是一个极需创意的工作，且游戏的主要顾客多为年轻群体，所以游戏策划通常比较年轻。想要成为一个好的游戏策划人员，首要的条件就是对游戏有兴趣，必须广泛了解游戏史上各种类型与风格的游戏，最好玩过足够多的游戏，不但能够创新游戏玩法，又拥有很好的文字表达能力，能够撰写游戏提案，此外，还要有 2D/3D 美术工具与脚本程序语言基本能力并善于广泛收集信息。游戏策划在编写提案时需从以下 5 个方面进行着手。

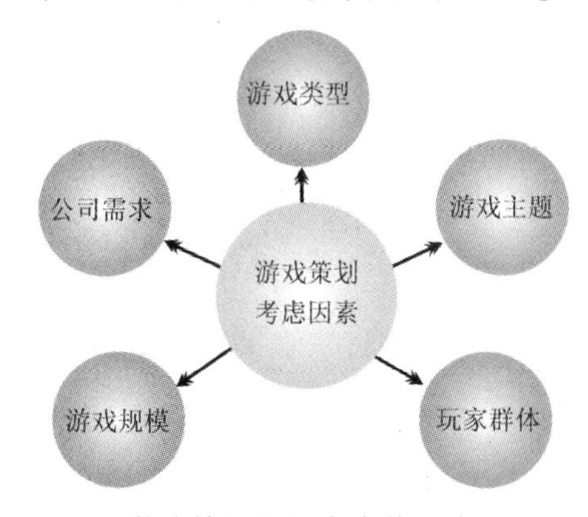

游戏策划需要考虑的因素

游戏策划可以说是整个游戏制作的灵魂，主要工作是策划方案的提出和游戏制作过程的规划与协调。对游戏的脚本设计、美工、音效、程序设计都必须了如指掌，他的作用就好像是在带动其他 3 个角色的核心领导，控制着整个游戏的规划、流程与系统，策划人员必须编制出一个策划案供其他参与人员阅读。

策划人员必须先将游戏中可能需要的场景组件以策划书的方式通知程序设计师与美工人员，由美工人员绘制图形组件，由程序设计人员编写游戏场景的应用程序。坦白说，要设计出一款好的游戏，首要任务就是找到一个好的策划。因为在一款游戏决定要进入开发阶段时，第一个工作就是由策划开始，策划会依照公司所决定的游戏类型或是产品方向开始进行游戏的细节与规划，游戏策划主持游戏的进行，同时又必须担任后勤支持的角色及定义游戏中人物角色的各种数值（角色的力量、智慧、体力、攻击率、魔法等），工作范围紧扣着项目流程进行。

例如，《巴冷公主》的游戏策划人员便在研究土著居民文化、服饰、音乐、武器、饮食等主题上花了许多功夫。下面的图片中，可以看到蛇灵守护神身上地道的鲁凯族服饰，这都是本公司策划人员费了九牛二虎之力才取得的样本。

《巴冷公主》游戏中角色的民族服饰

组织越大，策划分工便越明细，大体如此。规模大一点的公司设立有策划总监一职，规模小的公司有时则直接由游戏总监担任。策划人员在游戏研发过程中，不但想法要灵活且不断思考，过程中还可能会遇到许多瓶颈或挫折，所以勇于接受挑战也十分重要。除了要与开发游戏小组其他成员不断沟通，又必须担任后勤支持角色，在某些小公司，就需要经常去收集数据，接着把提案写出来，其实就是策划助理的角色。这里可以将策划人员的工作归类，大致分为下列几点。

策划必须整天埋首在收集与整理数据

- 游戏规划：游戏制作前的资料收集与环境规划。
- 架构设计：设计游戏的主要架构、系统与主题规划。
- 流程控制：绘制游戏流程与进度规划。
- 脚本制作：编写故事脚本。
- 人物设置：设置人物属性及特性。
- 剧情导入：故事剧情导入引擎中。
- 场景分配：场景规划与分配。

以下是由笔者公司策划人员于巴冷游戏第一关中所撰写的部分对话文字：

```
<#   文字分析器  2002/04/23  第一关文字  Program creator By TG.
<#
[第 1关  54 行] [IDS_DISPLAY]. . . 是梦? . . .
[第 1关  58 行] [IDS_DISPLAY]. . . 好美的梦境. . . 还有. . .
[第 1关  60 行] [IDS_DISPLAY]. . . 那个人. . . 是谁呢? . . .
[第 1关  61 行] [IDS_DISPLAY]哎呀! 糟了. . .
[第 1关  63 行] [IDS_DISPLAY]睡过头! 等会儿又要挨长老骂了. . .
[第 1关  73 行] [IDS_INFO]取得本木杖!
[第 1关  86 行] [IDS_INFO]差点忘了，昨天削好的棒子呢?
[第 1关  93 行] [IDS_INFO]巴冷~!!
[第 1关  101 行] [IDS_NORMAL]你呀~女孩子不像个女孩子
[第 1关  103 行] [IDS_NORMAL]跟你说过多少次!
[第 1关  104 行] [IDS_NORMAL]不要老是拿着武器四处去野。
[第 1关  106 行] [IDS_DISPLAY]人家又不是拿武器~
[第 1关  107 行] [IDS_DISPLAY]这~不过是根棒子罢了!
[第 1关  108 行] [IDS_DISPLAY]不算是违背老祖宗的规矩呀!
[第 1关  110 行] [IDS_NORMAL]伶牙俐齿的!
```

```
[第 1关  111 行] [IDS_NORMAL]都１６岁了，还像个孩子一样。
[第 1关  112 行] [IDS_NORMAL]快去长老那里上课！
[第 1关  113 行] [IDS_NORMAL]要是贪玩，耽误了学习．．．
[第 1关  114 行] [IDS_NORMAL]那～可饶不了你。
[第 1关  116 行] [IDS_DISPLAY]好啦～～人家知道了啦！
[第 1关  117 行] [IDS_NORMAL]快去上课，不要四处乱跑！
[第 1关  138 行] [IDS_INFO]取得小年糕！
[第 1关  166 行] [IDS_DISPLAY]对了，阿玛今天出去打猎．．．
[第 1关  167 行] [IDS_DISPLAY]我想～
[第 1关  168 行] [IDS_DISPLAY]去森林看看有没有新奇的事．．．
[第 1关  171 行] [IDS_DISPLAY]嗯～就这么决定！
[第 1关  195 行] [IDS_DISPLAY]．．．巴冷．．．
[第 1关  197 行] [IDS_DISPLAY]巴冷～～
[第 1关  202 行] [IDS_DISPLAY]因那（妈妈）～早安！
[第 1关  203 行] [IDS_NORMAL]睡醒了呀～肚子饿不饿?
[第 1关  204 行] [IDS_NORMAL]厨房里还有些小年糕！！！
[第 1关  205 行] [IDS_NORMAL]快去吃吧！
[第 1关  206 行] [IDS_NORMAL]吃饱了，就去长老那上课！
[第 1关  207 行] [IDS_NORMAL]别贪玩，省得你阿玛（爸爸）又要生气了。
[第 1关  209 行] [IDS_DISPLAY]可是～去长老家上课很闷呐！
[第 1关  210 行] [IDS_NORMAL]你哟～只想玩．．．
[第 1关  211 行] [IDS_DISPLAY]因那（妈妈）～
[第 1关  212 行] [IDS_NORMAL]快去上课～
[第 1关  214 行] [IDS_DISPLAY]知道了～我现在就去长老家。
[第 1关  219 行] [IDS_NORMAL]对了！
[第 1关  220 行] [IDS_NORMAL]今天你阿玛（爸爸）要带领族内勇士出去打猎．．．
[第 1关  221 行] [IDS_NORMAL]你要乖乖在部落里，不要四处乱跑！
[第 1关  222 行] [IDS_NORMAL]别老是让因那（妈妈）担心啊～
[第 1关  225 行] [IDS_DISPLAY]知道了～～
[第 1关  237 行] [IDS_NORMAL]你还没到长老家上课呀！
[第 1关  240 行] [IDS_DISPLAY]因那（妈妈），你怎知道。
[第 1关  241 行] [IDS_NORMAL]你哦～长老刚刚来过。
[第 1关  242 行] [IDS_DISPLAY]哦！
[第 1关  243 行] [IDS_NORMAL]快去上课～不要让长老等太久！
[第 1关  245 行] [IDS_DISPLAY]知道了～～
[第 1关  248 行] [IDS_NORMAL]快去上课～不要让长老等太久！
[第 1关  250 行] [IDS_DISPLAY]知道了～～
```

下表是策划人员所撰写的部分道具菜单：

道具菜单

原料组合	品名	药剂功能
紫茎滕+风铃草	轻血疗剂	单人生命力回复 25%
满天星+满天星	血疗剂	单人生命力回复 50%
满天星+紫茎滕	强血疗剂	单人生命力回复 75%
风铃草+鹅掌黄苞花	精炼血疗剂	单人生命力回复 99%
鹅掌黄苞花+风铃草	轻活医药	全体生命力回复 20%
风铃草+蒜头芦	活医药	全体生命力回复 40%

（续表）

原料组合	品名	药剂功能
鹅掌黄苞花+满天星	强活医药	全体生命力回复 60%
满天星+蒜头芦	精炼活医药	全体生命力回复 80%
风铃草+风铃草	轻创治剂	单人生命力回复 100 点
风铃草+满天星	创治剂	单人生命力回复 200 点
风铃草+紫茎膝	强创治剂	单人生命力回复 400 点
满天星+风铃草	精炼创治剂	单人生命力回复 600 点
满天星+鹅掌黄苞花	轻复体药	全体生命力回复 100 点
紫茎膝+满天星	复体药	全体生命力回复 200 点
紫茎膝+鹅掌黄苞花	强复体药	全体生命力回复 300 点
紫茎膝+紫茎膝	精炼复体药	全体生命力回复 400 点
红茄果+满天星	轻凝神剂	单人灵动力回复 25%
水晶兰+满天星	凝神剂	单人灵动力回复 50%
水晶兰+风铃草	强凝神剂	单人灵动力回复 75%
海星果+风铃草	精炼凝神剂	单人灵动力回复 99%
鹅掌黄苞花+海星果	轻原灵药	全体灵动力回复 20%
蒜头芦+红茄果	原灵药	全体灵动力回复 40%
蒜头芦+水晶兰	强原灵药	全体灵动力回复 60%
原料组合	品名	药剂功能
蒜头芦+海星果	精炼原灵药	全体灵动力回复 80%
针珠天南星+满天星	轻晓魄剂	单人灵动力回复 50 点
小福草+满天星	晓魄剂	单人灵动力回复 100 点
小福草+风铃草	强晓魄剂	单人灵动力回复 200 点
红茄果+风铃草	精炼晓魄剂	单人灵动力回复 300 点
紫茎膝+海星果	轻振精药	全体灵动力回复 50 点
鹅掌黄苞花+红茄果	振精药	全体灵动力回复 150 点
紫茎膝+水晶兰	强振精药	全体灵动力回复 200 点
鹅掌黄苞花+水晶兰	精炼振精药	全体灵动力回复 250 点
针珠天南星+小福草	轻蔚生剂	单人生命力及灵动力回复 25%
红茄果+蒜头芦	蔚生剂	单人生命力及灵动力回复 50%
小福草+针珠天南星	重蔚生剂	单人生命力及灵动力回复 75%
海星果+蒜头芦	精炼蔚生剂	单人生命力及灵动力回复 99%
针珠天南星+海星果	轻均命药	全体生命力及灵动力回复 20%
小福草+水晶兰	均命药	全体生命力及灵动力回复 40%
红茄果+红茄果	强均命药	全体生命力及灵动力回复 60%
海星果+针珠天南星	精炼均命药	全体生命力及灵动力回复 80%

5-1-3 程序人员

程序可以形容为一个隐性的游戏质量因素，因为程序内容是没有办法独立表现于外在组件的。策划人员呕心沥血的策划书，必须通过程序开发才能够最终在计算机上实现。

一般来说，在游戏开发团队中，程序设计师是工作压力与心理问题最大的成员，也是最容易产生抱怨与烦躁的一种角色。不过他们也肩负着游戏中最核心的技术。通常策划人员会追求将游戏制作得尽善尽美，那么程序设计师就必须要花上大把的时间试图来实现策划人员的构思。

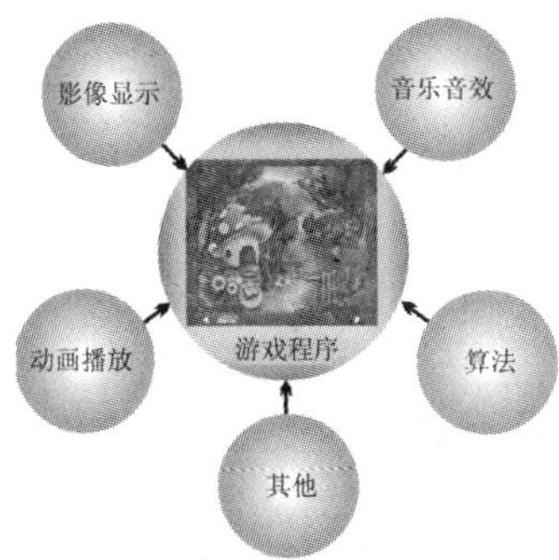

程序设计涉及的范围

如果程序设计师一旦迷失方向的话，会将整个游戏开发团队推向一个无底的深渊当中，这是非常可怕的。更何况程序设计师总会因为太过于专精自己的技术，因而没有考虑到整体的人际关系与成本进度，最后可能会导致游戏开发团队的士气低落与人心涣散。

程序人员必须要充分了解策划人员的构想计划，分析程序是否可行，在程序能够实现的基础上要确定游戏所要使用的各种资源（如变量、常数与类）等细节问题，规划游戏程序的执行流程，设计可能的程序架构、流程、对象库与函数库。对于服务器端，还要负责规划地图、读取与验证数据、处理环境互动信息等，甚至单元测试、案例测试也要通过编写程序来完成。

在线游戏的程序跟单机游戏的程序设计不同，在客户端设计如画面表现、特效、人物动作等在线游戏跟单机游戏的开发十分类似，但由于在线游戏多出一个服务器端，其程序设计就必须考虑不同动作间的封包验证，在通信的安全与稳定方面，也要进行更多的检查点与测试案例。

其实相对而言，程序设计师的任务性质相当单纯，只需根据策划案来开发其应用程序就可以了，而其他琐碎的事情由管理者或决策者来处理或解决。因此游戏掌舵者必须在程序设计群中，还要推举一位可以管理众人的"总监"角色。

以程序设计师来说，总监这个角色占有极为重要的地位，正因为程序设计师是一个非常难以管理的群体，所以掌舵者根本没有办法再去管理这些个别的程序设计师，这时就要从这些人当中推选一个可以帮他管理程序设计师团队的人。当其他人撰写完程序之后，程序总监需要将它们整合起来，达到策划人员所要求的画面或功能。具体而言，程序人员的职责，我们可以将它分类成下列几点。

- 编写游戏功能：编写策划书上的各类游戏功能，包括编写各类编辑器工具。
- 游戏引擎制作：制作游戏核心程序，而核心程序足以应付游戏中所发生的所有事件及图形管理。

- 合并程序代码：将分散编写的程序代码加以集成。
- 程序代码调试：在游戏制作后期，程序开发人员便可以着手进行调试，尽可能减少程序代码中的错误。

通常程序总监的挑选，是程序小组中技术最好的一个，而且他还必须要有将程序全面整合的能力。简单地说，程序总监的角色，对上要以管理者的决策为主、对下必须要有管理程序设计小组与整合程序的能力，如果程序总监本身技术能力强、又有主见，并且游戏制作人本身不善管理，就需要由他来主导游戏走向。

5-1-4 美工

美工在整个游戏制作的过程中非常重要，几乎从一开始就必须参与，游戏所呈现出来的美术水平与画面表现，绝对是作品能否吸引人的关键之一。对玩家而言，最直接接触到的是游戏中的画面，在玩家还未接触到游戏的时候，他们就可能先被游戏中的华丽画面所深深吸引，然后立即想去玩这款游戏。简单地说，对于任何一款游戏，只有先吸引住玩家的目光，它才有可能迅速被玩家接受。下图所示为《巴冷公主》游戏的美术团队绘制的屏东小鬼湖附近的精美截图。

《巴冷公主》中美工设计的游戏画面

即使是同一款游戏，设置的目标族群不同，呈现出来的美术风格也会有所差异。当策划方案中的文字描述经过美工的手绘制成原画后，美术部门就需要将原画的各个角色制作成数字的图形文件。由于美术工作量相当惊人，所以通常美术部门在游戏公司中是成员最多的部门。

通常策划人员对于角色与场景会有非常详细的设置数据，例如个性、年龄等等，美工会依据这些数据设计出草图后再进行修改。不管是原画图形绘制、人物动画制作、特效制作和编辑、场景与建筑物的制作、接口的刻画等，都由美术部门完成。简单来说，一切跟游戏中美的事物有关的工作都和美术设计有关。举例来说，对于游戏中的原画设置项目就包含以下 3 种。

■ 人物设计

成功的人物设置，势必能为游戏带来更多玩家关注的目光，人物设计包括角色、怪物、NPC 等。

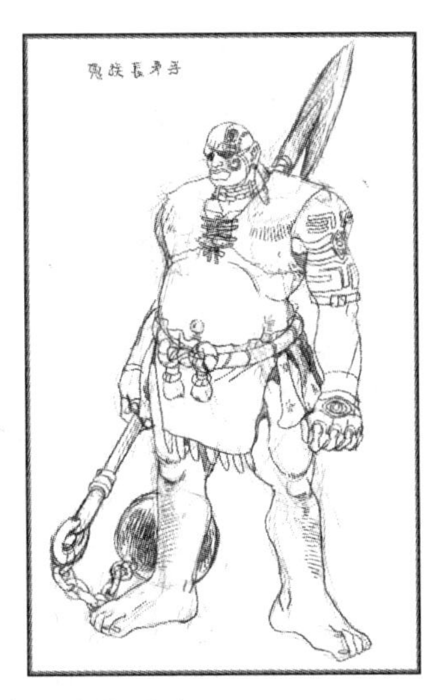

《巴冷公主》游戏中的人物设计

■ 场景设计

场景设计也包括两个主要部分，一个是场景的规划，另一个是建筑物或自然景观的设计，如下图所示。

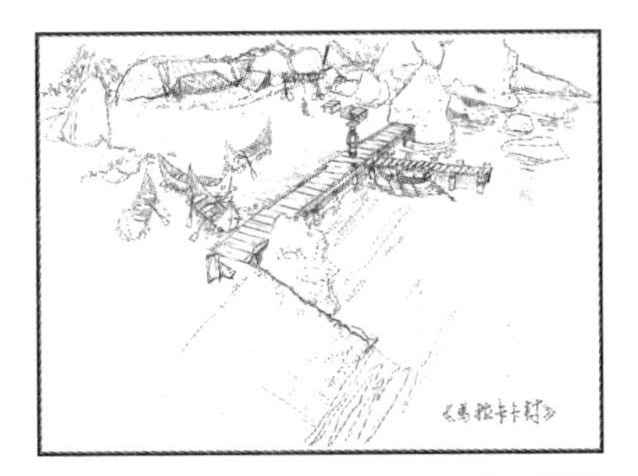
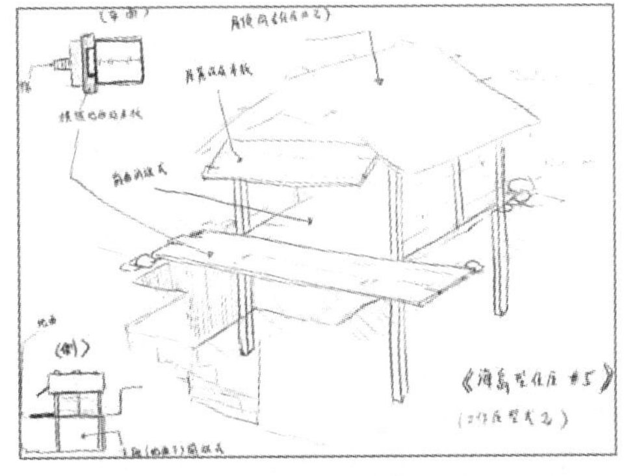

游戏中的建筑设计

■ 物品设计

物品设计包括游戏中所用到的道具、武器、用品等，如下图所示。

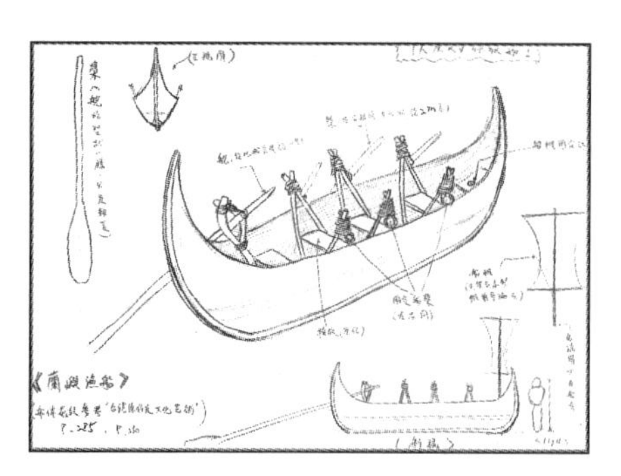

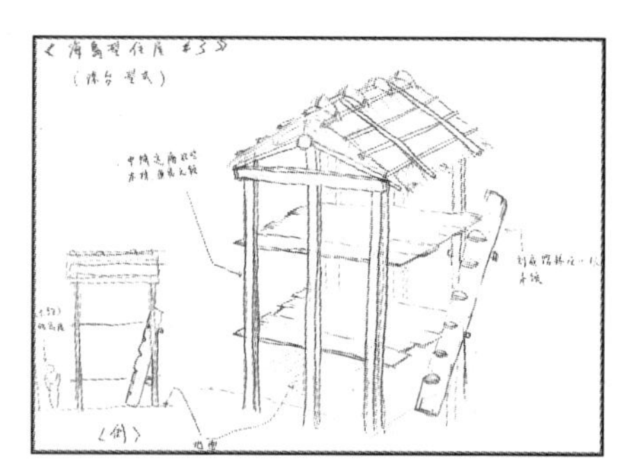

游戏中的物品设计

以一款大型在线角色扮演游戏来说，美术部门负责的领域相当多元化，有世界观、原画设置、2D 图像处理、地图拼接制作、对象特效、动画输出等多项内容。美术人员在团队中所要做的工作，我们将它归纳出下列几点。

- 人物设计：不管是 2D 游戏还是 3D 游戏，美工人员必须根据策划人员所规划的设置，设计与绘制游戏中所有需要登场的人物。

游戏中的人物设计

- 场景绘制：在 2D 游戏中，美工人员必须要一张张地画出游戏所需要的所有场景图案。而在 3D 游戏中，美工人员必须绘制出场景中所有必须要用到的场景与对象，供地图编辑人员编辑使用。

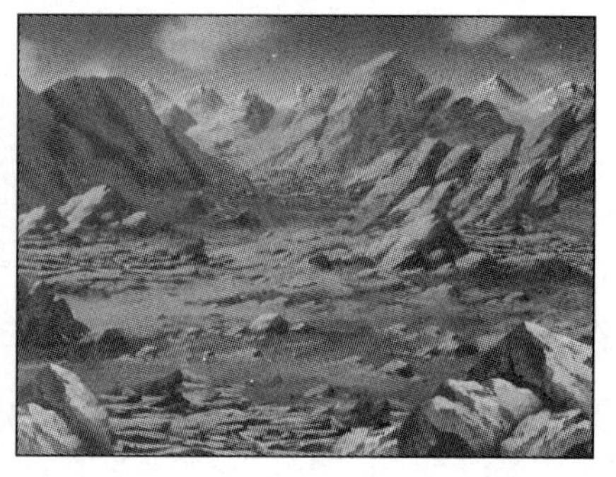

2D 与 3D 立体场景

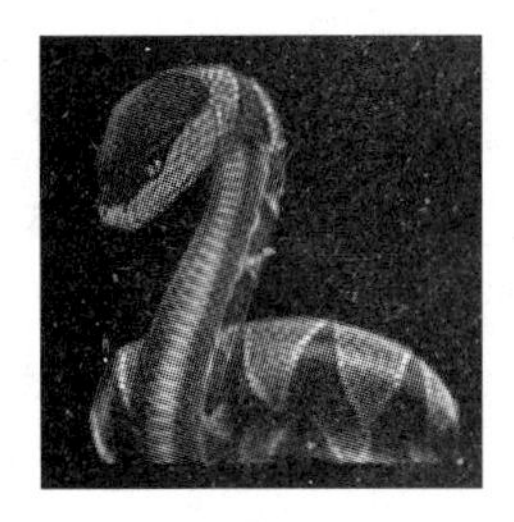

3D 游戏中的对象设计

- 界面绘制：除了游戏场景与人物之外，还有一种经常在游戏中见到的画面，那就是游戏界面，这种界面是让玩家直接与游戏引擎沟通的画面，美术人员需要依据策划方案中规定的游戏功能进行设计与绘制，并将界面的雏形制作成图形文件，甚至是动画文件，如下图所示。

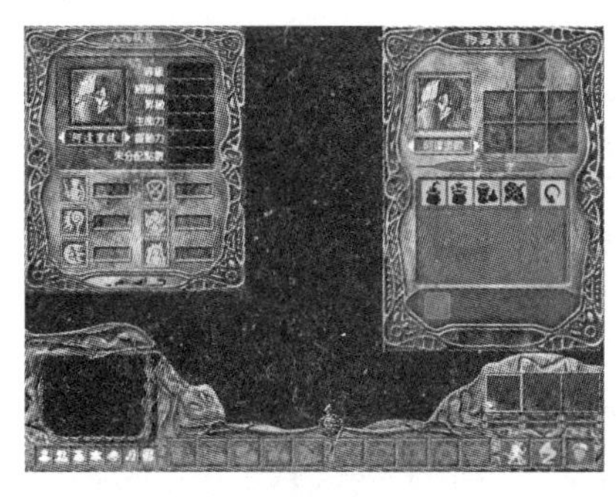

游戏的界面绘制

- 动画制作：游戏中少不了会有一些串场的动画。在游戏开发中，绘图量最惊人的部分就是战斗动画，这时美术团队必须依照方案所提出的战斗招式与魔法制作出各种战斗画面。战斗动画可分成两种类型，一种是与人物动作本身相关的动画，例如动画内容是某一战士角色拿刀横劈的动作，美术团队必须画出与此角色动作相关的图片，并串连成一段动画；另一种是与人物无直接关系的魔法动画，这种动画中没有特定的人物造型，只是一个效果动画，例如火焰燃烧、陨石坠落等。下图所示就是魔法动画的画面。

游戏中的魔法动画画面

美术人员就像是艺术家一样，根据策划人员所定出来的主题绘制游戏中的各种画面与图像。这里值得一提的是，一款游戏画面的完成不是只靠一个美术人员的力量就可以搞定的，从游戏开发团队的角度来看，美术人员的需求量就会相对地增加许多，在有许多美术人员的情况下，最好设立一名与程序总监相等地位的“美术总监”负责一切美术部分的工作事项，如创意研发、设计统合、质量控制、进度协调等。美术总监负责统一游戏整体的绘制风格，而且指挥相关人力配合输出动作的片段。

5-1-5 音效制作人员

在一套游戏中，少了音效辅助，它的娱乐性就失色不少。在声卡已成为个人计算机标准配置的今天，音效已成为游戏必须包含的一个项目。当玩家们在砍杀一个敌人的时候，如果他们只能看到画面中的游戏人物一个砍人、另一个被砍，却听不到他们在砍或被砍时发出的声音，游戏的刺激性便会大为减少。如果能在这些声音的基础上再添加适当音效的话，玩家便可以感觉到声光十足的刺激感。再比如在玩枪战游戏时，少了枪声，那是不是就好像少了那一份枪林弹雨的现场感呢？这一切便都属于音效制作人员的工作职责。

举一个例子来说，当玩家在玩一款以恐怖为主题的游戏，如果没有听到一些可怕的声音时，似乎就不怎么刺激了，不过如果在游戏中，特意放上一些诡异的风吹声，或是一些踏在腐朽的木板上所发出的嘎嘎声，如此一来，无形中便增加了游戏的恐怖临场感，直叫玩家大呼过瘾，而音效技术师便是这些听了令人毛骨悚然的音效的创造者。

在游戏中音效文件大都是以 Wave 格式与 MIDI 格式保存的。Wave 格式的声音文件所占空间比较大，一般的音乐 CD 最多只能容纳约 15~20 首歌曲（以一首歌曲 2~4 分钟来计算）。如果游戏中对于音效的质量要求极高，或者想让游戏中的音效成为卖点之一（像《巴冷公主》游戏中的原住民歌那样），通常就会采用 Wave 格式的声音文件，或者可以单独提供一张音乐 CD，让玩家在玩游戏时播放，也可以在随身听或音响中播放。

MIDI 文件的优点是数据的存储空间比较小，且乐曲容易修改。不过目前已经很少有游戏直接使用 MIDI 文件来播放音乐，因为它难以使每台计算机都达到一致的播放质量，而这也正是使用 MIDI 文件的缺点。例如，《最终幻想 7》在背景音乐上使用播放 MIDI 文件的方式，而为了维持音乐播放的质量，玩家可以选择安装在游戏盘中附带的 YAMAHA 软件音源器播放，不过由于软音源需要占用不少系统资源（CPU 与内存），所以会影响游戏运行的速度与质量。

游戏开发团队中，工作性质最单纯的就非音乐（效）制作人员莫属了，他们只要做出游戏中所需要用到的音效与相关背景音乐即可。有些规模较小的公司，音效是外包制作的。

游戏的声音部分可以按照性质分成两种，一种是游戏中令人感动、甚至足以影响玩家情绪的背景音乐，另一种是游戏中各式各样稀奇古怪的声音特效。音效人员必须要非常了解游戏故事的剧情发展，如果有一段剧情应该是悲伤情景，就不能这时候来段轻快的音乐，因为这会让玩家们认为文不对题，导致让人反感的效果。

5-2　游戏开发前的思考

目前市面上发行的游戏，无论是游戏的画面、玩法，还是操作方法，都有异曲同工之处。尽管如此，也只有几套可以在游戏界大放异彩。笔者认为，虽然游戏的制作符合市场需求，大众化路线也是一条安全的路线，但是最后难免落得“一窝蜂”的结果。

在游戏界，可以发现国产游戏有两种特有的现象，一种是盲目跟风，另一种是梦想与现实两者无法兼顾，这两种现象导致国产游戏的销售业绩一落千丈，以至于国产游戏的质量也越来越不能让国内玩家接受了。

5-2-1　盲目跟风

在国内的游戏界中，不难发现一种奇特的现象，就是国产游戏有一种“盲目追求”国外游戏的感觉，只要是国外的某些游戏在国内发展起来后，过不了多久就会有许多类似的国产游戏相继诞生，但是国产游戏的内容却远不及国外的游戏，而这种情况演变到现在，使玩家有一种特别的看法，就是“国产游戏不能玩”，这些都是我们所谓的“盲目跟风”的后果。

当游戏团队盲目跟风地将游戏顺利开发完后，才会开始担心：这套游戏到底要卖给谁？谁会来买我们制作的游戏？游戏是否能让一般人接受？或者更实际一点的是这套游戏能不能为公司和自己带来收益。在现实生活中，这些问题的确在很大程度上困扰着游戏开发者。一个成功的决策者或开发团队，早在游戏开发之前，就应该把相关问题都考虑过了。

许多游戏开发团队会经常发现一种现象，就是被市场上流行的游戏所迷惑，并且一头栽进去，以相同的模式，再制作出另一套类似的游戏。结果就是游戏推到市场后，没多久就被打了下来，这不光是金钱和精神上的损失，就连游戏开发团队的士气也被彻底打击没了，最后只能草草地将游戏开发团队解散。

原因就在于，在跟进流行游戏的时候，只是按照他们的游戏模式加以模仿，尽管也会做出一些与当红游戏不同的地方，但主架构还是与这些游戏相似。辛苦地将游戏制作完并且上市之后，这种游戏的市场可能已经被第一套游戏占光了。如果能做到与流行游戏非常相似，还有可能会被部分游戏玩家接受。如果东施效颦，游戏肯定在上市不久就会无疾而终了。

5-2-2　梦想与现实之间

在游戏界，另外一种现象也值得注意，那就是游戏开发团队的迷失。开发团队是创造游戏的主要灵魂，经常能看见游戏开发成员将自己个人的梦想推向现实，把自己的游戏理念带进游戏中。每一个人都希望自己的游戏可以引领潮流，但是却没有完整地落实游戏制作的流程，不惜开发成本地制作一套游戏。一开始大家都抱着崇高的理想，沉浸在实现梦想的快乐中。不过，等到无法负荷现实生活的成本压力后，为了不让之前的花费沉于大海，只有落得虎头蛇尾的下场，草草结束当初美丽的梦想。

虽然开发游戏的原动力是基于开发团队的梦想与憧憬，但要将这种梦想当作职业的话，就必须在梦想与现实之间找一个“双赢”的平衡点。

5-2-3 目标玩家划分

在实现制作游戏的梦想之前，一定要了解制胜关键。必须在开发游戏之前，先考虑好成品到底要卖给谁，也就是为哪些人制作这款游戏，这是游戏能否取得成功的关键，毕竟玩家才是最后的裁判，游戏是否成功得由他们说了算。事实上，确定目标玩家的关键就在于下面归纳的几项原则。

■ **按性别划分**

在游戏市场中，我们可以根据玩家的性别将他们划分为男性玩家与女性玩家。一般而言，男性玩家几乎可以涵盖全部游戏类型，这些游戏类型集中于 SLG、RPG、FPS、RTS、SPG 等方面。至于女性玩家喜欢的游戏类型要比男性玩家少，而能让女性玩家接受的游戏类型大都集中于 RPG、TAB 等方面。

■ **按年龄划分**

针对游戏玩家而言，也可以从玩家的年龄上来细分其购买力与游戏类型之间的关系，按年龄划分如下表所示。

按年龄划分

年龄	阶段	说明
14 岁以下	童年期	以小学生到初中二年级以下为主，其家长决策购买为主
14~18 岁	青春前期	以初中三年级到高中生为主，两种方式并存
18~22 岁	青春后期	以大学生与在职青年为主，自主决策购买为主
22~25 岁	青年前期	以在职青年为主，自主决策购买为主
25~30 岁	青年中期	以在职青年为主，自主决策购买为主
30 岁以上	青年后期至终	职业形态不定，自主决策购买为主

■ **按经济收入划分**

可以简单地按经济来源将玩家划分为“学生”和“上班族”两种，如下表所示。

按经济收入划分

玩家	说明
学生玩家	没有自主收入来源，主要靠家庭供给来决定是否购买游戏
上班族玩家	有自主收入来源，自主决定购买

■ **按学历划分**

我们也可以从玩家的学历来划分游戏的族群，例如初等学历、中等学历、高等学历 3 种，如下表所示。

按学历划分

文化学历	说明
初等学历	初中以下文化程度，消费认知力较低
中等学历	初中至高中（中专）文化程度，消费认知力中等
高等学历及以上	大专及以上文化程度，消费认知力较高

■ 按游戏环境划分

从玩家的居住环境上，可以简单地将玩家划分为都市型、城市型及乡镇型 3 种类型，如下表所示。

按游戏环境划分

居住环境	说明
都市型	消费焦点高度扩散，购物场所密集分布，收入较高
城市型	消费焦点中度扩散，购物场所较为密集，收入中等
乡镇型	消费焦点低度扩散，购物场所较为疏离，收入较低

■ 按消费心理划分

从消费者的心态上，可以简单地将玩家划分为保守型、冲动型及理智型 3 种，如下表所示。

按消费心理划分

消费心理	说明
保守型	消费欲望低，注重产品售后服务
冲动型	消费欲望高，注重产品外观与现场服务
理智型	消费欲望中等，注重产品性价比

■ 按游戏安装平台划分

根据玩家的游戏安装平台的不同，可以简单地将玩家划分为 DOS 玩家、Windows 玩家及 Linux 玩家，如下表所示。

按游戏安装平台划分

软件环境	说明
DOS 玩家	硬件配置一般较低，多为文字输出平台
Windows 玩家	硬件配置不等，主流软件环境
Linux 玩家	硬件配置不等，目前尚未流行于一般用户上

■ 按玩家熟练程度划分

根据玩家认知程度的不同，可以简单地将他们划分为普通用户、人门玩家及熟练玩家 3 种类型，如下表所示。

按玩家熟练程度划分

接触程度	说明
普通用户	游戏与计算机知识匮乏，尚未实际接触游戏的潜在玩家
入门玩家	初步掌握游戏知识，对简单的操作游戏刚刚上手的现实玩家
熟练玩家	熟悉游戏知识，能够熟练操作游戏与计算机的玩家

■ **按购买模式划分**

从玩家的购买模式上，可以简单地将他们划分为试用版玩家用户、正式版玩家用户及综合玩家用户 3 种类型，如下表所示。

按购买模式划分

购买模式	说明
试用版玩家用户	一般以试用版消费为主体，如从杂志中取得
正式版玩家用户	一般以正版消费为主体
综合玩家用户	此类玩家会兼具正版与盗版对等的消费

■ **按游戏形式划分**

从游戏形式上，可以简单地将玩家划分为单机型、局域网型及广域网型 3 种，如下表所示。

按游戏形式划分

游戏形式	说明
单机型	主要在单机上玩游戏，涵盖各种游戏类型
局域网型	主要在局域网上玩游戏，竞技类游戏为主
广域网型	主要在广域网上玩游戏，竞技类游戏为主

综上所述，玩家群体可以从多方面来归类，上面是按最简单的类型来区分游戏玩家，事实上，我们还可以更加详细地深入分析，只要我们能够确认玩家的喜好、消费能力及市场等关键因素，结合游戏制作的理念，再加上开发成本的许可，便可以利用这几项原则与有效的资源来制作一款高品质、低成本、广受欢迎、能给开发者带来利润的游戏。

5-3 团队默契的培养

一个游戏开发团队的核心力量，体现在每个员工身上所表现出来的信念、精神与士气，而凭借开发团队的默契和良好的工作环境，可以提高一个工作团队的精神与士气。所以笔者将这种优良的工作环境加上良好的默契，与生产出更好的产品画上等号。

优良的工作环境+良好的默契 = 良好的产品

5-3-1　工作环境的影响

工作环境在现实生活中指的是一个工作场所，不过这里所要谈到的工作环境并不是一种地方或场所，而是一种无形的伙伴关系，也就是一种人与人之间相互信任的环境。在彼此之间可以互相信任的情况下，工作默契和士气便会在这里慢慢地形成。例如一个可以信任员工的公司，在不影响工作进度及成本的情况下，就可以放手让员工自行去发挥，这样更能将其才能发挥得淋漓尽致。

5-3-2　士气的提升

一个游戏开发团队的默契度足以影响到游戏本身开发的进度与质量，特别是士气的提升，并不是建立在对每一个游戏开发人员的纵容上。例如，多数游戏开发人员都非常喜欢以自己的行为模式来做事，特别是一些恃才傲物的成员，如果管理者为了安抚他，并把他的这种行为当成是榜样，那么这个游戏开发团队的士气便会很快瓦解。

如果不改变这种管理风格，就算换上一批新鲜血液，最后还是会出现同样的问题。所以维持良好的团队士气就是以公平之心去对待团队中的每一个成员。因为一个成功的决策者绝对不会以某一个人的行为模式来评判一个开发团队的士气，毕竟每个成员的生活方式都不一样，有的人喜欢这样，有的人喜欢那样。所以成功的决策者会取得一个平衡点来提升开发团队的默契。

5-3-3　工作时程的安排

在游戏产业中，形成了一种特有的现象，那就是工作团队没有一个固定的上班时间，甚至会出现彻夜不眠等奇特现象。这种不合理的工作时间往往是开发周期安排不合理的后果，而团队工作的时间越多，它所消耗的士气就越多，等到士气跌到谷底后，这个团队就到了崩溃的时候。

事实上，这种不良现象也导致了另外一种情况出现，就是有些人早上看不到，等到晚上他才出现。这种情况下，一旦游戏的设置或程序发现问题，就很难及时将工作团队中的所有人集合起来，导致游戏开发进度严重滞后，而且这些人看起来永远都是以一种“没睡好”的精神面貌来面对工作伙伴，这不仅影响到团队的士气，而且也是一种成本与人力资源的浪费。所以，严格控制员工的作息时间，可以减轻员工的工作压力，并且在足够的休息之后，会更精神地面对任何挑战。

5-4　测试

测试与支持成员是一种不需要具有特殊专业的人员所构成的，其工作性质是在帮忙测试游戏的优劣性与错误。在游戏制作初期，企划人员可以请程序设计师撰写一个简单的测试软件来提供给测试人员做测试之用，这些人员在游戏制作初期的时候，其人数是最少的。不过离游戏制作完成的距离越近，这些测试人员的人数也就会相对的越来越多，其目的是要让游戏撰写人员了解到更详细的错误信息。此外，太早进行游戏测试，对游戏开发没什么帮助。

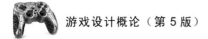

测试可区分成两个阶段，第一个阶段是游戏开发阶段，测试重点在于特定的功能测试。第二阶段的测试是在游戏制作成内部测试（Alpha Testing）或是外部测试（Beta Testing）的时候。内部测试一般是游戏有了初步的规模时才执行。外部测试与游戏性测试则在游戏接近完成时才执行，也就是针对整个游戏的所有功能测试，包含整个剧情是否流畅、有无卡关的状况、数据是否正确，可以说是全方位性的测试。

事实上，不管是游戏的开发阶段，还是发行阶段，调试管理绝对是非常必要的。不管是在游戏发行前在公司内部进行的封闭测试，还是公开测试，甚至正式发行后，错误的追踪与管理都是持续进行的。在进行调试的程序中，必须依照更新、测试、记录、调试 4 个步骤循环进行。

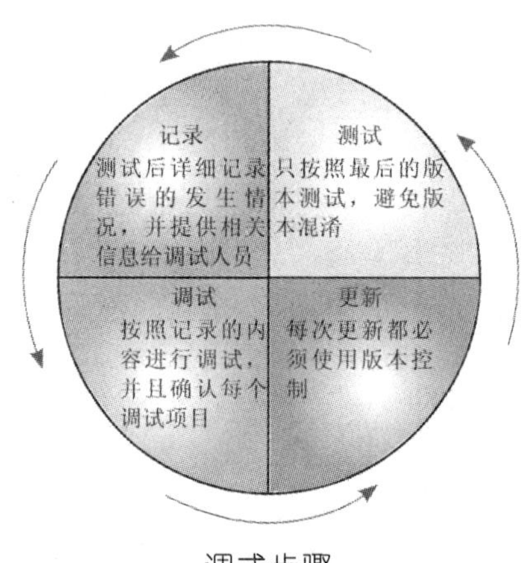

调式步骤

从“更新”阶段开始，一个新的版本就诞生了，无论是内部版本、外部版本还是正式版本，都必须进行版本管理。而测试必须依照更新或发布的版本进行，若不能依照统一发布的版本测试，将无法做统一版本的调试记录，更无法依照这些记录进行测试。下面我们就来介绍游戏开发过程中需要进行测试的项目。

5-4-1 游戏接口与程序测试

游戏接口的好坏，直接关系到这个游戏在玩家心中的地位。游戏接口测试的优劣一般会通过两组不同的玩家来测试，一组是资深玩家，另一组则是外聘的新手玩家。通过观察玩家操作过程与整理玩家的意见，来评估接口设计的好坏以及需要改善的地方。

游戏程序测试比较烦琐，往往需要重复测试不同的玩法，因为程序中的错误有时不完全是技术上的问题，也包含了逻辑问题。例如在完成人物行走的程序功能后，测试人员必须针对人物的行走进行相关测试，观察与发现问题并汇报至相关的部门。假设人物行走的动画出现问题时，可由执行美术部门确认是否为编辑或是图形问题，如果都不是，则有可能是程序方面所产生的问题，这时候应由程序部门来进行确认与修正。

5-4-2　硬件与操作系统测试

硬件测试是为了确保游戏程序能在不同硬件上正确运行，包括 CPU、显卡、声卡、游戏控制设备等兼容性问题。在程序开发时一般应该先弄清楚各种硬件的共同规格，待程序完成后，再进行各种硬件测试。虽然通过使用 DirectX 已经解决了困扰大多数人的硬件问题，但是还会偶尔遇到硬件驱动程序错误的情况，另外，硬件性能也是影响玩家心情的重要原因之一。操作系统测试则主要是为了测试不同版本的驱动程序以及系统函数是否能让游戏在支持的操作系统上正常运行，同时也必须考虑当前玩家所使用的其他操作系统。

5-4-3　游戏性调整与安装测试

娱乐性测试的目的是让游戏拥有良好的平衡度与耐玩度。通常由专业的游戏测试人员或资深玩家来进行测试，可以快速地得到如关卡及魔法数值调试的建议。

游戏安装程序的打包是一项很重要的工作，大部分程序都会通过安装文件制作程序来制作安装文件，例如 Install Shield、Setup Factory 等软件。使用专业的安装文件制作程序，可以省去自行处理安装/删除信息表注册、文件的封装以及安装接口的设计等问题。

5-4-4　发行后测试

经过测试的检验与调试后，接着就是发行前的准备工作，例如防盗版光盘保护系统的制作。为了确保正版软件的销售，这部分工作必须严格进行。此外，虽然在正式发行前已经通过一段时间的测试，但是很难确保软件中没有任何疏漏。而发行后从客户那里反馈回来的信息一般由公司网站与客服人员来取得，并通过测试部门测试，确认错误的发生原因与类型，并提交相关的部门或人员来进行修正。当问题修正后，再经过测试部门针对反馈的问题进行测试，确保需要修正的问题已经得到修正，最后再制作更新程序，可以通过杂志附赠光盘的方式赠予买家，也可以通过官方、非官方网站提供给玩家下载。

5-5　游戏开发的未来与展望

在科技日新月异、一日千里的今天，游戏产业已经步入一个群雄逐鹿的时代，并且融入了电影、音乐、文学等艺术形态，创造出一个新的繁荣世界。不过，值得我们思考的问题是：游戏将面临什么样的未来？在游戏玩家的推进中，它又将呈现出哪种色彩的梦幻世界呢？

从当前的游戏产业发展来看，笔者认为它将朝 4 种趋势发展，分别是游戏类型突破、游戏网络化、游戏出现多重触觉及游戏将引入虚拟现实，本节将对此进行详细分析与探讨。

5-5-1　游戏类型的突破

在游戏产业的界线日渐模糊的今天，玩家会为了电子游戏的优劣性争得你死我活。例如玩家会讨论究竟是“实时战略”（RTS）游戏较好，还是“第一人称射击”（FPS）游戏好？究竟哪一个能成为最具代表性、引领潮流的发展方向？这种议题在网络上经常被讨论得不亦乐乎。事实上，这都是因为游戏产业尚未步人成熟阶段的正常现象。

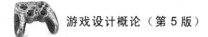

从当初最为牵动游戏产业神经的天堂 Wii 与微软 Xbox 360 计划来看，未来的游戏平台将打破 PC 与 TV 的界限，进而成为另一种集游戏功能、播放器、网络浏览与互动电视于一体的多媒体平台。

近几年，PC 游戏与 TV 游戏的相互移植越来越频繁，从玩家良好的反应与可移植作品的销售量来看，两者之间的技术基础已经越来越成熟了，所以游戏产业的界限也就慢慢地消失于无形之中。虽然它们之间的兼容性在有些方面还有待进一步商榷，但是 PC 游戏与 TV 游戏实现统一化是迟早的事。这方面最典型的是 Blizzard 公司推出的《魔兽争霸 3》游戏，它已经完全突破了 RTS 类游戏的传统理念，而且引人了大量 RPG 类游戏要素，例如以拥有特殊能力的英雄来指挥队伍作战，取代了原有的建筑物补给的概念。事实上，游戏类型领域的突破好像是万花筒一样，彼此间相互组合变幻万千，这也让玩家感受到另外一种异彩缤纷的虚拟世界。

5-5-2 游戏网络化

在 1997 年，美国艺电（EA）公司设计发行了《网络创世纪》（Ultima Online）联网游戏，玩家在感到新鲜之余，仍然对网络 RPG 的游戏理念感到陌生，而现在网络游戏的脚印早已踏在游戏产业的每一寸土地上，这不仅开辟了另一个热门游戏的讨论话题，而且就连几家著名的游戏软件大厂也开始陆续跟进。网络化是游戏技术发展的趋势，就连 Xbox 360 与 PS3 等游戏平台也都在争夺网络游戏这块肥肉，所以 PC 上的游戏就更没有理由坐失网络化的机遇。

暂且先不谈网络 RPG 如日中天的力量，从其他类型的游戏网络化来看，几家著名的游戏厂商都已经在大张旗鼓地进行了。网络游戏是玩家的福音，也是游戏厂商实现利润的源泉。其实，计算机游戏就是人与机器之间的互动，而游戏网络化就是在以因特网为媒介的基础上构成人与人之间的互动。

由于游戏朝着网络化的方向发展，也就是朝着人与人之间互动的方向迈进，所以在不久的将来，传统游戏依赖了几十年的要素，如人物对话剧本和 NPC 等就不会再成为构成游戏的必要条件了。在一个完全交互式的网络游戏中，玩家可以扮演任何类型的角色，体验任何角色的生活形态，这就是网络游戏所要表现的一种精神，游戏制作者只要提供剧情的大环境、世界观与时代背景等广义条件，玩家们就可以任意地驰骋在这一片天地之间。

5-5-3 多重感官刺激

现今的游戏玩家已经不再满足于键盘与鼠标的操作模式了，他们追求的是视觉与听觉等感受是否能更上一层楼，越来越多的游戏正在朝这种高感官领域迈进。例如触觉感受、运动感受，甚至于味觉感受与嗅觉感受等，都是将来游戏要努力的方向。

例如玩家们熟悉的力回馈手柄、方向盘和街机游戏。比如在跳舞机游戏中，玩家只要在主机的踏板上踩出一系列的节奏，游戏中的虚拟人物就会依照玩家踏出的角度、力量等其他的因素而跳出有规则的舞步，这类游戏更是综合了触觉、运动与力学等多重神韵。

在不久的将来，玩家肯定会面对更先进的 VR 设备，例如数字神经系统，它可以将我们带进虚拟的游戏世界中，而玩家也能够在游戏中扮演起主角，到那时再来玩“恶灵古堡”之类的游戏，一定会被吓破胆。

5-5-4　游戏的虚拟现实

在现在的游戏中，玩家都想在游戏中追求真实性，而这就成为游戏制作者想要达到的目标，也是玩家们所期待的，更是游戏产业继续向前迈进的原动力。如果说过去对真实性的评判标准是来自于游戏中 3D 模型网格数目的多少、画面色调的丰富与否、阴影的变化是否真实、纹理贴图是否细腻等因素，那么未来的游戏就在于构建其真实的内涵上。

仅仅就一个角色的面部而言，它能够像 TECMO 公司推出的《生死格斗 3》（DEAD OR ALIVE 3）游戏那样，用 3D 伸缩技术呈现真实的面部表情（Facial Animation），这在过去是无法实现的，所以真实性就是我们所要努力的目标。

在 E3 电玩展中获得“最有希望游戏”大奖的作品《星河奇兵》（Halo）中，我们可以看到以“虚拟现实（VR）”为终极目标的多种技术的完美结合，例如倒转运动原理、多路纹理绘图、多面体比例缩放、等积光影、像素反射以及重力、风力、风向等现实因素的模拟。我们相信，在未来的游戏世界里，VR 依然是一种努力目标，是接近现实的梦想。

5-6　游戏策划实战演练

一份好的游戏策划书是制作一个成功游戏的第一步。游戏策划书不只是写给老板看的，同时也是游戏开发掌舵者的导引图鉴，策划人员可在游戏总监的指导下来撰写，在撰写前要考虑的内容包括游戏内容、开发进度、美术质量、系统稳定度、市场感受等。团队其他成员通过策划书来了解游戏的开发内容与目标，策划书的内容涵盖游戏概念、功能、画面的描述、市场分析与成本预算等。特别是成本预算这一块，一定要考虑周全。一般来说，软件开发成本最高的就是人工费，游戏开发也不例外。制作游戏的成本一般包括下列几种。

- 软件成本：游戏引擎、开发工具、材质与特殊音效数据，有些时候某些开发工具可以选择租赁的方式来节约成本。
- 硬件成本：计算机设备、相关外围设备，包括一些特殊的 3D 科技产品。
- 人员成本：这部分最耗费成本，随开发周期的延后，成本会大幅增加。包括策划团队、程序团队、美术团队、测试团队、音效团队、营销广告等人员的薪资，以及外包工作的薪资给付。事实上，一般的音乐与音效制作多采用外包的方式，目前许多游戏的美工设计部分也采用外包的方式。
- 营销成本：游戏广告（电视、杂志）、游戏宣传活动、相关赠品制作。
- 其他成本：办公用品、出差费、杂志或其他技术参考数据的购买。

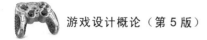

本节就来介绍如何准备一份游戏项目的策划方案。项目背景假设某一专业游戏设计公司要开发一套新款在线游戏，需要提出一份完整策划案。在撰写之前，我们要先了解一下当今在线游戏的市场生态。

策划团队将目前在线游戏联机机制划分成两大类：一是局域网游戏（Network Game），这种联机的游戏机制是由某一玩家先在服务器上建立一个游戏空间，其他玩家再加入该服务器参与游戏，目前此类游戏产品以欧美游戏软件居多，例如在网吧一直火爆的在线游戏《反恐精英》（CS）及《帝国时代》；二是网络游戏（Online Game），网络游戏目前在亚洲地区极为流行，主要强调虚拟世界的构建及社群管理，目前较为流行的代表作有《天堂》及《魔兽争霸 Online》。

以下内容就是我们所撰写的策划方案，可供读者参考和学习。

5-6-1　开发背景

在 RPG 类游戏充斥在线游戏市场的情况下，虽然仍有开发空间，但由于社群所造成的市场垄断，除了排在前三名的游戏外，其他新游戏几乎是全军覆没。鉴于此，本游戏将以类似《帝国时代》的实时 SLG 形式的在线游戏，并融合《轰炸超人》《雪克星球》等动作型游戏的优点，营造出一个容易上手同时又可享受领军厮杀快感的“可爱”世界。

本游戏的特点是拥有紧张刺激的战斗模式，以便在男性玩家市场取得一席之地，除此之外，以可爱及爆笑等特色来吸引女性玩家及小朋友的目光。若配合举办定期及不定期的比赛，将对此市场的拓展有所帮助。

5-6-2　游戏机制

玩家在游戏开始时仅拥有一间农舍和一小笔钱，最终目标是成为一个牧场经营者。在游戏进行过程中，玩家必须在有限的经费下，先将牧场所需的土地以围栏围起来。接下来要种植牧草、开辟牧场进行牛、羊的养殖，以赚取扩大牧场的经费。而在经营过程中，其他玩家也在扩张他们的牧场，所以为了争夺有限的资源及防止其他玩家成为最大的牧场主，玩家必须对对手采取一些破坏手段，比如购买割草机破坏对手的牧场、雇用猎人猎杀对手的牛羊及设置陷阱等。

卡通风格的游戏可以营造一个可爱的世界

另一方面，为了阻止对手的破坏，玩家也要相应进行一些防御措施，例如：制作稻草人进行定点防御、养狗进行牧场外围陷阱的解除等；除此之外，还会不定期的出现怪物或天灾袭击牧场。经过一阵“爆笑”打杀后，在设置的时间结束时，再来清点牧场的“财产”，作为玩家的成绩。

5-6-3　游戏架构简介

游戏内容将采用 Network Game 的联机机制及 2D 斜视角的场景系统，构建出一个接近疯狂的虚拟世界。在这种架构下对服务器进行切割，以 8 个玩家为一个单位，开辟一个游戏室。在每个游戏室中，可由第一个进入的玩家进行游戏条件的设置，包括游戏时间（20 分钟、30 分钟、40 分钟等）、决胜条件（积分制、资产制、牛羊总数及最高游戏单位数等）等。

在游戏一开始，玩家必须先选择自己想扮演的角色，也就是在游戏中出现的牧场主。然后在服务器列表中选择自己喜欢的游戏室，进入游戏准备阶段，这时玩家可以选择是否与其他人同盟，是否以团体作战的方式进行厮杀。

当该游戏室中玩家人数达到八人或等待时间结束时，游戏即声明开始。玩家此时必须根据决胜条件采取适当的策略，或与其他玩家建立同盟，或者孤军奋战，其目的都是设法扩大自己的牧场版图、增加收入，并尽快组建战斗单位，进行防御或攻击。但需要注意的是，在游戏时间结束前，玩家必须根据决胜条件调整自己的生产状况，否则就算将其他玩家打到仅剩一兵一卒，也不一定是赢家！

5-6-4　游戏特色

为了达到在短时间取胜的目的，游戏中采用了较简单且快速的生产机制，强调速度感及刺激感，让玩家一面从事生产，一面忙于对付来自计算机或其他玩家的袭击。另外，游戏中所有的对象将以 Q 版的方式进行设计，动作也将朝着好玩、爆笑的方向进行设置，所以当玩家在忙于经营自己的牧场之余，也会禁不住莞尔一笑。

游戏提供了 ICQ 的功能，玩家在进入联机游戏后，可根据设置条件进行特定玩家的搜索，还可以通知已经上线的其他玩家并与之对话。如此一来，玩家只要记住朋友或“仇家”的账号，只要他（她）在线，就可轻易地“召唤”他（她），相约一同征战或一决高下。另外，当玩家所进游戏室满额（即已有 8 个玩家进入）或已经开战的情况下，可与同在此游戏室中的其他玩家聊天，认识一些来自四面八方的对手或朋友。其游戏特色简要介绍如下：

（1）本游戏将现有实时战略（SLG）类游戏的繁杂体系加以简化，缩短各单场战斗的时间，并将血腥暴力的战斗场面改用逗趣的方式呈现，进而将游戏的重点锁定在游戏流程的紧凑与趣味性上，使之有别于现在流行的 RPG 类在线游戏的复杂游戏架构及无趣而血腥的战斗方式。

（2）本游戏将提供单机版的游戏方式，让玩家在新手阶段可以自行与计算机 AI 对垒，避免一上线就被对方轻易 PK 掉了。

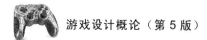

（3）本游戏提供的 ICQ 功能，除了能让玩家于“茫茫网海”中寻找朋友或“仇家”对垒外，还可以在不想玩游戏时，当成一般的 ICQ 使用。

（4）额外提供聊天室的功能，让玩家疲劳之余，可轻松地在此休息并认识志同道合的朋友。

（5）开放玩家申请组队功能，申请通过后发给正式的团队账号，团队还可以拥有专属的队徽，队徽可在游戏过程中出现在该队员的屋顶上。已认证队伍成员可享有优惠，并可直接在线向 GM 申请特定时段的游戏室使用权，以方便进行队伍间的友谊赛。甚至可通过 GM 的安排，针对申请比赛的队伍进行配对，并通知已认证队伍进行团体友谊赛。

5-6-5　游戏延续性

在游戏设计阶段，以模块方式对程序及数据进行设计，有助于将来的扩展。

（1）定期推出地图数据，让玩家下载，面对不同的地形条件，让玩家永远都有新鲜感。

（2）开放简单版的地图编辑器，让玩家参与地图的设计，并定期举办地图设计比赛，可从参赛作品中选出佼佼者，收录到地图数据中，让玩家可以玩到自己设计的地图，增加玩家对游戏的参与感。

（3）推出几次地图数据后，做一次收费的“主题数据”，让玩家可将本游戏内的角色进行改变或搜集，例如安装“巴冷公主主题数据”后，将使玩家可以盖出更具有民族风情的建筑，玩家角色也可以变成巴冷公主或阿达里欧。

5-6-6　市场规模分析

基本上，在线游戏厂商锁定消费市场首先看中的是文化背景。除了两岸占有同文同种及游戏开发成本较为低廉的优势外，两岸之间的市场导向更是具有互为指标的作用，可提供游戏研发时题材选定的参考。所以，我们同样设定未来的主要市场为中国，但由于两岸政策及财经状况有所差异，将中国台湾地区市场与大陆市场分开讨论较为合适。

在中国台湾地区市场方面，根据 MIC 资策会所提出的数据显示，综合计算 2004 年至 2010 年中国台湾在线游戏市场规模的平均年复合成长率高达倍数以上。由此可见，目前的在线游戏市场，在未来几年仍是大有发展潜力。大陆市场方面，随着大陆经济的快速成长，在线游戏人口成长速率将在中国台湾地区市场之上，而且尚存有极大的开发空间。

5-6-7　研发经费预估

本游戏研发制作周期预计一年，所需经费预计 500 万元，主要为制作小组支出，小组成员组成及研发经费预计如下。

■ 小组成员组成结构如下表所示。

小组成员组成结构

项目总监	1 人
策划人员	4 人（含文案策划 2 人、美术策划 1 人、程序策划 1 人）
美术人员	15 人（含 2 D 美术 8 人、3 D 美术 7 人）
程序人员	10 人（含引擎开发 3 人、网络管理 3 人、主程序 4 人）
音乐人员	2 人
合计	32 人
单月薪水支出	32（人）×1（万元）= 32（万元）
合计薪水支出	32（万元）×14（月；含年终及三节奖金）= 448（万元）
行政及杂项支出	2 万元
合计总支出	500 万元

5-6-8　投资报酬预估

目前市面上在线游戏的获利模式主要采取“游戏免费、联机计费”的方式收费，而联机计费方式使用月费制及计点制两种（后者平均获利较高）。我们采用月费制为主要（预估）获利模式，设定中国台湾地区市场的平均收费为 300 元，大陆市场的平均收费为 100 元（一般为中国台湾市场的三分之一）；并且设定“会员人数与同时上线人数比”为 20:1（以“天堂”及“金庸群侠传 Online”为参考标准）。也就是依据下面的估算结果，第一年两岸将皆可达到 15 000 人的“同时上线人数”，进一步推算将至少在两岸各装设 15 台服务器，若采用 IBM eServer X 系列高阶服务器（每台约 10 万元），预计将于此支出 150 万元。若以此为获利预估基准，采取保守方式进行预测（会员吸收状况仅以“天堂”及“金庸群侠传 Online”同时期的三分之一估算），获利状况将呈现以下走向：

■ 第一阶段（第 1～3 个月）

此阶段属于宣传期，造势活动于此时达到高峰，除需投入宣传广告经费（含平面、立体广告、产品发表会、造势记者会及聘用产品代言人等）外，另需提供试玩版光盘（约一万片）及其他在线游戏玩家（以公会、联盟为优先对象），总基本支出费用约为 800 万至 1 000 万（本公司美术部门兼具优秀的静态平面及动态视觉广告设计能力，广告可由本公司承包，另以项目方式规划，将可节省一笔可观的支出）。在此期间无大规模获利的可能，呈现负增长状态，为游戏的业务拓荒期。

■ 第二阶段（第 4～6 个月）

若第一阶段游戏切入时机合适，造势手段得当，客源竞争顺利及社群管理模式得到认同，此阶段有望进入游戏的业务拓展期。保守估计会员人数将于第 6 个月达到 10 万人，当月营业收入将有 100(元)×10（万人）=1 000（万元），若扣除宣传广告费（此时将可大幅缩小此项目支出）、上架费、相关硬件维护及游戏管理的人事费用等支出，预估此阶段将接近“当季损益平衡”的获利目标。

■ 第三阶段（第 7～9 个月）

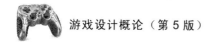

若前两个阶段操作顺利，此阶段将进入游戏的业务成长期。保守估计第 9 个月会员人数将达到 30 万的营运目标，当月营收则有：

100（元）×30（万人）= 3000（万元）

若以合理估算方式设置，第 7、8 月的当月营收额总和将至少达到 3 000 万元，在扣除宣传广告费、上架费、相关硬件维护及游戏管理的人事费用等支出后，当季将至少有一半净利，也就是获利将超过 3 000 万元净值。此时考虑整体损益状况，研发经费、第一阶段支出费用及部分硬件设施（含服务器及线路）架设成本将可收回。

■ 第四阶段（第 10～12 个月）

若前三个阶段运转均按计划进行，此阶段将成为游戏的业务稳定期。可望于第 12 个月突破会员人数 60 万的营运目标，当月营业收入将有：

100（元）×60（万人）= 6 000（万元）

以合理估算方式推断，第 12 个月的净利超过 5 000 万元，意指营业收入总额中将有 5/6 的净利值。换句话说，当季净利总额将远超过硬件设施架设成本，以整体损益状况而言，此时已可将所有成本回收，年度获利状况将因此呈现正增长。

■ 第五阶段（第 13 个月～游戏生命周期终结）

此阶段将进入游戏的业务高获利期，各月的净利均可超越当月营业收入的 5/6，也就是超过 5 000 万元。

5-6-9 策划总结

在分析过现有的游戏市场后，发现新的 RPG 类在线游戏市场由于游戏类型与机制雷同，已趋向于“强者恒强、弱者恒弱”的态势，新的游戏就算以“挖墙角”或其他方式进行客源竞争，仍不敌排行前两名的《天堂》及《魔兽争霸》。

现在切入在线游戏市场，若仍一直跟着别人的脚步走，将永远无法超前，甚至是尸骨无存。在市场开发的同时，必须具备新的思维与行动模式，预测接下来的市场发展走向，才能为自己创造出一片空间。所以我们有理由相信，只有摸索游戏的新形式与新概念，才能在游戏市场中拼出一片天地，发现另一个在线游戏市场的春天。

课后练习

1. 什么是游戏设计中的企划工作？
2. 请问游戏的原画设定项目包含哪 3 种？
3. 请说明界面绘制的工作内容。

4. 游戏开发团队的任务分成哪 5 大类？
5. 游戏开发期间，必须依照那些步骤来进行？
6. 游戏开发要考虑的成本包括哪些？
7. 请简单说明什么是 UML？
8. 游戏的测试可以分为哪两个阶段？
9. 游戏开发过程中测试的项目可以归纳成哪些？
10. 我们可以从哪几个角度区分产品与玩家？
11. 从游戏形式区分，可以简单将游戏分为哪些类型？
12. 请列出游戏产业的 4 种发展趋势。
13. 请问程序撰写人员的主要工作是什么？
14. 请问音效在游戏中的功能是什么？
15. 游戏的声音部分按照性质可以分成哪两种？

第 6 章 游戏营销导论

在这个网络高速发展的全民娱乐年代，追求更多的乐趣成为不可或缺的消费主题。今天的游戏产业已经从“小孩不读书，只会打电动”的负面形象，提升到创造“宅经济”行为的新兴主流产业。

游戏业变化很快速、产品类型也多，从最早的单机游戏、在线游戏、到近年来崛起的网页游戏、社交游戏，现在手机游戏的兴起更令全球游戏市场产生重大变化。在这个凡事都需要营销（Marketing）的时代里，竞争激烈的游戏产业更是如此。

随着网络已经成为现代商业交易的潮流及趋势，交易金额及数量不断上升，游戏交易与营销的方式也做了结构性改变，例如通过了第三方支付（Third-Party Payment）方法，由具有实力及公信力的“第三方”设立公开平台作为银行、商家及消费者间的服务管道模式应运而生。这样的做法让玩家可以直接在游戏官网轻松使用第三方进行支付收款服务。随着在线交易规模不断扩大，将传统便利超商的通路行为导引到在线支付，有效改善游戏付费体验，对游戏从业者点数卡的销售通路造成结构性改变，过去从业者通过传统实体通路会被抽 30%~40%的费用，改采用第三方支付可降至 10%以下，这让游戏公司的获利能力更有机会大幅提升，游戏产业的生态也产生了巨大的变化。

对于游戏产品而言，网络所带来的营销方式的转变必须实时符合人们的习惯与喜好，努力做到帮助游戏更贴近玩家。因此，制定一个好的营销策略对游戏商业模式的成功至关重要。

6-1 游戏营销简介

营销（Marketing）的基本定义就是将商品、服务等相关信息传达给消费者而达到交易目的的一种方法或策略，关键在于赢得消费者的认可和信任。营销策略就是在有限的企业资源条件下，充分分配资源给各种营销活动，在企业中任何支出都是成本，唯有营销是可以直接帮你带来利润的。营销管理学大师彼得·杜拉克（Peter Drucker）曾经提出：营销（Marketing）的目的是要使销售（sales）成为多余，营销活动是要让顾客处于准备购买的状态。

美国营销学学者杰罗姆·麦卡锡教授（Jerome McCarthy）提出了著名的 4P 营销组合（Marketing Mix），所谓营销组合的 4P 理论是指营销活动的 4 大单元，包括产品（Product）、价格（Price）、通路（Place）与推广（Promotion）4 项，也就是选择产品、制定价格、考虑通路与进行促销 4 种。4P 营销组合是近代市场营销理论最具划时代意义的理论基础，奠定了营销基础理论的框架。

虽然卖的都是游戏，就营销而言，需要的基本能力或许大同小异，但仍要与时俱进掌握市场的变化。游戏营销方式必须理论与实践兼备，必须找到将游戏产品融人市场的方法，这就是游戏营销的关键所在，进而激发更多玩家购买的动力。游戏营销的手法也有流行期，特别是在网络营销的时代，各种新的营销工具及手法不断推陈出新，毕竟戏法人人会变，各有巧妙不同。通常这 4P 营销组合要互相搭配才能达到营销活动的最佳效果。

6-1-1　产品因素

随着市场扩大及游戏行为的改变，产品策略主要研究新产品开发与改良，包括产品组合、功能、包装、风格、质量和附加服务等。例如，星巴克咖啡这样的实体商品在全球到处可见，对于产品的定位就在不只是卖一杯咖啡，还要卖整个店的咖啡体验。这样的营销策略把咖啡这种存在几百年的古老产品，变成了挡不住的流行趋势，改写了现代人对咖啡的体验与认知。这就是让营销和产品做更深更广泛的结合，卖得不是咖啡本身，而是喝咖啡的感觉。

游戏市场竞争一直都很激烈，但是市场慢慢趋向饱和，加上同类型的产品过多，所以要如何突显自家的产品相对困难。把游戏当作一个产品，在基本营销理论上都是一样的，也需要明确的定位与目标。要营销一款新游戏，首先必须了解这款游戏的特性，对游戏的熟悉度一定要通过自己花时间去玩来获得，所谓花时间玩游戏等级就要达到一定的程度以上。接着配合对市场的了解，然后进行“竞品分析”，找出同构型水平高的竞争对手，接着对产品做精准的分众营销，不同游戏类型有不同的产品策略，一旦确定了目标客群是什么样的年龄、什么样的玩家族群，接着就要思考运用何种营销工具与方式去触及这些人，这样才能容易打动游戏的目标族群。

6-1-2　通路因素

通路对任何产品的销售而言都是很重要的一环，通路是由介于游戏商与玩家间的营销中介单位所构成，不论实体或虚拟店面，只要是撮合游戏商与玩家交易的地方，都属于通路的范畴。通路运作的任务就是在适当的时间把适当的产品送到适当的地点。目前游戏开发商采用实体、虚拟通路并进的方式，除了传统套装游戏的通路，例如便利商店、一般商店、电信据点、大型卖场、3C 卖场、各类书店等，同时也建立在线游戏的网络平台通路，主要因为它是所有媒体中极少数具有“可被测量”特性的数字化通路。

以前便利商店是玩家主要购买游戏或相关产品的通路，所以大部分游戏产品包一定会优先选择在便利商店铺货。例如早期游戏橘子成功以单机版模拟经营游戏《便利商店》热卖，就是一个运用 7-11 广大通路让产品大量曝光的成功案例。在游戏开发商与通路商的拉据战中，通路商始终处于强势的一方，不过在各国游戏从业者纷纷朝向全球化经营的趋势下，通路商不再具有优势，而是更强调网络营销及在线推广。例如移动设备成就智能手机发展新趋势，更带动手机游戏的快速窜起，通过国际应用软件商店的开放平台，手机游戏已成功打破区域局限。

6-1-3　价格因素

在过去的年代里，游戏产品的种类较少，一个游戏产品只要本身够好玩，东西自然就会大卖。然而在竞争激烈的网络全球市场中，往往提供相似产品的公司不止一家，顾客可选择的对象就增加了。影响游戏厂商存活的一个重要因素就是定价策略，消费者为达到某种效益而付出的成本和公司的定价有相当大的关系。我们都知道消费者对高质量、低价格商品的追求是永恒不变的，价格策略往往是唯一不花钱的关键营销因素。

例如在线游戏虽然热门，在全球经济萧条的状况下仍然蓬勃发展，并且带动通信产业需求增长。不过不少想要切入市场的新游戏，都将“收费”视为生死存亡的关键。通常厂商主要采取追随竞争者定价策略，例如做在线游戏营销还有另一项与一般商品不同的经验，那就是可以立即感受到消费者的反应，开台的瞬间你就知道这款游戏红不红，因此许多在线游戏初期都实行玩游戏免费的营销策略，希望能快速吸收会员人数，不过这样的做法往往在正式收费后就会失去大量的玩家。

免费营销就是通过免费提供产品或者服务来达到破坏性创新后的市场目标，目的是希望把玩家转移到自家游戏的成本极小化，借此来增加消费的可能性。例如愤怒的小鸟就是一款免费下载的游戏，先让玩家沉浸在免费内容中，再让想玩下去的玩家掏腰包购买完整版或是升级为VIP。不过没有稳定收入的免费营销是撑不久的，因此厂商还必须通过五花八门的加值服务来获利。有些免费营销游戏则是完全免费体验，利用走马灯窗口展示虚拟物品或是观战权限、VIP身份、接口外观等商城机制来获利，不同等级的玩家对于虚拟宝物也有不同的需求，毕竟只要能在短期赢得够多玩家的青睐，对这款游戏而言始终是有好处的。

《愤怒的小鸟》游戏曾经红极一时

6-1-4　促销因素

促销（Promotion）是将产品信息传播给目标市场的活动，通过促销活动试图让消费者购买产品以短期的行为来促成消费的增长。促销无疑是销售行为中让玩家上门最直接的方式，游戏开发商以较低的成本，开拓更广阔的市场，最好搭配不同营销工具进行完整的策略运营，并让推广的效益扩展消费者的购买力。

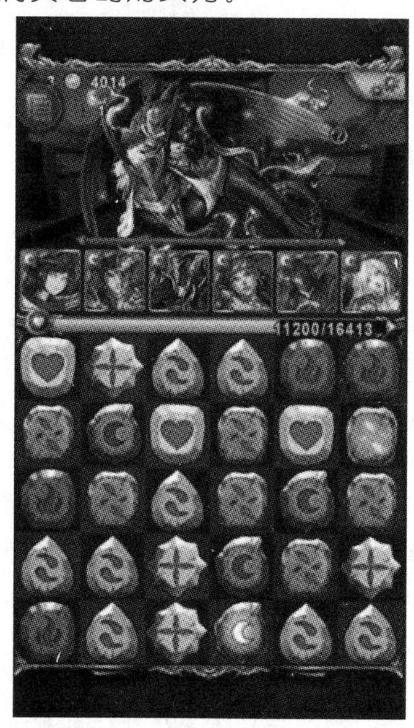

神魔之塔的促销策略相当成功

最近火起来的手机游戏《神魔之塔》广受低头族欢迎，营销手法也是令游戏流行的关键因素。官方经常组织促销活动送魔法石，并活用社群工具以及跟游戏网站合作，让没有花钱的人也可以享受抽奖，获得魔法石、全新角色等免费宝物可以吸引大量玩家的加入。并经由与超商通路、饮料的合作，使玩家购买饮品的同时，只要前往兑换网页，输入序号便可兑换奖赏，利用了非常好的促销策略吸引住不消费与小额消费的玩家持续游戏，创造双赢的局面。

6-2　游戏营销的角色与任务

一款受欢迎的游戏，还是需要靠营销来支持的。游戏是属于娱乐性质的产品，所以营销活动也总是充满活泼与乐趣，如果没有市场营销部门卖力地推销研发人员的游戏作品，开发团队的辛苦付出就很难得到良好的实际回报。游戏营销人员的角色就是借助各种管道与方法使玩家认识自家游戏产品的存在，并且进一步激起玩家想要购买游戏或上线玩游戏的兴趣。

游戏市场竞争一直都很激烈，虽然市场慢慢趋向饱和，但是仍然有许多游戏产品前赴

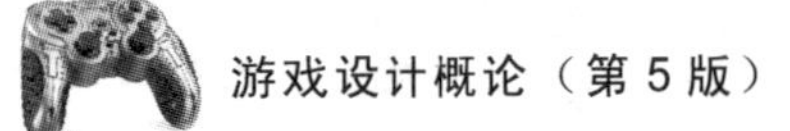

后继地想要挤进这块饼中，由此可见游戏公司的营销人员其实承受着很大的压力。就拿在线游戏来说有百分之九十的工作是发生在游戏开始营运之后。营销工作基本上是责任制，不一定有固定的上下班时间，例如在游戏的旺季寒暑假或是有新品上市时就经常会有熬夜加班的需要。游戏营销人员的工作主要是对内包括产品制作、宣传，广告文案制订，新闻稿、新产品计划撰写与销售数据分析，对外则包括与其他企业谈异业合作或是洽谈组织活动。游戏营销人员除了要有对产品的认识，了解目前市场趋势也很重要，平常更要多玩游戏、多看网站讨论、多参加活动等。游戏营销的工作实际上相当繁杂，具体可以分为以下 3 项基本工作。

6-2-1　撰写游戏介绍

市场的变动对营销工作影响很大，尤其在线游戏市场竞争越来越激烈，许多新产品的生命周期与以往的作品相较变得越来越短。游戏营销最重要的是反应要很快，因为市场一直在变，新游戏也不断在推出。如何能把一套新的游戏精准地写在一份介绍里，就要考验自己对游戏的了解与文字功力。问题是有时一款游戏就得用整整一本杂志来介绍，这时就要根据游戏的特性思考怎样用最少的版面介绍。玩家都是没有耐心的，因此需要努力思索一个清楚有趣又不违背良心与专业的架构进行介绍。一款好的游戏介绍必须包括游戏风格、故事大纲、玩法风格、游戏特色、游戏流程等基本单元。我们将本公司研发的神奇宠物专卖店游戏介绍稿提供给读者作为模板。

神奇宠物专卖店

类型：经营策略

适合年龄层：不限

类似游戏：便利商店、炼金术士玛丽

特色

1. 在游戏中加入部分冒险成分，为平淡的养成游戏增加紧张及趣味性。
2. 饲养珍禽异兽（蛇、变色龙、鳄鱼等）在目前颇为流行，本游戏提供消费者以小成本育有各式奇异生物的空间。

3. 游戏过程中不时提供一些宠物饲育及动植物特性等基本常识，或加入一些保育类生物的角色，达到寓教于乐的目的。

4. 在快餐店、火锅店等游戏中，玩家自行配料设计出的新产品（汉堡或火锅）所能产生的外形变化及震撼性有限；而在本游戏中玩家所能培育出的新物种（如羚角蝙蝠鱼、兔耳迷你熊等）可以是前所未见的新鲜产物。

大纲

玩家扮演热爱动物的宠物店老板，除了一般常见的宠物外，也可以移植各种动物的不同部位培育出各式各样新品种的宠物，在销售或各类比赛中获得佳绩。

说明

1. 游戏之初玩家必须利用有限的金钱建构理想的宠物饲育空间并取得基本类型的宠物，升级之后可改善宠物饲育空间，可饲养及培育的宠物类型会逐渐增加。

2. 不同的开店地点会有不同的消费客群，玩家可针对所在地点的顾客喜好贩卖不同类型的宠物，以提高销售成绩。

3. 除了向固定饲养场购买宠物贩卖外，玩家还必须到世界各地去采集稀有品种的宠物，以满足不同顾客的需求，在采集的过程中会遇到战斗（野兽或其他的宠物店主人抢夺），玩家可选择店内战斗力较强的宠物随行以作为保护。

4. 玩家所订阅的《宠物日报》会提供特别宠物需求或各类宠物比赛（如选美、比武、特异功能等）等信息。玩家可以依据自己的能力培育出顾客所期望的宠物或适合参加各种比赛的宠物。达成要求或赢得比赛后可获得升级、赏金或提升知名度等奖励。

5. 玩家可依据自己的宠物饲育能力与不同品种的宠物合成新品种，创造出前所未见的新形态宠物。每一种动物的各个部分有不同的属性（如白兔耳朵：可爱+3；獒犬牙齿：攻击+5；龟壳：防御+4），玩家所具备的各式基因药剂也可加强新品种的各类属性，借此培育出可赢得比赛的神奇宠物。

游戏流程

1. 设定游戏难易度。

- 易——开店资金 100,000 元。
- 中——开店资金 50,000 元。
- 难——开店资金 10,000 元。

2. 设定开店地点。

- 住宅区——顾客群以家庭主妇及老人为主，喜好为一般正常宠物。
- 学区——顾客群以学生青少年为主，喜好为可爱、奇特造型宠物。
- 商业区——顾客群以上班族为主，喜好为战斗力强的宠物。

3. 进入游戏。

4. 镇上贩卖宠物饲育相关物品处。

- 繁殖场——贩卖一般正常宠物。
- 市集——贩卖宠物饲料。
- 研究中心——贩卖基因药剂、书籍。
- 生化科技中心——贩卖饲育专用工具。

5. 店铺配置。

- 店面——宠物展示，客户活动区域。
- 实验室——宠物饲育专区（宠物分类、名称、数量、饲料种类、存量、药水种类、存量）。
- 办公室——店铺状况纪录区（系统设定、预订情形、经营状况）。

6. 每日开销。

7. 采集：地点决定所花费天数、采集物内容、遇到怪兽种类（战斗）。

8. 图鉴内容——宠物名称、属性、所需物种、药剂、饲育器材、培育日数、每日饲料。

9. 事件（公布于宠物周报）。

10. 提升等级的条件：营收、技术、名声。

11. 在固定时间内（5 年），按照玩家成绩（经营状况、技能、名声）的不同而有不同的 5 种结局。

玩法介绍

1. 一开始玩家先决定开店地点，布置好店铺之后即可开始营业。

2. 视开店地点不同每天约有 5~20 人的顾客量。日后视店铺的名声增减顾客量。

3. 每周的宠物周报提供宠物饲育的小秘方及特殊客户需求，单击需求字段即可决定是否接受这项任务。

4. 宠物育成所需物品可至城中各处购买或前往郊外采集。

5. 宠物等级不同育成步骤多少也会不同。若玩家尚无技能可育成某宠物，则该宠物在图鉴上以较黯淡的色泽呈现。

6. 游戏中会随机出现各种事件，影响宠物育成的难易度。

7. 每季（3 个月）会有一次宠物比赛，玩家可决定是否参赛。比赛的结果会影响店铺的名声，也会获得金额不等的赏金。

8. 除了宠物的育成，玩家还必须制作各种宠物所需的用具，出售给拥有该宠物或有需求的顾客。

9. 要育成宠物或制作宠物使用的器具，先到店铺中的实验室中选择要育成的宠物，系统即会列出该宠物育成所需材料及制作时间。选择育成数量后单击“确定”，即可在指定的天数之后得到指定数量的宠物。

10. 每种宠物均有育成所需技术值，若玩家技术不足，即使备齐材料仍有失败的可能。

美术及音乐风格

美术方面以可爱造型和明亮的色彩为主，音乐风格轻快活泼。

6-2-2　广告文案与游戏攻略

世上没有不好卖的商品，只有不会卖的营销人员。一份让人怦然心动的广告文案，如果能掌握不同文字呈现方式所带来的不同效果，绝对会给游戏加分。文案中除了加入游戏特色外，若有促销之类的活动也一定要加入，内容可以从玩法种类或是销售客群中了解玩家的心理，最好再配上一两句响亮的口号。具体来说，就是要灵活运用文字，让玩家对游戏产生共鸣，还记得“不必祷告，快上天堂”“你上天堂了吗？”这两句《天堂》游戏的广告口号吗？当年在校园让多少年轻学子为之疯狂，更成为当时青少年之间最常听见的问候语，创下同时上线人数超过 85 000 人的纪录。

《天堂》游戏拥有百万名以上的会员

攻略则是游戏最佳的副产品，可以帮助玩家了解游戏设计的全貌，更是每个营销人员必做的功课。攻略详细解说从游戏基础要素到战斗模式架构等各方面数据，营销人员最好能亲身经历游戏，甚至要一玩再玩、过关无数次，这样才能动笔表达出游戏的特色与精髓，进而让玩家看完就能过关。下面我们将本公司研发的巴冷公主游戏攻略提供给读者作为参考模板。

第一关

1. 先在屋内取得本木杖，和阿玛交谈后离开房间。

2. 在达德勒部落到长老家上课。

3. 接着和小孩玩游戏取得 5 样宝物。

4. 出村落后到达德勒森林，先往桥边走，卡多会留守在那个地方，用和小孩玩游戏取得的 5 样宝物骗过卡多后过桥。

5. 留意广告牌并了解指示，先到石雕询问如何才可以让石雕恢复法力，以便将进入小山洞的封印打开。依指示取得 3 块碎片后，回到石雕使其恢复法力。将进入小山洞的封印打开，接着走到已打开封印的门口，先打败鬼族的魔王，之后跟着小狗的叫声进入小山洞，打败将小狗囚禁的两个人，取得小钥匙并将小狗救出，接着跟着小狗走，巴冷掉入桥下，出现接关动画进入第二关，然后出现说明巴冷受伤的 2D NPC。

第二关

1. 第二关从鬼湖的地图开始寻找小狗，先找到进入伊娜森林（进入的指示牌上却写着吠叫森林）的入口。

2. 循着狗叫声找寻狗的位置进入伊娜森林，会被小狗引导出找到它母亲尸体的 NPC，同时会在森林中发现有作怪的狗幽灵，请先找到作怪的狗幽灵，与之战斗后，会出现 NPC 说明此母狗幽灵的身份为小狗母亲。

3. 播放完毕后，请找到回到达德勒部落的入口。由于达德勒部落的入口被封印，玩家通过指示牌的暗示依序找到蓝色、咖啡色、橘红色、绿色的光墙便可以破解进入达德勒部落的入口。请走入达德勒部落，在部落中和巴冷的阿玛交谈后，进入过关动画，到达第三关的剧情。

第三关

1. 由于巴冷的妈妈因担心巴冷的安危而病倒，请先回到巴冷的家中，向长老及婆婆询问妈妈的情况以及救妈妈的方法。得知必须到大武山取得 3 种药草，请从部落后面的出口到伊娜森林。

2. 在伊娜森林中先依序找到绿色、橘红色、咖啡色、蓝色的光墙破解进入鬼湖的入口。进入鬼湖后，请走到鬼湖地图的中间位置找到阿达里欧。

3. 找到阿达里欧后，在地图右边居中的位置寻找进入大武山峡谷的入口。

4. 在大武山峡谷先往下走，找到祖穆拉寻求找 3 种药草的协助（此段会以 NPC 模式表示）。接着在此峡谷中可以找到第一种药草无花草，由于担心巴冷会造成寻找药草的不便，因此找到第一种药草后，巴冷停留在大武山峡谷等候阿达里欧及祖穆拉找寻其他两种药草。接着玩家扮演阿达里欧，请走到大武山峡谷地图的左下角，找到进入大武山后山的入口。在大武山后山找到其他两种药草，找齐后回大武山峡谷找巴冷，在路途中依指示牌的暗示点燃或熄灭地图中的烛火（地图中共有 4 个烛火设置点，请小心寻找），想办法开启进入鬼湖的入口，再和巴冷一起回达德勒部落。

第四关

1. 把找到的解药带回到夜晚的朗拉路小屋，和长老及婆婆进行一段交谈，交谈中太麻里使者来访，巴冷父亲去招呼该使者，然后巴冷想带领阿达里欧参观达德勒部落。

2. 出门后，巴冷和阿达里欧想先去集会所（朗拉路家的左边，此处设计不太像屋子）了解太麻里使者的来意，得知太麻里发生水源枯竭，卡多自愿前往干旱的巴那河谷探究原因并得到大家的一致同意。次日巴冷醒来，其母亲提醒她赶快去为卡多送行，并在达德勒森林的出口和卡多等人进行一段交谈，无奈卡多因担心危险不同意公主与他同行至太麻里，可是巴冷公主执意偷偷跟去，在达德勒森林被卡多碰到，一番僵持下，卡多只好让步让巴冷随行。

3. 从达德勒森林经过小山洞及鬼湖森林，找到进入干旱太麻里的入口，并和当地人交谈了解干旱的原因，得知必须前往干旱的巴那河谷（先通过山道入口，不过此处会发生屏蔽值的设定位置，超出数组范围）。在此河谷，卡多及巴冷沿路清除了两处河道阻塞，直至阿达里欧遇害，出现 NPC 播放一段内容。为了协助解救阿达里欧，卡多跑去找人帮忙，此时故事情节的安排会切入阿达里欧和巴冷情定山洞外的动画。之后阿达里欧醒来，并伙同巴冷及卡多从巴那河谷依反方向回到达德勒部落（即巴那河谷→太麻里村→鬼湖森林→鬼湖→伊娜森林→达德勒部落）朗拉路的家中，随后进入第五关的剧情。

6-2-3 产品制作与营销活动

营销游戏本身就是一项服务，要把对玩家的服务做好，最大的考虑还是媒体效应，并通过正确的管道传达给潜在的玩家。营销和产品应该更紧密的结合，通常游戏营销人员开始接触与制作产品至少在上市前半年就要开始行动，包括进行产品预算编制、执行与控制各项成本，例如产品管理成本控制及相关作业流程、产品上市前后营销宣传规划、上片的时间、数量、封面与包装或海报设计等。

在线游戏的产品包在营销上是一门学问，为在线游戏付费是传统的在线机制。目前游戏公司向消费者收费的最主要方式是消费者购买点数卡，玩家需要支付月费才能进入游戏，不过近几年有逐渐萎缩的趋势。还可以将游戏以类似发送试用包的方式发行，先使玩家养成习惯，接着再来专卖虚宝（就是随游戏进行发售的宝物或点数包）。

巴冷公主的产品封面设计

营销就是对市场进行分析与判断，继而拟定策略并执行，也就是在预算许可的情况下，进行上市营销推广策略拟定、营运操作、游戏活动规划、活动执行时程控管、目标达成设定与追踪、媒体广告分析等相关事项。创意往往是营销的最佳动力，尤其是在面对一个传统与网络整合营销的时代。未来游戏产业趋势将以团体战取代过去单打独斗的模式，异业结盟合作带来了前所未有的成果，也就是整合多家对象相同但彼此不互相竞争的公司的资源，产生广告加乘的效果。例如《神魔之塔》的开发商疯头公司（Mad Head Limited）创立以来，一直在跨界结盟，不论是办展览、比赛、演唱会，跟其他产品公司、动画公司合作，还是授权贩卖实体卡片等，都充分发挥了异业结盟的多元性效果。

6-3　常见的游戏营销工具

市场的变动对游戏营销工作影响很大，目前营销正在不断转移方法与目标市场策略。早期游戏公司较少，每年推出游戏的数量也不多，向来抱着愿者上钩的被动心态，重心都放在开发与设计上，总认为玩家真正在意的还是游戏本身的内容，把营销当成是旁枝末节，就算有广告，也都出现在报纸或杂志上。不过现在许多玩家根本不看报纸、杂志，传统广告对现在的玩家几乎没有效果。游戏橘子的《天堂》以后起之势追上当时华义国际《石器时代》的霸主地位，原因就是在于“营销”做得非常出色。游戏橘子成功以找明星代言、开辟电玩节目、上电视广告的做法，树立起擅长营销与活泼的公司形象，开始引起游戏产业对营销方面的广泛重视与讨论。

游戏橘子非常善于应用与整合营销工具

在目前网络营销的时代，各种新的游戏营销工具及手法不断出现，最实际有用的营销工具就是借助各种管道与方法使玩家认识自家游戏产品的存在，并且进一步激起玩家想要购买游戏或上线游玩的兴趣。接下来我们将介绍几种常见的游戏营销工具。

6-3-1 电视与网络广告

广告是营销者最能够掌控信息和内容的营销手法，传统广告主要是利用传单、广播、大型广告牌及电视传播的方式来达到刺激消费者的购买欲望。贩卖游戏最重要的是能吸引大量玩家的目光，然后产生实际的购买或下载等行为，如果一款游戏的玩家族群很广，那就很适合这种大众媒体电视（Commercial film，CF）宣传手法，例如魔兽争霸早期就以史诗般的电视广告风格成功掳获了许多玩家的心，当然推出一些专业电玩节目的广告，也是个很好的办法。

除了电视广告，网络一直是在线游戏与手机游戏的主力战场。网络上的互动性是网络营销最吸引人的因素，不但可提高玩家的参与度，也大幅增加了网络广告的效果。网络广告可以定义为一种通过网络传播消费信息给消费者的传播模式，拥有互动的特性，能配合消费者的需求，进而让玩家重复参访及购买的营销活动，优点是让使用者选择自己想看的内容，没有时间及地区方面的限制，比起其他广告方法更能让用户迅速了解广告的效果。例如横幅广告是最常见的收费广告，主要利用网页上的固定位置来提供广告，利用文字、图形或动画来进行宣传，通常都会加入链接来引导使用者到广告主的宣传网页。

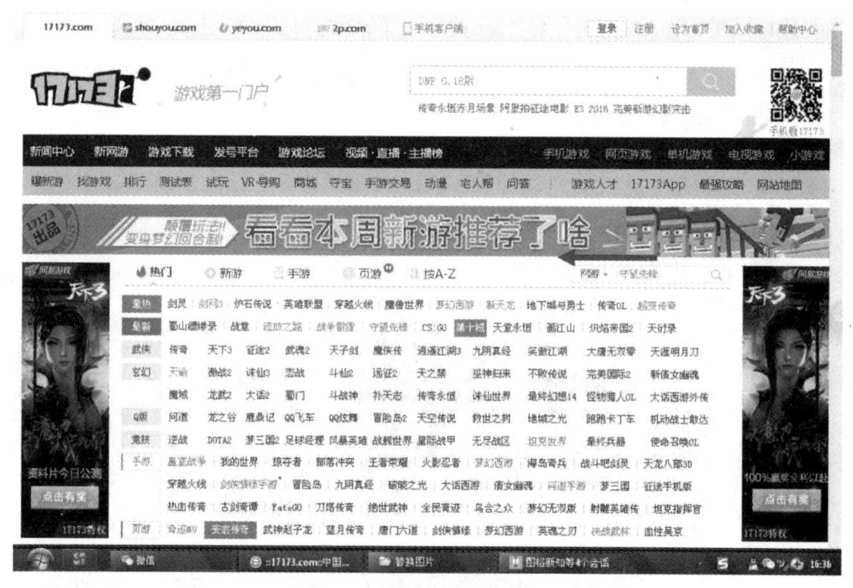

横幅广告费用较低廉

6-3-2 病毒式营销

病毒式营销（Viral Marketing）并不是设计计算机病毒造成主机瘫痪，也不等于“电子邮件营销”，它是利用一个真实事件，以“奇文共赏”的方式分享给周遭朋友，通过人与人之间的口语传播，一传十、十传百地快速转寄这些精心设计的商业信息。例如网友自制的有趣游戏动画、视频、贺卡等形式，其实都是游戏广告作品，随手转寄或推荐的动作，正如同病毒一样深人网友脑部系统的信息，传播速度之快实在难以想象，并具有“低成本”“高曝光率”的优点。

巴冷公主游戏的贺卡

随着数字工具的普及，电子邮件营销与电子报的营销方式也很流行。例如，将含有商品信息的广告内容以电子邮件的方式寄给不特定的使用者也算是一种“直效营销”。当消费者看到广告邮件内容提供的新奇、好玩、实用的手机游戏以及 App 情报、攻略与众多的活动时，如果对该商品有兴趣，就能够通过链接到售卖该商品的网站中来进行消费，缺点是许多网络营销信件被归类为垃圾信件而丢弃，更有可能伤害公司形象。

游戏电子报是与玩家维系关系的很好管道

6-3-3　关键词营销

在网络时代，大部分人经常利用搜索引擎来搜索数据，而这些数据寻找的背后，除了一些知识或信息的搜寻外，通常也会有潜在的消费动机或意愿。关键词广告（Keyword Advertisements）可以让各位的广告信息曝光在搜寻结果最显着的位置，因为每一个关键词的背后可能都代表一个购买动机，所以这个方式对于有广告预算的从业者无疑是一种利器。

以国内网站百度关键词广告为例，当用户查询某关键词时，在页面中包含该关键词的网页都将作为搜寻结果被搜寻出来，这时各位的网站或广告可以出现在搜寻结果显着的位置，增加网友主动连上该广告网站的可能性，间接提高游戏被购买的几率。当然选用关键词除了挑选高曝光量的关键词之外，也可以根据游戏的特性，选用更为精准的关键词，带给最精准客户最大的广告效益，无形中就可以提高投资回报率。关键词的选择会影响游戏营销效益，找出精确适合产品的关键词才能为游戏带来更广泛的曝光率。

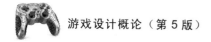

6-3-4　代言人策略

现在的游戏产业都很喜欢用代言人策略，每一套新游戏总是要找个明星来代言，这似乎成了国内在线游戏界的特殊现象。例如《金庸群侠传》就请来信乐团的阿信，那首代言歌曲《假如》也曾一度走红，当然最大的考虑还是在于媒体效应，游戏厂商要的是花钱所创造出来的话题性。

花大钱找当红的明星代言，最大的好处是保证有一定程度的曝光率，不过这样的成本花费也必须考虑到该款游戏玩家人数的规模，任何成功的营销计划背后也一定要有好的游戏产品来支持营销的成果。

6-3-5　整合性营销

网络营销与传统营销方式是可以彼此整合的资源。由于网络用户同样也会是一般媒体的用户，因此除了在网络上进行广告宣传之外，还能够在一般传统媒体中进行广告宣传。例如一般的计算机杂志，游戏玩家通常也是计算机玩家，所以计算机杂志也必定经常被翻阅，所以这是个“一鱼两吃”的好渠道，也可以避免刊登于一般游戏杂志，在一大堆游戏五花八门的介绍中不能让公司产品成为焦点。

PChome 网络家庭杂志网站

电玩节目《数字游戏王》网页

当然也可以整合多家对象相同但彼此不互相竞争的公司的资源，产生广告加乘的效果。包括以网站交换链接、交换广告及数家结盟营销的方式共同促销商品，以增加结盟企业双方的产品曝光率与知名度。

6-3-6　App 嵌入广告

智能手机、平板电脑逐渐成为现代人随身不可或缺的设备，功能上已从通信功能升华为社交、娱乐、游戏等更多层次的运用。移动设备应该就是游戏营销环境中的最后一步，所以逐渐受到重视，带动了移动营销时代的来临，已经有越来越多的游戏开发商投人更多营销预算在移动设备上。

通过移动设备 App 来营销宣传的最大功臣莫过于免费 App 了，通过 App 满足使用者在生活各方面的需求。全球 App 数量目前仍在增加中，且多数的 App 都有其营收、获利模式，80%以上的开发者选择 App 嵌人广告的单一营利方式。

App 嵌人广告在游戏营销方面也获得了长足的发展，有些 App 下载达百万次，各种植人性广告急速成长。App 嵌人广告以眼花缭乱的手段吸引玩家注意，只差没直接叫玩家付钱。以 Android 手机来说，广告有内嵌式与全屏幕的推播广告两种，而 iPhone 手机则仅有内嵌式推播广告。

6-3-7　视频网站营销

现在越来越多的人开始在网站上观看视频，有些网站甚至每月超过 1 亿人次以上人数造访，通过视频网站功能的不断更新，现在可以让使用者上传、观看及分享影片。大家可曾想过这些每月拥有上亿人次造访的视频网站也可以是游戏营销利器。除了影片功能之外，它也可以成为强力的营销工具。

随着视频网站和其他影片分享应用程序上的影片浏览量持续暴增，可以发现现代人用视频网站看影片已经成为生活中不可或缺的一部分。影音营销成为近期强有力的游戏营销新手法，游戏宣传影片其实也是广告的一种，通过这些影片在玩家接触游戏之前创造最佳曝光机会。玩家通常喜欢在视频网站观看游戏影音，可在刊头广告（Masthead）有效推送玩家感兴趣的影音内容。当然，要让影片爆红广告内容本身的吸引力占了 80%以上的原因，包括标题设定、影片识别度、影片的引导、剪接的流畅度等。

6-3-8　社群营销

随着因特网及电子商务的崛起也兴起了社群营销的模式。近年来越来越多的网络社群针对特定议题交流意见，形成一股新潮流，尝试为企业提供更精准洞察消费者的需求，并带动相关商品的营销效益。网络社群是网络独有的生态，可聚集有共同话题、兴趣及爱好的社群网友与特定族群讨论共同的话题，并积极通过网站讨论区、留言板、专栏区、聊天室、在线投票、问卷调查、相册、文件交换服务等机制，无远弗届地进行沟通与交流。

网络社群的观念可从早期的 BBS、论坛、一直到近期的朋友圈、微博等。由于这些网络服务具有互动性，因此能够让网友在一个平台上进行沟通与交流。

社群营销（Social Media Marketing）就是通过各种社群媒体网站使企业吸引顾客注意而增加流量的方式。由于大家都喜欢在网络上分享与交流，可以通过提高企业形象与顾客满意度达到产品营销及消费的目的，被视为一种便宜又有效的营销工具。社群营销最迷人的地方就是企业主无须花大价钱打广告，只要想方设法让粉丝帮你卖东西，光靠众多粉丝间的口碑效应就能创下惊人的销售业绩。

社群营销也是推广游戏的主要方式之一，世界知名的游戏通过与地区社群合作，从而打入不同的地区市场，目前运用比较多的营销渠道是靠选择适合的游戏社群网站或大型入口网站，这些游戏社群网站讨论区中的一字一句都左右着游戏在玩家心中的地位，通过社群网络提升游戏的曝光量已经是最常见的策略，自然而然地使社群媒体更容易像病毒般扩散，这将给市场营销人员更好的投资回馈。

游戏基地 gamebase

巴哈姆特电玩信息站

社群营销本身就是一种内容营销，过程是创造互动分享的口碑价值的活动，光会促销的时代已经过去了，迫使玩家观看广告的策略已经不再奏效。通过社群的方法做营销，最主要的目的当然是增加游戏的知名度，其中口碑营销的影响力不容忽视。口碑营销跟一般营销的差别在于完全从玩家角度出发，社群的特性是分享交流，并不是一个可以直接贩卖销售的工具。玩家到社群来是分享心情，而不是看广告，每个社群都有各自的语言与文化特色，同样是玩《英雄联盟》的一群玩家，在各个平台的互动方式也不一定相同。口碑营销的目标为在社群中发起议题和创造内容，借此引发玩家们的自然讨论，一旦游戏的口碑迅速普及，除了能迅速传达到玩家族群，还能通过玩家们分享到更多的目标族群里，进而提供更好的商业推广。

游戏开发商也发现开发新玩家的成本往往比留住旧粉丝所花的成本要高出 5~6 倍，因此把重心放在开发新玩家不如把重心放在维持游戏原有的粉丝上。例如，《神魔之塔》就是运用社群网络与品牌链接的营销手法，创立游戏社团与玩家互动，粉丝团不定期发布分享活动，在微博上分享在相关信息就能获得奖励，涂鸦墙上也天天可见哪位朋友又完成了《神魔之塔》的任务，借此提升玩家们对于游戏的忠诚度与黏着度。

6-4 大数据的浪潮

大数据的浪头正席卷全球，数据成长的速度越来越快、种类越来越多。从 2010 年开始全球数据量已进入 ZB（ZettaByte）时代，并且每年以 60%~70%的速度向上攀升，面对不断增长的惊人数据量，大数据（Big Data） 的存储、管理、处理、搜索、分析等处理数据的能力也将面临新的挑战。

以惊人的速度不断被创造出来的大数据，为各产业的营运模式带来了新契机。过去使用传统媒体从事营销活动，受限于传播对象的不精确，造成广告效果难以估算。观察大数据的发展趋势，可以发现已经成功地跨入现代营销的新领域。

6-4-1　认识大数据

大数据（巨量数据、海量数据，Big Data），是由 IBM 于 2010 年提出，主要包含 3 种特性：巨量性（Volume）、速度性（Velocity）及多样性（Variety）。大数据是指在一定时效（Velocity）内进行大量（Volume）且多元性（Variety）数据的取得、分析、处理、保存等动作，多元性数据形态包括文字、影音、网页、串流等结构性及非结构性数据。

近年来，由于计算机 CPU 处理速度与存储性能大幅提高，因此渐渐被应用于实时处理非常大量的数据。大数据处理指的是对大规模资料的运算和分析，例如网络的云端运算平台，每天以数 quintillion（百万的三次方）字节的增加量来扩增，quintillion 字节约等于 10 亿 GB，尤其在现在这个网络讲究信息分享的时代，数据量很容易达到 TB（Terabyte），甚至上至 PB（Petabyte）。

Amazon 应用大数据技术提高商品销售的成绩

大数据分析技术已经颠覆了传统的资料分析思维，是一套有助于企业组织大量搜集、分析各种数据的解决方案。大数据相关的应用不完全只有基因演算、国防军事、海啸预测等数据量庞大的应用，甚至游戏营销、电子商务、决策系统、医疗辅助、金融交易等都有机会使用大数据相关技术。

6-4-2　大数据与游戏营销

随着社群网站和移动设备的盛行，用户疯狂通过手机、平板电脑、计算机等在社交网站上分享各种信息。你可以想象一个社群网站，每天有一百万名用户上线，这些人每天和

10 位朋友打招呼，每天至少就有一千万笔，甚至许多热门网站拥有的资料量都达到 PB 等级。就以目前相当流行的微博为例，系统会记录每一位好友的数据、动态消息、点赞、打卡、分享、状态及新增图片等信息。例如经常会出现“你可能认识的朋友”的建议，这些都是通过大数据从你过去的习惯预测未来偏好所做出的判断。

大数据帮你列出身边好友关注的热点

游戏产业的发展越来越受到瞩目，在这个快速竞争的产业，不论是在线游戏还是手游，游戏上架后数周内，如果你的游戏没有挤上排行榜前 10 名，那大概就没救了。游戏开发者不可能再像以前一样凭感觉与个人喜好去设计游戏，他们需要更多、更精准的数字来获取玩家需要什么。数字不仅是数字，背后靠的正是以收集玩家喜好为核心的大数据。大数据的好处是让开发者可以知道玩家的使用习惯，因为玩家进行的每一笔搜索、动作、交易，或者敲打键盘、单击鼠标的每一个步骤都是大数据中的一部分，大数据由时时刻刻搜集每个玩家所产生的细节数据所堆栈而成，再从已建构的大数据库中把这些信息整理起来分析排行。

例如目前相当火的《英雄联盟》（LOL）这款游戏，是一款免费多人在线游戏。美国游戏开发商拳头公司（Riot Games）非常重视大数据分析，每天通过联机对全球所有的比赛都会经由大数据来进行分析与研究，可以及时监测所有玩家的动作并且产出网络大数据分析，了解玩家最喜欢的英雄，例如只要发现某一个英雄出现太强或太弱的情况，就能及时调整相关的游戏平衡性，然后再集中精力去设计最受欢迎的英雄角色。拳头公司利用大数据来随时调整游戏情境与平衡度是英雄联盟能成为目前最受欢迎的游戏的重要因素。

英雄联盟的游戏画面

我们知道通过大数据分析将成功模式不断复制到游戏市场，不仅仅能事后被动了解市场，还能引导开发出更大的消费力量。除了游戏营销领域的应用外，由电子商务、社群媒体及智能型手机构成的新移动电子商务，近年来不但带动消费方式发生巨大改变，更为大数据带来庞大的应用愿景，同时更是了解客户行为与精准营销的最新利器。

课后练习

1. 请问第三方支付（Third-Party Payment）法案与游戏从业者有什么关系？
2. 营销（Marketing）的基本定义是什么？
3. 什么是营销组合的 4P 理论？
4. 试简述游戏开发商的通路策略。
5. 请简述游戏免费营销的目的与方法。
6. 请简述《神魔之塔》的促销方式。
7. 请问游戏营销人员有哪 3 项基本工作？
8. 什么是“病毒式营销”（Viral Marketing）？
9. 如何在视频网站上营销游戏？
10. 试简述社群营销的内容与优点。
11. 请简述大数据的特性。
12. 请简述在线游戏与大数据的应用。

第 7 章

游戏数学与游戏物理

将真实世界中的自然现象于游戏中呈现，对于游戏设计来说是相当重要的一门课题。对于一套游戏来说，程序设计师对数学及物理相关知识的熟悉度，往往成为程序设计过程能否顺利与成功的关键所在。如果打算在游戏中利用计算机科技仿真出真实世界中的物理行为或现象，必须了解其背后的物理概念及数学原理，例如表现物体移动、碰撞、爆破等效果。除了了解其背后的物理原理，如果在游戏制作上多一些巧妙构思，就更能将游戏呈现出逼真的感觉。

游戏中的人物移动速度可以通过物理公式来计算

许多程序设计师或许对程序语言的运用功力十足，但是对游戏中的数学及物理原理的理解稍显不足，所设计出来的游戏常有一些不自然的动作，这些缺失往往是游戏设计成功与否的关键。本章收集各种经常被应用在游戏制作中的数学及物理理论，用最容易理解的方式讲述，教大家熟悉这些知识。

7-1 游戏相关数学公式

在 2D 或 3D 系统中，用户有可能会使用较复杂的数学公式来计算物体的运动。在本节中，将重点介绍与距离相关的公式、三角函数、向量、矩阵及其他可能用到的数学公式。

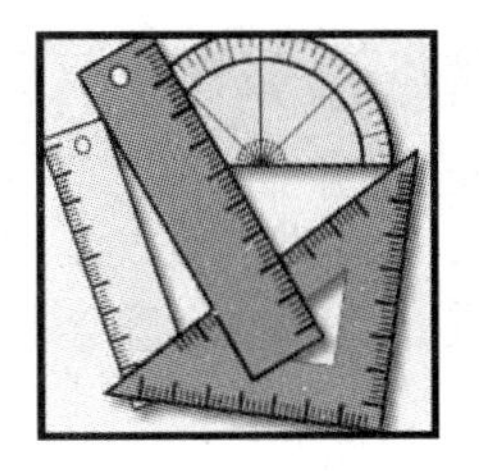

数学中度量衡的关系与游戏设计息息相关

7-1-1　三角函数

三角函数是一种用于计算角度与长度的函数，除了日常生活中的应用外，在游戏中也可以运用三角函数制作旗帜飘动的效果和互动的 3D 效果。另外，三角函数结合向量也经常被应用在游戏中，例如物体间的碰撞与反弹运动。三角函数共定义了 6 种函数：正弦、余弦、正切、余切、正割、余割。我们以下图为例来介绍各种三角函数。

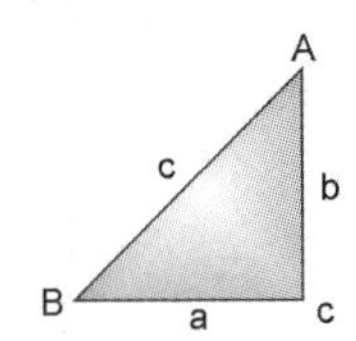

直角三角形，角 C 为直角

下面列出几个三角函数的常见公式：

1. $\frac{1}{\sin\theta} = \csc\theta$，　$\frac{1}{\cos\theta} = \sec\theta$

2. $\frac{1}{\tan\theta} = \cot\theta$，　$\frac{1}{\cot\theta} = \tan\theta$

3. $\frac{1}{\sec\theta} = \cos\theta$，　$\frac{1}{\csc\theta} = \sin\theta$

4. $\tan\theta = \frac{\sin\theta}{\cos\theta}$，　$\cot\theta = \frac{\cos\theta}{\sin\theta}$

5. $\sin^2\theta + \cos^2\theta = \frac{a^2}{c^2} - \frac{b^2}{c^2} = \frac{a^3 + b^2}{c^2} = \frac{c^2}{c^2} = 1$

6. $1 + \tan^2\theta = 1 + \frac{b^2}{a^2} = \frac{b^2 + a^2}{b^2} = \left(\frac{c}{b}\right)^2 = \sec^2\theta$

7. $1 + \cot^2\theta = 1 + \frac{b^2}{a^2} = \frac{a^2 + b^2}{a^2} = \left(\frac{c}{a}\right)^2 = \csc^2\theta$

7-1-2 两点间距离的计算

在 2D 系统中，定义如下图所示的两棵树，这两棵树的坐标分别为（x_1, y_1）与（x_2, y_2），两棵树之间距离的计算方法为：x 轴方向坐标差的平方与 y 轴方向坐标差的平方之和的平方根。计算公式如下：

$x=x_2-x_1$

$y=y_2-y_1$

两点距离 $= \sqrt{x^2+y^2}=\sqrt{(x_2-x_1)^2+(y_2-y_1)^2}$

测量两棵树之间的距离

通常求两点间的距离会使用到平方根的计算，这会耗费计算机极大的运算资源，为了加速程序的运行，就要避免平方根运算。例如，球体间碰撞的测试，由于只要判断是否发生碰撞，并不一定要精确计算出碰撞的范围大小，因此可以省略平方根的计算。两点间距离也可以应用在射击游戏中，借助对射程距离远近的判断，来决定子弹呈现的外观。另外，在类似高尔夫球游戏的制作过程中，也常会使用到距离的运算，借助两点间距离的计算可以精确计算出球与洞口的距离。

同理，在 3D 系统中定义两个点 A 和 B，坐标分别为（x_1, y_1, z_1）与（x_2, y_2, z_2）。两点之间距离的计算方法为：x 轴方向的坐标差的平方与 y 轴方向的坐标差的平方与 z 轴方向的坐标差的平方之和的平方根。计算公式如下：

$x=x_2-x_1$

$y=y_2-y_1$

$z=z_2-z_1$

两点距离 $= \sqrt{x^2+y^2+z^2}=\sqrt{(x_2-x_1)^2+(y_2-y_1)^2+(z_2-z_1)^2}$

7-1-3 向量

向量几何在专业游戏开发领域的应用非常广泛，因此向量几何对程序设计师而言，也是一门必备的知识。对于程序设计师而言，游戏场景中的任何物体都必须在计算机的坐标系中显示。例如，角色或物体的移动轨迹，可能都属于一种直线运动或曲线运动，而要描述这种运动，就必须借助向量来实现。另外，从其他游戏中的人工智能或物理行为也可以看到向量应用的痕迹。

例如，撞球类游戏在描述其行进的路径及碰到墙壁后该往哪一个方向反弹，都必须使用向量来描述。从几何（Geometry）的概念来看，向量是有方向的线段。在三维空间中，向量以（a, b, c）表示，其中 a、b、c 分别表示向量在 x、y、z 轴的分量。

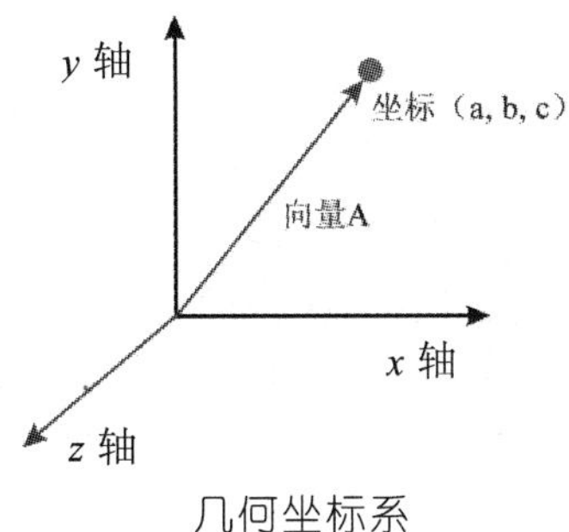

几何坐标系

在上图中，向量 A 由原点出发，指向三维空间中的一个点（a, b, c），它同时包含了大小及方向两种属性。在计算向量时，为了降低计算上的复杂度，通常会以单位向量（Unit Vector）来进行计算。

由于向量具备方向和大小两种属性，所以使用向量表示法就可以指明变量的大小与方向。例如，在游戏中要表现某一角色或物体行进的方向及速度，只要使用向量表示法就可以同时表示其 x 方向与 y 方向的速度。

7-1-4　法向量

在三维空间中，任意两个向量都可以构成一个平面，而与该平面垂直的向量则称为法向量（Normal Vector 或 Normal）。法向量的用途很多，除了可以用作背面剔除（Back-face Culling）的依据外，还可以进行 LOD（Levels Of Detail）运算、卡通渲染（Cartoon Rendering）及物理引擎制作。LOD 运算指的是调整模型的精细程度，也就是用多少个三角面来构成物体。好的 LOD 算法可以让模型在使用较少三角面的情况下，仍非常接近原始的模型。除此之外，在绘制 3D 画面时，也需要用到法向量来决定光源与模型面的关系。另外还要谈到点的法向量。一个点的法向量的取得是借由所有包含了这个点的平面法向量总和的平均值，可产生较佳的着色效果。

7-1-5　向量内积

内积是力学与 3D 图形学中的知识。在 3D 图形学中，内积用于计算两个向量之间角度的余弦。

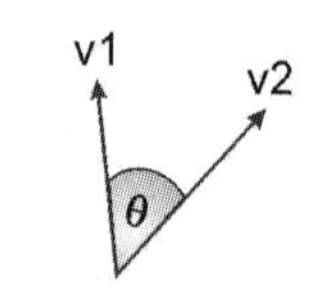

两个向量之间角度的余弦

在求内积之前，我们首先应该了解如何计算向量的长度（已知向量的大小）。这个问题的关键在于如何计算两点之间的距离，下面将它分成 2D 和 3D 两种系统来求向量的长度。

■ 2D 系统

定义向量 V（x, y），则其长度计算公式为：

$$向量长度 = \sqrt{(x^2+y^2)}$$

■ 3D 系统

定义向量 V（x, y, z），则其长度计算公式为：

$$向量长度 = \sqrt{(x^2+y^2+z^2)}$$

当用户计算出向量的长度后，便可以计算两个向量之间的内积了。

■ 2D 系统

先定义 2D 系统中的两个平面向量 A（x_1, y_1）及 B（x_2, y_2）。其内积计算公式如下：

$$A \cdot B = (x_1, y_1) \times (x_2, y_2) = (x_1x_2+y_1y_2)$$

■ 3D 系统

先定义两个 3D 系统中的空间向量 A（x_1, y_1, z_1）及 B（x_2, y_2, z_2），其内积计算公式如下：

$$A \cdot B = (x_1, y_1, z_1) \times (x_2, y_2, z_2) = (x_1x_2+y_1y_2+z_1z_2)$$

由以上计算公式可以看出，向量内积运算结果是一个数值，并且不具有方向性。另外，内积值可以用来计算两个向量之间的夹角余弦，我们可以应用内积来求得两个向量之间的夹角，其计算公式如下：

$$\cos(q) = (v_1 \cdot v_2) / (v_1向量长度 \cdot v_2向量长度)$$

在编写 3D 游戏时，通常不需要求得 q 值，一般只用到 cos（q）值。通过内积的计算，我们只用加法与乘法就能得到两个单位向量之间夹角的余弦值。例如，判断一个多边形是否面向摄像机时，必须要取得多边形中两个重要的向量，一个是该多边形的法线向量，另一个是从摄像机到该多边形的顶点向量。如果这两个向量的内积小于 0，就表明此多边形正对摄像机，也就是说玩家面对的是该多边形的正面；如果内积值大于 0，就说明该多边形是背对摄像机，玩家看到的是多边形的背面。

7-1-6　叉积

介绍完内积之后，我们就来熟悉一下 3D 系统中的“叉积”。

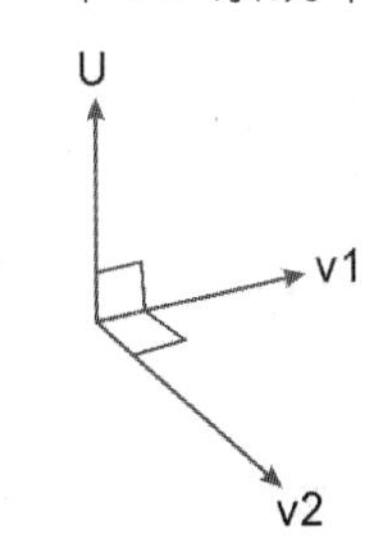

3D 系统的平面坐标图

在上图中，把 v1 和 v2 作为输入向量，把 U 作为输出向量，输出向量 U 的方向垂直于输入向量 v1 与 v2 构成的平面，输出向量的长度等于输入向量 v1 和 v2 的长度和它们之间夹角正弦值的乘积。空间向量 u（u_1, u_2, u_3）与 v（v_1, v_2, v_3）的叉积（Cross Product）计算公式如下：

$$U \times v = ((u_2 v_3 - u_3 v_2),\ -(u_1 v_3 - u_3 v_1),\ (u_1 v_2 - u_2 v_1))$$

在 3D 图形学中，我们经常需要计算一个多边形的法向量。在 3D 空间中，从一个点出发的两条线段，只要不在同一条直线上，就可以确定一个平面，对于多边形来说，同一个顶点的两条边就可以确定该多边形的平面。

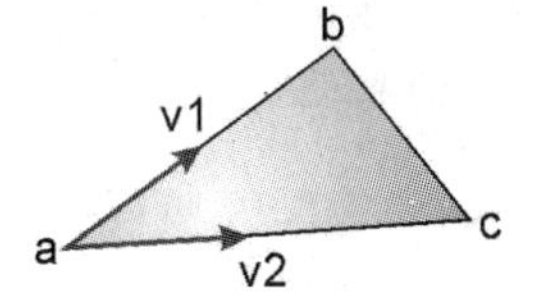

从同一点出发的两条线段只要不共线就可以确定唯一的平面

在图学领域也可以看到外积的应用，例如凸面体的隐藏面判断，可以利用向量外积求得一平面的法向量。假设位于 z 轴的正方向往负方向看过去，若平面法向量的 z 分量为正，则平面朝向自己，为可视平面；若 z 分量为负，则平面朝另一面，各位看不到这个平面。

7-2　游戏中的物理原理

在各式各样的电玩游戏中都可以看到物理的运用，例如赛车游戏速度与加速度的运算、车子相互之间追撞以及赛车跑道中离心力的计算等。又如球类游戏中球体的反弹角度行进方向及反弹力道，或者棒球游戏中挥棒的角度及球体在空中飞行间重力、风力等物理因素对球的飞行距离及飞行方向的影响。在表现这些游戏的效果时，如果没有配合真实世界中的物理原理，可能会造成游戏中不自然的表现，自然会降低游戏的逼真性。本节中将为大家介绍物理学在游戏上的各种应用。

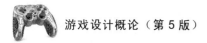

7-2-1 匀速运动

所谓“速度”，就是指单位时间内物体移动的距离。物体会移动，那么这个物体一定具有“速度”，速度是物体在各个方向上“速度分量”的合成。例如描述一个人跑步每小时 10 公里，我们就称该人的跑步速度为时速 10 公里。在游戏中表现速度时，只要在物体坐标位置上加上一个速度常量，这个物体就会在游戏中以等速朝指定方向移动。

以一个在 2D 平面上移动的物体为例，假设它的移动速度为 V，*x* 轴方向上的速度分量为 Vx，y 轴方向上的速度分量为 Vy，那么 V 与 Vx、Vy 之间的关系如下图所示。

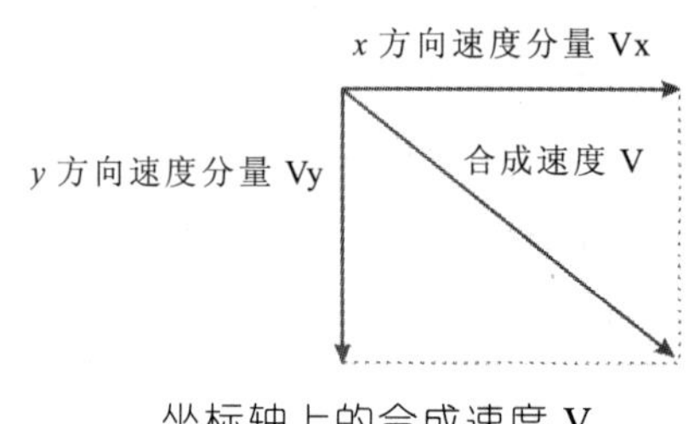

坐标轴上的合成速度 V

匀速运动是指物体在每个时刻的速度都相同，即 Vx 与 Vy 都保持不变。2D 平面上的物体如果做匀速运动，我们就可以利用物体速度分量 Vx 与 Vy 来计算下次物体出现的位置，这样在每次画面更新时就会产生物体移动的效果，计算公式如下：

下次 *x* 轴位置 ＝ 现在 *x* 轴位置 ＋*x* 轴上速度分量
下次 *y* 轴位置 ＝ 现 *y* 轴位置 ＋*y* 轴上速度分量

下图所示为笔者设计的小球匀速运动的程序执行结果。

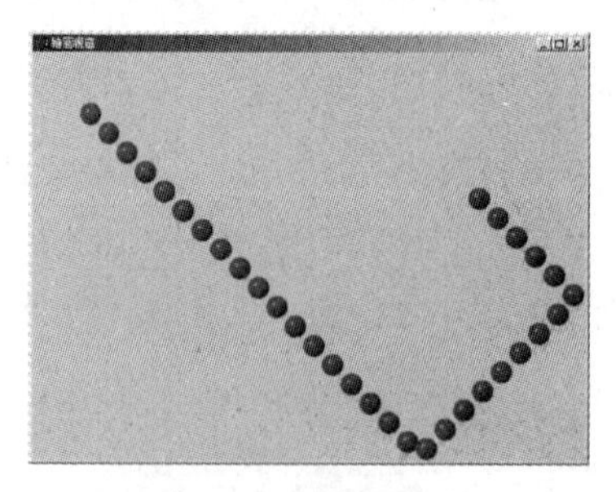

小球在做匀速运动

7-2-2 加速度运动

通常从物理学的角度来说，凡是物体移动时的速度或方向会随着时间而改变，那么该物体的运动便是属于加速度运动。加速度是指单位时间内速度改变的速率，平均加速度则为单位时间内物体速度的变化量，单位 m/s^2。例如，当我们踩下车子的刹车时，速度会递减，直到车子到静止的状态。加速度运动不同于等速度运动，它是一种变量，当物体在空间中移动的速度越来越快或是越来越慢时，我们只有靠加速度这个变量来确定与测量。

高铁行驶与火车进站时都会受到加速度的影响

加速度通常被应用在设计 2D 游戏的物理移动中，物体的移动速度或方向改变大部分是受加速度的影响。加速度与速度的关系如下：

$$V=Vo+At$$

上面的公式中，A 表示每一时间间隔加速度的量，t 表物体运动从开始到要计算的时间点为止所经过的时间间隔，Vo 为物体原来所具有的速度，而 V 则是由以上公式所计算出的某一时间点对象的运动速度。

作用于物体上的加速度，同样是各个方向上“加速度分量”的合成，加速度作用于物体上时，会根据上面的公式影响物体原有的移动速度。而在 2D 平面上运动的物体，根据上面的公式，考虑 x、y 轴上加速度分量对于速度分量的改变，那么其下一刻（前一刻与下一刻时间间隔 t=1）x、y 轴上的速度分量 V_{x1} 与 V_{y1} 的计算公式如下：

$$V_{x1} = V_{x0}+A_x$$
$$V_{y1} = V_{y0}+A_y$$

其中，V_{x0} 与 V_{y0} 为物体前一刻在 x 轴、y 轴的速度分量，A_x 与 A_y 为 x、y 轴上的加速度。在求出物体下一刻的移动速度后，便可依此推算出加入加速度后，物体下一刻所在的位置：

$$S_{x1} = S_{x0}+V_{x1}$$
$$S_{y1} = S_{y0}+V_{y1}$$

其中，S_{x0} 与 S_{y0} 分别表示物体前一刻在 x、y 轴的坐标位置，V_{x1} 与 V_{y1} 是加入加速度后下一时刻物体的移动速度，由此求出的 S_{x1} 与 S_{y1} 便是下一刻物体的位置。

7-2-3　动量

物理学不只是物质科学的一部分，它可以说是所有科学的基础。在游戏程序设计的过程中，如果不了解物理的规则，所展现的游戏行为可能会和真实的现象产生落差。例如，物理学中的能量守恒定律在物理力学与游戏实战开发中就扮演了相当重要的角色。

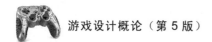

在电脑游戏中，经常需要模仿设计汽车、飞弹、飞行器或其他现实生活中的物体。这些物体在现实生活中是由材料制造而成的，因此它们具有一定的质量，虽然质量并不能代表重量（是一种力的描述），但质量会对加速度产生影响。为了在游戏中体现物体运动的真实感，这些物体就应该具有某种虚拟的质量。总之，当这些物体运动的时候，就必须具有一定的动量。

动量是物体运动时的量能，其值等于物体的质量乘以物体的运动速度，公式如下：

动量 = 质量 × 速度

当某个物体以一定的速率运动时，要想把它停下来就必须花费很大力气。例如，让一列以每小时 2 公里速度前进的火车停下来要比让每小时 1000 公里速度前进的子弹停下来困难许多，因为火车的质量远远大于子弹的质量。当一列火车以每小时 2 公里的速度撞击我们时，我们可能会被火车压扁。

在游戏中，我们可以随心所欲地给物体赋予质量，但如果想建立一个真实度很高的游戏，就应该参考现实生活的原型来设置这些物体的质量，只有这样游戏中物体的运动才有真实感。在物理学中，与动量相关的定律是“动量守恒定律”。这个守恒指的是物体在一次运动后能量的保持，这种能量既不能产生也不能消灭，只能从一种形式转换成另一种形式。

在游戏中，动量守恒定律主要影响的是两物体碰撞后的运动方式。当一个物体碰撞另一个物体时，由于动能无法被释放，所以它会一直存在着。如果有两个物体撞在一起时，动量守恒公式如下：

$$M_1V_1 = M_2V_2$$

其中，M_1 是第一个物体的质量，M_2 是第二个物体的质量，V_1 与 V_2 是它们各自的相对速度。

在了解动量守恒定律后，在进行游戏设计时，我们虽然不能精确遵循这种定律，却可以使游戏的碰撞结果尽可能真实。

7-2-4 重力

在大自然里存在着一股很大的力量，这股力量可使我们不会从地球上飘流到太空中，而且稳稳当当地站在地表上，这个力量称为“重力”。公元 1590 年，科学家伽利略提出在地球上的相同地点所有的物体受的重力是一样的，并指出不同密度的物质自高空落下，在理想状况下相同时间内所落下的距离是一样的，这称为加速度运动。重力加速度由重力对物体施力而产生，所以当物体越往下掉时，速度会越来越快。在游戏的虚拟空间里，为了拥有现实的真实感，就可以在空间里的所有物体上加一个重力的单位。

通常重力是一个向下的力量，当物体要往上飘的时候，重力会依据物体的运行方向再加上一个向下的力。重力是一个在垂直方向（y 轴方向）、值大约为 9.8m/s^2、方向向下的加速度。例如将球由 A 地抛向 B 地的时候，因为球的运动方向与重力的关系，球的运动路线会形成一抛物线，如下图所示。

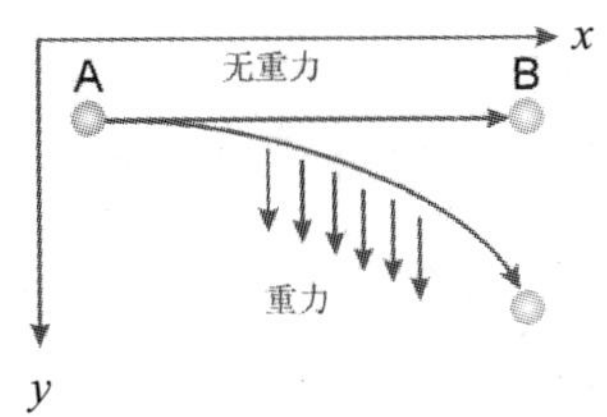

在重力作用下球在运动时会形成一个抛物线的轨迹

既然重力是一种加速度，那么物体从高处落下其运动速度与位置坐标的计算，就同样适用前一小节中所讨论物体加速度运动的概念。不过由于重力对物体运动的影响仅在 y 轴方向，因此不会影响物体在 x 轴方向上的速度分量。

以重力加速度在真实世界的表现为例，小球从高处受到重力影响往下坠，与地面碰撞后弹跳至原先的高度，这是在理想的状况下依循物理中能量守恒定理的结果。我们设计小球在显示窗口中进行等速度运动，当碰到窗口边缘时会反弹以反方向运动，如下图所示。

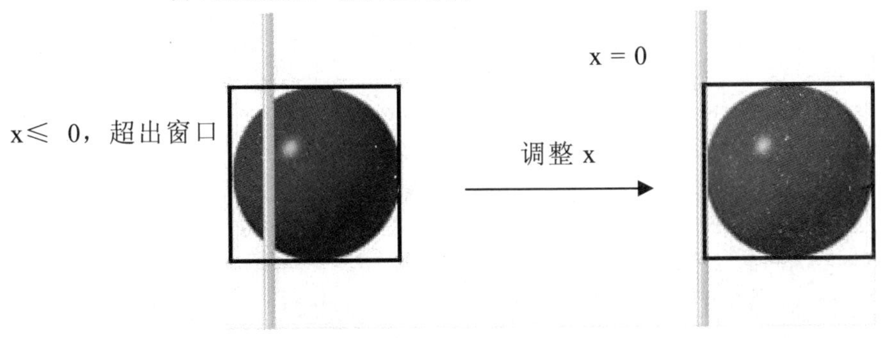

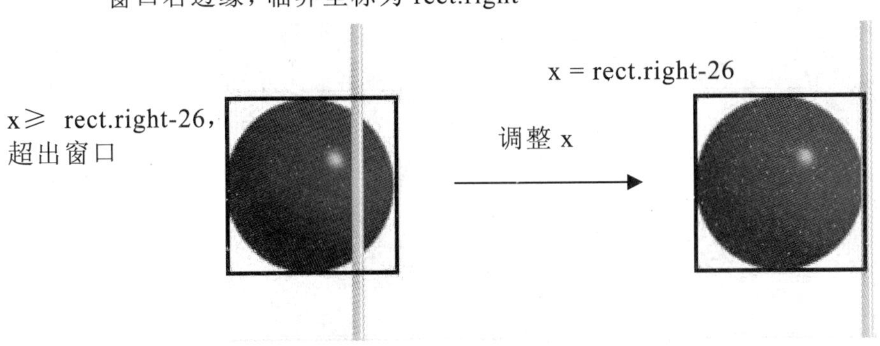

小球进行等速度运动

请看下面我们设计的部分程序代码：

```
x += vx;            //计算 x 轴方向贴图坐标
vy = vy + gy;       //计算 y 轴方向速度分量
y += vy;            //计算 y 轴方向贴图坐标
if(y >= rect.bottom-26)
{
    y = rect.bottom - 26;
    vy = -vy;
```

```
}
```

以下是我们以物体加速度运动的计算方式配合重力的观念，设计小球下坠与弹跳的程序执行结果。

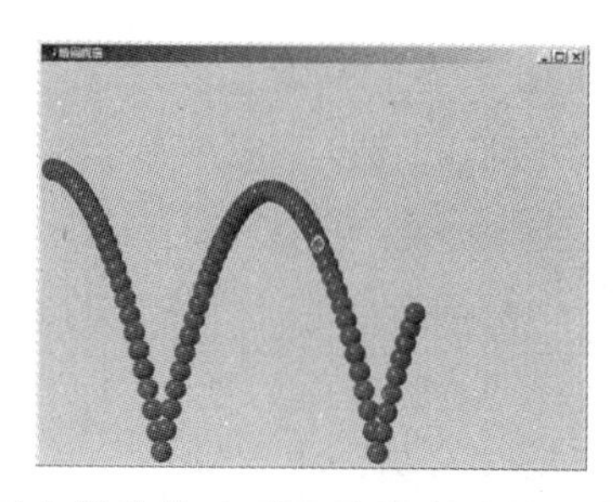

受重力影响的小球下坠和弹跳的示意图

从这个画面可以看出，小球从高处受到重力影响向下坠，与地面碰撞后弹跳至原先的高度，这是理想状况下遵循物理中能量守恒定律的结果。但是在现实生活中，物体下坠会受到各种外力的影响，如空气阻力、摩擦力等，使得物体在下坠或者弹跳的过程中渐渐失去了本身的能量，最后变成静止状态。

7-2-5　摩擦力

两物体接触面间，常有一种阻止物体运动的作用力，这种力称为摩擦力。摩擦力是一种作用于运动物体上的负向力，摩擦力作用于运动物体上，会产生一个与物体运动方向相反的加速度，使得物体的运动越来越慢直到静止不动。例如摩擦力会使得滚动的球体越来越慢，直到静止不动。又如开车时遇到红灯踩刹车，车速会减速直到完全停止。影响摩擦力的因素包括接触面的性质，也就是接触面粗糙摩擦力大，接触面光滑摩擦力小，如粗糙地面的摩擦力比光滑地面的摩擦力大。另一个影响因子则是作用于接触面的力，作用于接触面的力越大，摩擦力越大。

玩溜冰或直排轮时最容易受地面摩擦力的影响

对于程序设计师而言，充分了解摩擦力计算绝对有助于赛车游戏类型的制作。一般在赛车游戏中会有各种游戏机制，就以单一赛事来说，某些路段会以变化赛车路面性质来测试赛车手对场地的临场应变能力。在这类型游戏中，往往为了呈现逼真的效果、展现各种不同路况的速度及行进方式，就必须将各种不同的路面材质列人程序中，使用算法来判断。

现在，我们在小球与地面接触时考虑摩擦力的影响，加入使小球运动速度减慢的反向加速度，并忽略小球与空气摩擦所产生的阻力。下图为小球接触地面时的运动方向及作用于小球上的摩擦力的示意图。

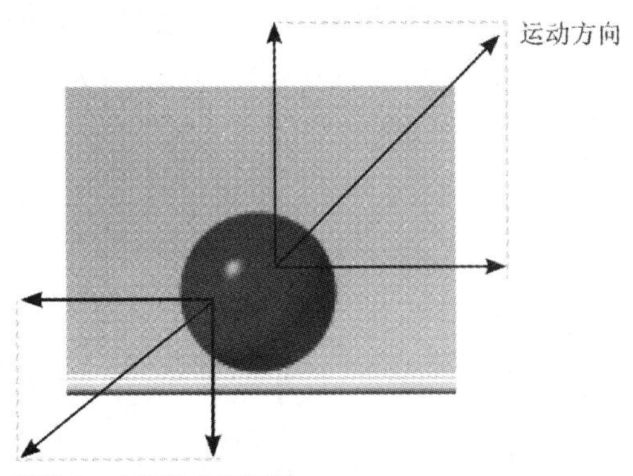

小球接触地面时受到的摩擦力方向

从上图可以看出，小球弹跳向右上方，摩擦力的作用方向是左下方，而此摩擦力产生的是水平与垂直方向上的反向加速度，会使小球在弹跳的过程中在 x、y 轴方向上的移动速度逐渐减慢，直到最后小球静止不动。考虑摩擦力后程序的执行结果如下图所示。

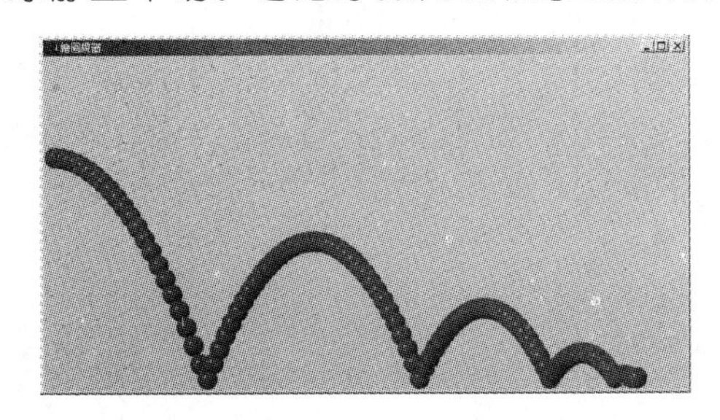

受摩擦力影响的小球运动线路

7-2-6　反射

在现实生活中，当一个物体碰撞到另外一个物体时会做出相应的反射运动，例如球碰撞到墙壁的时候，球的运动方向会因为墙壁而改变。

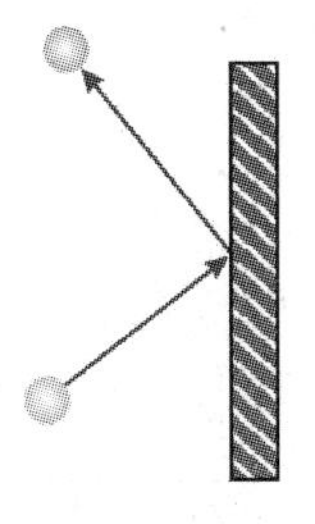

小球碰撞墙壁后运动方向改变

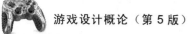

这种反射运动在大自然中有一定的规律可循，在这里笔者要深入讨论这种物理现象。游戏中我们经常会看到这种物理反射运动，例如撞球游戏，当用户将母球推向桌边的时候，母球在碰撞到桌边后会做出一定的反弹运动。

事实上，当物体碰撞到墙壁的时候，会做出一种特定的反射运动，我们可以先在物体运动方向与墙壁的交点上画出一条垂直于墙壁的法线。

然后再将物体的运动方向反射到这条法线的另一侧。

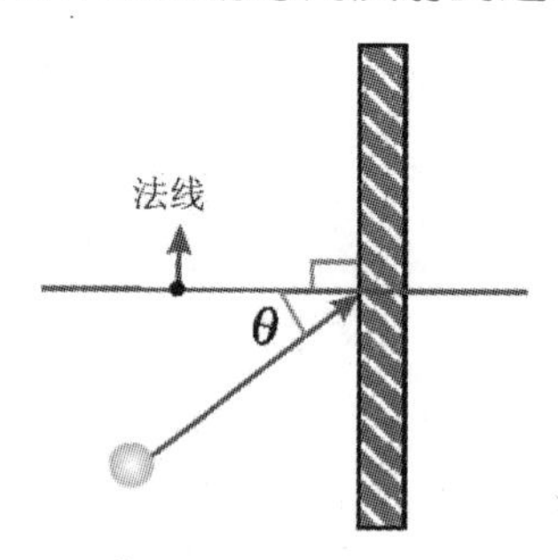

垂直于墙壁的法线

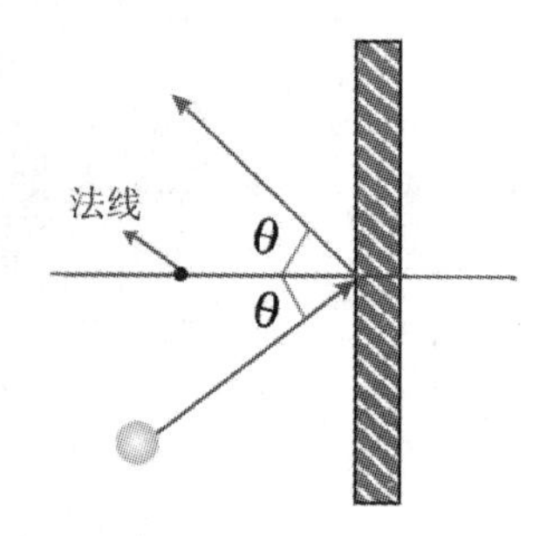

物体沿法线的另一侧反射运动

不难发现，如果要计算物体碰撞到墙壁后的运动方向，只要得到这条法线与物体运动方向的夹角，就可以求出反射后的运动方向了。现在考虑一下如何计算夹角 θ 。如下（左）图所示，小球从 A（x_1, y_1）点开始运动，向墙壁撞击。

虽然我们知道了 A 点的坐标值（x_1, y_1），但是这个坐标值似乎对物体运动的作用不大。我们要求的是 θ 值，它才是对物体运动过程有用的数值。在左图的下半部分添加线段将其看成一个三角形。

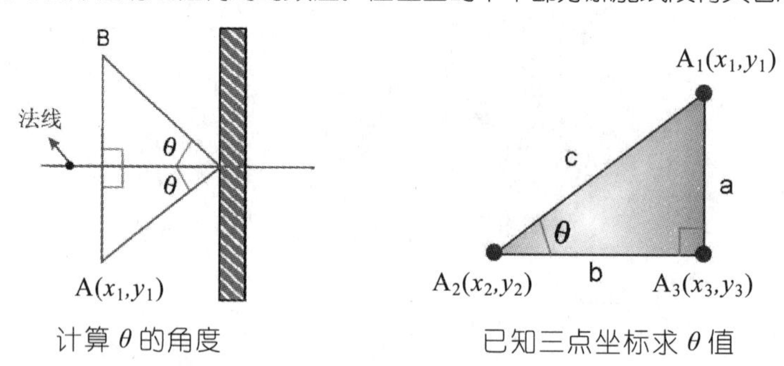

计算 θ 的角度

已知三点坐标求 θ 值

在这个三角形中，我们根据三角函数的定义可以得出：

$$\tan\theta = \frac{a}{b} = (y_1 - y_3)/(x_3 - x_2)$$

这样便可以轻易求得 tan θ 的值了。在反射运动过程中，为了求得真实感，还可以进一步考虑加速度与摩擦力（与作用力方向相反的力）。因为之前已经讲过了，这里就不再加以讨论。在设计游戏时，请用户自行加入这些物理常量。

7-3　游戏的碰撞处理

在游戏世界里，碰撞算法是最基本的算法，不同的碰撞有不同的算法，例如人物与敌人的碰撞、飞机与子弹的碰撞或者是为了某些特殊的事件而产生的碰撞等。事实上，游戏中侦测碰撞的方法不止一种，有的是用范围来侦测碰撞，有的是用颜色来侦测碰撞，有的是用行进路线是否交叉来侦测碰撞。

日常生活中的车祸事件就是一种碰撞处理

7-3-1　行进路线侦测

以行进路线来侦测是否发生碰撞是最容易的方法，这种方法主要用于侦测两个移动的物体或者移动物体与平面间是否发生碰撞。

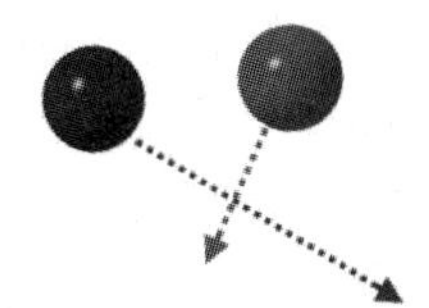

两球行进路线交叉则可能产生碰撞

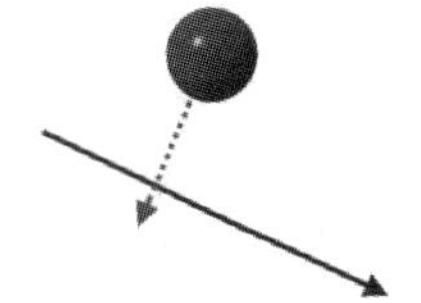

球行进路线与平面交叉则可能产生碰撞

用行进路线侦测是否发生碰撞

无论两颗球的行进方向是否在同一平面上，给它们各自都加上了一个箭头，表示为向量。下面用向量来判断一个具有速度值的小球是否会与斜面（非水平与垂直）发生碰撞，先假设小球当前位置与下一时刻的圆心位置分别为 P_3 与 P_4，而斜面的起点与终点分别为 P_1 与 P_2，原点为 O，若小球与平面发生碰撞则碰撞点为 C。

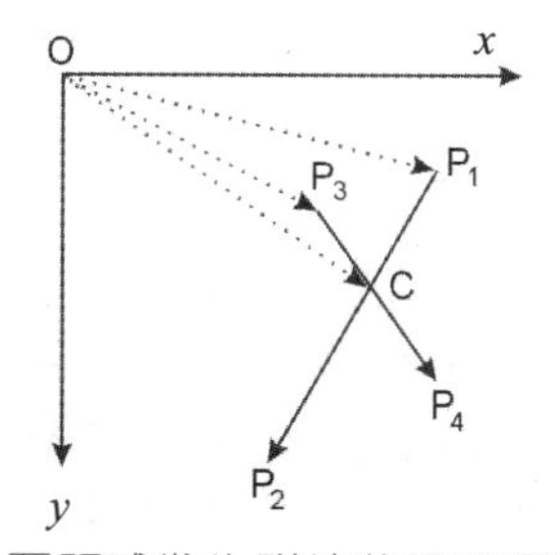

两颗球发生碰撞的平面图

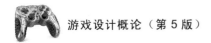

由上图可推出如下的式子：

OP_1C 中：$OC=OP_1+P_1C=OP_1+mP_1P_2$
OP_3C 中：$OC=OP_3+P_3C=OP_3+nP_3P_4$
得出 $OP_1+mP_1P_2 = OP_3+nP_3P_4$

若交点 C 在两向量之中，则上面式子中的 m 与 n 的值会介于 0～1 之间，其值代表球与斜面是否发生碰撞。

假设斜面的起点坐标为 P_1(a, b)，而向量 P_2-P_1 可得（L_x, L_y），小球圆心的坐标为（c, d），速度向量为（V_x, V_y），代入上式得：

$(a,b)+m(L_x,L_y)=(c,d)+n(V_x,V_y)$
得出 x 轴方向的向量：$a+mL_x=c+nV_x$
y 轴方向的向量：$b+mL_y=d+nV_y$
得出 $m=[V_x(b-d)+V_y(c-a)]/(L_xV_y-L_yV_x)$
$n=[L_x(d-b)+L_y(a-c)]/(V_xL_y-V_yL_x)$

导出了 m 与 n 的结果后，若要在程序中判断小球与斜面是否会发生碰撞，只要将其移动的路径和斜面的向量与起点坐标代入上面的方程式中，然后判断 m 与 n 是否都介于 0～1 之间，即可得知是否发生碰撞。

7-3-2 范围侦测

用范围侦测碰撞的方法其实是最简单快速的。在制作游戏程序时，经常会用到不规则图形，如果情况允许，最好以范围侦测的方法来判断物体是否碰撞，这样会节省很多的计算时间。范围侦测碰撞的方法非常适用于形状规则且容易取得范围的几何图形。

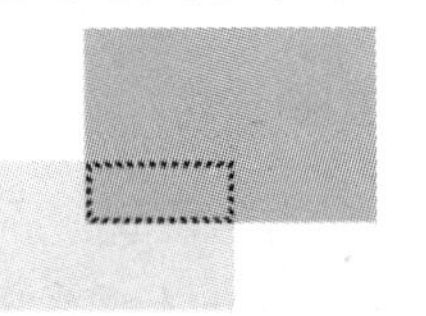

长和宽有交集表示产生碰撞

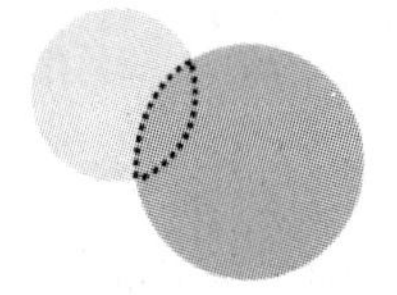

两圆半径有交集表示产生碰撞

两个图形产生交集后表示发生碰撞

如果以矩形范围来侦测，首要的条件是取得矩形的左上角坐标和右下角坐标。

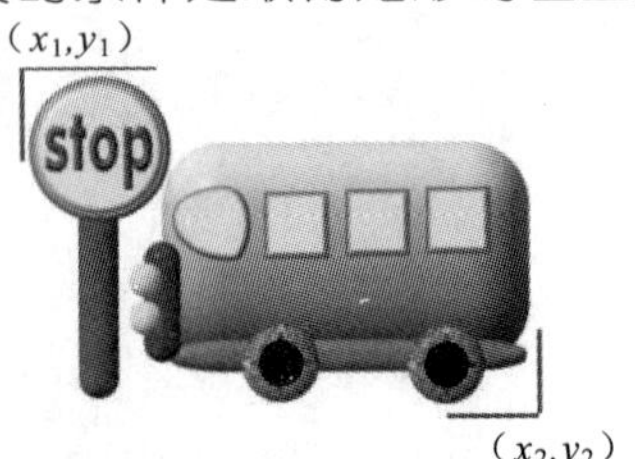

取得汽车的两点坐标

这时如果要判断一个不定变量是否碰撞到矩形图，只要判断这个不定变量坐标的 x 值是否在 x_1、x_2 之间，y 值是否在 y_1、y_2 之间即可。

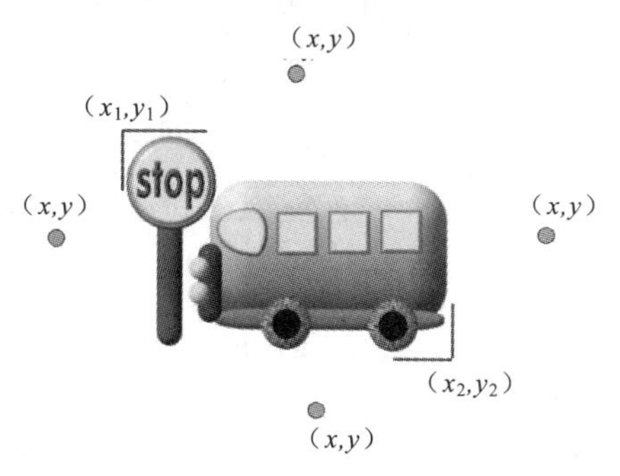

知道 x、y 值就能知道是否发生碰撞

例如，当两辆不规则形状的车子在同样的高度上移动时，要侦测两车是否碰撞，只需要判断这两辆车子的图片是否产生交集。

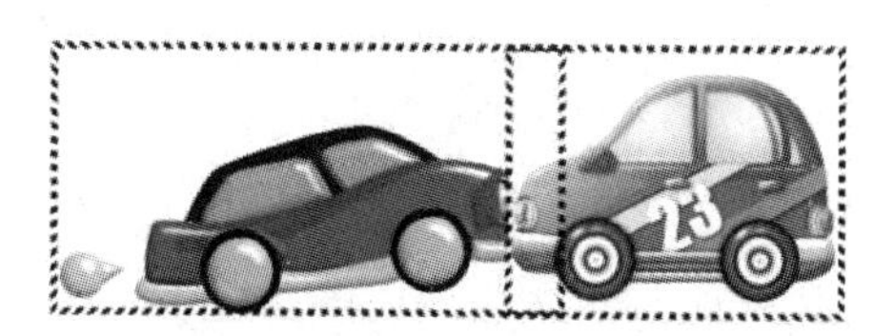

两车图示卡已产生交集表示两车产生碰撞

当两车在不同高度上移动的时候，就必须利用图片的宽和高来侦测是否碰撞，但是这种侦测碰撞的方法会产生一定的误差。

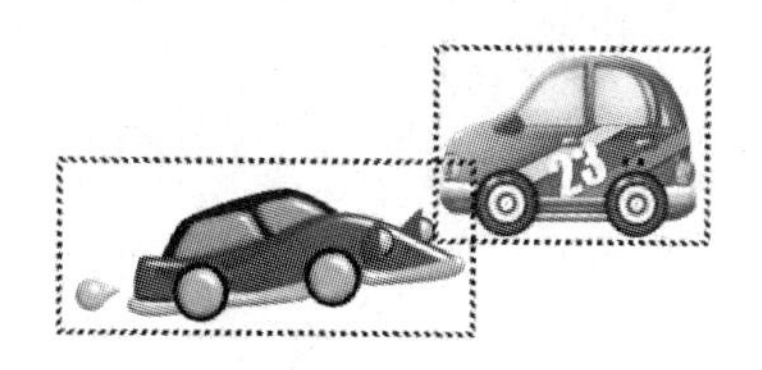

未真正碰撞但已侦测到碰撞

在 2D 游戏里，矩形图的碰撞判断是属于较简单但不精确的方法，因为这种方法的运算速度较快，且程序代码比较简单。在下面的程序中，笔者用了两张图片，分别为两张汽车图案和发生碰撞时所要显示的提示图案，将车子的移动设置在等高的位置上，利用车子的两个矩形图片，以两者在长度上是否产生交集来判断是否发生碰撞，执行结果如下图所示。

利用两车的长度是否产生交集来判断是否发生碰撞

另外，还有一种球面范围侦测方法，这种方法与矩形范围侦测的差别是它不利用四角的坐标来判断未知坐标是否在球面之内。如果坚持使用四角坐标来进行判断，那么将会产生如下图所示的状况。

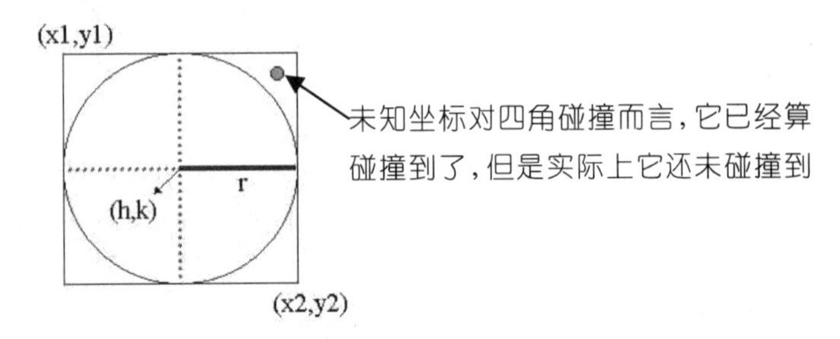

判断未知的坐标是否与球面发生碰撞

此时，可以利用数学公式中的“面积方程式”来求出未知坐标在球面的哪一个位置。若圆心为（h,k），半径为 r，则可得方程式如下：

$$(x-h)^2+(y-k)^2=r^2$$

例如，有一个球面的圆心为（2,1），半径为 2，则方程式如下：

$$(x-2)^2+(y-1)^2=2^2 \rightarrow (x-2)^2+(y-1)^2=4$$

用球面侦测方法判断未知坐标是否碰撞的程序代码如下：

```
void CheckCircle (int x,int y)
{
     int point,r2;
     r2 = 4;
     point = sqr (x-2)  + sqr (y-1) ;
     if  ( point == r2)
     {
          //不定数在球面边缘上
     }else if  ( point > r2)
     {
          //不定数在球面外
     }else if  ( point < r2)
     {
          //不定数在球面内
     }
}
```

7-3-3　颜色侦测

上节所说的碰撞判断法都是把数学公式当成碰撞的基础条件。在游戏中，不管是主角、敌人或宝物，都是没有规则的形状，如下图所示。

不规则的人物图形

如果想精确地判断不规则形状的物体是否产生碰撞，最常用的方法还是利用颜色来判断。用颜色侦测碰撞的方法虽然比较麻烦，但是却可以精确地判断两个不规则形状的物体是否真的发生碰撞，假设会发生碰撞的情况如下图所示。

侦测车子是否进入树林中

侦测车子是否进入树林中，其实就是侦测车子是否与树林发生碰撞，如何利用颜色来判断车子是否与树林发生碰撞呢？仅凭上图是看不出任何蛛丝马迹的，因为它无法以任何颜色为基准点计算是否发生碰撞，下面换另一张图片来试试，如下图所示。

利用颜色侦测碰撞的“屏蔽图”

在上图中，黑色部分与前一个树林一模一样，之所以要将树林改成黑色，是因为我们要把它当作是一张“屏蔽图”，以方便利用颜色来判断是否发生碰撞。当车子与树林发生碰撞时，车头部分就被黑色挡住了。

此时，判断二者是否碰撞的标准就变成了黑色部分与车子是否会产生交集，而判断车子是否与黑色部分有交集的方法其实很简单。因为黑色与任何颜色做“AND”运算的结果还是黑色，所以用车子颜色来跟目前所在位置上的“屏蔽图”做“AND”运算，如果有黑色的结果产生，就表示车子与树林发生了碰撞，但前提是车子图案中不可以有纯黑色。

接下来我们就用颜色判断的方法来侦测汽车是否与树林发生碰撞，其过程如下图所示。

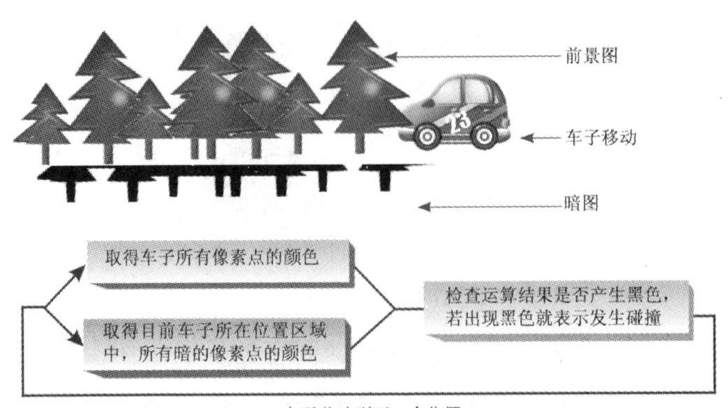

用颜色侦测是否发生碰撞

在下面设计的程序中，每次车子发生移动时都必须重新做镂空处理，并取得所有像素的色彩值，然后做“AND”运算，根据运算结果再判断有无发生碰撞，执行结果如下图所示。

车子在树林中　　　　车子走出树林

用颜色判断是否发生碰撞

7-4　粒子系统

所谓粒子系统，就是将我们看到的物体运动和自然现象用一系列运动的粒子来描述，再将这些粒子运动的轨迹显示到屏幕上，接着就可以在屏幕上看到物体的运动和自然现象的对比效果了。

游戏中的火焰和雪花都是属于粒子效果

在游戏中使用粒子系统，可以在屏幕上表现出很多特殊效果，例如火焰、火苗、瀑布、雪花飞舞等。通常，粒子系统中的粒子具有 4 个基本特性。

■ **生成位置**

这个特性决定了粒子的初始位置。在粒子系统里，每一个粒子的生成位置可以在同一个地方，例如瀑布特效；也可以在不同的位置，例如雪花特效。

■ **生命值**

这个特性决定了粒子在特效系统内存在的时间。每一个粒子的生命值都不固定，有的比较短，有的比较长，就如同火焰特效一样，有的火苗可以窜得较高较久，而有的火苗可以存活的时间就较为短暂。

■ **速度与方向**

每一个粒子都存在有方向的运动轨迹，当粒子生成的时候，它也会有运动方向的特性，且有一个基本的飘移速度值，如下图所示。

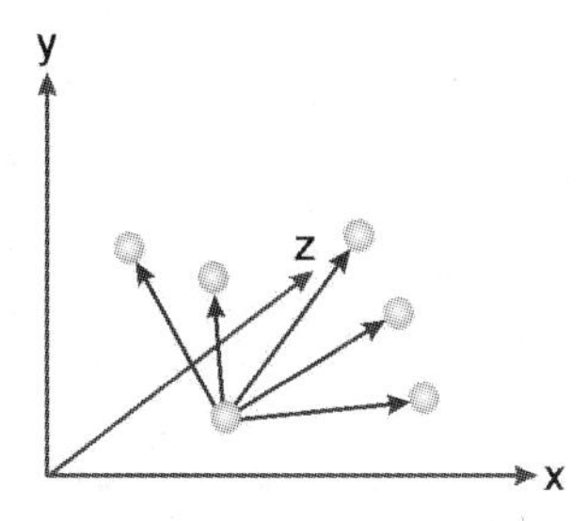

粒子有运动方向的特性

■ **加速度**

其特性是让每一个粒子看起来更加逼真，就如同在大自然里的自然现象一样，当一个物体从高处向下落时，在它未到达地面之前，速度会越来越快，我们称之为“加速度”。

介绍完粒子系统的基本特性，相信用户对粒子系统的认识还是模糊不清。要想模拟自然界的粒子运动，还必须对基本的物理运动有所认识。接下来我们介绍几个较为常见的粒子系统的工作原理。

7-4-1　烟火粒子

在现实生活中，爆炸是属于一瞬间将某个物体冲破的现象，而被冲破的物体会变成许多小块状的物体，并且散落四处。在游戏中的魔法攻击、飞弹射击、飞机对撞等效果都必须要利用爆炸的画面来衬托出视觉效果。

烟火粒子的效果示范

粒子运动的一个很好的例子就是烟花燃放，当一颗烟花爆炸时，会产生无数的烟花碎片，每一个碎片就是一个粒子，每个粒子都拥有各自的位置、水平初速度、垂直初速度、颜色与生命周期等，粒子信息描述得越详细，烟花的模拟就可以越逼真。为了简化范例的逻辑，笔者将每个粒子的信息定义为如下程序代码：

```
1 struct fireball
2 {
3   int x;           //火球所在的 x 坐标
4   int y;           //火球所在的 y 坐标
5   int vx;          //火球在水平方向的速度
6   int vy;          //火球在垂直方向的速度
7   int lasted;      //火球的存在时间
8   BOOL exist;      //是否存在
9 };
```

粒子是否存在表示其是否燃烧殆尽。每个粒子的燃烧时间应该是不同的，由于它是显示在屏幕上的，所以简化为只要粒子超出窗口范围就表示不再存活；至于粒子的起始位置则以随机数来决定，之后的运动效果会根据爆炸时所获得的水平速度、垂直速度与重力加速度来决定。

下面给出的是模拟烟花粒子爆炸的一段程序代码，其中烟花的爆炸点是在窗口中由随机数所产生的位置，在发生爆炸后会出现许多黄色的粒子以不同的速度向四面飞散而去，当粒子飞出窗口外或者超过一定的存活时间后便会消失。当每次爆炸所出现的粒子全部都消失后，便会重新出现烟花爆炸，产生不断燃放烟花的效果。

```
1 void canvasFrame::OnTimer(UINT nIDEvent)
2 {
3   if(count == 0)                  //新增爆炸点
4   {
5       x=rand()%rect.right;
6       y=rand()%rect.bottom;
7       for(i=0;i<50;i++)           //产生火球粒子
8       {
9           fireball[i].x = x;
10          fireball[i].y = y;
11          fireball[i].lasted = 0;
12          if(i%2==0)
13          {
14              fireball[i].vx =  -rand()%30;
15              fireball[i].vy =  -rand()%30;
```

```
16          }
17          if(i%2==1)
18          {
19              fireball[i].vx = rand()%30;
20              fireball[i].vy = rand()%30;
21          }
22          if(i%4==2)
23          {
24              fireball[i].vx = -rand()%30;
25              fireball[i].vy = rand()%30;
26          }
27          if(i%4==3)
28          {
29              fireball[i].vx = rand()%30;
30              fireball[i].vy = -rand()%30;
31          }
32          fireball[i].exist = true;
33      }
34      count = 50;
35  }
36  CClientDC dc(this);
37  mdc1→SelectObject(bgbmp);
38  mdc→BitBlt(0,0,rect.right,rect.bottom,mdc1,0,0,SRCCOPY);
39  for(i=0;i<50;i++)
40  {
41      if(fireball[i].exist)
42      {
43          mdc1→SelectObject(mask);
44          mdc→BitBlt
                (fireball[i].x,fireball[i].y,10,10,mdc1,0,0,SRCAND);
45          mdc1→SelectObject(fire);
46          mdc→BitBlt
                (fireball[i].x,fireball[i].y,10,10,mdc1,0,0,SRCPAINT);
47          fireball[i].x+=fireball[i].vx;
48          fireball[i].y+=fireball[i].vy;
49          fireball[i].lasted++;
50          if(fireball[i].x<=-10 || fireball[i].x>rect.right ||
               fireball[i].y<=-10
51                     || fireball[i].y>rect.bottom ||
               fireball[i].lasted>50)
52          {
53              fireball[i].exist = false;     //删除火球粒子
54              count--;                        //递减火球总数
55          }
56      }
57  }
58  dc.BitBlt(0,0,rect.right,rect.bottom,mdc,0,0,SRCCOPY);
59  CFrameWnd::OnTimer(nIDEvent);
60  }
```

【执行结果】

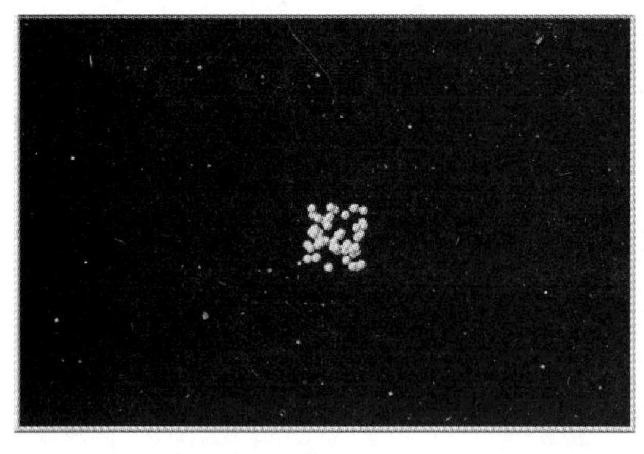

以爆炸点为中心向四周散开的火球粒子

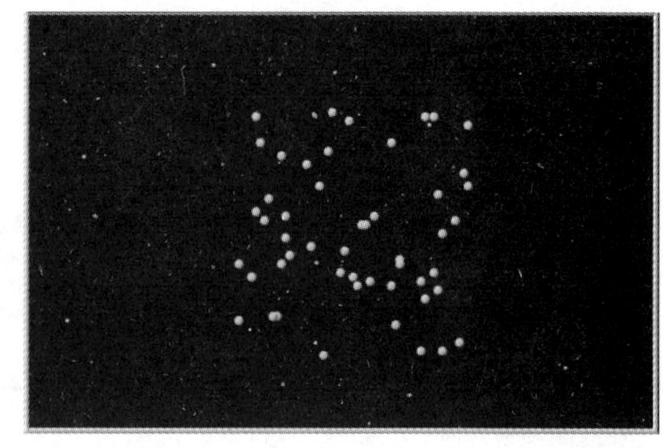

每一个粒子以各自的速度向四周飞散

烟花粒子爆炸后的场景

7-4-2 雪花粒子

“下雪”是相当常见的自然现象，在程序中要产生下雪时雪花纷飞的情景，使用粒子来表现可以说是最恰当不过的了。因为雪花特效在粒子系统里受地心引力的影响不是很大，所以它停留在空中的时间也相对较长，不过它所受的风力影响却可以极大地改变每一个粒子的运动方向，其运动方式如下图所示。

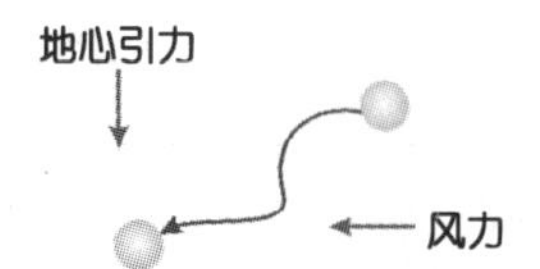

雪花粒子受风力影响较大

因为每片雪花都会受到空气阻力的影响，所以重力加速度反而不是影响飘落速度的主要原因。事实上，每片雪花几乎都是以相等的速度下落，而这个速度取决于雪花的大小，大片的雪花拥有较快的下落速度，而小片的雪花应该是慢慢下落。当风吹动的时候，风力对每一片雪花的影响也各不相同，大片雪花较不容易被吹动，而小片雪花受风力的影响会较大。综上所述，雪花的大小是模拟效果是否逼真的主要因素。

在下面的这段程序中，以粒子系统来模拟下雪时的景象。程序开始执行后，便使用随机数来决定每个雪花的位置，接着会慢慢地不断产生雪花，雪花数量达到上限（设为 50）便不再继续增加，当雪花落到地上时，便重新设置该雪花粒子回到初始位置，以产生雪花消失与新的雪花落下的效果。

```
1  struct snow
2  {
3   int x;          //雪花所在的 x 坐标
4   int y;          //雪花所在的 y 坐标
5   BOOL exist;    //是否存在
6  };
```

```
 7  int i,count;
 8  snow flakes[50];
 9  void canvasFrame::OnTimer(UINT nIDEvent)
10 {
11  if(count<50)
12  {
13      flakes[count].x = rand()%rect.right;
14      flakes[count].y = 0;
15      flakes[count].exist = true;
16      count++;                          //累加粒子总数
17  }
18  CClientDC dc(this);
19  mdc1→SelectObject(bgbmp);
20  mdc→BitBlt(0,0,rect.right,rect.bottom,mdc1,0,0,SRCCOPY);
21  for(i=0;i<50;i++)
22  {
23      if(flakes[i].exist)
24      {
25          mdc1→SelectObject(mask);
26          mdc→BitBlt(flakes[i].x,flakes[i].y,20,20,mdc1,0,0,SRCAND);
27          mdc1→SelectObject (snow) ;
28          mdc                                                        →
BitBlt(flakes[i].x,flakes[i].y,20,20,mdc1,0,0,SRCPAINT);
29          if(rand()%2==0)
30              flakes[i].x+=3;
31          else
32              flakes[i].x-=3;
33          flakes[i].y+=10;
34          if(flakes[i].y > rect.bottom)    //落到底部
35          {
36              flakes[i].x = rand()%rect.right;
37              flakes[i].y = 0;
38          }
39      }
40  }
41  dc.BitBlt(0,0,rect.right,rect.bottom,mdc,0,0,SRCCOPY);
42  CFrameWnd::OnTimer(nIDEvent);
43 }
```

【执行结果】

雪花飞舞的场景

7-4-3 瀑布粒子

瀑布特效也是一种简单的粒子系统，它利用抛物线的运动轨迹来驱动粒子运动。如同我们在上物理课的时候，老师将一颗球从桌子的一端慢慢地滚向另一端，当球离开桌子后，会做一个抛物线运动，直至落到地上。

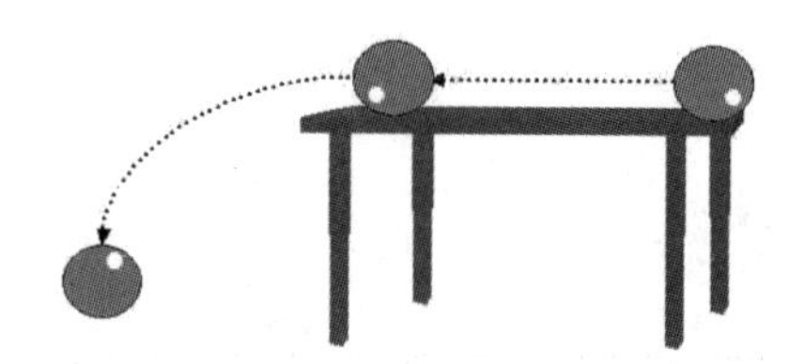

小球从桌子一端滚向另一端然后落地的过程

根据物理学原理，推球的力量越大，球离开桌面后运动轨迹形成的抛物线就越大。

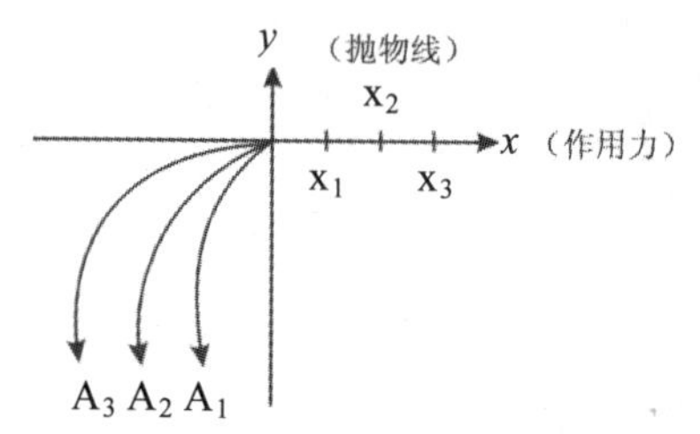

推球的力量越大，则抛物线就越大

瀑布系统的原理与此类似。如果水力较大，则喷射的抛物线也较大，而瀑布粒子也会有其他粒子所具有的特性，并且在高处会受到地心引力的影响而产生加速度，所以用户在计算瀑布粒子的时候，必须给每个瀑布粒子加上重力加速度来增加逼真感。基本上烟火粒子与瀑布粒子在物理模拟上有类似的效果，差别在于烟火粒子没有垂直初速度，瀑布粒子落下时会受到重力影响而产生加速度的感觉。

下图是笔者所设计的程序的执行效果。在瀑布粒子下落过程中又设置了一层障碍物，当碰到障碍物时，粒子的垂直下落速度变为 0，直到再次离开障碍物继续下落。另外还使用 1000 个粒子来模拟水粒子的运动，因为每个粒子的流动速度不同，所以要先将粒子设置在窗口之外，这样进入窗口的时间就不同，而水粒子不可能只在一个平面移动，由于受推挤作用，水流动时会形成一定厚度，这可以在 y 方向使用随机数来模拟，可以看到不同的水平速度形成推挤时粒子交互出现的效果。

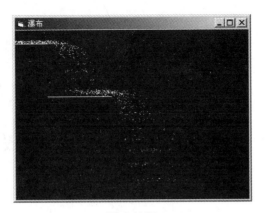

瀑布效果

课后练习

1. 动量与游戏的关系是什么？
2. 范围侦测的做法是什么？
3. 试列举三角函数在游戏中的应用。
4. 请说明向量内积的意义与应用。
5. 什么是加速度运动？
6. 试简述重力与游戏的关系。
7. 什么是摩擦力？
8. 什么是粒子系统？请试着说明。
9. 瀑布粒子的作用是什么？

第 8 章
游戏与数据结构

从宏观角度来看，游戏设计涉及现代科学理论的各个学科，其中包括数学、物理、2D与 3D 图学，如碰撞处理、反射与折射、二维与三维坐标转换、平行与远景三维坐标转换等算法。甚至计算机科学中的人工智能与数据结构算法都包含在其中。

8-1 认识数据结构

一般我们常用的数据结构理论包括算法（Algorithm）、数据存储架构、排序、搜索、堆栈（Stack）、队列（Queue）、表格（Table）、串行或称链接（List）、树（Tree）等。如果从设计的观点来看，近代的游戏行为越来越复杂,因此做出来的程序和数据变得越来越难以管理。利用数据结构中模块化行为的概念，可以让游戏中的程序借着重复使用，减少了工作量，而且实做一个简单的行为不再需要那么多的数据，当然随着行为变得好管理，设计上也得到更多好处。

例如，在年轻人喜爱的大型在线游戏中，需要取得某些物体所在的地形信息，如果程序是依次从构成地形的模型三角面寻找，往往会耗费许多执行时间，非常没有效率。因此，一般程序设计师就会使用树状结构中的二元空间分割树（BSP tree）、四叉树（Quadtree）、八叉树（Octree）等来分割场景数据。

在线游戏中的场景

8-1-1　算法

对于数据结构在程序设计领域的要求，通常以运行速度为标准。我们首先必须了解每一种数据结构的特性，才能将适合的数据结构应用到适当的场合。使用不适合的数据结构非但不能得到程序的预期运行结果，甚至会让运行效率变差。

数据结构与算法（Algorithm）是程序设计的最基本内涵，可以这么说，程序能否快速而有效地完成预定的任务，取决于是否选对了数据结构，而程序是否能清楚而正确地解决问题，取决于算法。在日常生活中有许多工作都可以尝试利用算法来描述，如项目的完成、建筑工程的进度表、宠物饲养流程等。一个完整的算法必须符合下列 5 个条件。

- 输入（Input）：0 个或多个输入数据，这些输入必须有清楚的描述或定义。
- 输出（Output）：至少会有一个输出结果，不可以没有输出结果。
- 明确性（Definiteness）：每一个指令或步骤必须是简洁明确的。
- 有限性（Finiteness）：在有限的步骤后一定会结束，不会产生无穷回路。
- 有效性（Effectiveness）：步骤清晰且可行，能让使用者通过纸笔计算而求出答案。

虽然现在的计算机系统运算速度越来越快，3D 加速卡性能也越来越强，但游戏中所使用的 3D 模型也越来越精致，呈现的场景也越来越庞大。因此，一个优秀的游戏程序设计师，必须懂得如何选用合适的算法来减少不必要的资源浪费，提高重复运行次数高的程序代码的运行效率，并提升系统的性能，制作出效果更令人惊艳的游戏。

精致的 3D 模型与大型游戏场景

无论是应用程序的整体架构，还是游戏主程序的架构，都可以依照独立功能的模块加以区分，并且由大到小地规划程序。也就是说从主体程序架构的划分，再到游戏主程序内部的划分。不同的游戏类型有不同的划分方式，即使是相同类型的游戏，也会因为开发团队的观念不同而有不同的划分方式，但这都是算法在游戏开发中的具体应用。所以也可以认为“数据结构加上算法等于可执行的程序或项目。”

8-1-2　面向对象设计

对于一些不复杂的问题，用结构化程序设计来解决绰绰有余。然而面对日趋复杂的软件或问题，结构化程序设计方法显然不足以应付，因此面向对象程序设计模式便应运而生。

面向对象程序设计（Object Oriented Programming，OOP）语言是由结构化程序语言发展而来，目的是解决日益复杂的问题，并解决结构化程序语言的模块不能重复使用的缺憾。

面向对象设计方法以“对象”为中心，强调“数据的独立性”，并以此主导整个程序代码的架构。这些对象都各自拥有属性（Attribute）、行为（Behavior）或使用方法（Method），状态代表了对象所属特征的当前状况，行为或方法则代表对象所具有的功能，用户可依据对象的行为或方法来操作对象，进而取得或改变对象的状态数据。

当我们将问题领域中的各个数据处理单元以对象的形式来呈现，并通过对象的操作与对象间的互动来完成整个系统功能的建立时，这个系统就已经具备了面向对象的基本精神，例如电玩游戏中的角色互动。所谓面向对象的程序设计，就是先建立一个类，然后再在程序中引用这个类来产生一个实体对象，并运用这个对象来完成整个程序。

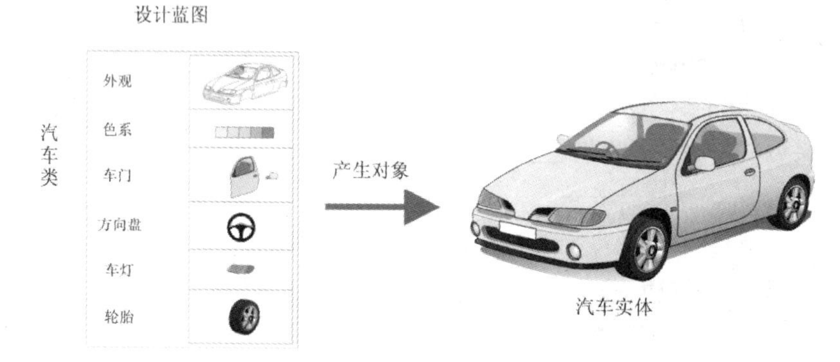

类与对象的关系

类（Class）就像是一份设计蓝图，在这张设计图里，详细记载了它应具有的功能或特性，而对象则是依据设计图所产生的实体。若这是个汽车的设计图，那么依据此图所产生出来的就是汽车，而不会是机车。事实上，面向对象程序设计模式，就是将问题实体分解成一个或多个对象，再依据需求加以组合。

面向对象的程序设计方法具有以下 3 种基本特性。

■ 封装（Encapsulation）

将属性与行为包入一个对象的过程称为“封装”。封装的作用是将对象的功能细节加以隐藏，而只显示所提供的功能接口，例如可以使用鼠标来单击（click）屏幕中的窗口，但是不需要了解鼠标的内部构造及鼠标与计算机间的沟通方式。例如在 C++中，以类来定义抽象数据类型（Abstract Data Type，ADT），对象内的数据只能由对象本身的函数访问，其他对象的函数不可以直接访问数据，这样的功能称为“信息隐藏”（Information Hiding）。

■ 继承（Inheritance）

在以往的程序设计语言中，经常提供许多功能性的链接库给程序设计师使用，不过一旦某些公用程序必须做调整，就得重新撰写程序，这样无法发挥程序的重复使用性（reusability）。而面向对象程序设计的“继承”性，正好可以提高程序的重复使用性。C++允许使用者建立一个新的类来接收一个已存在类，并且可以新增方法或修改继承而来的方法，称为重载（Override）。

■ 多态（Polymorphism）

多态是面向对象程序设计的重要特性，可让软件在开发和维护时具有充分的可扩展性。简单地说，多态就是让具有继承关系的不同类对象可以调用相同名称的成员函数，并产生不同的反应结果。如下图所示先定义了一个长方形和一个圆形的类，当要计算长方形及圆形的面积与周长时，主程序就可直接调用。

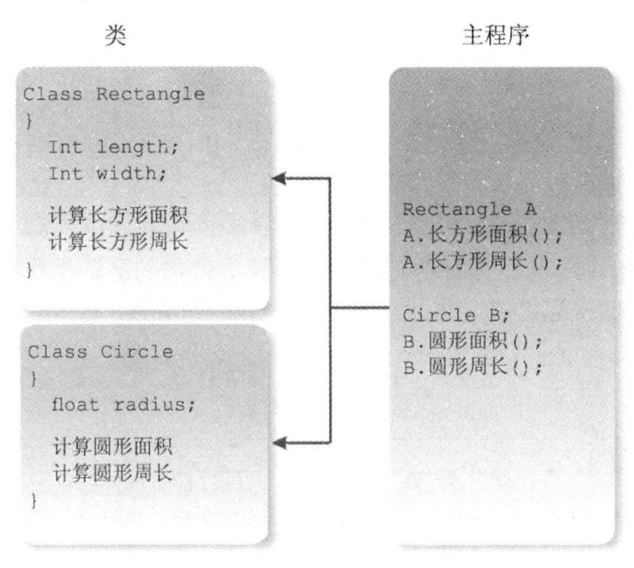

定义一个长方形和一个圆形的类

8-1-3　计算机存储结构

计算机中的数据按照内存保存方式可分为以下两种存储结构。

■ 静态数据结构（Static Data Structure）

静态数据结构又称为连续结构（Contiguous Allocation）或紧凑表（Dense List）。例如，数组（Array）是一种典型的静态数据结构，结构为一排紧密相邻的可数内存，并提供一个能够直接存取单一数据内容的方法。一个数组元素可以表示成一个索引和数组名，索引的功能用来表示该数组元素是在内存空间的第几号位置，而数组名则是用来表示一块位置紧密相邻的内存空间起始地址。优点是设计相当简单并且读取与修改表中任一元素的时间都固定，缺点是内存配置在编译时就必须配置给相关的变量。因此必须事先声明最大可能的固定空间，这样容易造成内存的浪费，另外删除或加入数据时需要移动大量的数据。

■ 动态数据结构（Dynamic Data Structure）

一般是指动态的表结构，它将具备线性表特质的数据使用不连续记忆空间来存储，并且在程序执行期间，依据程序代码的需求来动态配置内存空间。例如，链表（Linked List）

在计算机程序中就是由指针变量（Pointer）组成。优点是数据的插入或删除都十分方便，不需要大量数据的移动，且动态数据结构的内存配置是在执行时才发生，所以不需事先声明，能够充分节省内存，在此结构的生命周期中，可以动态地增大或缩小。例如，在游戏设计中，如果遇到像怪兽的死亡或复活这类需要变动的数据就非常适合。缺点就是设计数据结构时较为麻烦，而且在搜寻数据时无法随机读取数据，必须按顺序找到该数据为止。

8-1-4　链表

链表（Linked List）是由许多相同数据类型的项目所组成的线性有序序列。其实可以把链表想象成火车，有多少人就挂多少节的车厢，需要车厢时再跟系统要一个车厢，人少了就把车厢还给系统。链表也是一样，有多少数据用多少内存空间，有新数据加入就向系统要一块内存空间，数据删除后，就把空间还给系统。

例如“单向链表”（Single Linked List）是链表中最常使用的一种，它就像火车车厢一般，把所有节点串成一列，而且指针所指的方向一样。链表的基本组成要素为节点（Node），每一个节点都不必存储于连续内存地址中，并且包含下面两个基本字段：

1	数据域
2	指针域

单向链表中的第一个节点是“表头”；最后一个节点的指针字段设为 NULL 表示链表终止，不指向任何地方。下表是使用链表处理游戏人物的战斗力设计。

使用链表处理游戏人物的战斗力设计

代号	角色名称	战斗力指数
01	巴冷公主	85
02	百步蛇王	95
03	鬼族战士	58
04	智长老	72
05	骷髅怪	69

首先必须声明节点数据类型，让每一个节点包含一组数据，并且指向下一组数据，使所有数据能串在一起而形成一个单向链表，如下图所示。

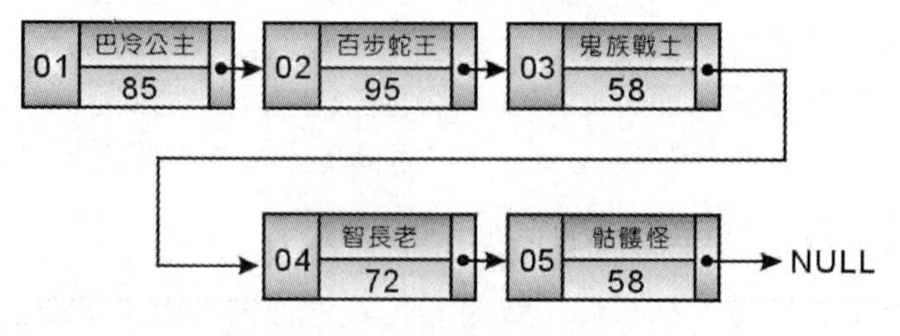

所有数据串在一起形成一个单向链表

8-2　堆栈与队列

数据结构中，堆栈（Stack）与队列（Queue）是两种相当典型的抽象数据类型，主要特性是一群相同数据类型的组合，并限制了数据插入与删除的位置和方法。在游戏程序设计的过程中，我们经常会利用堆栈与队列来处理游戏中大量的数据，由于两者都是抽象数据类型（Abstract Data Type，ADT），无论是数组结构或表结构（指针）都可以进行操作。

8-2-1　堆栈

堆栈是一群相同数据类型的组合，所有的加入和删除动作均在堆栈顶端（TOP）进行，具有“后进先出”（Last In First Out，LIFO）的特性。例如自助餐中餐盘在桌面上一个一个叠放，且取用时由最上面先拿，这就是一种堆栈概念。堆栈符合以下 5 种工作定义：

堆栈的 5 种工作定义

CREATE	建立一个空堆栈
PUSH	存放顶端数据，并传回新堆栈
POP	删除顶端数据，并传回新堆栈
EMPTY	判断堆栈是否为空堆栈，是则传回 true，不是则传回 false
FULL	判断堆栈是否已满，是则传回 true，不是则传回 false

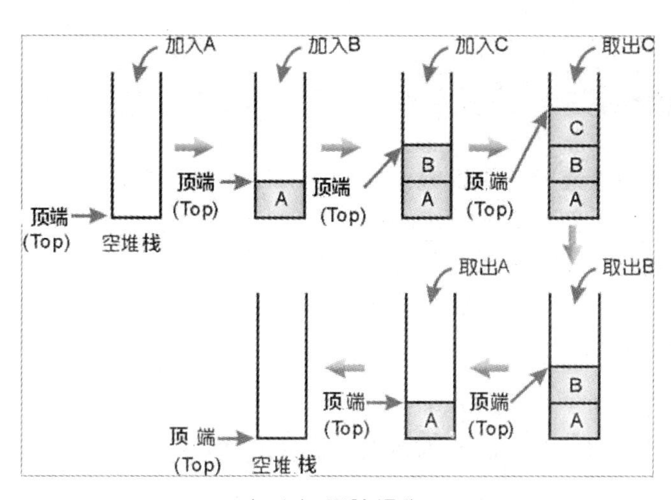

加入与删除操作

堆栈结构在计算机中的应用相当广泛，时常被用来解决计算机的问题，例如递归程序的调用、子程序的调用、CPU 的中断处理、算术式的中序法转换等。至于在日常生活中的应用也可以随处看到，例如大楼电梯、货架上的货品等，都是类似堆栈的数据结构原理。

8-2-2 队列

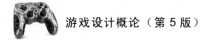

队列则是一种先进先出(First In First Out，FIFO)的观念，像各位在排队买火车票时，先到有先买票的权利，这就是一种队列的应用。简单地说队列是一个有序的串行，所有的加入与删除发生在串行的不同端，加入的一端为尾端(Rear)，删除的一端称为前端(Front)，使其具有先进先出的特性。另外，队列的基本运算可以具备 5 种工作定义：

队列的 5 种工作定义

CREATE	建立空队列
ADD	将新数据加入队列的尾端，传回新队列
DELETE	删除队列前端的数据，传回新队列
FRONT	传回队列前端的值
EMPTY	若队列为空集合，传回真，否则传回伪

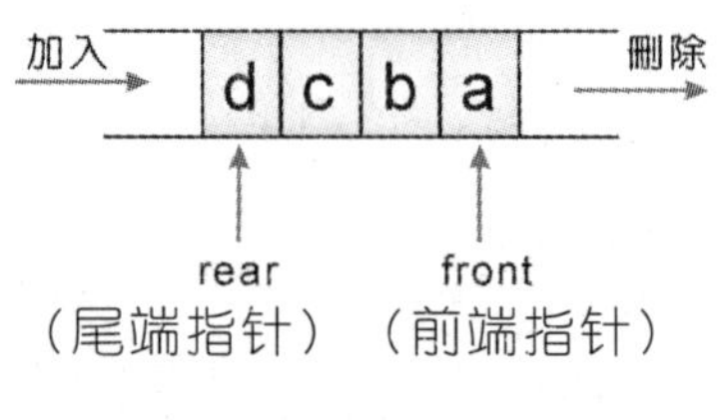

加入与删除操作

8-3 树状结构

树状结构是一种相当重要的非线性数据结构，用于描述数据元素之间的层次关系，广泛运用在人类社会的族谱、各种社会组织结构的表示，以及计算机上的 MS-DOS 和 Unix 操作系统、平面绘图应用（二元空间分割树）、3D 数据集应用（八叉树）等方面。游戏可以看成是数据与逻辑的集合体，而树状结构所延伸的逻辑应用更是有着非常重要的地位。首先来看树（Tree）的定义：

1. 存在一个特殊的节点，称为树根（root）。
2. 其余的节点分为大于等于 n 个互斥的集合，$T_1,T_2,T_3,\cdots,T_n$，且每个集合称为子树。

所谓一棵合法的树，就是符合由一个或一个以上的节点所组成，而且节点间可以互相连接，但不能形成无出口的循环。例如，下图就是一棵不合法的树。

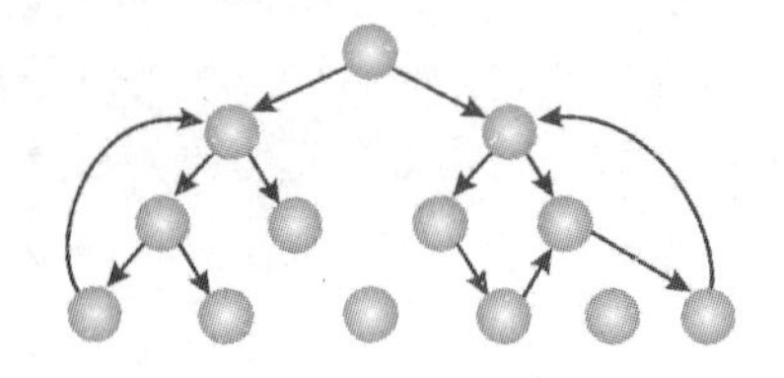

8-3-1　二叉树

二叉树（又称 Knuth 树）是一种极为普遍的特殊树状结构，也是数据结构中相当重要的抽象数据类型。虽然二叉树可以用来表示任何树，但树与二叉树还是属于两种不同的对象。例如，树不能有零个节点，但二叉树可以；或者二叉树有次序性，但树没有；另外树的分支度为 $d \geqslant 0$，但二叉树的节点分支度必须为 $0 \leqslant d \leqslant 2$。二叉树是一种有序树（Order Tree），是由节点所组成的有限集合，这个集合若不是空集合，就是由一个树根与左子树（Left Subtree）和右子树（Right Subtree）所组成。

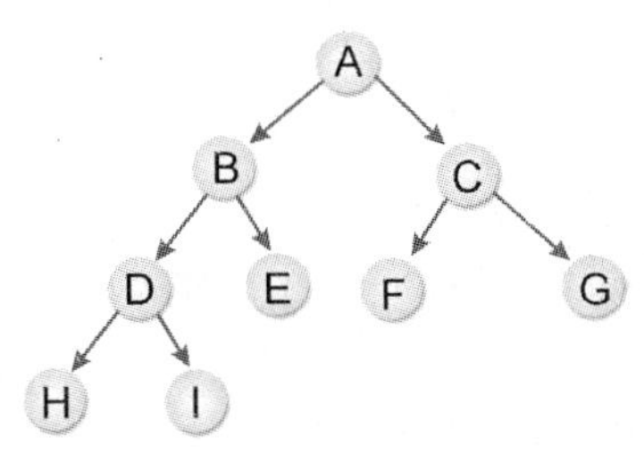

以下这两个左右子树都是属于同一种树状结构，不过却是两棵不同的二叉树结构，原因就是二叉树必须考虑到前后次序关系。

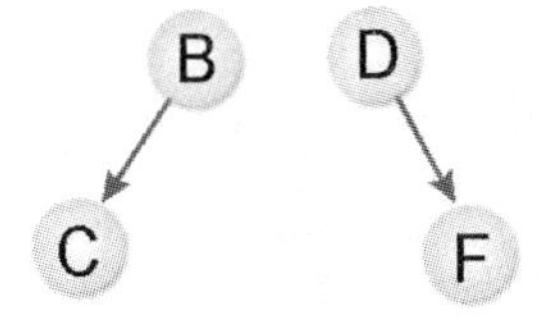

8-3-2　二元空间分割树

二元空间分割树（Binary Space Partitioning Tree，BSP Tree）也是一种二叉树，其特点是每个节点都有两个子节点。这是一种游戏空间常用的分割方法，通常被使用在平面绘图应用中。因为物体与物体之间有位置上的关联性，所以每一次重绘平面时，都必须先考虑平面上的各个物体的位置关系，然后再加以绘制。BSP Tree 采取的方法是在开始将数据文件读进来的时候就将整个数据文件中的数据建成一个二叉树的数据结构。

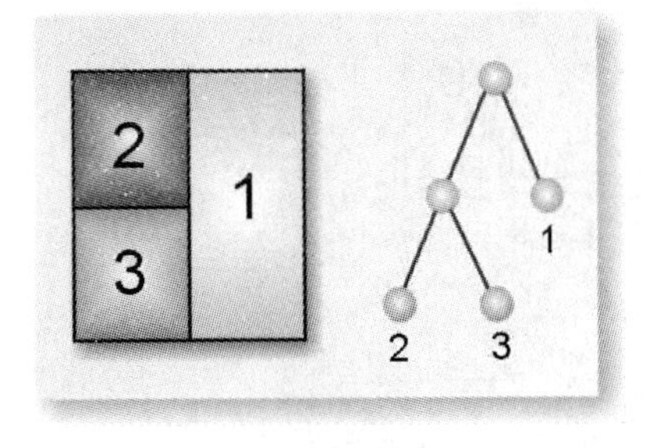

二叉树示意图

二叉树节点里的数据结构以平面方式分割场景，多应用于开放式空间。场景中会有许多物体，在处理的时候把每个物体的每个多边形当成一个平面，而每个平面会有正反两个面，这样就可以把场景分成两部分，先从第一个平面开始分，再对分出的两部分按同样的方式细分，依此类推。当地形数据被读进来的时候，BSP Tree 也会同时被建立起来，当视点开始移动时，平面中的物体就必须重新绘制，而重绘的方法就是以视点为中心，对此 BSP Tree 加以分析，只要在 BSP Tree 中且位于此视点前方，就会被存放在一个表中，只要依照表的顺序一个一个地将它们绘制在平面上就可以了。

实际上，BSP Tree 通常用来处理游戏中室内场景模型的分割，不仅可用来加速位于视锥（Viewing Frustum）中的物体的查找，也可以加速场景中各种碰撞侦测的处理，例如《雷神之锤》游戏引擎和《毁灭战士》系列游戏就是用这种方式开发的。不过有一点需要注意，在使用 BSP Tree 的时候，最好把它转换成平衡二叉树（Balanced Binary Tree），这样可以减少查询时间。

Tips 视锥可看成是场景中的一个三维空间，这个空间决定了模型将如何投影到屏幕上，如下图所示。

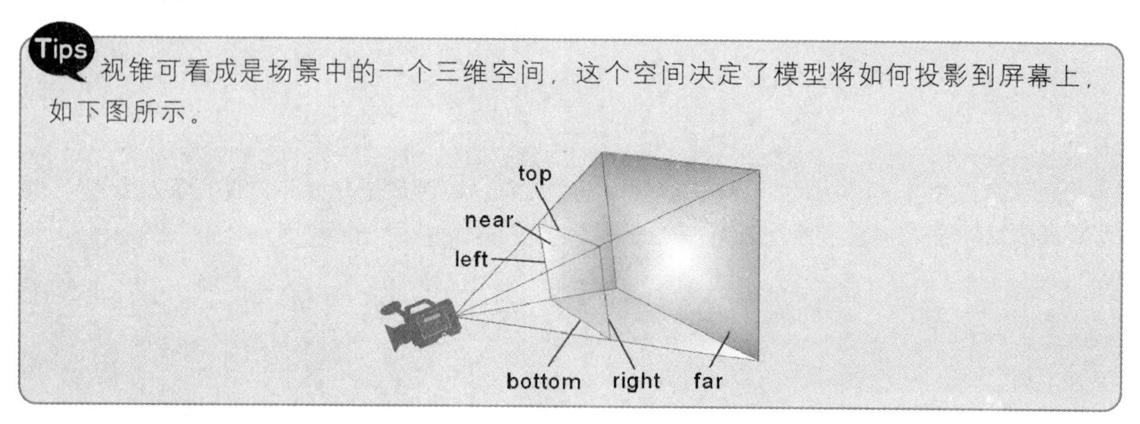

8-3-3 四叉树

使用二叉树可以帮助数据分类，当然更多的分枝自然有更好的分类能力，如四叉树与八叉树，这些也都属于 BSP 概念的延伸。我们可以用四叉树和八叉树来加速计算游戏世界画面中的可见区域，也可以把它们用作图像处理技术有关的数据压缩方法。

四叉树（Quadtree）就是树的每个节点拥有 4 个子节点。许多游戏场景的地形（terrain）就是以四叉树来进行划分的，以递归的方式并以轴心一致为原则将地形依 4 个象限分成 4 个子区域。

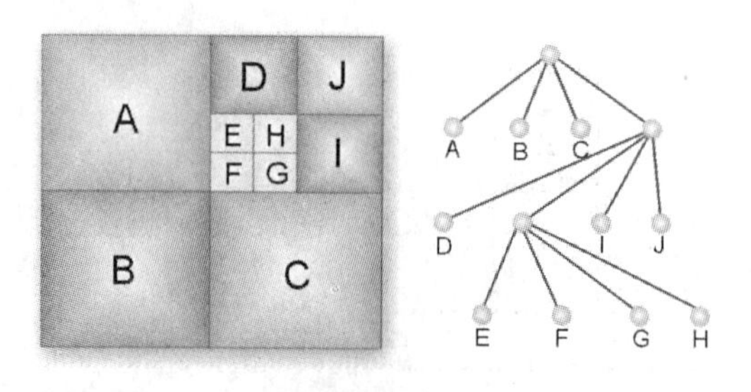

四叉树示意图

一般来说，四叉树在 2D 平面与碰撞侦测中相当有用，下图是与上图对应的 3D 地形，分割的方式是以地形面的斜率（利用平面法向量来比较）来做依据的。

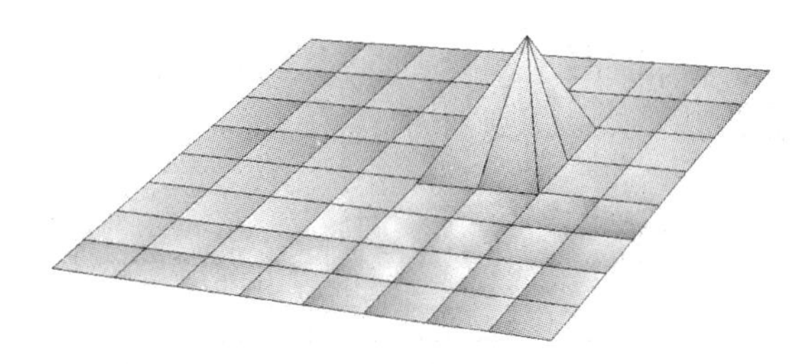

利用上图所示的四叉树做出来的地形

8-3-4　八叉树

八叉树（Octree）的定义是如果不为空树，树中任何一个节点的子节点恰好只有 8 个或 0 个，也就是子节点不会有 0 与 8 以外的数目。用户可把它看作是双层的四叉树。

八叉树通常用于 3D 空间中的场景管理，多适用于密闭或有限的空间，可以很快计算出物体在 3D 场景中的位置，或侦测到是否有物体碰撞的情况发生，并将空间作阶梯式的分割，形成一棵八叉树。在分割的过程中，假如有子空间中的物体数小于某个值，则不再分割下去。也就是说，八叉树的处理规则用的是递归结构，在每个细分层次上都有同样的规则属性。因此在每个层次上我们可以利用同样的编排规则，获得整个结构元素由后到前的顺序依据。

8-4　图形结构

图形结构（Graph）和树形结构的最大不同点是树形结构描述的是节点与节点之间的“层次”关系，而图形结构描述的却是节点与节点之间是否相连的关系。图形除了被活用在数据结构中最短路径搜索、拓扑排序外，还能应用在系统分析中以时间为评核标准的计划评审技术（Program Evaluation and Review Technique, PERT），又或者像生活中的 IC 板设计、交通网络规划等都可以看作是图形的应用。

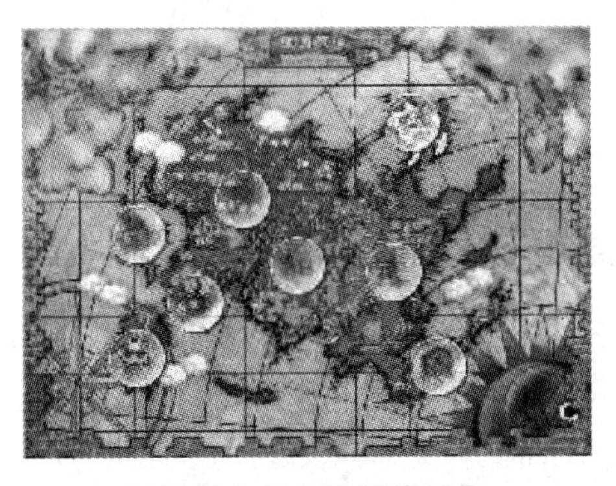

世界各大城市的航线图形

图形理论起源于 1736 年，是一位瑞士数学家欧拉（Euler）为了解决“肯尼兹堡桥梁”问题所想出来的一种数据结构理论，这就是著名的七桥理论。简单地说，就是有七座横跨四个城市的大桥。欧拉所思考的问题是这样的，“是否有人可以在每一座桥梁只经过一次的情况下，把所有地方走过一次而且回到原点。”

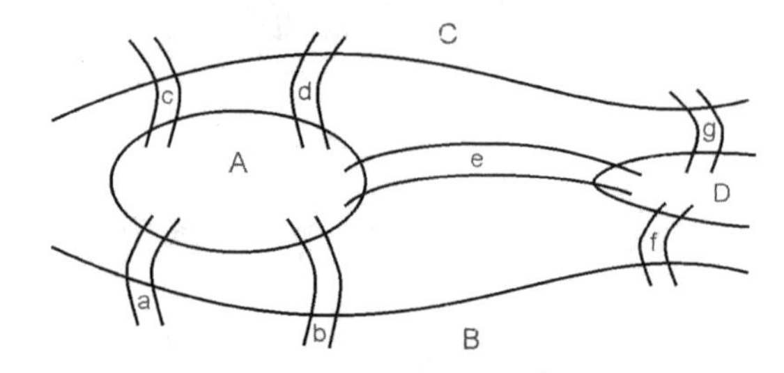

以顶点表示城市，以边表示桥梁，定义连接每个顶点的边数称为该顶点的分支度。

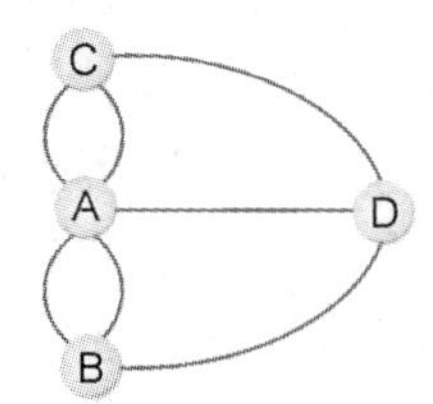

后来他发现不可能有人能在每一座桥梁只经过一次的情况下，把所有地方走过一次而且回到原点，因为在上图中每个顶点的分支度都是奇数。只有在所有顶点的分支度皆为偶数时，才能从某顶点出发，经过每一边一次再回到起点，这就是有名的“欧拉环”（Eulerian cycle）理论。但是如果条件改成从某顶点出发，经过每边一次，不一定要回到起点，即只允许其中两个顶点的分支度是奇数，其余则必须全部为偶数，符合这样的结果就称为欧拉链（Eulerian chain）。

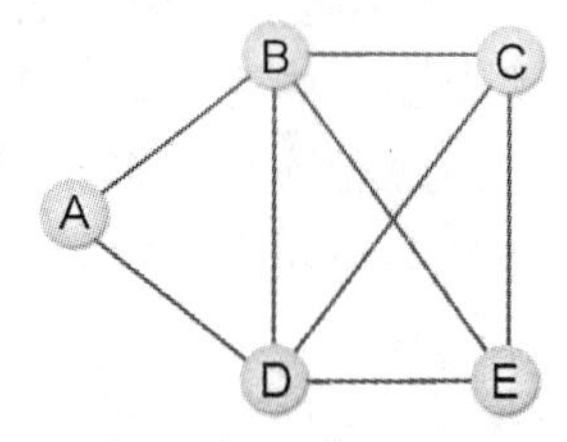

8-4-1 图形追踪

图形追踪是从图中的某一个顶点 V_x 开始，拜访所有可以从 V_x 到达的顶点，在拜访过程中可能会重复经过某些顶点，最大的作用是找出图形的连通单元及路径。定义如下：

一个图形 G=(V,E)，存在某一顶点 v∈V，我们希望从 v 开始，通过此节点相邻的节点而去拜访 G 中其他节点，这称之为图形追踪。

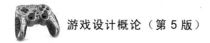

至于追踪图形的方法有两种：

■ 深度优先搜索算法（DFS）

从图形的某一顶点开始走访，被拜访过的顶点就做上已拜访的记号。接着走访此顶点的所有相邻且未拜访过的顶点中的任意一个顶点，并做上已拜访的记号，再以该点为新的起点继续进行先深后广的搜索。这种图形追踪方法结合了递归及堆栈两种数据结构的技巧，由于此方法会造成无穷回路，所以必须加入一个变量，判断该点是否已经走访完毕。

■ 广度优先搜索算法（BFS）

先深后广是利用堆栈及递归的技巧来走访图形，而先广后深的走访方式是以队列及递归技巧来走访。先广后深是从图形的某一顶点开始走访，被拜访过的顶点就做上已拜访的记号。接着走访此顶点的所有相邻且未拜访过的顶点中的任意一个顶点，并做上已拜访的记号，再以该点为新的起点继续进行先广后深的搜索。

我们可以利用以上原理，求取下图的两种图形追踪结果。

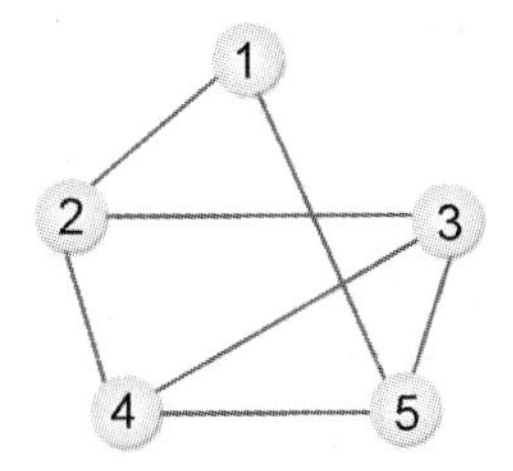

DFS：顶点 1、顶点 2、顶点 3、顶点 4、顶点 5。
BFS：顶点 1、顶点 2、顶点 5、顶点 3、顶点 4。

8-4-2　最小生成树

假设为图形的边加上一个权重（weight）值，这种图形就成为“加权图形（Weighted Graph）”。如果这个权重值代表两个顶点间的距离或成本，这类图形就称为网络。而在网络中找出一个具有最少代价的扩张树，称之为最小生成树（MST），也就是扩张树中成本最低的一棵。

在一个加权图形中如何找到最小生成树是相当重要的，因为许多工作都可以由图形来表示，尤其在游戏程序的地图或故事脚本中。例如，主角从魔宫走到关卡的距离或花费等。

在此，我们以“贪婪法则”（Greedy Rule）为基础来求得一个无向连通图形中的最小生成树的常见建立方法，也就是普里姆（Prim）算法及克鲁斯卡尔（Kruskal）算法。

■ Prim 算法

Prim 算法又称 P 氏法，对一个加权图形 G=（V,E），设 V={1,2,……n}，假设 U={1}，也就是说，U 与 V 是两个顶点的集合。然后从 U-V 差集所产生的集合中找出一个顶点 x，该顶点 x 能与 U 集合中的某点形成最小成本的边，且不会造成循环。然后将顶点 x 加入 U 集合中，反复执行同样的操作，一直到 U 集合等于 V 集合（即 U=V）为止。

接下来，我们将实际利用 P 氏法求出下图的最小生成树。

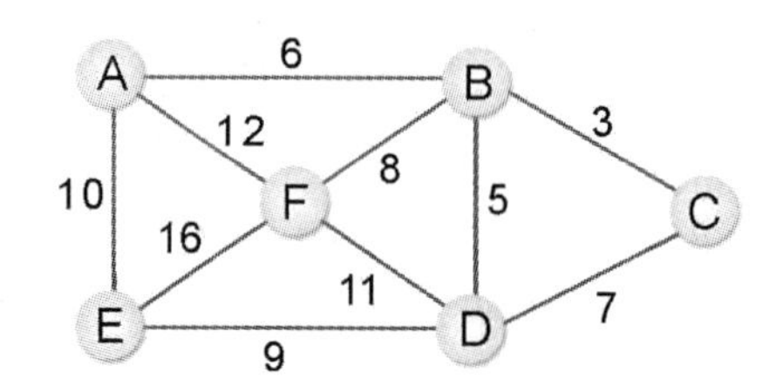

步骤 1：V=ABCDEF，U=A，从 V-U 中找一个与 U 路径最短的顶点。

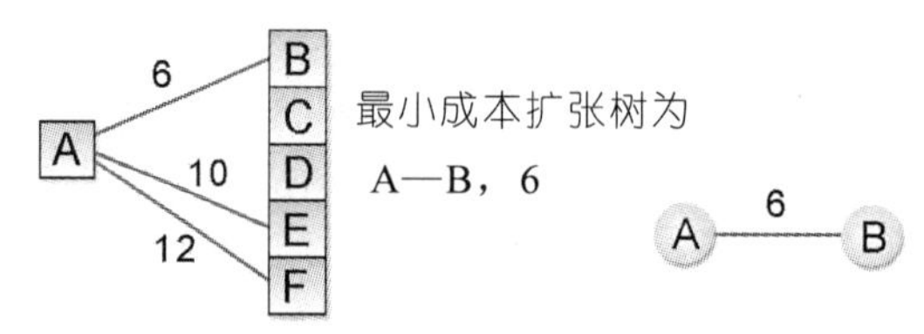

步骤 2：把 B 加入 U，在 V-U 中找一个与 U 路径最短的顶点。

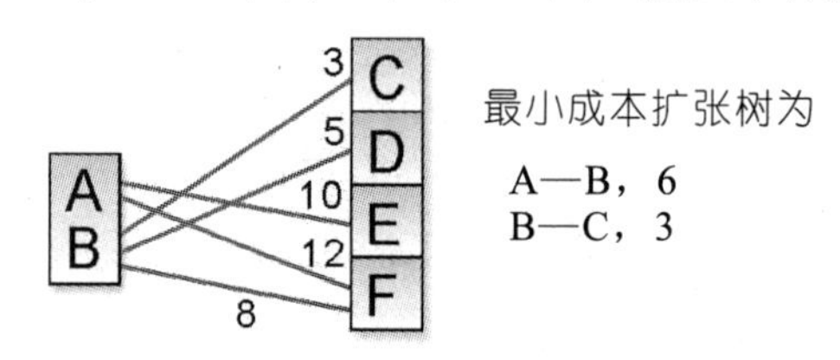

步骤 3：把 C 加入 U，在 V-U 中找一个与 U 路径最短的顶点。

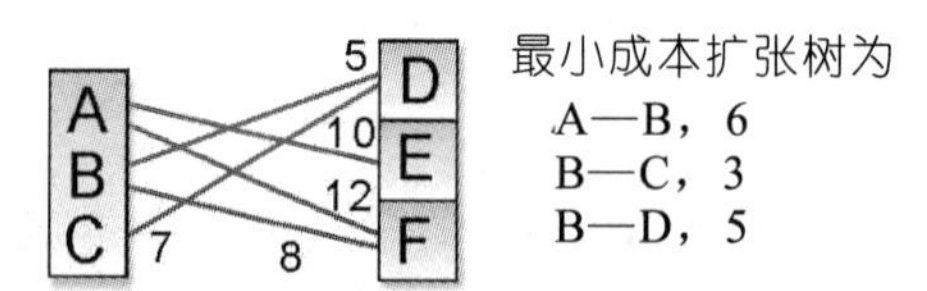

步骤 4：把 D 加入 U，在 V-U 中找一个与 U 路径最短的顶点。

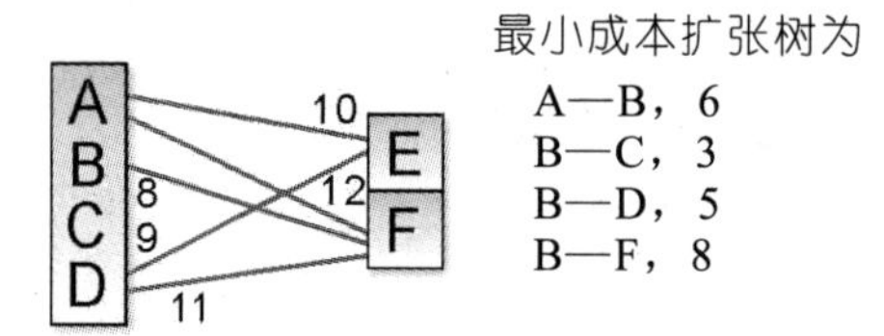

步骤 5：把 F 加入 U，在 V-U 中找一个与 U 路径最短的顶点。

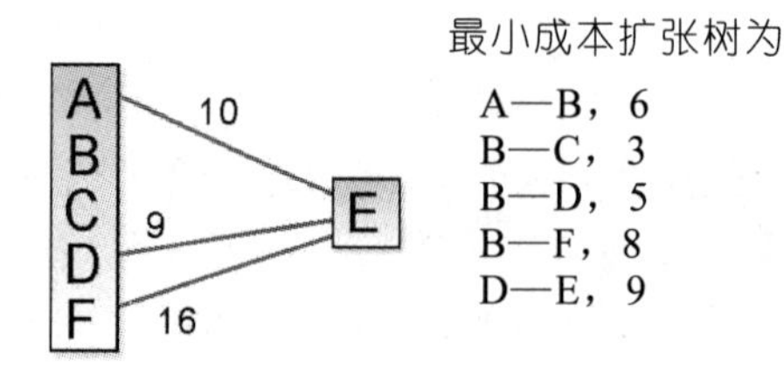

步骤 6：最后可得到最小成本扩张树为：

{A—B，6}{B—C，3}{B—D，5}{B—F，8}{D—E，9}

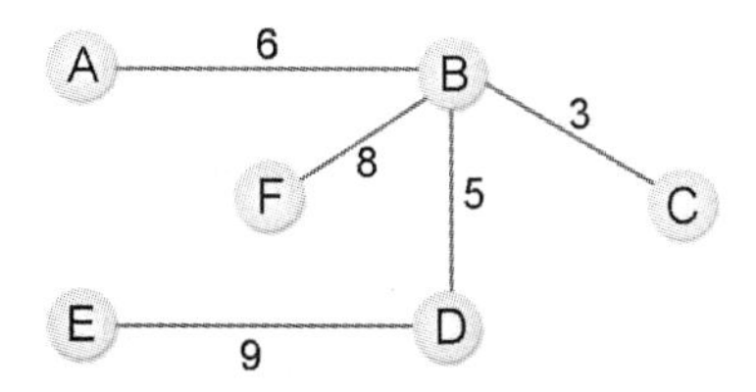

■ Kruskal 算法

Kruskal 算法是将各边线依权值大小由小到大排列，接着从权值最低的边线开始架构最小生成树，如果加入的边线会造成回路则舍弃不用，直到加入了 n-1 个边线为止。有一个网络 G=（V,E），V={1,2,3,…n}，有 n 个顶点。E 中每一边皆有成本，T=（V, ∮ ）表示开始时 T 没有边。首先从 E 中找到有最小成本的边，若此边加入 T 中不会形成循环，则将此边从 E 中删除并加入 T 中，直到 T 含有 n-1 个边为止。

我们直接来看以 K 氏法得到的最小生成树，范例如下图所示。

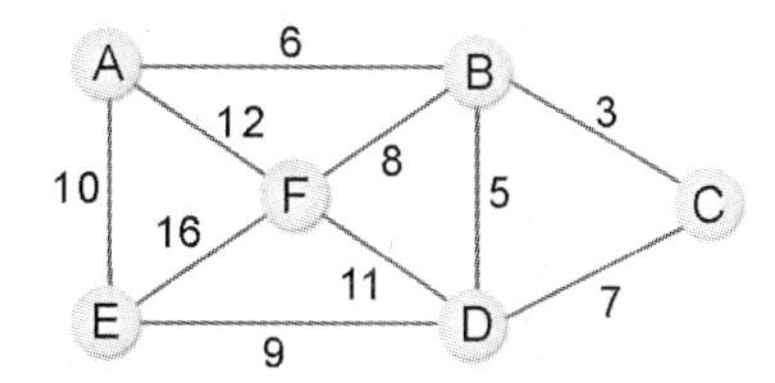

步骤 1：把所有边线的成本列出并由小到大排序。

所有边线的成本由大到小排序

起始顶点	终止顶点	成本
B	C	3
B	D	5
A	B	6
C	D	7
B	F	8
D	E	9
A	E	10
D	F	11
A	F	12
E	F	16

步骤 2：选择成本最低的一条边线作为架构最小生成树的起点。

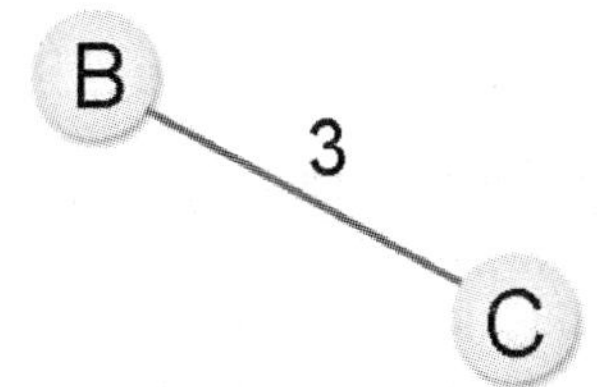

步骤 3：依步骤 1 所建立的表格，依序加入边线。

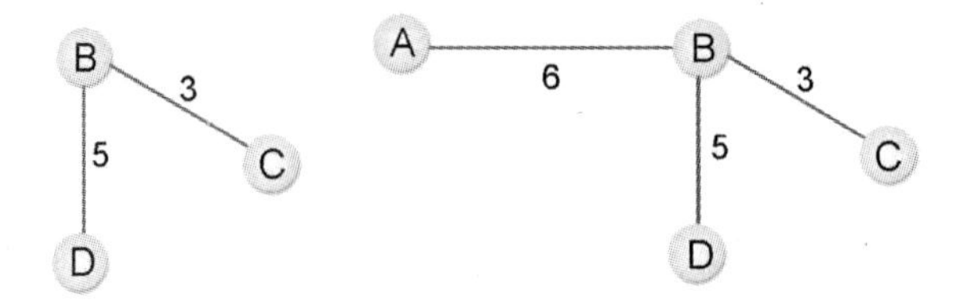

步骤 4：C-D 加入会形成回路，所以直接跳过。

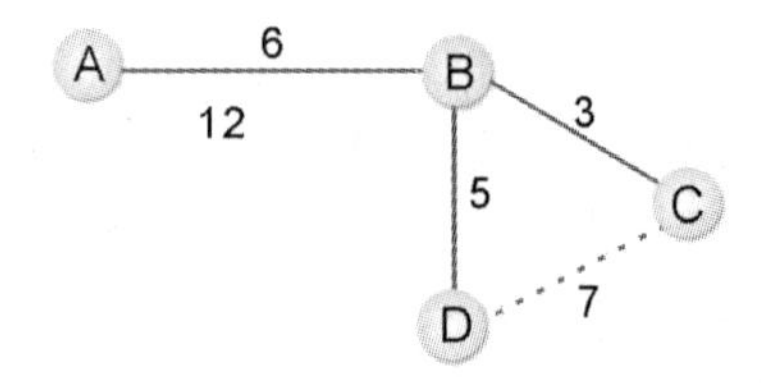

完成图

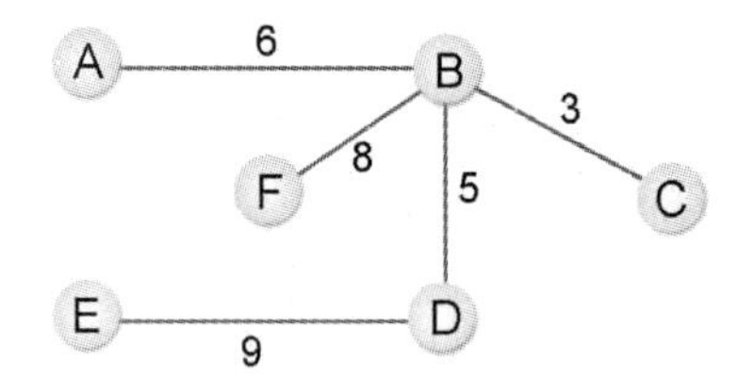

8-4-3 最短路径

最短路径的作用是在众多不同的路径中寻找行经距离最短或者花费成本最少的路径。最传统的应用是在公共交通运输或网络架设上可能的开始时间的最短路径问题，如都市运输系统、铁道运输系统、通信网络系统等。

例如，卫星导航系统（Global Positioning System, GPS）就是通过卫星与地面接收器，达到传递方位信息、计算路程、语音导航与电子地图等功能，目前有许多汽车与手机都安装有 GPS 定位器用于定位与路况查询。其中路程的计算就以最短路径的理论为程序设计的根本，提供旅行者路径选择方案，增加驾驶者选择的弹性。基本上，上节中所说明的最小生成树，是计算联系网络中每一个顶点所需的最少花费，但联系树中任两顶点的路径不一定是一条花费最少的路径，这也是本节将研究最短路径问题的主要理由。一般讨论的方向有两种：

1. 单点对全部顶点（Single Source All Destination）。
2. 所有顶点两两之间的最短距离（All Pairs Shortest Paths）。

■ 单点对全部顶点

一个顶点到多个顶点通常使用迪杰斯特拉（Dijkstra）算法求得，Dijkstra 的算法如下：

假设 $S=\{V_i|V_i \in V\}$，且 V_i 在已发现的最短路径中，其中 $V_0 \in S$ 是起点。假设 $w \notin S$，定义 Dist(w)是从 V_0 到 w 的最短路径，这条路径除了 w 外必属于 S。且有下列几点特性：

1. 如果 u 是目前所找到最短路径的下一个节点，则 u 必属于 V-S 集合中最小花费成本的边。

2. 若 u 被选中，将 u 加入 S 集合中，则会产生目前的由 V_0 到 u 的最短路径，对于 w ∉S，DIST(w)被改变成 DIST(w)→Min{DIST(w),DIST(u)+COST(u,w)}

从上述的算法我们可以推演出如下的步骤：

步骤 1：

```
G=(V,E)
D[k]=A[F,k]其中 k 从 1 到 N
S={F}
V={1,2,……N}
```

- D 为一个 N 维数组用来存放某一顶点到其他顶点的最短距离。
- F 表示起始顶点。
- A[F,I]为顶点 F 到 I 的距离。
- V 是网络中所有顶点的集合。
- E 是网络中所有边的组合。
- S 也是顶点的集合，其初始值是 S={F}。

步骤 2：从 V-S 集合中找到一个顶点 x，使 D(x)的值为最小值，并把 x 放入 S 集合中。

步骤 3：依公式 D[I]=min(D[I],D[x]+A[x,I])其中(x,I)∈E 来调整 D 数组的值，其中 I 是指 x 的相邻各顶点。

步骤 4：重复执行步骤 2 ，一直到 V-S 是空集合为止。

我们直接来看一个例子，找出下图中顶点 5 到各顶点间的最短路径。

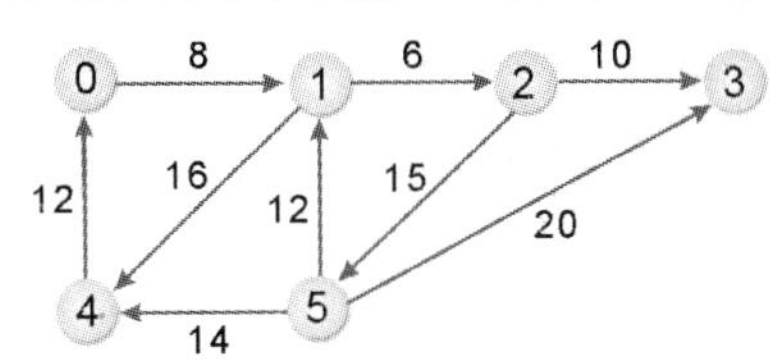

做法相当简单，首先由顶点 5 开始，找出顶点 5 到各顶点间最小的距离，到达不了以∞表示。步骤如下：

步骤 1：D[0]=∞,D[1]=12,D[2] =∞,D[3]=20,D[4]=14。在其中找出值最小的顶点 D[1]，加入 S 集合中。

步骤 2：D[0]=∞,D[1]=12,D[2]=18,D[3]=20,D[4]=14。D[4]最小，加入 S 集合中。

步骤 3：D[0]=26,D[1]=12,D[2]=18,D[3]=20,D[4]=14。D[2]最小，加入 S 集合中。

步骤 4：D[0]=26,D[1]=12,D[2]=18,D[3]=20,D[4]=14。D[3]最小，加入 S 集合中。

步骤 5：加入最后一个顶点即可得到下表。

各顶点间的最短路径

步骤	S	0	1	2	3	4	5	选择
1	5	∞	12	∞	20	14	0	1
2	5,1	∞	12	18	20	14	0	4
3	5,1,4	26	12	18	20	14	0	2
4	5,1,4,2	26	12	18	20	14	0	3
5	5,1,4,2,3	26	12	18	20	14	0	0

由顶点 5 到其他各顶点的最短距离为：

顶点 5~顶点 0：26
顶点 5~顶点 1：12
顶点 5~顶点 2：18
顶点 5~顶点 3：20
顶点 5~顶点 4：14

■ 两两顶点间的最短路径

由于 Dijkstra 的方法只能求出某一点到其他顶点的最短距离，如果要求出图形中任两点甚至所有顶点间最短的距离，就必须使用弗洛伊德（Floyd）算法。

Floyd 算法定义如下：

1. $A^k[i][j]=\min\{A^{k-1}[i][j],A^{k-1}[i][k]+A^{k-1}[k][j]\}$，$k\geqslant 1$
k 表示经过的顶点，$A^k[i][j]$为从顶点 i 到 j 通过 k 顶点的最短路径。
2. $A^0[i][j]=COST[i][j]$（即 A^0 等于 COST）
3. A^0 为顶点 i 到 j 间的直达距离。
4. $A^n[i,j]$代表 i 到 j 的最短距离，A^n 便是我们所要求的最短路径成本数组。

这样看起来似乎觉得 Floyd 算法相当复杂难懂，接下来将直接以实例说明它的运算法则。例如，试以 Floyd 算法求得下图各顶点间的最短路径。

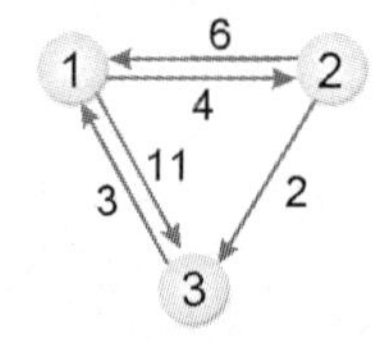

步骤 1：找到 $A^0[i][j]=COST[i][j]$，A^0 为不经任何顶点的成本数组。若没有路径则以∞（无穷大）表示。

A^0	1	2	3
1	0	4	11
2	6	0	2
3	3	∞	0

步骤 2： 找出 $A^1[i][j]$由 i 到 j，通过顶点①的最短距离，并填入数组。

$$A^1[1][2]=\min\{A^0[1][2],A^0[1][1]+A^0[1][2]\}$$
$$=\min\{4,0+4\}=4$$
$$A^1[1][3]=\min\{A^0[1][3],A^0[1][1]+A^0[1][3]\}$$
$$=\min\{11,0+11\}=11$$
$$A^1[2][1]=\min\{A^0[2][1],A^0[2][1]+A^0[1][1]\}$$
$$=\min\{6,6+0\}=6$$
$$A^1[2][3]=\min\{A^0[2][3],A^0[2][1]+A^0[1][3]\}$$
$$=\min\{2,6+11\}=2$$
$$A^1[3][1]=\min\{A^0[3][1],A^0[3][1]+A^0[1][1]\}$$
$$=\min\{3,3+0\}=3$$
$$A^1[3][2]=\min\{A^0[3][2],A^0[3][1]+A^0[1][2]\}$$
$$=\min\{\infty,3+4\}=7$$

依序求出各顶点的值后可以得到 A^1 数组。

步骤 3： 求出 $A^2[i][j]$通过顶点②的最短距离。

A^1	1	2	3
1	0	4	11
2	6	0	2
3	3	7	0

$$A^2[1][2]=\min\{A^1[1][2],A^12[1][2]+A^1[2][2]\}$$
$$=\min\{4,4+0\}=4$$
$$A^2[1][3]=\min\{A^1[1][3],A^1[1][2]+A^1[2][3]\}$$
$$=\min\{11,4+2\}=6$$

依序求其他各顶点的值可得到 A^2 数组。

A^2	1	2	3
1	0	4	6
2	6	0	2
3	3	7	0

步骤 4： 求出 $A^3[i][j]$通过顶点③的最短距离。

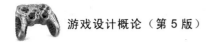

$A^3[1][2]=\min\{A^2[1][2],A^2[1][3]+A^2[3][2]\}$
$=\min\{4,6+7\}=4$

$A^3[1][3]=\min\{A^2[1][3],A^2[1][3]+A^2[3][3]\}$
$=\min\{6,6+0\}=6$

依序求其他各顶点的值可得到 A^3 数组。

A^3	1	2	3
1	0	4	6
2	5	0	2
3	3	7	0

完成

所有顶点间的最短路径为矩阵 A^3。

由上例可知，一个加权图形若有 n 个顶点，则此方法必须执行 n 次循环，产生 $A^1,A^2,A^3,\ldots,A^k$ 个矩阵。但因 Floyd 算法较为复杂，读者也可以用上一小节所讨论的 Dijkstra 算法，依序以各顶点为起始顶点。

8-4-4 路径算法

路径算法是图形应用的一种，在游戏中占有相当重要的地位，不管是 RPG、SLG，还是益智类游戏，都会用到路径算法。如下图所示，基本上，游戏地图中的路径计算都以四方向移动为主，也就是上、下、左、右四个方向，其他方向是不能直接移动的。

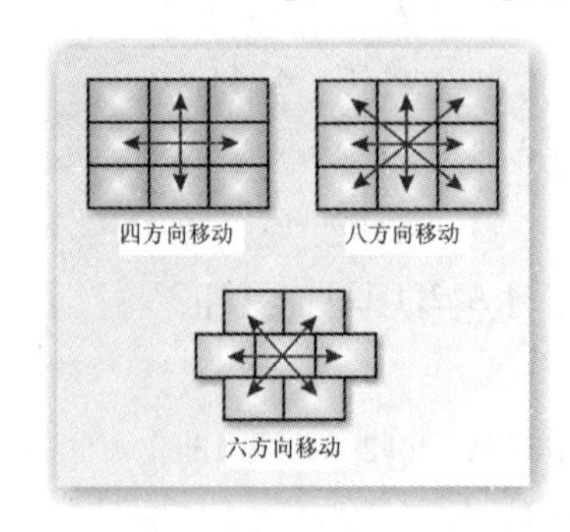

游戏地图中的移动路径

游戏中所用的路径算法有许多种，下面要介绍的逼近法可以说是最简单直观的算法，也就是运用直接从当前位置坐标渐渐朝目标位置坐标移动的方式进行计算，因此常用在游戏地图中没有任何障碍物的环境，如空气、水等。在下图中，如果玩家要从 A 点到 B 点，有三种计算方式。以路径 1 来说，先对 y 轴逼近，再对 x 轴逼近，就可以得到路径 1 的行走路线（图中标记为 1 的路径）；路径 2 是先对 x 轴逼近再对 y 轴逼近的结果（图中标记为 2 的路径）；至于路径 3 的计算方式则是比较 x 跟 y 的距离，从差异值最高的轴向差异最低的轴逼近，在逼近过程中，x、y 的差异值会不断变化，逼近方向也随之变化，所以就变成了图中标号为 3 的路径。

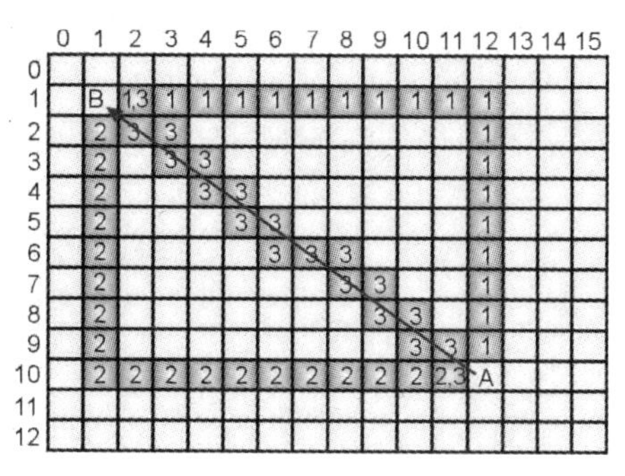

逼近法

虽然 3 种路径的行走距离都是一样的，但在逼近过程中因为 x、y 的差异值变化而产生的路径 3 感觉上很不错。不过在下图中，在第 14 步的时候逼近法就已经失效，不管是 x 轴或 y 轴，都没有办法依照原本的算法进行比较计算。

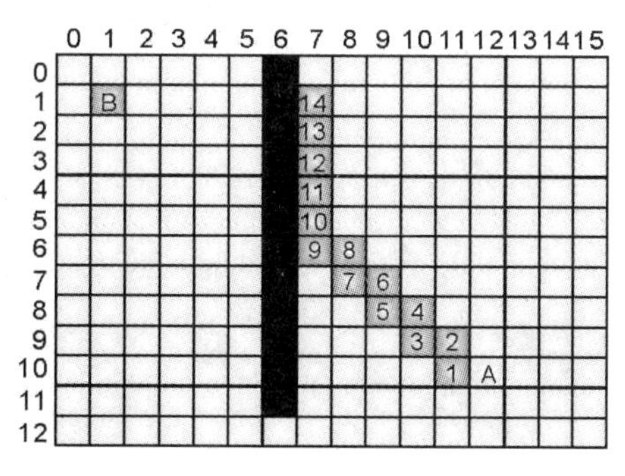

逼近法失效

由此可见，逼近法只是计算路径的简单工具，没有办法应付复杂的地形。对于复杂的地形，则需要借助其他的算法来解决，本节的介绍只是让大家对路径算法有个基本的概念。

8-5　排序理论

排序（Sorting）功能对于计算机相关领域而言，是一种非常重要且普遍的功能。所谓排序，就是将一组数据按照某一个特定规则重新排列，使其具有递增或递减的次序关系。按照特定规则，用以排序的依据，我们称为键（Key），它所含的值就称为键值。在游戏程序设计中，经常会利用到排序的技巧。例如，在处理多边形模型中的隐藏面消除的过程时，不管场景中的多边形有没有挡住其他的多边形，只要按照从后面到前面顺序的光栅化图形就可以正确显示所有可见的图形，这时可以沿着观察方向，按照多边形的深度信息对它们进行排序处理。一个好的游戏程序设计师，就要懂得适时地使用这些与游戏相关的排序算法。

8-5-1　气泡排序法

气泡排序可说是最简单方便的排序法之一，属于交换排序（Swap Sort）的方法，是由观察水中气泡变化构思而成，气泡随着水深压力而改变。气泡在水底时，水压最大，气泡最小；当慢慢浮上水面时，发现气泡由小渐渐变大。气泡排序法的比较方式是由第一个元素开始，比较相邻元素大小，若大小顺序有误，则对调后再进行下一个元素的比较。如此扫描过一次之后就可确保最后一个元素是位于正确的顺序。接着再逐步进行第二次扫描，直到完成所有元素的排序关系为止。

下面排序我们利用 6、4、9、8、3 数列的排序过程，主要是说明一开始数据都放在同一个数组中，比较相邻的数组元素大小，依照排序来决定是否交换彼此的值，这样的比较从输入数组的第一个元素开始，跟相邻元素比大小，要求数组递增排序，所以较大的元素会逐渐地向上方移动。如此在经过了 5 − 1 次循环之后，所有的数据排序已经完成了。

■ **由小到大排序：**

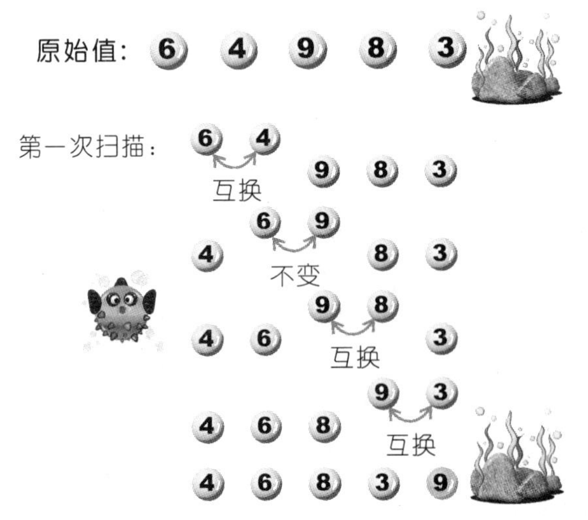

第一次扫描会先拿第一个元素 6 和第二个元素 4 作比较，如果第二个元素小于第一个元素，则做交换动作。接着拿 6 和 9 作比较，就这样一直比较并交换，到第 4 次比较完后即可确定最大值在数组的最后面。

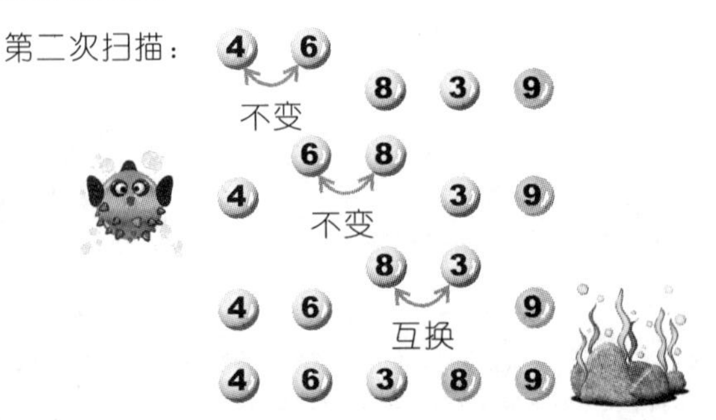

第二次扫描亦从头比较起，但因最后一个元素在第一次扫描就已确定是数组最大值，故只需比较 3 次，即可把剩余数组元素的最大值排到剩余数组的最后面。

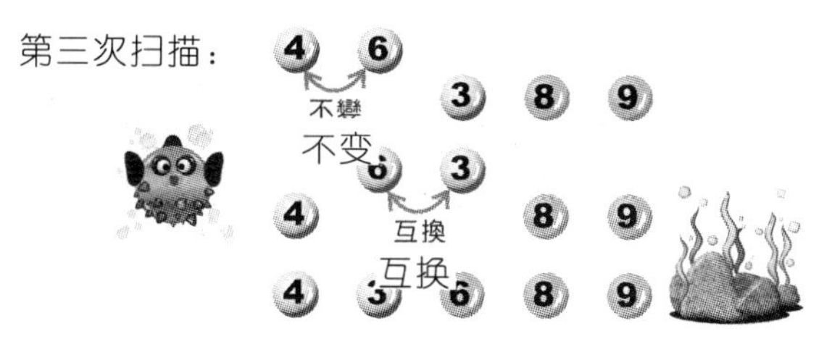

第三次扫描完，完成三个值的排序。

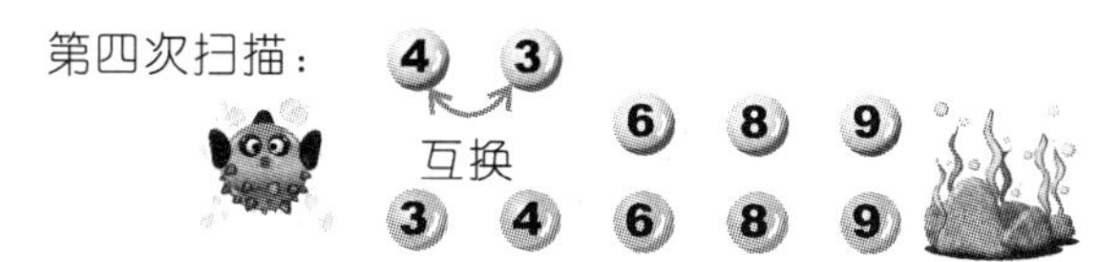

第四次扫描完，即可完成所有排序。

8-5-2　快速排序法

快速排序法又称分割交换排序法，是目前公认最佳的排序法，平均表现是我们所介绍的排序法中最好的，目前为止至少快两倍以上。它的原理和气泡排序法一样都是用交换的方式，主要原理是利用递归概念，将数组分成两部分，不过它会先在数据中找到一个虚拟的中间值，把小于中间值的数据放在左边，而大于中间值的数据放在右边，再以同样的方式分别处理左右两边的数据，直到完成为止。

假设有 n 笔记录 R1,R2,R3,⋯,Rn，其键值为 k1,k2,k3,⋯,kn。快速排序法的步骤如下：

步骤 1：取 K 为第一个键值。

步骤 2：由左向右找出一个键值 K_i 使得 $K_i>K$。

步骤 3：由右向左找出一个键值 K_j 使得 $K_j<K$。

步骤 4：若 $i<j$ 则 K_i 与 K_j 交换，并继续步骤 2 的执行。

步骤 5：若 $i \geqslant j$ 则将 K 与 K_j 交换，并以 j 为基准点将数据分为左右两部分。并以递归方式分别为左右两半进行排序，直至完成排序。

下面示范利用快速排序法将下列数据进行排序。

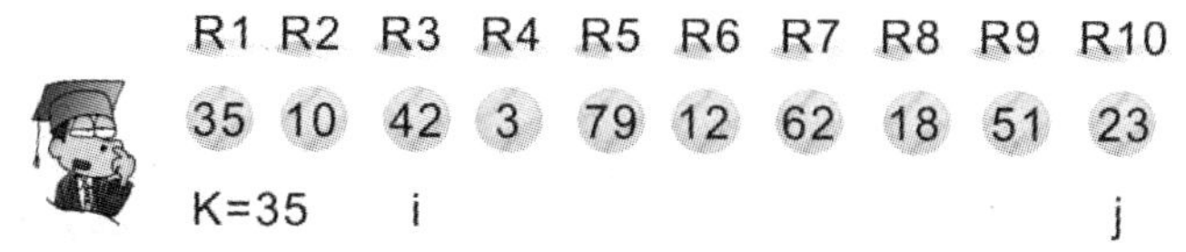

因为 $i<j$，所以交换 K_i 与 K_j，然后继续比较：

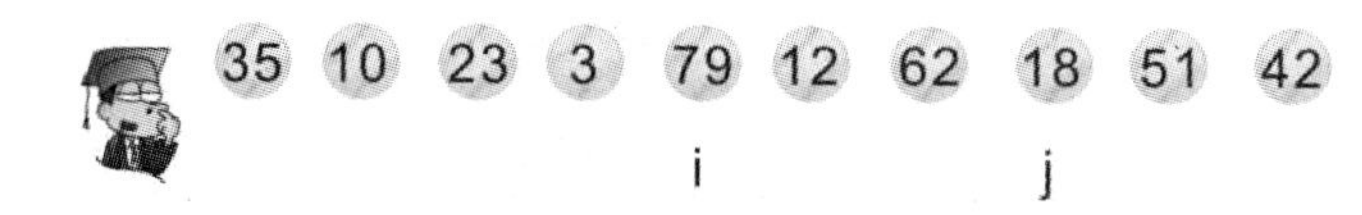

因为 $i<j$，所以交换 K_i 与 K_j，然后继续比较：

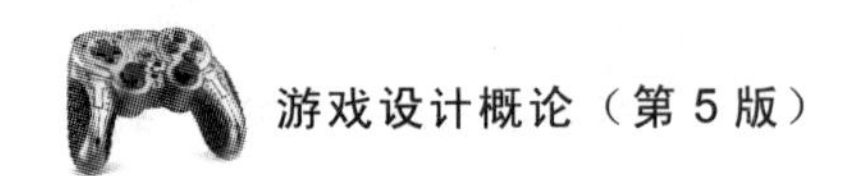

因为 i≥j，所以交换 K 与 K_j，并以 j 为基准点分割成左右两半：

[12 10 23 3 18] 35 [62 79 51 42]

通过上面几个步骤，大家可以将小于键值 K 的值放在左半部；大于键值 K 的值放在右半部，依上述的排序过程，针对左右两部分分别进行排序。过程如下：

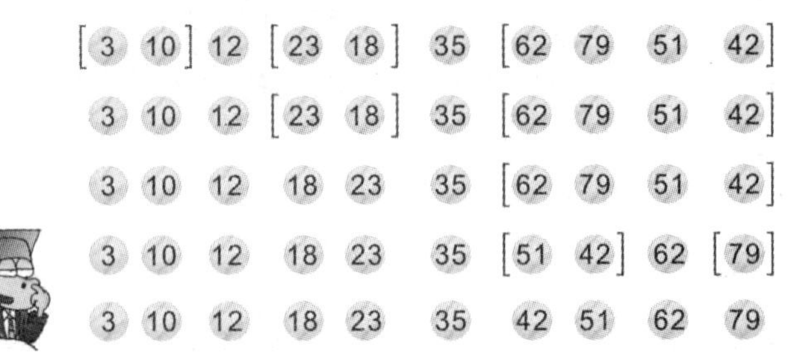

课后练习

1. 试列举在游戏程序设计中排序的应用。
2. 试简单说明二元空间分割树与平面绘图的应用。
3. 请叙述四叉树与八叉树的基本原理。
4. 请简单说明树状结构的定义与列出 3 种以上在游戏中的可能应用。
5. 请简述二叉树的定义。
6. 堆栈的定义是什么？
7. 什么是链表（Linked List），试说明之。
8. 请说明图形的定义。

第 9 章
人工智能在游戏中的应用

人工智能（Artificial Intelligence，AI）是当前信息科学上范围涵盖最广、讨论最多的一个主题。仿真人类的听、说、读、写、看等动作的计算机技术，都被归类为人工智能的范围。随着计算机技术的发展，在游戏开发过程中人工智能的应用更是广泛，因此如何将游戏中的人工智能设计的难易适中，也是一门学问。

例如在《古墓奇兵》游戏里，主角如何在寻宝过程中做出追、赶、跑、跳等复杂行为，这些看似简单的动作，其实都得借助人工智能的帮忙。在本章中，笔者将尽量避开那些繁杂的算法，为大家介绍在游戏设计领域中有关数据结构与人工智能的相关主题。

海洋生物博物馆中具备人工智能的虚拟水族馆

9-1 人工智能的应用

人工智能的概念最早由阿兰·图灵（Alan Turing）提出，并于公元 1956 年达特茅斯（Dartmouth）研讨会中经多位学者讨论后定名，无数的理论被提出来用于解决计算机的难题，但是真正能成为实用软件的人工智能技术并不多见，目前仅有文字、指纹、语音等辨识技术有商业化的产品。简单地说，人工智能是由计算机模拟或执行的具有类似人类智慧或思考能力的行为，例如推理、规划、解决问题及学习能力等。将人工智能加入到游戏中，将会让游戏变得更丰富、更有挑战性，例如在飞行射击游戏中，当敌机发觉已经被锁定时，应该要有逃匿的行为，而不是乖乖地被击落。一些决策思考类游戏更是在人工智能上下足了功夫，希望玩家能与计算机展开势均力敌的对决，而不只是单调枯燥地操作，以此延长玩家的游戏进行时间，增加游戏产品本身的寿命。

游戏中的角色不会自动追击？主角或猎物撞上场景中的障碍物而无法动弹？非玩家角色（NPC）无法群体移动让你不知所措？要实现这些都有赖于游戏人工智能的帮助。游戏角色的智慧水平是决定游戏可玩性的重要因素之一，因而也是游戏开发中需要考虑的一个重要问题。例如按照游戏规划，角色可以是对手（或敌对）也可以是伙伴。

人工智能在游戏中的应用以角色行为的动作拟真化最具代表性，另外也包括战略游戏中的布局、行动、攻击，甚至大富翁或西洋棋一类的游戏，人工智能都占据了相当重要的角色。应用人工智能的主要目的就是让游戏产生高度的进化演变和行为发展，让参与其中的玩家们有挑战与激发未来的不可预测感。通常具有以下 4 种模式。

9-1-1　以规则为基础

这属于比较传统的人工智能原理，尤其在战斗游戏里，最常用规则理论进行处理。对开发技术人员来说是一种可预测、方便测试与调试的方法。在开发游戏的过程中，可以采用以规则为基础的人工智能方法（Rules-based AI）来设计各种角色的行为，例如事先定义出各种规则来明确规定角色在游戏中的行为，在程序设计中表现为以“if…then…else”语句或“switch…case”语句描述的选择结构。

9-1-2　以目标为基础

在游戏开发过程中，设计人员必须定义出角色的目标及到达目标所需的方法。因此设计的角色必须包含目标、知识、策略与环境 4 种状态。“以规则为基础”来设计角色，只是根据角色对环境的感受做出单纯的反应，例如早期的游戏会以追逐移动为主，不能够与周边环境产生互动。但是在“以目标为基础”的游戏角色中，角色会根据环境的变化把互动信息作为行动的依据，列入考虑的因素包括一连串的动作。

9-1-3　以代理人为基础

代理人（或称机器人）是游戏中的一种虚拟人物，也是游戏世界中最常见的角色，它可能是玩家的敌人，也可能是游戏过程中玩家的伙伴。通常在设计上，我们会赋予代理人生命，让它能够响应、思考与行动，并具有自主的能力。

角色属性	
LV　等级	EXP 经验值
HP　生命点数	SP　技能点数
DEX 战斗敏捷度	SPD 行动速度
STR 攻击力量	ACY 命中率
DEF 防御力	VIS　视力
SK　技能	
EXP & LV	SK & SP
◎ 经验值主要由减损敌方的生命点数而来 ◎ 经验值累积到一定程度 LV 便可提升 ◎ 各属性也会随职业的不同而有变化	◎ 特殊角色或人族 3 级战士，会有特殊技能 ◎ 使用特殊技能会损耗 SP ◎ 战役结束前，SP 不能回复
DEX	VIS
发动攻击与下一次发动攻击之间会有一段时差，DEX 越高，时差越小	影响角色的视力范围，敌方进入视力范围方会显现

9-1-4　以人工生命为基础

所谓人工生命（Artificial Life，AL）是指用计算机和精密机械等生成或构造表现自然生命系统行为特点的仿真系统或模型系统，组合了生物学、进化论、生命游戏的相关概念，可用来平衡与满足真实自然界的生态系统，让 NPC 具有情绪化的反应，具有生物功能的特点和行为，目的在于创造逼真的角色行为与互动的游戏环境。

9-2　人工智能的原理

人工智能的原理就是认定智能源自于人类理性反应的过程而非结果，即来自于以经验为基础的推理步骤。那么可以把经验当作计算机执行推理的规则或事实，并使用计算机可以接收与处理的函数来表达，这样计算机也可以发展与进行一些近似人类思考模式的推理流程。例如医学上的智能型计算机能够在输入一连串的检验报告之后，诊断出患者所罹患的疾病，实时列出详细的各种疗程信息以及所有可能的衍生状况，大大提高医疗的效率。

人工智能应用的领域涵盖了类神经网络（Neural Network）、机器学习（Machine Learning）、模糊逻辑（Fuzzy Logic）、影像辨识（Pattern Recognition）、自然语言了解（Natural Language Understanding）等，不过此处我们不打算深入探讨这些演算理论，我们将针对“人工智能”在游戏设计领域的相关应用来进行简单介绍。

9-2-1　遗传算法

遗传算法（Genetic Algorithm）可以称得上是仿真生物进化与遗传程序的查找与最佳化算法，它的理论根基由约翰·霍兰德（John Holland）在 1975 年提出。在真实世界中，物种的进化（Evolution）是为了更好地适应大自然的环境，在进化过程中，基因的改变也能让下一代来继承。而在游戏中，玩家可以挑选自己喜欢的角色来扮演，不同的角色有不同的特质与挑战性，设计师无法事先了解玩家打算扮演什么角色，所以为了适应不同的状况，就可以将可能的场景指定给某个染色体，利用染色体来存储每种情况的回应。

比如运用遗传算法，在重量和人物的肌肉结构之间做好关联，就可以让人物走得非常顺畅。

运用遗传算法将对象的重量与肌肉结构建立关联

事实上，John Holland 提出的遗传算法就是一种模仿自然界物竞天择法则和遗传交配的运算法则，其对应关系参见下图。对于传统人工智能方法无法有效解决的计算问题，它都可以很快速地找出答案来。基本上来说，遗传算法是一种特殊的查找算法，适合处理多个变量以及非线性的问题。

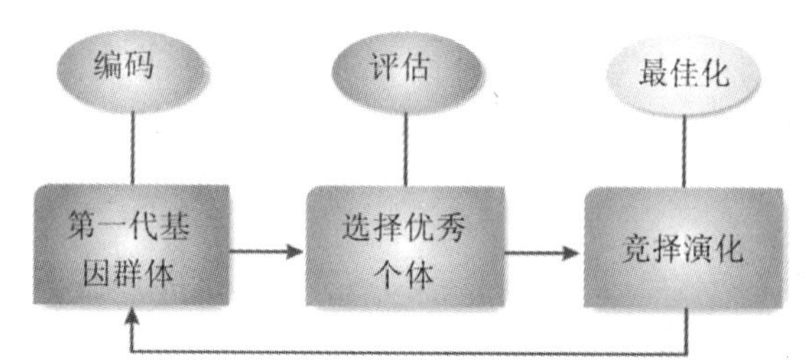

遗传算法是模仿大自然界的物竞天择和基因交配的法则

9-2-2 模糊逻辑

模糊逻辑（Fuzzy Logic）也是一种相当知名的人工智能技术。是由柏克莱大学教授拉特飞·扎德（Lotfi A.Zadeh）在 1965 年提出，是把人类解决问题的方法或将研究对象以 0 与 1 之间的数值来表示模糊概念的程度交由计算机来处理。也就是模仿人类思考模式，将研究对象以 0 与 1 之间的数值来表示模糊概念的程度。事实上，从冷气到电饭锅，大量的物理系统都是模糊逻辑的应用。例如最近日本推出了一款 FUZZY 智能型洗衣机，就是依据所洗衣物的纤维成分，来决定水量和清洁剂的多少及作业时间长短。

在游戏开发过程中，也经常加入模糊逻辑的概念，例如让 NPC 具有一些不可预测的 AI 行为，就是协助人类跳离 0 与 1 二值逻辑的思维，并对 True 和 False 间的灰色地带做出决策。至于如何推论模糊逻辑，首要步骤是将明确数字“模糊化”（Fuzzification），例如当魔鬼海盗船接受指令后，如果在 2 公里内遇见玩家必须与玩家战斗，此处就将 2 公里定义为“距离很近”，至于魔鬼海盗船与玩家相距 1 公里就定义为“非常接近”。

例如魔鬼海盗船与玩家即使相距 1.95 公里，若以布尔值来处理，应该处于危险区域范围外，这好像不符合实际状况，明明就快短兵相接，却还不是危险区域。所以依据实际状况来回传介于 0~1 之间的数值，利用“隶属度函数”（Grade Membership Function）来表达模糊集合内的情形。如果 0 表示不危险，1 表示危险，而 0.5 则表示有点危险。这时就能利用下图定义一个危险区域的模糊集合。

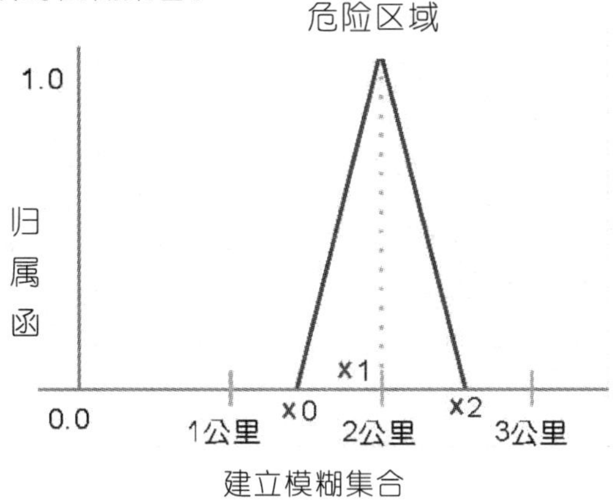

建立模糊集合

将所有输入的数据模糊化之后，接下来要建立模糊规则。定义模糊规则是希望输出的结果能与模糊集合中的某些归属程度相符合。例如建立魔鬼海盗船游戏中有关的模糊规则如下所示：

- 如果与玩家相距 3 公里，表示距离远，为警戒区域，快速离开。
- 如果与玩家相距 2 公里，表示距离近，为危险区域，维持速度。
- 如果与玩家相距 1 公里，表示距离很近，为战斗区域，减速慢行。

另外可以利用程序代码设定这些规则：

```
If（非常近 and 危险区域）and not 武器填装 then 提高戒备
If（很近 or 战斗区域）and not 火力全开 then 开启防护
If（not 近 and 警戒区域）or（not 保持不变）then 全员备战
```

由于每条规则都会执行运算，并输出归属程度，在输入每个变量后可能会得到这样的结果：

```
提高警戒的归属程度 0.3
开启防护的归属程度 0.7
全员备战的归属程度 0.4
```

将每条规则输出后，以强度最高者为行动依据，若是依照上述的输出结果，则是以“开启防护”为最终行动。

9-2-3　人工神经网络

人工神经网络（Artificial Neural Network，ANN）是模仿生物神经网络的数学模式，使用大量简单而相连的人工神经元（Neuron）来模拟生物神经细胞受特定程度刺激来反应刺激的架构，而且是平行运行且会动态地互相影响。由于人工神经网络具有高速运算、记忆、学习与容错等能力，所以我们只要利用一组范例，通过神经网络模型建立出系统模型，便可用于推断、预测、决策、诊断等相关应用。

类神经网络的原理可以应用在计算机游戏中

近年来，随着计算机运算速度的增加，人工神经网络的功能也越来越强大，运用层面也更为广泛。要使得人工神经网络能正确运行，必须通过训练的方式让人工神经网络反复学习，经过一段时间的学习，才能有效地产生初步运行的模式。这种方法可以应用在游戏中玩家魔法值的成长，当主角不断学习与经过关卡考验后，功力自然大增。

9-2-4　有限状态机

有限状态机（Finite State Machine，FSM）属于离散数学（Discrete Mathematics）的范畴。简单地说，有限状态机是表示有限个状态以及在这些状态之间的转移和动作等行为。在有限状态机中，从一开始的初始状态，以及其他中间状态，可通过不同转换函数而转变到另一个状态，转换函数相当于各个状态之间的关系。

许多生物的行为都可以以状态来对其进行分析：由于某些条件的改变，从原来的某一种状态转换到另一种状态。在游戏 AI 的应用上，有限状态机是一种设计概念，也就是可以通过定义有限的游戏运行状态，并借助一些条件在这些状态间互相切换。有限状态机包含两个基本要素：一个是代表 AI 的有限状态简单机器，另一个是输入（Input）条件，而至结合会使目前状态转换成另一个状态。

通常，FSM 会根据“状态转换（State Transition）”函数来决定输出状态，并可将目前状态转换为输出状态。在游戏程序设计领域，我们可以利用 FSM 来奠定游戏世界的管理基础，维护游戏进行状态，并分析玩家输入或管理对象情况。例如，我们想要利用 FMS 编写魔鬼海盗船在大海中追逐玩家的程序，可利用 FSM 的概念来制作一个简易图表。

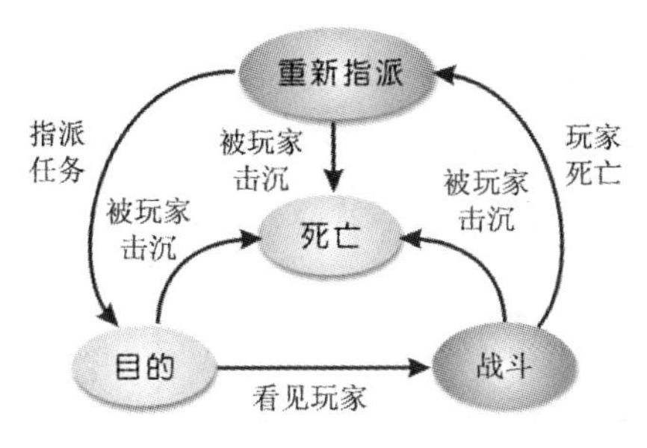

一个简易的有限状态机

在上图中，魔鬼海盗船主要是接受任务指派与前往目的地，所以魔鬼海盗船的第一种状态就是前往目的地，另一种可能就是出门后立即被玩家击沉，变成“死亡”状态。如果游戏进行中碰见玩家，就必须与玩家交战，如果没有看见玩家，就重新接受任务的指派。其他情形就是战胜玩家后获得新的任务指派，如果没有战胜玩家，则会面临死亡的状态。

为了让 FSM 能够扩大规模，也有人提出平行处理的方式，将复杂的行为划分成不同子系统。假如我们要在魔鬼海盗船中加入射击动作，面对玩家才会进入射击状态，可以利用下图来表示。

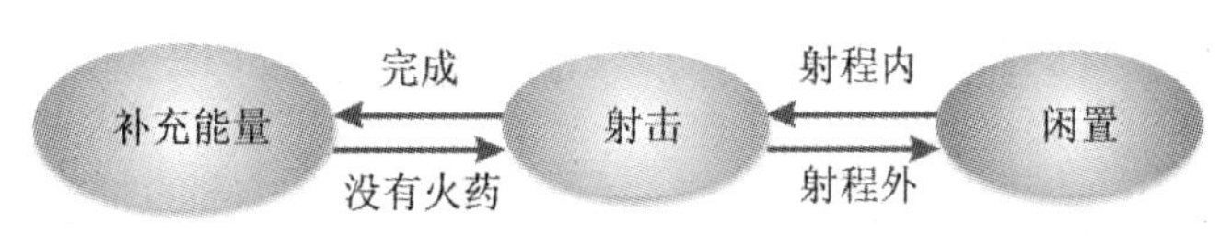

有限状态机加入子系统

其他状态可根据需要来加入，例如没有能量时必须补充能量，如果是在射程外，就处于“闲置”状态。最后，我们只要将这个设计好的子系统加入控制处理即可。

9-2-5　决策树

如果今天用户要设计的游戏是属于“棋类”或“纸牌类”的话，那么前面介绍的人工智能基础理论可能就变得毫无用处（因为纸牌根本不需要追着玩家跑或逃离），此类游戏采用的技巧在于实现游戏决策的能力，简单地说，就是该下哪一步棋或者该出哪一张牌。

决策型人工智能的实现是一项挑战，因为通常可能出现的状况很多，例如象棋游戏的人工智能就必须在所有可能的情况中选择一步对自己最有利的棋。想想看，如果开发此类游戏，你会怎么做？通常此类游戏的 AI 实现技巧为先找出所有可走的棋（或可出的牌），然后逐一判断如果走这步棋（或出这张牌）的优劣程度如何，或者说是替这步棋打个分数，然后选择走得分最高的那步棋。

一个最常被用来讨论决策型 AI 的简单例子是《井字游戏》，因为它的可能状况不多，也许用户只要花十分钟便能分析完所有可能的状况并且找出最佳的玩法，下图可表示某个状况下的〇方的可能玩法。

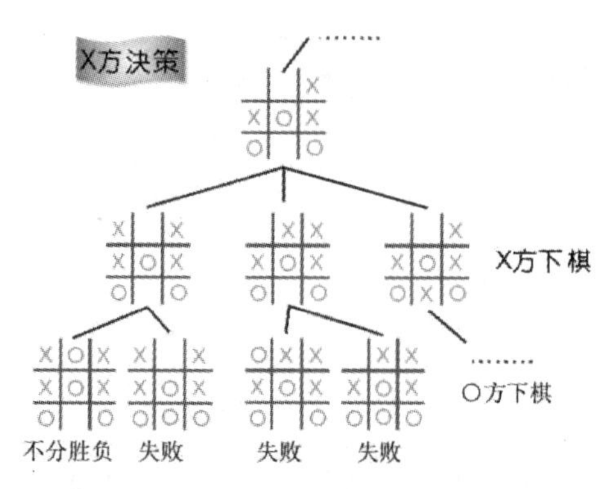

《井字游戏》进行

上图是井字游戏的某个决策区域，下一步是×方下棋，很明显，×方绝对不能选择第 2 层的第 2 个下法，因为下到那里×方必败无疑。从这个图片也可以看出，每一步的决策叠加起来就形成了一个树形结构，所以也称之为“决策树”，而树形结构正是数据结构所讨论的范围，这也说明了数据结构正是人工智能的基础，而决策型人工智能的基础则是查找，在所有可能的状况下，查找可能获胜的方法。

针对井字游戏的制作，我们先假设一些条件：井字游戏的棋盘一共有 9 个位置、8 个可能获胜的方法，如下图所示。

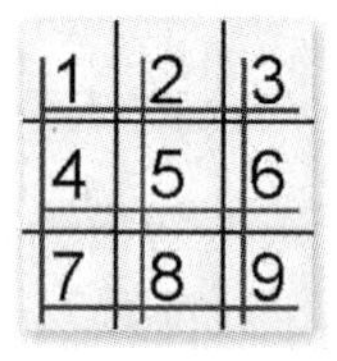

井字游戏的设计基础

在游戏设计中的实际操作方法是：设计一个存放 8 种获胜方法的二维数组，例如：

```
int win[][] = new int[8][3];
win[0][0]  = 1;   //第 1 种获胜方法（表示 1,2,3 联机）
win[0][1]  = 2;
win[0][2]  = 3;
…        //类推下去
```

然后依据此数组来判断最有利的位置，例如当玩家已经在位置 1 和位置 2 联机时，用户就必须挡住位置 3，依此类推。井字游戏是一种最简单的人工智能应用，它运用的是一个简单的游戏排列算法，只要在井格中画○、×即可进行游戏。下图是笔者公司的手机游戏团队所设计的井字游戏画面。

手机井字游戏画面

9-3　移动型游戏 AI

凡是在游戏中会移动的物体，几乎都涉及移动型的游戏 AI，像游戏中怪物追逐或者躲避玩家，以及计算机角色的移动都是移动型 AI 的例子。在游戏中，各种物体运动过程中最基本的方式就是移动。

追逐游戏的典型例子是俄罗斯方块，但它只是让玩家移动方块位置。若是一款单纯以动作为主的游戏，给玩家的感觉就会显得太单薄。为了丰富游戏的内容，我们必须适时加入躲避和追逐等旁支动作来改变角色的行为，也让游戏中的 NPC 有机会追逐和逃跑。

9-3-1　追逐移动的效果

以怪物追逐玩家的游戏为例，我们在实现过程中的具体做法是：在每次进行窗口贴图时，将怪物所在坐标与玩家角色的坐标进行比较，递增或递减怪物 x、y 轴上的贴图坐标，使得怪物每次进行贴图时，渐渐朝玩家角色所在的位置接近，如此便会产生追逐移动的效果。具体算法如下：

```
If( 怪物 X>玩家 X )
 怪物 X--;
else
 怪物 X++;

If( 怪物 Y>玩家 Y )
 怪物 Y--;
else
 怪物 Y++;
```

不过，在实际的游戏开发中，常会依照各种不同的情况，例如怪物本身的追逐能力、游戏等级的难易度等，加入怪物追逐移动的不确定性，以此提高计算机角色移动的多样性。在下面的程序代码中，我们设计一架飞机在循环背景上移动，同时还有 3 只小鸟追逐飞机移动，部分代码如下：

```
1    ……………………….
2    if(nowX < x)
```

```
3       {
4           nowX += 10;
5           if(nowX > x)
6               nowX = x;
7       }
8       else
9       {
10          nowX -=10;
11          if(nowX < x)
12              nowX = x;
13      }
14
15      if(nowY < y)
16      {
17          nowY += 10;
18          if(nowY > y)
19              nowY = y;
20      }
21      else
22      {
23          nowY -= 10;
24          if(nowY < y)
25              nowY = y;
26      }
27  ………………..
28  ………………..
29
30      for(i=0;i<3;i++)
31      {
32          if(rand()%3 != 1)                      //设置 2/3 几率进行追逐
33          {
34              if(p[i].y > nowY-16)
35                  p[i].y -= 5;
36              else
37                  p[i].y += 5;
38
39              if(p[i].x > nowX-25)
40                  p[i].x -= 5;
41              else
42                  p[i].x += 5;
43          }
44
45  if(p[i].x > nowX-25)                      //判断小鸟移动方向
46          {
47          BitBlt(mdc,p[i].x,p[i].y,61,61,bufdc,61,61,SRCAND);
48          BitBlt(mdc,p[i].x,p[i].y,61,61,bufdc,0,61,SRCPAINT);
49          }
50          else
51          {
52          BitBlt(mdc,p[i].x,p[i].y,61,61,bufdc,61,0,SRCAND);
53          BitBlt(mdc,p[i].x,p[i].y,61,61,bufdc,0,0,SRCPAINT);
54          }
55      }
56  ……………………
```

下图是该程序的执行结果。

小鸟在窗口中追逐飞机移动，按 Esc 键结束

9-3-2　躲避移动的效果

介绍了追逐移动的相关做法之后就能够想象躲避移动是怎么一回事了，与追逐移动朝着目标前进的目的刚好完全相反，躲避移动的目的就是要远离目标，下面就以计算机怪物躲避玩家的例子来看看躲避移动的算法。

```
If( 怪物 X>玩家 X )
 怪物 X++;
else
 怪物 X--;

If( 怪物 Y>玩家 Y )
 怪物 Y++;
else
 怪物 Y--;
```

以上这段代码，判断式与追逐移动相同，不过当每次重设怪物的贴图坐标时，让其离玩家角色所在的位置越来越远。在游戏程序中，一般会依各种不同的情况，例如怪物本身的追逐能力、遮蔽物、游戏等级的难易度等来加入怪物追逐移动的不确定性，以提高角色移动的多样化。至于处理方式，则是为基本算法扩充功能，在游戏中加入有趣的元素。

9-3-3　行为型 AI 的设计

通常，游戏开发人员在设计时会替角色定义出一组相关的移动模式，其中可能包含多种基本移动方式，比如追逐、躲避、随机、固定移动等。而游戏中的角色会随着游戏情节的改变，根据预定义的不同移动方式来进行移动，这属于模式移动。

假设游戏中所定义的怪物移动模式包含了追逐、躲避、随机移动，怪物进行这些移动的时机如下图所示。

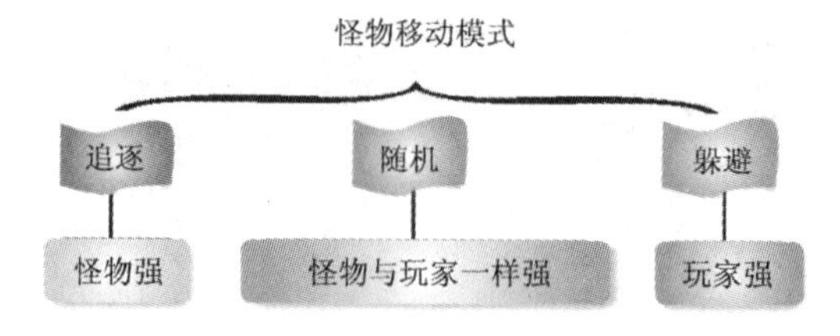

定义怪物的移动模式

在此要特别补充一点，如果这种移动模式的 AI 比较复杂，就可以从移动模式 AI 设计转变为行为型 AI 设计，因为它涉及游戏程序中计算机角色的思考与行为，也就是让计算机角色拥有状况判断思考能力，并依据判断后的结果进行相对的行为动作。例如，某一种 RPG 游戏中的怪物，它在移动与对战时具有下面的几种行为。

（1）普通攻击。
（2）施放攻击魔法。
（3）使尽全力攻击。
（4）补血。
（5）逃跑。

根据以上的几种怪物行为，我们编写出了一段算法程序来仿真怪物在对战时的行为模式，具体代码如下：

```
57  if(生命值>20)                          //生命值大于 20
58  {
59      if(rand()%10 != 1)                 //进行普通攻击的几率为 9/10
60          普通攻击;
61      else
62          施放攻击魔法;
63  }
64  else                                 //生命值小于 20
65  {
66      switch(rand()%5)
67      {
68          case 0:
69                  普通攻击;
70                  break;
71          case 1:
72                  施放攻击魔法;
73                  break;
74          case 2:
75                  使尽全力攻击;
76                  break;
77          case 3:
78                  补血;
79                  break;
80          case 4:
81                  逃跑;
82                  if(rand()%3 == 1) //逃跑成功几率为 1/3
83                      逃跑成功;
```

```
84                  else
85                      逃跑失败;
86              break;
87      }
88  }
```

在上面的这段算法代码中，利用 if-else 判断语句判断怪物的生命值是否大于 20，当怪物生命值大于 20 时，怪物会有 9/10 的几率进行普通攻击，1/10 的几率释放魔法攻击；当怪物受到了严重伤害且生命值小于 20 时，第 10 行程序代码以 switch 语句判断 rand () %5 的结果来进行对应的行为，因而怪物有可能会进行普通攻击、释放魔法攻击、使尽全力攻击、补血、逃跑等动作，而这些怪物行为的发生几率各为 1/5，其中第 26 行则是设置怪物逃跑成功的几率为 1/3。

事实上，像上面这样利用 if-else、switch 语句对计算机角色进行状况判断，并依据判断结果产生对应的行为动作，就是行为型游戏 AI 设计的实质。笔者制作了一个简单的 RPG 玩家与怪物对战的范例程序，这个范例采用玩家与计算机轮流攻击的模式，其中怪物的行为 AI 我们将上面的算法用实际的程序代码加以实现，玩家部分则主要是下达攻击指令，两者间的对战状态以文字信息显示出来，执行时的画面如下图所示。

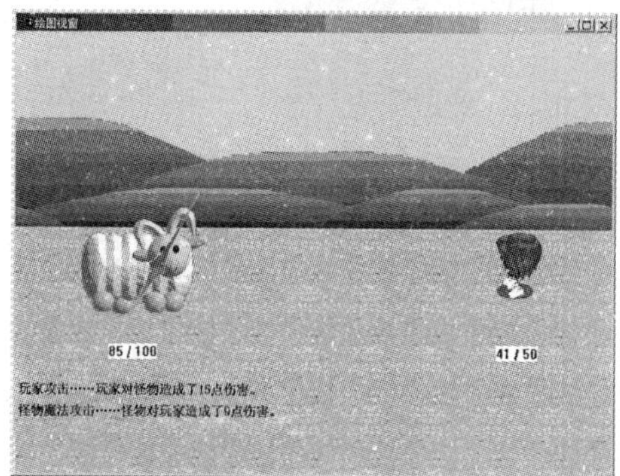

玩家进行普通攻击

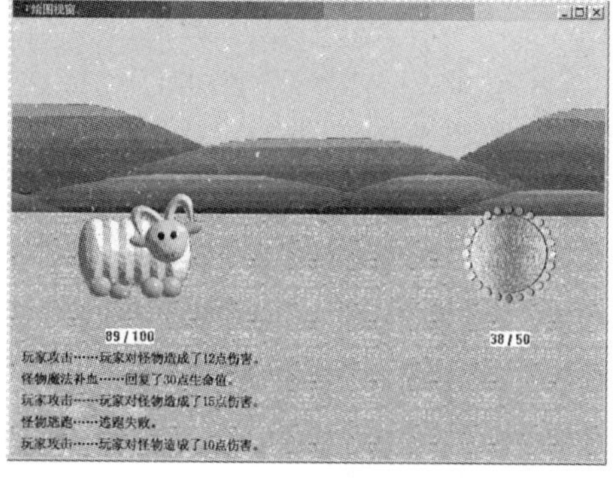

怪物进行魔法攻击

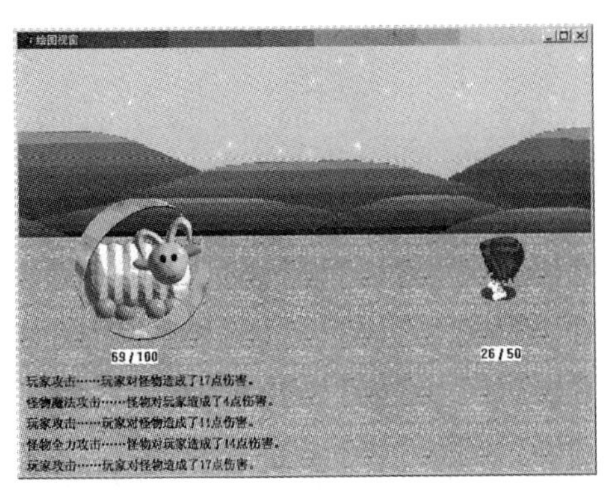

怪物进行补血

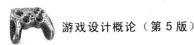

任一方生命值降至 0 以下，则游戏结束

9-4　老鼠走迷宫 AI

老鼠走迷宫问题是假设把一只老鼠放在一个没有盖子的迷宫盒的入口处，盒中有许多墙使得大部分的路径都被挡住而无法前进。老鼠走错路时会把走过的路记起来，避免重复走同样的路，可以依照尝试错误的方法直到找到出口为止。这种原理就运用了简单的人工智能思考模式，简单来说，老鼠行进时必须遵守以下 3 个原则：

① 一次只能走一格。
② 遇到墙无法往前走时，则退回一步找找看是否有其他的路可以走。
③ 走过的路不会再走第二次。

9-4-1　迷宫地图的建立

在建立走迷宫程序前，我们先来了解在计算机中表现一个仿真迷宫的方式。这时可以利用二维数组 MAZE[row][col]，并符合以下人工智能的规则：

```
MAZE[i][j]=1          表示[i][j]处有墙，无法通过
          =0          表示[i][j]处无墙，可通行
MAZE[1][1]是入口，MAZE[m][n]是出口
```

下图就使用一个 10×12 二维数组来仿真一个迷宫地图。

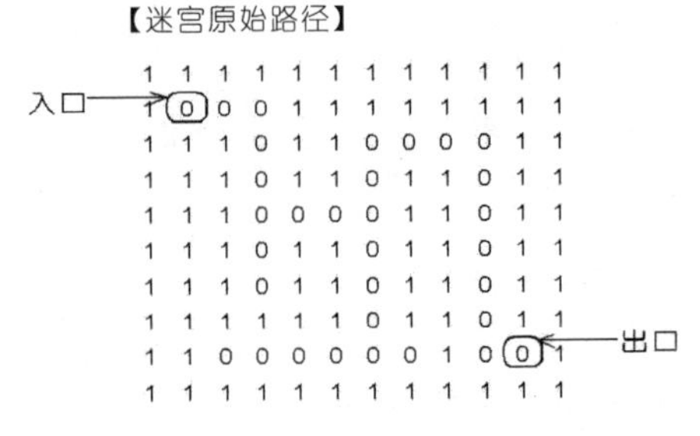

使用二维数组模拟迷宫地图

9-4-2　老鼠 AI 的建立

假设老鼠由左上角的 MAZE[1][1]进入，由右下角的 MAZE[8][10]出来，老鼠目前位置以 MAZE[x][y]表示，那么老鼠可能移动的方向如下图所示。

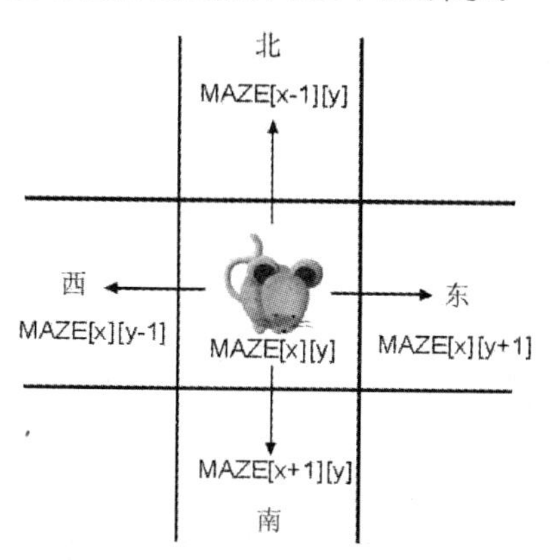

老鼠的坐标及可能的移动方向

如上图所示，老鼠可以选择的方向共有 4 个，分别为东、西、南、北。但并非每个位置都有 4 个方向可以选择，必须视情况来决定，例如 T 字形的路口就只有东、西、南 3 个方向可以选择。

我们可以利用链表来记录走过的位置，并且将走过的位置的数组元素内容标示为 2，然后将这个位置放入堆栈再进行下一次的选择。如果走到死巷子并且还没有抵达终点，那么就必须退出上一个位置，并退回去直到回到上一个岔路口后再选择其他的路。由于每次新加入的位置必定会在堆栈的最末端，因此堆栈末端指针所指的方格编号便是目前搜寻迷宫出口老鼠所在的位置。如此一直重复这些动作直到走到出口为止。下图是演示老鼠走迷宫的一个小程序，以小球来代表迷宫中的老鼠。

在迷宫中搜寻出口

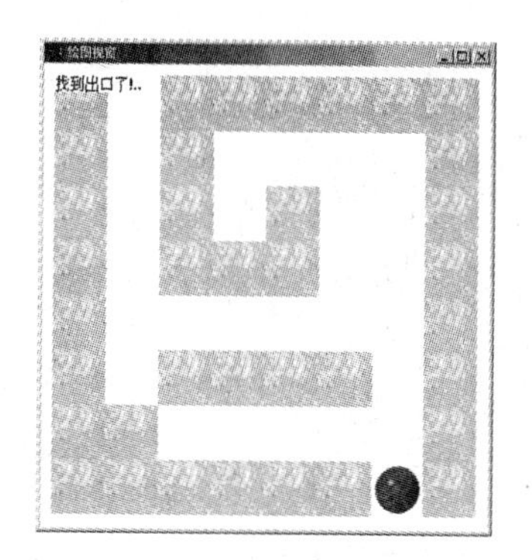

终于找到迷宫出口

迷宫搜寻的概念可利用下面的算法来加以描述：

```
1   if(上一格可走)
2   {
3       加入方格编号到堆栈;
4       往上走;
5       判断是否为出口;
```

```
6    }
7    else if(下一格可走)
8    {
9        加入方格编号到堆栈;
10       往下走;
11       判断是否为出口;
12   }
13   else if(左一格可走)
14   {
15       加入方格编号到堆栈;
16       往左走;
17       判断是否为出口;
18   }
19   else if(右一格可走)
20   {
21       加入方格编号到堆栈;
22       往右走;
23       判断是否为出口;
24   }
25   else
26   {
27       从堆栈删除一方格编号;
28       从堆栈中取出一方格编号;
29       往回走;
30   }
```

上面的算法是每次进行移动时所执行的内容，其主要是判断目前所在位置的上、下、左、右是否有可以前进的方格。若找到可移动的方格，便将该方格的编号加入到记录动作路径的堆栈中，并往该方格移动。而当四周没有可走的方格时（第 25 行），也就是目前所在的方格无法走出迷宫，必须退回前一格重新再来检查是否有其他可走的路径，所以在上面算法中的第 27 行会将目前所在位置的方格编号从堆栈中删除，之后第 28 行再取出的就是前一次所走过的方格编号。下图是我们手机游戏团队所设计的老鼠走迷宫画面。

老鼠走迷宫游戏画面

课后练习

1. 请在游戏 AI 的应用上，说明有限状态机的概念。
2. 请叙述人工神经网络的内容。
3. 游戏人工智能通常具有哪几种模式？
4. 人工生命的内容是什么？
5. 请简单说明模糊逻辑的概念与应用。
6. 什么是遗传算法，试举例说明在游戏中的应用。
7. 请简述“有限状态机”。
8. 试举例说明在游戏开发过程中加入模糊逻辑的概念。

第 10 章 游戏开发工具简介

“工欲善其事，必先利其器。”早期的游戏开发是一件既麻烦又辛苦的事情，例如在使用 DOS 操作系统的年代，要开发一套游戏还必须要自行设计程序代码来控制计算机内部的所有运作，例如图像、音效、键盘等。不过，随着计算机科技的不断进步，新一代的游戏开发工具已在很大程度上改变了这种困境。例如，下面是利用 OpenGL 的深度缓冲区函数将参数设为 GL_GEQUAL，加上光源设置来展示两个大小不一的三角锥体所形成的遮蔽效果：

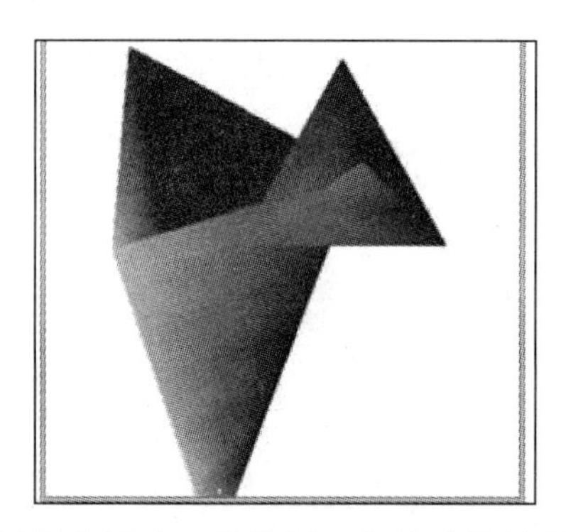

以深度缓冲区函数显示物体遮蔽效果

下图则是利用 DirectX 中的 DirectGraphics 组件进行混色操作的示范：

利用 DirectGraphics 组件进行混色操作

10-1　游戏开发工具

在进行游戏开发之前，要决定的第一件事情就是使用哪种程序语言作为工具，毕竟程序是整个游戏软件的核心。如果只是写一些小游戏，自然可以使用自己最熟悉的语言与编程工具。而如果各位要从事的是中、大型游戏的开发，要考虑商业赢利的可能性，那么使用何种程序语言与开发工具，则可能成为左右成本与获利的关键。下图是游戏开发时与程序设计相关的架构图。

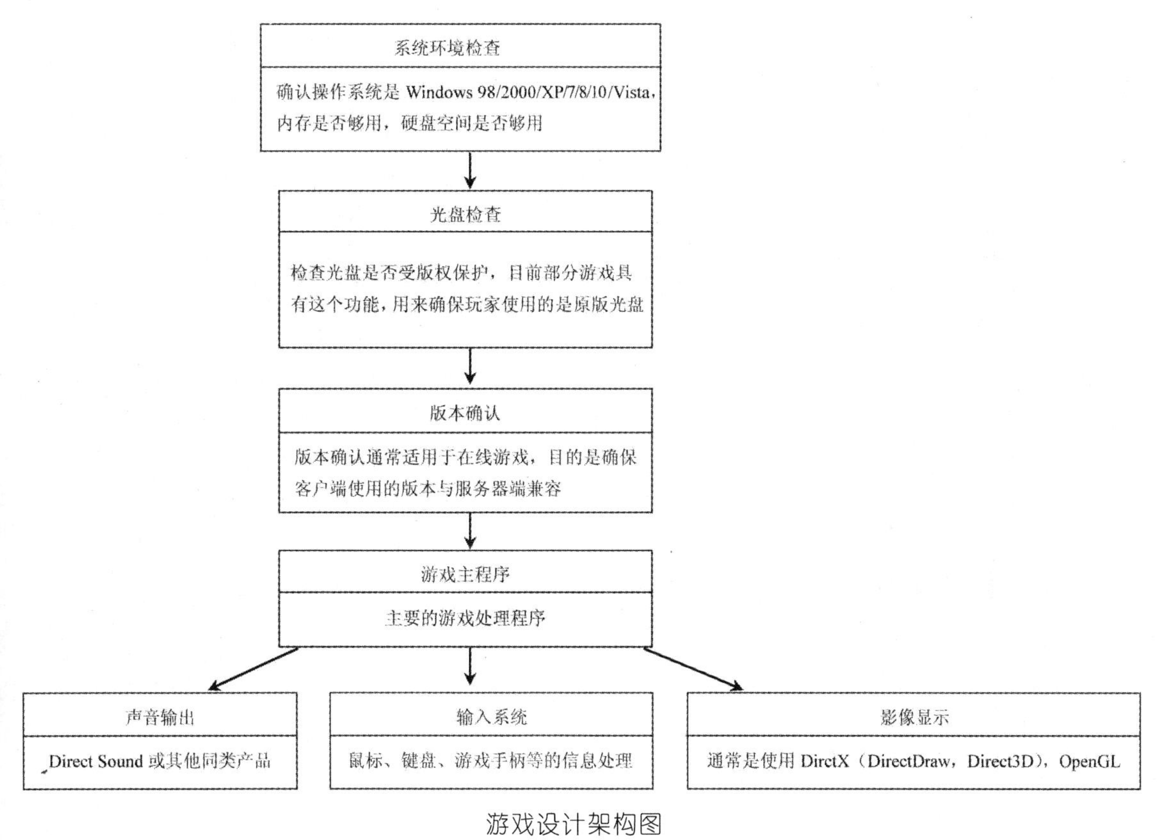

游戏设计架构图

10-1-1　程序语言的选择

以游戏设计常见的几种开发语言来说，早期一些小游戏的入门工具主要以 Visual Basic 为主，初学者也可以轻易地掌握事件来设计游戏。现在实际游戏开发常见的程序语言则包括有 C/C++、C#、Java 或 VB.NET 4 种，或许还听过 Visual C++、Borland C++ Builder、Borland JBuilder 等，这些并不完全是编程语言，而是一些“集成开发环境”（Integrated Develop Environment，IDE）。

因为选用正确的整合开发工具可把有关程序的编辑（Edit）、编译（Compile）、执行（Execute）与调试（Debug）等功能集于同一操作环境下，简化程序开发过程的步骤，让使用者只需通过单一整合的环境即可轻松编写程序，因而对游戏开发进度具有决定性的影响。集成开发环境的选用，需要考虑程序语言本身的复杂度、程序语言本身的功能性与可使用的外部支持。

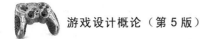

例如 C/C++本身提供有标准函数库，且可调用操作系统本身所提供的一些组件功能，如 DirectX。Java 提供有网络联机的功能，使用它来设计网络联机程序会比使用 C/C++来得方便。另外，在.NET Framework 架构下的程序语言开发工具，其特色可能同时包含 C/C++与 Java。

10-1-2 操作平台的考虑

玩家使用的是 Windows、Linux、Mac-OS 中的哪一种操作系统都是要考虑的因素。当然游戏本身是商业性的娱乐商品，以目前用户端的操作系统占有率来说，Windows 操作系统的占有率最高，因此目前市面上可看到的游戏多以 Windows 操作系统为主，而少数游戏在设计时也会考虑使用 Linux 操作系统的玩家。

由于游戏本身也是个程序，必须依赖操作系统才能运行，因此用户无法将 Windows 操作系统上的游戏直接拿来在 Linux 上运行。即使一开始在设计游戏时已经考虑了跨平台的可能性，也必须对它进行适当的修改与重新编译，制作这类游戏的成本也会随之提高。

另一方面，一些程序语言或工具所制作出来的游戏，其本身就已经限定在某个操作系统上运行了，例如由 Visual Basic 所编写的游戏，就只能在 Windows 操作系统上执行。为了有效解决跨平台的问题，现在有越来越多的游戏以 Web 版的方式发布，这些游戏的开发工具通常是 Flash ActionScript。此外，我们也注意到一些老游戏无法在 Vista/Windows 7 上运行，应考虑采用.NET 架构来开发新游戏，这样至少在 Windows 各平台不会发生问题。

10-1-3 游戏工具函数库

随着计算机硬件越来越进步，管理计算机内部运行的操作系统能力也越来越强。在当前计算机市场上，还是以 Windows 操作系统为主流，因为它几乎可以兼容市面上的所有硬件设备以及驱动程序，省去很多不必要的麻烦。

早期的游戏开发绝对是一件既麻烦又复杂的工作。在当时，要成功开发一套游戏，以 DOS 操作系统来说，必须要另外编写一套代码来控制计算机内部与外围设备的所有操作，例如显像、音效、键盘等。

对游戏本身最基础的成像技术来说，如果没有一套完善的开发工具，程序设计师就必须自己编写一套能够与计算机沟通的底层链接库，而对于设计者来说，这是一件非常耗费时间又花精力的辛苦工作。如果在计算机硬件与游戏程序代码之间加入一个开发工具“函数库”作为桥梁，一来可解决自行编写底层链接库的困扰，二来由于这些“函数库”都是由低级语言所编写，处理速度也比较快。

为了解决与计算机之间的这种较为底层的操作，绘图显卡厂商们共同研发了一套成像标准函数库 OpenGL，同时微软公司也自己开发有 DirectX 图形接口。使用工具函数库是为了让用户能够更加轻易地开发一套游戏，从下图中我们也可以看出成像标准函数库在制作游戏时所占的地位。

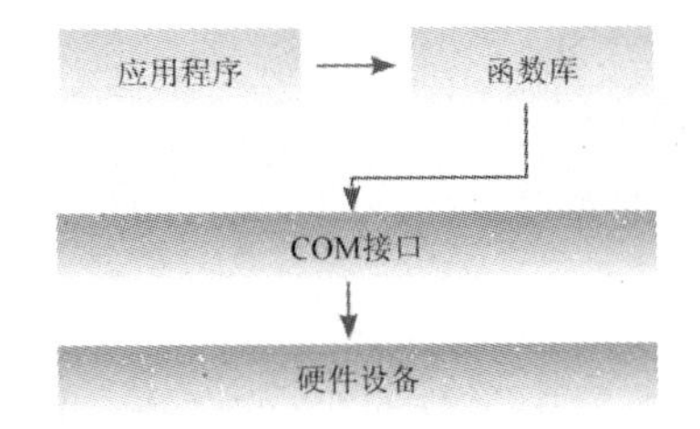

计算机应用程序与设备间的层次关系

Tips COM 接口是计算机硬件内部与程序沟通的桥梁，简单地说，程序必须先经过 COM 接口的解译才能直接对 CPU、显卡或其他的硬件设备做出要求或反应。

基本上，用户想让程序代码与计算机直接沟通可谓是困难重重。用户程序在与 CPU 沟通之前，还必须通过 COM 接口等重重关卡，而这种与 COM 接口直接沟通的程序却不容易编写。不过现在游戏开发者不必担心了，有两种工具可以用来直接对计算机的 COM 接口进行底层连接，即上面介绍的 OpenGL 与 DirectX。这两种开发工具可以很轻易地通过 COM 接口与 CPU、显卡或其他硬件设备直接沟通，而且把所有的细节，包括显示、音效、网络等多媒体的接口都包含进来，只要设置几个参数或命令即可轻松实现。

10-2　C/C++程序语言

C 语言问世至今已有 30 多年，早期的游戏在编写时大多以 C 语言搭配汇编语言来实现。C 是一个面向过程的程序设计语言，侧重程序设计的逻辑、结构化的语法，C++则以 C 语言为基础，改进了一些输出输入的方法，并加入了面向对象的概念，如果要开发中、大型游戏的话，建议多使用 C/C++来编写程序。

C/C++是所有程序设计人员公认的功能强大的程序设计语言，也是运行速度较快的一种语言。虽然 C/C++很强大，但在使用上较为复杂（对于初学者而言可能是相当复杂），若在设计程序时有不谨慎之处便可能导致游戏运行错误，甚至发生程序终止或死机的情况。使用 C/C++所开发出来的程序，在测试及调试时所花费的成本有时并不比开发程序来得少。

10-2-1　执行平台

C/C++属于高级程序设计语言，它们的语法更贴近于人们的使用习惯，程序设计人员能以人类思考的方式来编写程序。其语法包括 if、else、for、while 等语句，以下是一小段 C 语言程序，读者可以初步了解它的编写方式。

```
#include <stdio.h>
int main( void )
{
    int int_num;
    printf( "请输入一个数字： " );
    scanf( "%d", &int_num );
```

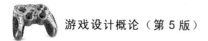

```
    if ( int_num%2 )
        puts( "你输入了一个奇数。" );
    else
        puts( "你输入了一个偶数。" );
    return 0;
}
```

即使没有学过 C 语言，从这段程序表面的语意来看，读者也大致可以知道该程序的作用，然而计算机并不懂得 C/C++语言所编写的程序，所以这个程序必须经过“编译器”（Compiler）的编译，将这些语句翻译为计算机能够看懂的机器语言。

> **Tips** 编译器（compiler）经过几个编译流程后可将源程序转换为机器可读的可执行文件。编译后，会产生“目标代码”（.obj）和“可执行程序”（.exe）两个文件。源程序每修改一次，就必须重新编译。

机器语言是由 0 与 1 交互组成的一种语言，在不同操作系统上，对机器语言的定义也不相同。加上 C/C++本身所提供的标准函数库有限，往往必须调用系统提供的一些功能，因此使用 C/C++编写的程序，无法将其直接移植到其他系统上，必须重新编译，并修改一些无法运行的代码。也就是说，使用 C/C++编写的一些程序，通常只能在单一平台上运行。不过由 C/C++所编写的程序有利于调用系统所提供的功能，这是由于早期的一些操作系统本身就多以 C/C++来编写，因此在调用系统功能或组件时最为方便，例如调用 Windows API（Application Programming Interface）、DirectX 等。

10-2-2 语言特性

C/C++的功能强大，其“指针”（Pointer）功能可以让程序设计人员直接处理内存中的数据，也可以利用指针来达到动态规划的目的，例如内存的配置管理、动态函数的执行。在需要规划数据结构时，C 语言的表现最为出色，在早期内存的容量不大时，每一个位的使用都必须珍惜，而 C 语言的指针就可提供这方面的功能。

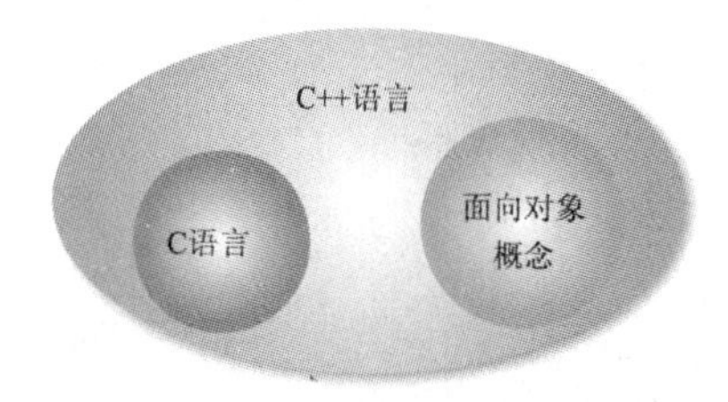

C++语言是在 C 语言的基础上加入了面向对象的概念

C++以 C 为基础，改进了一些输入与输出上容易发生错误的地方，保留指针功能与既有的语法，并导入了面向对象的概念。面向对象在后来的程序设计领域甚至其他领域都变得相当重要，它将现实生活中实体的人、事、物，在程序中以具体的对象来表达，这使得程序能够处理更复杂的行为模式。另一方面，面向对象的程序设计在适当的规划下和能够在编写完成的程序基础上，开发出功能更复杂的组件，这使得 C++在大型程序的开发上极为有利，目前市场上所看到的大型游戏许多都是以 C++程序语言来进行开发的。

此外，由于 C/C++设计出来的程序已经编译为计算机可理解的机器语言，所以在运行时可直接加载内存而无须经过中间的转换动作，这就是为什么利用 C/C++编写出来的程序在速度上会有比较优良的表现。为了追求更高的运行速度，往往还可搭配汇编语言来编写一些基础程序，尤其是在处理一些底层的图像绘制时。

10-2-3　开发环境介绍

C/C++语言的集成开发环境相当多，商业软件方面有微软的 Visual C++、Borland 的 C++ Builder，非商业软件方面有 Dev C++、KDevelop 等，都可以用来编写 C/C++。通常商业软件提供的功能更多，使用上更方便，在程序写完后的测试与调试方面功能也更为完善。下图所示为 Dev C++的开发界面。

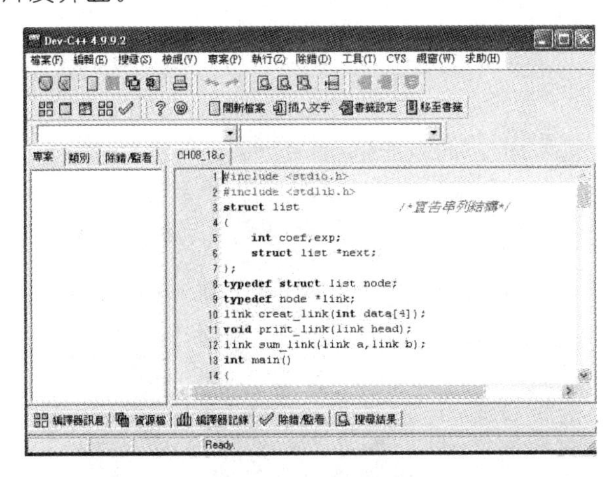

Dev C++开发环境

早期开发中、大型游戏时多使用 Visual C++（以下简称 VC++），使用 VC++所提供的组件在早期算是很方便的，至少不用从头编写这些组件代码。当然在使用这些组件时还是有要处理的细节。其他的集成开发环境，例如 C++ Builder，虽然在运行速度上快了许多，但使用较复杂，常用来作为一些游戏设计时的辅助，例如设计地图编辑器等。由于本身都是使用 C++语言来撰写，因此在组件的功能沟通上并不会发生问题。

10-2-4　Visual C++与游戏设计

一款电玩游戏由于其程序代码中有大量的声音、图像数据的运算处理，因此要求程序运行流畅是相当重要的一个基本诉求。为了满足这项要求，一般大型商业游戏软件大多采用 VC++工具搭配 Windows API 程序架构来编写，以提升游戏运行时的性能。

VC++是微软公司所开发出的一套适用于 C/C++语法的程序开发工具。在 VC++的开发环境中，编写 Windows 操作系统平台的窗口程序有两种不同的程序架构：一是微软在 VC++中所加入的 MFC（Microsoft Foundation Classes）架构，另一种则是 Windows API（Application

Program Interface）架构。使用 Windows API 来开发上述的应用程序并不容易，但用在设计游戏程序上却相当简单，并且具有较优异的运行性能。

> Tips MFC 是一个庞大的类库，其中提供了完整开发窗口程序所需的对象类别与函数，常用于设计一般的应用程序。Windows API 是 Windows 操作系统所提供的动态链接函数库（通常以.DLL 的文件格式存在于 Windows 系统中），Windows API 中包含了 Windows 内核及所有应用程序所需要的功能。

如果读者使用 VB 写过窗口程序的话，应该清楚在 VB 程序中若要调用 Windows API 的函数，必须先进行声明。若是在 VC++的开发环境下，不论是采用 MFC 架构还是 Windows API，只要在项目中设置好所要链接的函数库并引用正确的头文件即可，此时在程序中使用 Windows API 的函数就跟使用 C/C++标准函数库一样容易。

下图所示为笔者所在团队用 Visual C++所设计的以 DirectX 制作出的全屏幕画面游戏项目——电流急急棒。

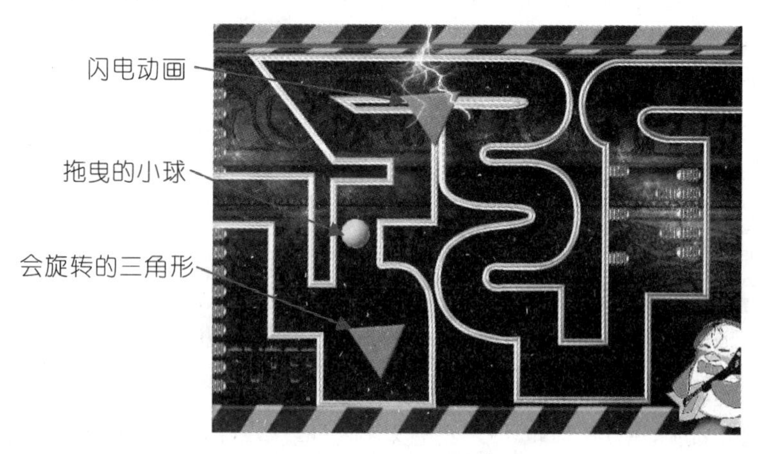

Java 程序语言

10-3 Visual Basic 程序语言

BASIC（Beginner's All-purpose Symbolic Instruction Code），即“初学者的全方位符式指令代码”，是一种直译式高级程序设计语言，很受初学者的喜爱。随着计算机软、硬件设备的逐步成长，Windows（窗口）下操作的概念使得计算机与用户间沟通的操作界面大幅改进，因此微软公司在 1991 年时推出 Visual Basic 程序开发环境，将可视化概念导入传统的 BASIC 语言。

在这种直观式开发环境下，用户可直接通过窗体来建立程序的输入输出接口，而无须编写任何程序代码内容，并可描述接口中所有控件的外观、配置与属性。Visual Basic 严格来说并不只是程序设计语言，它与开发环境紧紧结合在一起，也就是说读者无法使用纯文本编辑器来编写 Visual Basic 程序并对其进行编译，而必须使用 Visual Basic 工具来完成程序开发。在 Visual Basic 的设计环境中包括许多工具栏与工作窗口，如下图所示。

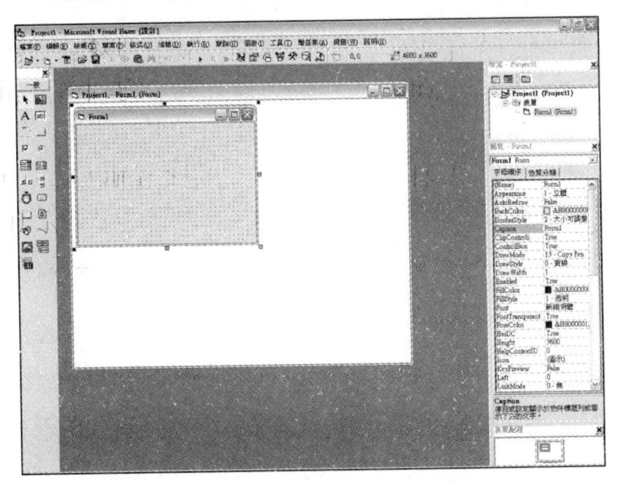

Visual Basic 程序开发环境

初学者可以选择使用 Visual Basic，因为它最容易上手，然而所面临的第一个问题便是执行速度缓慢。简单的程序语言其功能通常有限，对于大型游戏而言，Visual Basic 的速度与功能就显得不足，而且仅支持到 DirectX 8.0 的版本。

10-3-1　执行平台

Visual Basic 属于高级程序语言，所以必须经过编译才能在计算机上执行，而且 Visual Basic 与 Windows 操作系统关系密切，它所提供的组件功能都是针对 Windows 操作系统量身打造的，所以 Visual Basic 所开发出来的程序，只能在 Windows 操作系统上运行，且必须将 Visual Basic 运行时所需的控件（类似虚拟机）安装至操作系统中，才能执行程序。如果你的计算机之前完全没有安装过这类程序，启动可执行文件时，程序将无法执行。

虽然 Visual Basic 并不使用 C/C++的语法与关键词，但毕竟与 Windows 是同一家公司的产品，所以 Visual Basic 仍然可以调用 Windows API 与 DirectX 等组件，不过就更要小心跨平台的问题。因为有些 API 在 Windows 95/98 及 Windows 2000/XP/Vista 上略有不同，也就是说，如果使用了 Windows API，可能连 Windows 系列的操作系统平台都无法跨越。

10-3-2　语言特性

Visual Basic 没有 C/C++中一些隐含易错的语法，例如数据类型转换问题。如果程序设计人员忽略了数据类型转换的问题，通常程序会自动转换处理，而且 Visual Basic 中没有指针，几乎所有的设置都可以使用默认值。另一方面，Visual Basic 的语法关键词比 C/C++更贴近于人类语意。下面是一小段 Visual Basic 程序。

```
Private Sub Form_KeyDown(KeyCode As Integer, Shift As Integer)
    ' 指定横向地图的区域进行贴图
    Form1.PaintPicture Picture1, 0, 10, w, h, _
```

```
        Xc - w / 2, 0, w, h, vbSrcCopy

    If KeyCode = 39 Then ' 如果按下向右键
        Xc = Xc + 10
    ElseIf KeyCode = 37 Then ' 如果按下向左键
        Xc = Xc - 10
    End If

    ' 判断是否遇到地图的左右边界
    If Xc < w / 2 Then
        Xc = w / 2
    ElseIf Xc > 1600 - w / 2 Then
        Xc = 1600 - w / 2
    End If
End Sub
```

除了语法简单之外，Visual Basic 最令初学者欢迎的便是其编程环境，它提供了许多现成的控件，初学者只要使用鼠标拖曳的方式就可以轻松完成界面设计，而各种预设工具窗口使得用户设置的窗口界面更为直观。

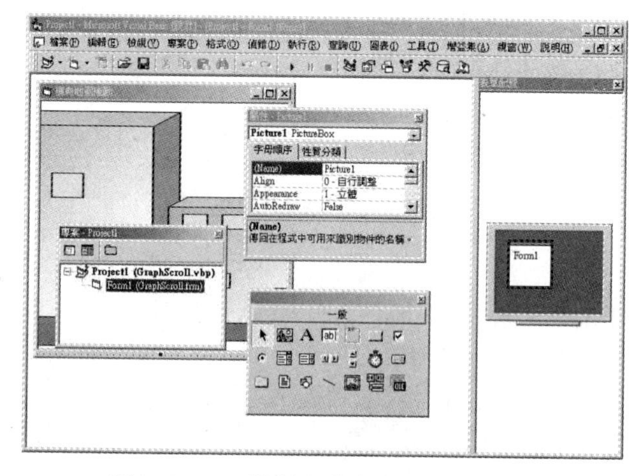

Visual Basic 提供各种方便的工具窗口

当程序语言越简单越方便使用时，其“功能有限”的缺点就越发明显，Visual Basic 在设计中、大型程序时，确实会让人觉得束手束脚。虽然 Visual Basic 宣称其具有面向对象功能，但是多数程序设计人员都知道这只是个口号，Visual Basic 并不具备完整的面向对象功能，在 6.0 之后的 Visual Basic.NET 中才具有较好的面向对象功能。

10-3-3 Visual Basic 与游戏设计

一般说来，使用 Visual Basic 开发游戏相当方便，然而方便的背后就隐藏了更多的细节、包含了更多的控件代码，因此 Visual Basic 所开发的程序有一个致命的缺点——慢，尤其是在图像与绘图的处理速度上，而这偏偏又影响到游戏中最重要的元素——流畅度。因此早期的游戏都不建议使用 Visual Basic 来编写程序，只是应用在一些小游戏的设计上。

或许是为了鼓励程序设计人员多使用 Visual Basic 来编写游戏，微软在 DirectX 7.0 之后提供了 Visual Basic 调用的接口机制，使得 Visual Basic 可以跳过操作系统直接访问绘图设备、输入输出设备、音效设备，这使得 Visual Basic 在绘图、设备数据的读取上都有了明显的速度提升，结合 Visual Basic 本身简单易用的功能，使得使用 Visual Basic 设计游戏的程序人员有了明显的增加。

尤其是对于一些需要进行图像绘制的 CAI 程序，经常使用 Visual Basic 来编写。毕竟由于先天上的限制，在大型游戏的开发上，Visual Basic 仍不足以胜任。在本书最后的游戏项目部分，有些笔者与团队成员以 Visual Basic 设计的游戏程序。下图是笔者团队成员使用 Visual Basic 和 DirectX 制作出的横向卷轴射击游戏——空中大战。

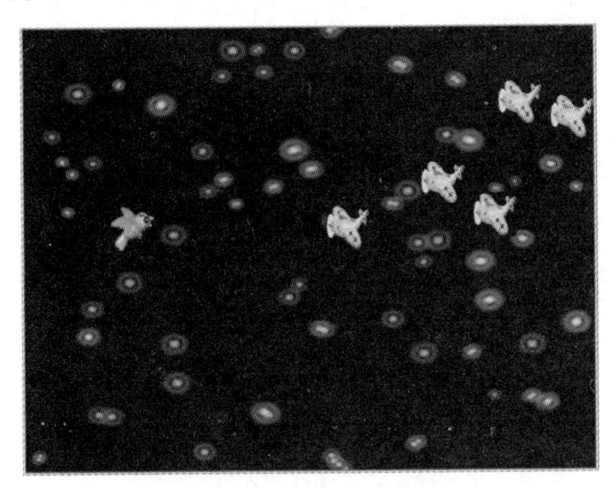

进行追逐 AI 计算，朝玩家角色慢慢逼近

10-4　Java 程序语言

Java 程序语言以 C++的语法关键词为基础，由 Sun 公司所提出，其计划一度面临停止，然而后来却因为因特网的兴起，使得 Java 顿时成为当红的程序语言，这说明了 Java 的程序在因特网平台上拥有极高的优势。Java 具有跨平台的优点，非常适合拿来进行游戏制作，事实上也早有一些书籍专门用来介绍 Java 在游戏设计上的应用。

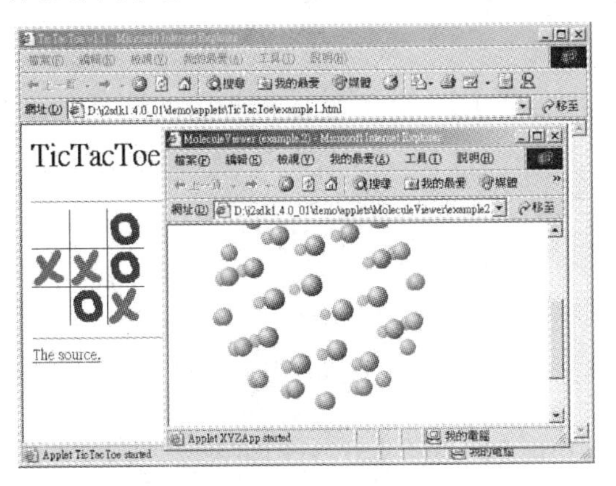

运用 Java 程序编写出来的网络小游戏

10-4-1 执行平台

Java 程序具有跨平台的能力，相信这句话对于多数的程序设计人员来说都没有异议，这里所谓的跨平台，指的是 Java 程序可以在不重新编译的情况下，直接在不同的操作系统上运作，这个机制之所以可以运行在于“字节码”（Byte Code）与“Java 执行环境”（Java Runtime Environment）的配合。

Java 程序在撰写完成后，第一次进行编译时会产生一个与平台无关的字节码档案（扩展名.class）字节码是一种贴近于机器语言的编码，这个档案若要能加载内存中执行，计算机上必须安装有 Java 执行环境，Java 执行环境与平台相依，会根据该平台对字节码进行第二次编译，转换为该平台上可理解的机器语言，并在加载内存中得以执行。

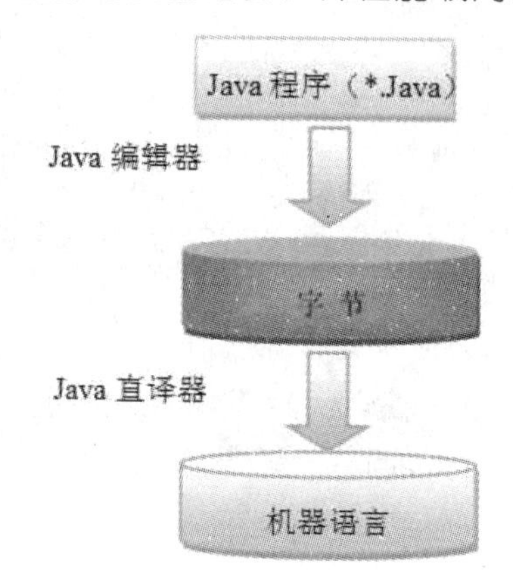

Java 程序的执行流程

Java 执行环境是建构于操作系统上的一个虚拟机，程序设计人员只需要针对这个执行环境进行程序设计，至于执行环境如何与操作系统进行沟通则是执行环境自身的问题，程序设计人员无须理会，程序设计人员只要利用 Java 所提供的类别库与 API，避免使用第三方所提供的组件或调用操作系统程序，基本上就可以达到跨平台的目的，如下图所示。

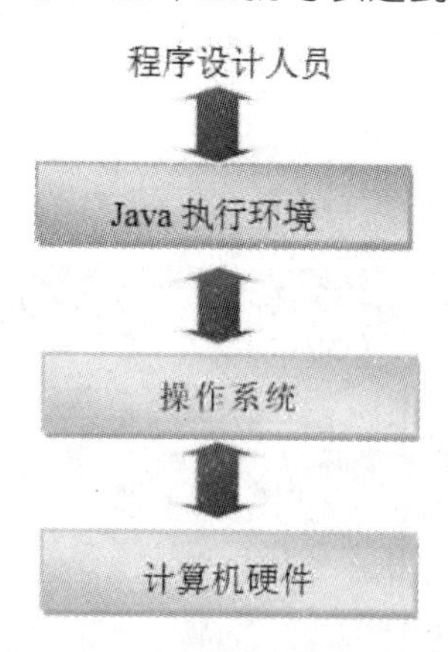

程序设计人员只要针对 Java 执行环境进行设计即可

Java 程序若应用于游戏上，则可以有两种展现的方式，一种是运用窗口应用程序，另一种是使用 Applet 内嵌于网页中。但其实它们两者都是相同的，因为 Applet 程序基本上也算是一种窗口程序的展现方式，我们前面所看到的 Java 程序执行图片就是使用 Applet 的方式，而我们也可以利用纯窗口的形式来展现，如下图所示。

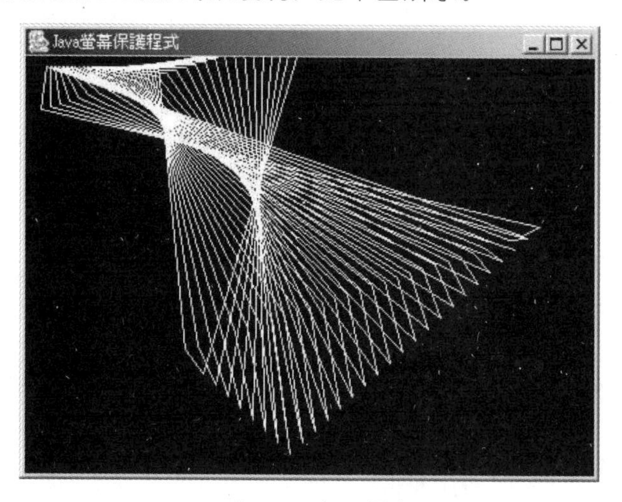

一个 Java 窗口程序

由于 Java 程序可以用 Applet 的形式内嵌于网页之中，使用者浏览到 Java Applet 程序的网页时，会将 Applet 程序文件下载，然后由浏览器启动 Java 虚拟机以执行 Java 程序，所以在这方面我们可以称 Java 程序是以网络作为它的执行平台。

10-4-2　语言特性

Java 程序是以 C++的关键词语法为基础，其目的在于使得 C/C++的程序设计人员能快速入手 Java 程序语言，而 Java 也过滤了 C++中一些容易犯错或忽略的功能，例如指针的运用，并采用“垃圾收集”（Garbage Collector）机制来管理无用的对象资源。这些都使得从 C/C++入手 Java 程序极为容易，并且编写出来的程序更为稳固不易发生错误，以下是一小段的 Java 程序语言内容参考：

```
public static void main(String args[])
{
    ex1103 frm = new ex1103();
}

private void check()
{
    for(int i = 0; i < p.length; i++)
    {
        if(p[i].px < 0 || p[i].px > 400)
            p[i].dx = -p[i].dx;
        if(p[i].py < 10 || p[i].py > 300)
            p[i].dy = -p[i].dy;
    }
}
```

大家如果没有详细观察一些小地方，看来确实与 C/C++语法一模一样。Java 与 C/C++在语法上最大的不同点在于 Java 程序完全面向对象语言，跟 C++只具面向对象功能不同。编写 Java 程序的第一步就是定义类别（class），若非考虑执行速度，Java 程序其实相当适用于中大型程序的开发。

10-4-3 Java 与游戏设计

执行速度永远是游戏进行时的一个重要考虑，而这正是对 Java 程序最不利的地方，Java 程序设计人员对 Java 程序执行速度的普遍评价跟 Visual Basic 一样，就是一个慢字可以形容。由于 Java 程序在执行前必须经过第二次编译，且 Java 程序只有在需要使用到某些类别库功能时才加载相关的类别，这虽然是为了资源使用上的考虑，但动态加载多少造成了执行速度上的拖累。

在历经数个不同版本的改进与功能加强之后，Java 程序本身无论是在绘图、网络、多媒体等各方面都提供有相当多的 API 链接库，甚至包括了 3D 领域，所以使用 Java 程序来设计游戏可以获得更多的资源，而 Java 程序可以使用 Applet 来展现特性，使其具有更大的发挥空间。下图是将单机程序在浏览器上执行的状况：

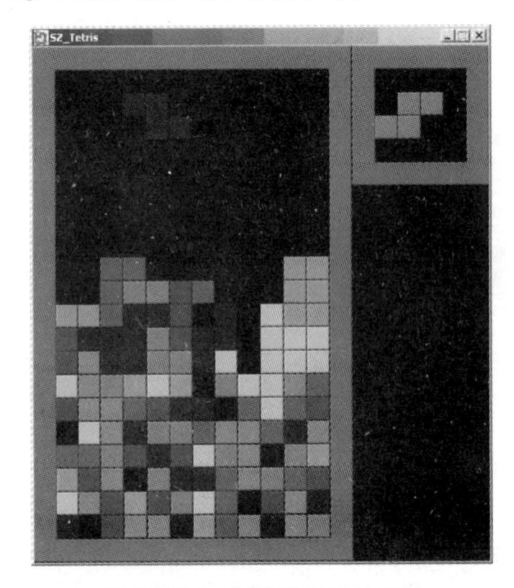

俄罗斯方块游戏执行画面

另外，为了 Java 设计的整合开发环境相当的多，例如商业软件的 Visual J++、JBuilder，非商业软件的 Forte、NetBeans 等，不过就目前来说，Java 应用于中、大型游戏的例子不多，所以其集成开发环境对游戏设计的影响并不大。

10-5 Flash 与 ActionScript

Flash 是一套由 Macromedia 公司所推出的动画设计软件，因为是采用向量图案来产生动画效果，所以具有文件容量小的优点，非常适用于网络上的传输。Flash 主要的舞台是在网络，它可以内嵌于网页之中，也可以编译为 Windows 中可单独执行的 exe 文件，要执行 Flash 动画的话，用户的计算机中必须安装 Flash Player 播放器。下图是我们制作的 Flash 动画画面：

Flash 动画

近年来，Flash 在网络动画领域创出了一片天，网络上的动画有一个先天的限制，就是图片文件的容量不能太大，而 Flash 则利用每一个可重复利用的图片片段，加上补间动画方式来达到图片使用量的最小化，且 Flash 可以对图片进行压缩，并针对已下载的图片先加以播放，而无须等到所有的图片都下载完毕。

补间动画的基本原理是利用“时间轴”，也就是在每个时间片段上设定动画的起点与终点，并设定图片的移动轨迹，而中间的移动过程则由播放程序自行计算，因此即使是复杂的轨迹运动，所使用到的图片也永远只有一张。下图是时间轴与移动轨迹的基本示意图：

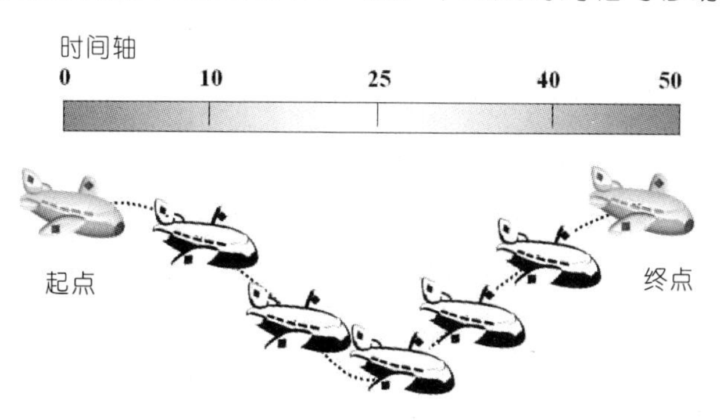

Flash 动画制作的基本原理

Flash 这种动画制作的方式可以节省大量图片文件的应用，且对于程序设计人员来说，时间轴与移动轨迹的设计更省去了一些对于贴图动作的程序设计成本，所以有的程序设计人员开始尝试利用 Flash 来制作一些小游戏，没有想到意外的受欢迎。

10-6　OpenGL

在一款广受玩家喜爱的游戏中，绚丽的 3D 场景与画面是绝对不可或缺的要素。当然，这必须充分依赖 3D 绘图技术的完美表现，包含了模型、材质处理、画面绘制、场景管理等工作。

Direct3D 对于 PC 游戏玩家是相当熟悉的字眼。由于 PC 上的游戏大多使用 Direct3D 开发，因此要运行 PC 游戏，就必须拥有一张支持 Direct3D 的 3D 加速卡。3D 加速卡说明中大多注明了支持 OpenGL 加速。

Tips Direct3D 图形函数库是利用 COM 接口形式来提供成像处理，所以其架构较为复杂，而且稳定性也不如 OpenGL。另外，Microsoft 公司又拥有该函数库的版权，所以到目前为止，DirectX 只能在 Windows 平台上才可以使用 Direct3D。

OpenGL 是 SGI 公司于 1992 年提出的一个开发 2D、3D 图形应用程序的 API，是一套“计算机三维图形”处理函数库，由于是各显卡厂商共同定义的函数库，所以也称得上是绘图成像的共同标准，目前各软硬件厂商都依据这种标准来开发自己系统上的显示功能。读者可以从 http://www.opengl.org 下载 OpenGL 的最新定义文件。

Tips 计算机三维图形指的是利用数据描述的三维空间经过计算机的计算，再转换成二维图像并显示或打印出来的一种技术，而 OpenGL 就是支持这种转换计算的链接库。

事实上，在计算机绘图的世界里，OpenGL 就是一个以硬件为架构的软件接口，程序开发者可通过应用程序开发接口，再配合各图形处理函数库，在不受硬件规格影响的情况下开发出高效率的 2D 及 3D 图形，有点类似 C 语言的“运行时库”（Runtime Library），提供了许多定义好的功能函数。因此程序设计者在开发过程中可以利用 Windows API 来存取文件，再以 OpenGL API 来完成实时的 3D 绘图。

10-6-1 OpenGL 发展史

SGI 公司于 1992 年 7 月发布了 OpenGL 1.0 版，其后又分别于 1995 年 12 月发布了 OpenGL 1.1 版，1999 年 5 月发布了 OpenGL 1.2.1 版，2003 年 7 月发布了 OpenGL ES（OpenGL for Embedded Systems）版。这些都是 OpenGL 的嵌入式版本，与 Sun 公司的 Java 2 平台搭配，可勾勒出未来 3D 游戏的新标准，目前 OpenGL 桌上型版本为 4.5 版，嵌入式平台的最新版本 OpenGL 3.1 版。

OpenGL 后来被设计成独立于硬件与操作系统的一种显示规范，它可以运行于各种计算机和操作系统上，并且能在网络环境下以客户/服务器（C/S）模式工作，它是专业图形处理与科学计算等高级应用领域的标准图形函数库。它在低级成像应用上的主要竞争对手是微软的 Direct3D 图形函数库。而 3D 的主要优势就在于处理运算速度，但是现在价格低廉的显卡也都可以提供很好的 OpenGL 硬件加速了，所以现在做 3D 影像处理就不必只局限于使用 Direct3D。在专业图形的高级应用下，游戏等低级的应用程序也有开始转向 OpenGL 的趋势，我们相信 Direct3D 与 OpenGL 两雄相争的局势在未来仍然不会改变。

10-6-2 OpenGL 函数说明

OpenGL 可分为程序式（Procedural）与描述式（Descriptive）两种绘图 API 函数，程序

开发者不需要直接描述一个场景，只需规范一个外观特定效果的相关步骤，而这个步骤是以 API 的方式去调用即可，其优点是可移植性高，绘图功能强，可调用的函数和命令超过 2000 个。为了协助程序设计师方便地使用 OpenGL 来开发软件，还开发了 GLU 与 GLUT 函数库，将一些常用的 OpenGL API 再做包装。

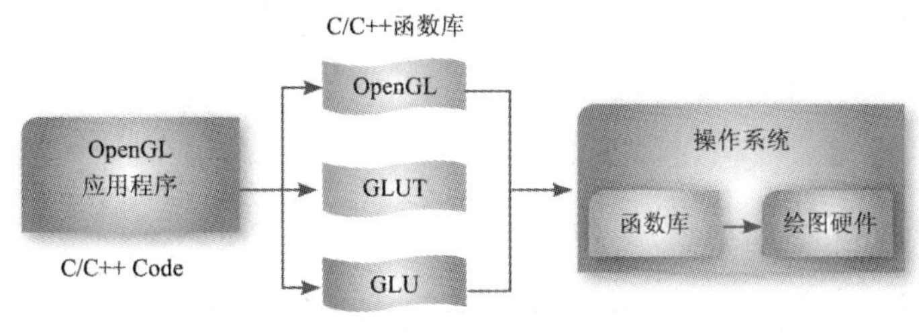

OpenGL 函数库

- GLU 函数库（OpenGL Utility Library）：GLU 是用来协助程序设计师处理材质、投影与曲面模型的函数库。
- GLUT 工具库（OpenGL Utility Toolkit）：GLUT 主要用于简化窗口管理程序代码的编写。不只是 Microsoft Windows 系统，还包括支持图形界面的其他操作系统，如 Mac OS、X-Window（Linux/Unix）等，因此使用 GLUT 来开发 OpenGL 程序，可以降低移植到不同窗口形式的系统问题。另外，以 C++来编写窗口程序时，会使用 WinMain（）函数来建立窗口。

OpenGL 本身不包含窗口控制命令、窗口事件及文件的输入和输出，上述这些函数都可以使用 Windows 里所提供的 API 实现，可是由于 Microsoft 并不积极支持 OpenGL，所以 Windows 平台上负责处理 OpenGL 的动态链接库 OpenGL32.dll 仅支持到 OpenGL v1.1。

现在我们举一个 OpenGL 函数的实际应用来说明。例如 OpenGL 提供的 glShadeModel() 函数可以在物体上着色，下表列出了该函数的语法结构。

glShadeModel()函数的语法结构

简介	使用函数
函数名称	glShadeModel()
语法	void glShadeModel(GLenum mode)
说明	设置着色模式
参数	可指定为 GL_SMOOTH(默认模式)或 GL_FLAT

在 2D 模式中，如果以 GL_SMOOTH 着色，颜色具有平滑效果，而利用 GL_FLAT 着色则只能以单一颜色来显示。下面的程序代码第 6~23 行处理的是左边的四边形组件，以 flat shading 方式来着色，虽然不同的点定义不同的颜色，但却只有单色效果，而在第 25~43 行处理的是右边的四边形组件，通过 smooth shading 方式来着色，显得多彩缤纷。

```
01  void CreateDraw(void){
02      glClearColor(1.0f, 1.5f, 0.8f, 1.0);
03      glClear(GL_COLOR_BUFFER_BIT);
04
05  // 左边的四边形，以 FLAT 方式着色
```

```
06  glShadeModel(GL FLAT);
07  glBegin(GL QUADS);
08      //蓝色
09      glColor3f(0.0f, 0.0f, 1.0f);
10      glVertex2f(-5.0f,20.0f);
11
12      //红色
13      glColor3f(1.0f, 0.0f, 0.0f);
14      glVertex2f(-5.0f,-20.0f);
15
16      //绿色
17      glColor3f(0.0f, 1.0f, 0.0f);
18      glVertex2f(-30.0f, -20.0f);
19
20      //黄色
21      glColor3f(1.0f, 0.0f, 1.0f);
22      glVertex2f(-30.0f, 20.0f);
23  glEnd();
24
25  // 左边的四边形，以 SMOOTH 方式着色
26  glShadeModel(GL SMOOTH);
27  glBegin(GL QUADS);
28      //蓝色
29      glColor3f(0.0f, 0.0f, 1.0f);
30      glVertex2f(30.0f,20.0f);
31
32      //红色
33      glColor3f(1.0f, 0.0f, 0.0f);
34      glVertex2f(30.0f,-20.0f);
35
36      //绿色
37      glColor3f(0.0f, 1.0f, 0.0f);
38      glVertex2f(5.0f, -20.0f);
39
40      //黄色
41      glColor3f(1.0f, 1.0f, 0.0f);
42      glVertex2f(5.0f, 20.0f);
43  glEnd();
44
45  glutSwapBuffers();
46  }
```

【执行结果】

2D 绘图中着色模式对操作结果的影响

在 3D 模式中，这个着色函数又有不同的表现。其中 GL_FLAT 表示同一个三角面的所有位置对光线皆以三角面的法向量计算，使得面与面之间会出现明显的接痕。GL_SMOOTH 需要较长的计算时间，画面看起来明显平顺许多。下图是本公司团队张简毅仁在他所著的“全方位 3D 游戏”中所举范例，左图使用 Flat Shading 模式，可以看到很明显的三角形；右图则使用 Gouraud Shading 模式，画面明显平顺许多。

Flat shading　　　　Gouraud Shading

3D 设计中着色模式对结果的影响

10-6-3　OpenGL 的运作原理

编写 OpenGL 程序，必须先建立一个供 OpenGL 绘图用的窗口，通常是利用 GLUT 生成一个窗口，并取得该窗口的设备上下文（Device Context）代码，再通过 OpenGL 函数来进行初始化。其实，OpenGL 的主要作用在于当用户想表现高级需求的时候可以利用低级的 OpenGL 来控制。下图显示的是 OpenGL 如何处理绘图中用到的数据。

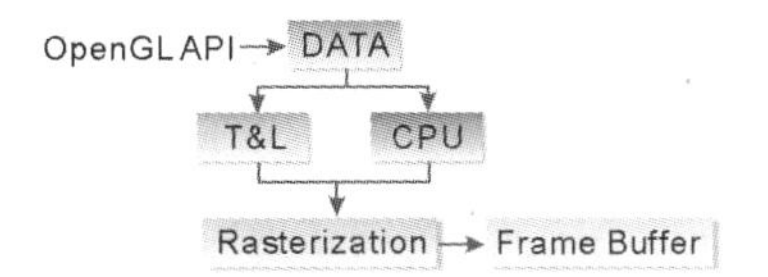

OpenGL 绘图数据处理过程

可以看出，当 OpenGL 在处理绘图数据时，它会将数据先填满整个缓冲区，这个缓冲区内的数据包含命令、坐标点、材质信息等，等命令控制或缓冲区被清空（Flush）的时候，将数据送往下一个阶段去处理。在下一个处理阶段，OpenGL 会做坐标数据“转换与灯光”（Transform & Lighting, T&L）的运算，目的是计算物体实际成像的几何坐标点与光影的位置。

在上述处理过程结束之后，数据会被送往下个阶段。在这个阶段中，主要工作是将计算出来的坐标数据、颜色与材质数据经过光栅化（Rasterization）技术处理来建立影像，然后将影像送至绘图显示设备的帧缓冲区（Frame Buffer）中，最后再由绘图显示设备将影像呈现于屏幕上。

例如，桌上有一个透明的玻璃杯，当研发者使用 OpenGL 处理时，首先必须取得玻璃杯的坐标值，包括它的宽度、高度和直径，接着利用点、线段或多边形来生成这个玻璃杯的外观。因为玻璃杯是透明的材质，可能要加入光源，这时将相关的参数值运用 OpenGL 函数进行运算，然后交给内存中的帧缓冲区，最后由屏幕来显示。

OpenGL 的绘 图处理过程

简单来说，OpenGL 在处理绘图影像要求的时候，可以将它归纳成两种方式，一种是软件要求，另一种是硬件要求。

■ **软件要求**

通常，显卡厂商会提供绘图设备接口（Graphics Device Interface，GDI）的硬件驱动程序来提出画面输出需求，而 OpenGL 的主要工作就是接收这种绘图需求，并且将这种需求构建成一种影像交给 GDI 处理，然后再由 GDI 送至绘图显卡上，最后绘图显卡才能将成果显示于屏幕上。也就是说，OpenGL 的软件需求必须通过 CPU 的计算，再送至 GDI 处理影像，再由 GDI 将影像送至显示设备，这样才能算是一次完整的绘图显像处理操作。从上述成像过程不难看出，这种处理显像的方法在速度上可能会降低许多。若想提升显像速度，必须让绘图显卡直接处理显像工作。

■ **硬件要求**

OpenGL 的硬件需求处理方式，是将显像数据直接送往绘图显卡，让绘图显卡去做绘图需求建构与显像工作，不必再经过 GDI，如此一来便能省下不少数据运算时间，显像的速度便可以大大提升了。尤其是在现今绘图显卡技术的提高与价格的下降成正比的时候，几乎每一张绘图显卡上都有转换与灯光（T&L）的加速功能，再加上绘图显卡上内存的不断扩充，绘图显像过程似乎都不需要经过 CPU 和主存储器的运算了。

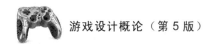

10-7 DirectX

在计算机硬件与软件都不发达的早期，要开发一款游戏或多媒体程序是一件十分辛苦的工作，特别是开发人员必须针对系统硬件（例如显卡、声卡或输入设备等）的驱动与运算自行开发一套系统工具模块，来控制计算机内部的操作。

例如，在运行 DOS 下的游戏时，必须先设置声卡的品牌，再设置声卡的 IRQ、I/O 和 DMA，如果其中有一项设置不正确，那么游戏就无法发出声音了。这部分设置不但让玩家伤透脑筋，而且对游戏设计人员也是件非常头疼的事，因为设计者在制作游戏时，需要把市面上所有声卡硬件数据都收集过来，然后再根据不同的 API 函数来编写声卡驱动程序。

> **Tips** IRQ（Interrupt Request）中文解释为中断请求。计算机中的每个组成组件都会拥有一个独立的 IRQ，除了使用 PCI 总线的 PCI 卡之外，每一组件都会单独占用一个 IRQ，而且不能重复使用。至于 DMA（Direct Memory Access）中文翻译成"直接存取内存"。

幸运的是，现在在 Windows 操作平台上运行的游戏，就不需要做这些硬件设备的设置了，因为 DirectX 提供了一个共同的应用程序接口，只要游戏本身是依照 DirectX 方式来开发的，不管使用的是哪家厂商的显卡、声卡、甚至是网卡，都可以被游戏所接受，而且 DirectX 还能发挥出比在 DOS 下更佳的声光效果，但前提是显卡和声卡的驱动程序都要支持 DirectX。

10-7-1　认识 DirectX SDK

DirectX 由运行时（Runtime）函数库与软件开发工具包（Software Development Kit, SDK）两部分组成，它可以让以 Windows 为操作平台的游戏或多媒体程序获得更高的运行效率，能够加强 3D 图形成像和丰富的声音效果，并且还提供给开发人员一个共同的硬件驱动标准，让开发者不必为每个厂商的硬件设备来编写不同的驱动程序，同时也降低了用户安装设置硬件的复杂度。

在 DirectX 的开发阶段，这两个部分基本上都会使用到，但是在 DirectX 应用程序运行时，只需使用运行时函数库。而应用 DirectX 技术的游戏在开发阶段中，程序开发人员除了利用 DirectX 的运行时函数库外，还可以通过 DirectX SDK 中所提供的各种控制组件来进行硬件的控制及处理运算。

现在微软也正在紧锣密鼓地开发第十版（Vista 中附有 DirectX 10 的 beta 版），目的是为了让 DirectX SDK 成为游戏开发所必备的工具。在不同 DirectX SDK 版本中，都具有不同的运行时函数库。不过，新版本的运行时函数库还是可以与旧版本的应用程序配合使用。也就是说，DirectX 的运行时函数库是可以向下兼容的。读者可通过 Microsoft 的官方网站 http://www.microsoft.com/downloads/免费获取最新版本的 DirectX 软件。

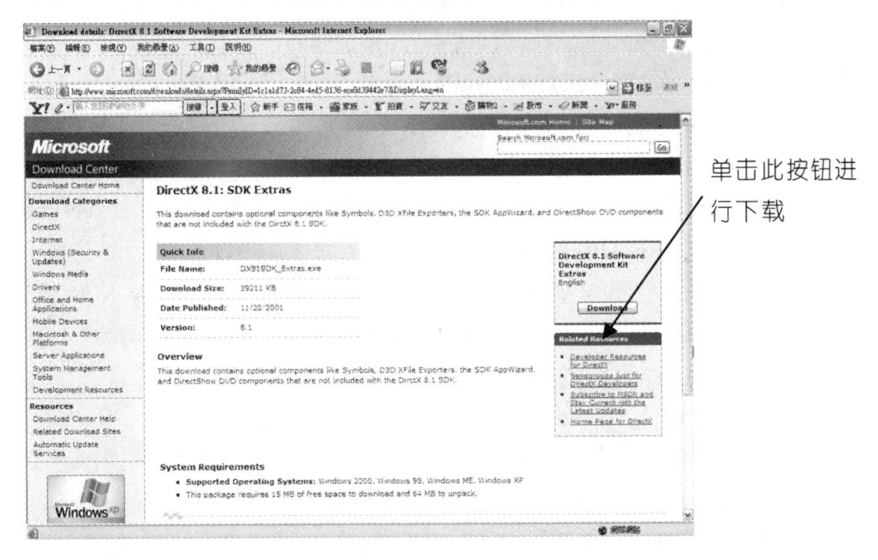

DirectX 下载页面

DirectX SDK（DirectX 开发包）由许多 API 函数库和媒体相关组件（Component）组成，下表列出了 DirectX SDK 的主要组件。

DirectX SDK 的主要组件

组件名称	用途说明
DirectGraphics	DirectX 绘图引擎，专门用来处理 3D 绘图，以及利用 3D 命令的硬件加速特性来发展更强大的 API 函数
DirectSound	控制声音设备以及各种音效的处理，提供了各种音效处理的支持，如低延迟音、3D 立体声、协调硬件操作等音效功能
DirectInput	用来处理游戏的一些外围设备，例如游戏手柄、GamePad 接口、方向盘、VR 手套、力回馈等外围设备
DirectShow	利用所谓的过滤器技术来播放影片与多媒体
DirectPlay	让程序设计师轻松开发多人联机游戏，联机的方式包括局域网络联机、调制解调器联机，并支持各种通信协议

利用 DirectX SDK 所开发出来的应用程序，必须在安装“DirectX 客户端”的计算机上才能正常运行。综上所述，DirectX 可被视为硬件与程序设计师之间的接口，程序设计师不需要花费心思去构想如何编写底层程序代码与硬件打交道，只需调用 DirectX 中的各类组件便可轻松制作出高性能的游戏程序。

10-7-2　DirectGraphics

众所周知，Windows 操作系统中建立了一组图形设备接口（Graphics Device Interface，GDI）绘图函数，它简单易学且适用于 Windows 的各种操作平台。但可惜的是，GDI 函数库并不支持各种硬件加速卡，因此对于某些追求高效率的应用程序（特别是游戏）而言，无法提供完美的输出质量。

DirectGraphics 是 DirectX 9.0 的内置组件之一，它负责处理 2D 与 3D 的图形运算，并支持多种硬件加速功能，让程序开发人员无须考虑硬件的驱动与兼容性问题，即可直接进行各种设置及控制工作，适合开发高互动的 3D 应用程序或多媒体应用程序。

在早期的 DirectX 中，绘图部分主要由处理 2D 平面图像的 DirectDraw 和 3D 立体成像的 Direct3D 组成。虽然 DirectDraw 确实发挥了强大的 2D 绘图运算功能，但由于 Directx 过多的繁杂设置与操作让初学者望而却步，使得早期的多媒体程序很少用 DirectX 技术开发。随着版本的更新与改进，在 DirectX 8.0 中已将 DirectDraw 及 Direct3D 加以集成，生成单独的 DirectGraphics 组件来应对 3D 游戏日渐普及化的趋势。

由于 DirectDraw 与 Windows GDI 在使用上相似且简单易学，用户可以利用颜色键去做透空处理，能直接锁住绘图页进行控制，使得它在 2D 环境的平面绘图上有相当不错的成绩。但是在 DirectX 8.0 之后的 DirectGraphics 组件中，它取消了 DirectDraw 原有的绘图概念，强迫开发人员使用 3D 平台来处理 2D 接口，3D 贴图与 2D 贴图是完全不一样的做法，而且比 DirectDraw 复杂。至于绘图引擎（Rendering Engine），这里指的是实际的绘图规则，将输入进来的指令执行后，结果显示在屏幕上。DirectGraphics 绘图引擎的架构如下所示。

DirectGraphics 绘图引擎的架构

坐标转换	参考世界（World）、相机（View）及投射（Projection）三种矩阵及剪裁（Viewport）参数，做顶点坐标的转换，最后得出实际屏幕绘制位置
色彩计算	依目前空间中所设置的放射光源、材质属性、环境光与雾的设置，计算各顶点最后的颜色
平面绘制	贴图、基台操作、混色，加上上两项计算的结果，实际绘制图形到屏幕上

例如，Direct Graphics 可以绘制的基本几何图形有下列 6 种：

Direct Graphics 可以绘制的 6 种几何图形

基本几何图形类型	内容说明
D3DPT_POINTLIST	绘制多个相互无关的点（Points），数量=顶点数
D3DPT_LINELIST	绘制不相连的直线线段，每 2 个顶点绘出一条直线，数量=顶点数/2
D3DPT_LINESTRIP	绘制多个由直线所组成的相连折线，第 1 个与最后 1 个顶点当作折线的两端，中间的顶点则依序构成转折点，数量=顶点数-1
D3DPT_TRIANGLELIST	绘制相互间无关的三角形，每个三角形由连续的三个顶点组成，通常用来绘制 3D 模型，数量=顶点数/3
D3DPT_TRIANGLESTRIP	利用共享顶点的特性，绘制一连串三角形所构成的多边形，第一个三角形由 3 个顶点组成，之后每加入新的顶点，与前一个三角形的后两个顶点组成新的三角形，常用于绘制彩带、刀光剑影等特效，数量=顶点数-2
D3DPT_TRIANGLEFAN	利用共享顶点的特性，绘制一连串三角形所构成的多边形。与前者不同的是，所有的三角形皆以第一个顶点与另两个顶点组成，第一个三角形由第一个顶点与第二、三个顶点组成，之后每加入新的顶点，与第一个顶点与前一个三角形的最后一个顶点组成新的三角形，看起来就好像扇形一样，通常用来绘制平面的多边形，数量=顶点数-2

例如，在 DirectDraw 时代，只要调用 BltFast 指定贴图的位置就能将图形文件贴到画面上，但是如果使用 DirectGraphics 来进行 2D 图形的绘制，其做法就大不相同。这种变化，在 DirectGraphics 出现的早期让许多爱用 DirectDraw 的软件工程师停滞不前。换个角度想，DirectDraw 除了简单外，要做出相当炫的特效，还需要自己动手写，而在 3D 硬件加速卡如此普及的今天，运用 3D 功能做出超炫的画面轻而易举，放着好端端的功能不用，游戏的精彩度早已输在起跑点上了。

10-7-3　DirectSound

在一些中小型游戏中，对音效变化的要求较高，但又不想声音文件过度占据存储空间，就可能采用 Midi 声音文件。Midi 格式文件中的声音信息不如 Wave 格式文件丰富，它主要记录了节奏、音阶、音量等信息，单独听 Midi 声音文件会觉得像是一个没有和弦的单音钢琴所弹出来的效果，甚至可以用难听来形容，早期的游戏很多就是使用 Midi 格式的声音文件，虽然效果不佳，但总比无声地进行游戏好上许多。然而随着软、硬件技术的突飞猛进，使得计算机在播放 Midi 格式音效文件时，可以进一步利用软件或硬件的计算功能进一步仿真 Midi 音效播放时中间搭配的和弦效果，使得 Midi 音效也能提供十分悦耳的音乐。这类加强 Midi 音效的软件或硬件，通常称之为“音效合成器”，它的工作原理就是将 Midi 音效加以仿真，并转换为 Wave 格式再通过声卡播放出来。

近期的一些游戏在开发时会采用 DirectX 技术来处理 Wave 与 Midi 声音文件，它们也提供了软件音效合成器的功能。也就是说，如果玩家的声卡已内置硬件音效合成器，就会直接使用硬件的音效合成功能，如果声卡不支持合成器功能，则多半使用 DirectX 的软件合成功能。

在 Windows 中提供了一组名为 MCI（Media Control Interface）的多媒体播放函数，其中包含了所有多媒体的公共命令。只要通过这些公共命令，就可以进行媒体的存取控制与播放操作。不过，在充满绚丽画面的游戏世界里，若想达到震撼人心的境界，还需适当的音乐陪衬才行，这时就感觉出 MCI 命令集的明显不足了。

DirectSound 的功能比 MCI 更为复杂、多元，它是一种用来处理声音的 API 函数，除了播放声音和处理混音外，还提供了各种音效处理的支持，如低延迟音、3D 立体声、协调硬件操作等，并且提供录音功能、多媒体软件程序低间隔混音、硬件加速，还可以存取音效设备。对于声卡兼容性的问题，可以使用 DirectSound 技术来解决。

在一般人的观念里，音效播放只局限于文件本身或是播放程序，然而 DirectSound 的一个音效播放区可分为数个对象成员，我们仅介绍几个较为具体的成员，它们分别是：声卡（DirectSound）、2D 缓冲区（DirectSoundBuffer）、3D 缓冲区（DirectSound3DBuffer）与 3D 空间倾听者（DirectSound3DListener）。要播放音效的话，计算机上必须安装声卡，DirectSound 会将声卡当作一个设备对象，一个对象负责处理一组音效运算，声卡对象等于是一个功能丰富的声卡，即使声卡上没有的硬件功能（例如音效合成器），声卡对象也可以自行仿真。

玩家的计算机上通常安装了一块声卡，所以在使用 DirectSound 时只会使用一个声卡设备对象，而在多任务操作系统中，会使用到声卡的程序并不只有游戏本身，在只有一张声卡的情况下，用户必须亲自处理声卡与其他程序共享的协调问题，不过在使用 DirectSound 时就无须担心这个问题了，它会自行处理声卡的共享协调问题。

声音文件原本是在硬盘或光盘中，要播放时必须先把声音文件加载到内存，内存的位置可能是在声卡上，也可能是在主存储器中，这点不用担心，只要把声音文件加载到缓冲区对象中就可以了。缓冲区对象就相当于声卡对象上的内存，至于是应该使用声卡上的内存还是主存储器，DirectSound 会自行判断，如果硬件内置有内存则会尽量使用它来建立缓冲区。DirectSound 除了提供基本的 2D 音效之外，还提供 3D 音效的仿真功能，3D 缓冲区可以用来存放 3D 声音文件，DirectSound 将声卡对象实例化为一个实体的声卡，而 2D 缓冲区与 3D 缓冲区则实例化为这个声卡上所提供的 2D 音效芯片与 3D 音效芯片。下图所示为声卡及其中的 2D 缓冲区对象、3D 缓冲区对象。

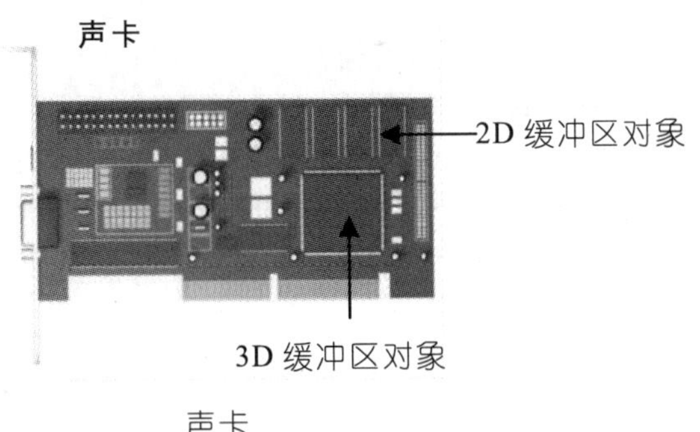

声卡

对于 3D 音效而言，倾听者的位置不同，听到的音效感觉就不同。举例来说，音源播放的方向如果在倾听者的前方或后方时，倾听者所听到的声音方向或音量大小感觉就不相同，在过去运用 3D 音效往往必须使用多声道喇叭或支持多声道输出的声卡，然而 DirectSound 将倾听者也实例化为一个对象，通过设置 3D 倾听者对象的位置信息，玩家只要使用耳机或一般的喇叭，就可以体验到 3D 音效的效果，而程序设计本身并不需要使用复杂的计算公式或算法。

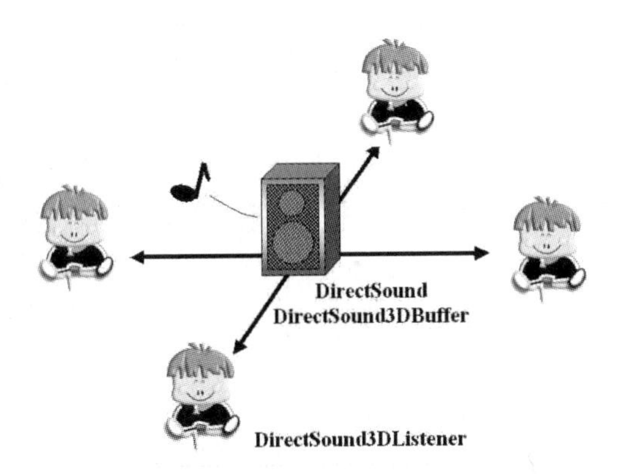

DirectSound3DListener 的具体示意图

10-7-4　DirectInput

DirectInput 是用来处理游戏外围设备的设备，例如游戏手柄、GamePad 接口、方向盘、VR 手套、力回馈等外围设备。DirectInput 的出现，是让计算机游戏摇身一变走向电视游戏机的一个重大标志。它可以与硬件直接交流，轻松地读取游戏手柄的资源，也可以使用方向盘、飞行器、跳舞机等，给玩家一个轻松的游戏操控环境。

可能有些程序基础较好的读者会有疑问：“为什么不直接使用 Windows 提供的信息或 API 函数来取得用户的输入状态？”答案很简单啊！因为 Windows 的应用程序主要采用消息队列（Message queue）的方式，每一个信息依照次序被读取并进行处理。如果通过键盘信息如 WM_KEYDOWN 或是 WM_KEYUP 来处理键盘按键状态，会导致读取键盘的操作缓慢，进而影响到游戏的操作，这在动作与射击游戏中是一个很大的缺陷。而通过 DirectInput

可以实现不通过操作系统直接对设备进行存取的行为，可立即响应目前的硬件状态，而不是必须要等待 Windows 传送过来的信息。

常见的游戏操作设备有 3 种：键盘、鼠标和游戏手柄。或许你还会想到一些特殊设备，例如枪支造型、球拍造型、推杆造型的操作设备（在进行撞球游戏时使用），然而对 DirectInput 对象来说，这些设备仍然被归类为游戏手柄的一种，所以不用预测玩家会使用什么样的设备，只要对 DirectInput 组件进行设置即可，至于它是如何控制不同的设备的，则无须设计者去费心。

DirectInput 组件对于操作设备是以“轴”与“按钮”来定义的，它将操作设备分为 3 类：“键盘”“鼠标”与“游戏手柄”。键盘即是我们常用的标准键盘，而各类鼠标（无论是光电鼠标还是普通机械鼠标）、数字板或是触摸屏，都归类为鼠标类操作设备，至于其他的设备，则都归类为游戏手柄类操作设备。

键盘不像鼠标或游戏手柄具有方向性，它属于没有轴的操作设备，但是键盘基本上具有 101 个以上的按键，所以键盘在 DirectInput 中的定义上属于“无轴”“多按钮”的操作设备。使用 DirectInput 来操作键盘比使用 Windows 事件来操作键盘拥有更多的优点，由于 DirectX 的成员可以直接存取目标设备而无须通过 Windows，所以使用 DirectInput 直接存取键盘设备会比使用 Windows 事件处理更快速，对于一些需要高速反应操作的游戏（如实时的 3D 格斗游戏），会使用 DirectInput 来进行键盘操作，另一个好处是可以运用更多的组合键来完成更多的键盘组合操作。

下面以键盘为例，建立一个大小为 256 字节的缓冲区，暂存每个按键的状态（按下或松开），并通过不断调用 GetDeviceState 的方法来读取键盘的状态将其存入缓冲区中，接着判断缓冲区中的内容即可知道有哪些按键是按下或是松开的。下面利用部分程序代码示范如何使用 DirectInput 的 GetDeviceState()函数，并以键盘为输入设备，让用户可以按“上”“下”“左”“右”键来控制窗口中小球的移动。

```
//读取键盘信息的程序片段
result = pDKB→GetDeviceState (sizeof (buffer) , (LPVOID) &buffer) ;
//取得键盘状态
    if (result != DI_OK)
        MessageBox ("取得键盘状态失败!") ;
    if (buffer[DIK_RIGHT] & 0x80)      //判断右箭头键是否被按下
        if (x+80 > rect.right)     //判断是否碰到右边缘
            x = rect.right - 60;
        else
            x+=20;
    if (buffer[DIK_LEFT] & 0x80)       //判断左箭头键是否被按下
        if (x-20 < -21)          //判断是否碰到左边缘
            x = -21;
        else
            x-=20;
    if (buffer[DIK_UP] & 0x80)         //判断上箭头键是否被按下
        if (y-20 < -21)          //判断是否碰到上边缘
            y = -21;
        else
            y-=20;
```

```
    if (buffer[DIK_DOWN] & 0x80)  //判断下箭头键是否被按下
        if (y+80 > rect.bottom)   //判断是否碰到下边缘
            y = rect.bottom-60;
        else
            y+=20;
    if (buffer[DIK_ESCAPE] & 0x80)    //判断 Esc 键是否被按下
    {
        KillTimer (1) ;         //删除定时器
        PostMessage (WM_CLOSE) ;  //结束程序
    }
}
```

【执行结果】

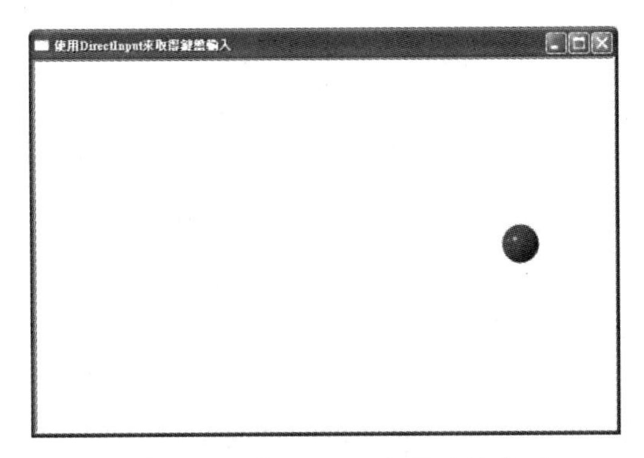

用键盘方向键控制小球运动的游戏

例如，大家所使用的鼠标具有两个或三个按键，由于鼠标的运作原理是利用轨迹球滚动或是光线相对位移（指光学鼠）来决定其移动量，所以操作上具有方向性，但是鼠标移动并没有原点依据，因此采用的是“相对轴”，所以在 DirectInput 的定义中，鼠标属于“多按钮”、使用“相对轴”的操作设备。通常在 DirectInput 中对于鼠标的移动，可以使用 4 个成员结构来表示，包括 x、y、z 与 buttons。其中 x、y 分别表示 x 轴与 y 轴的移动，而 z 表示移动量，buttons 是一个 0～2 的数组，用来表示鼠标左、右与中键。

DirectInput 并不使用 Windows 的信息产生事件，使用 DirectInput 来进行操作设备的管理有两种方式，一种是直接取得设备的状态，一种是设定缓冲区。两者各有其好处，实时数据可以读取设备的实时信息，但在程序忙碌时可能会读取到错误的操作或遗漏了信息。而使用缓冲区的话，每个操作信息都会被存储在缓冲区中，程序再由缓冲区中读取，如此操作信息不会遗漏，但用户必须自行处理缓冲区，缓冲区过大则会导致操作有延迟的效应，缓冲区过小则操作信息仍有可能被遗漏。

许多游戏杆是专门为某些特定游戏而设计的，因此并没有所谓的标准游戏杆规格，在 DirectInput 中对游戏杆的定义为“多轴”与“多按钮”的操作装置，无论该游戏杆长的多么怪异，操作方式多么复杂，都将其归类于轴与按钮的操作。在 DirectInput 中定义有两种游戏杆类型，一种为 6 个轴、32 个按钮的一般游戏杆，一种为 24 轴、128 个按钮的新型游戏杆。

通常操作 2D 或 3D 游戏使用的游戏杆多为支持 6 个轴的一般游戏杆，这 6 个轴主要是

3D 立体中的 x、y、z 轴，以及绕这三个轴的旋转轴，如下图所示。

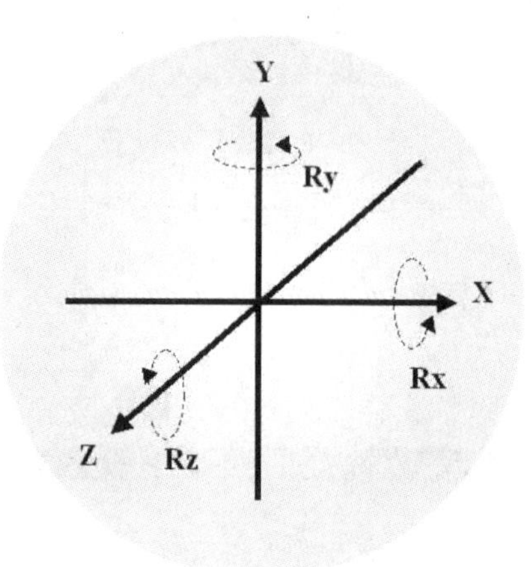

支持 6 个轴的一般游戏杆的轴判断方式

在上图中旋转轴的方向是使用右手来判定的，拇指是直角坐标轴正方向，而四指就是旋转轴正方向，不同的游戏杆对这 6 个轴的设计位置可能不相同，以手上的游戏杆为例，它的轴方向如下定义：

一个游戏杆可能的定义方向

在上图中我们将滑竿拿来作轴的操作，除了轴与按钮之外，游戏杆上还会设计有准星帽（Point-of-View，POV），轴操作要定义在滑竿或准星帽上，可以由玩家自行切换，至于切换的判断则是由游戏杆的驱动程序负责。在程序设计时专心于轴与按钮的操作即可，不用理会玩家的游戏杆到底如何设定，这也就是为什么玩家的游戏杆即使奇形怪状，设计者仍无须担心的原因。

10-7-5　DirectShow

如果游戏开发者要在程序中加入影像媒体播放效果，建议大家不妨使用 DirectShow 组件所提供的强大功能。DirectShow 是 DirectX 中负责多媒体文件播放的主要组件，它不仅使用简单，还支持 MPEG、AVI、MOV、MIDI、MP2 与 MP3 等多媒体格式。DirectShow 的运行方式不同于 DirectSound 与 DirectMusic 组件，它通过“过滤器”（Filter）技术来进行媒体文件播放。所谓过滤器技术，就是利用数据流将媒体文件输入到过滤器中，经过对应解压方式操作后，再以数据流方式将处理过后的数据输出。

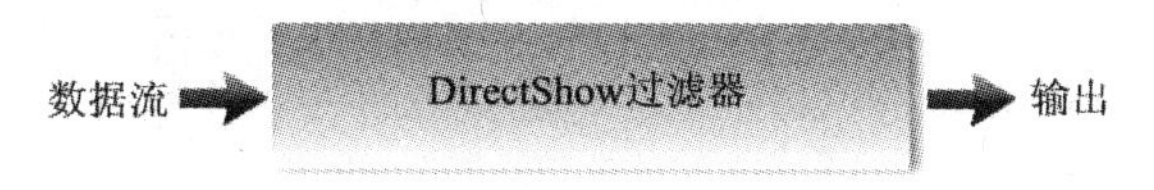

DirectShow 过滤器工作原理

例如，系统将 MPEG 格式的视频文件通过数据流方式输入到 DirectShow 过滤器中，过滤器再根据所输入的媒体格式进行解压处理，最后才将未经压缩的视频画面传送到显卡加以显示。

MPEG 视频文件在 DirectShow 中的播放方式

通常 DirectShow 组件可以拥有多组过滤器，这些过滤器用来负责不同媒体格式文件的运算处理。还可以相互组合使用，也就是使用者可将第一个过滤器的运算结果输出数据流，导向第二个过滤器作进一步处理。

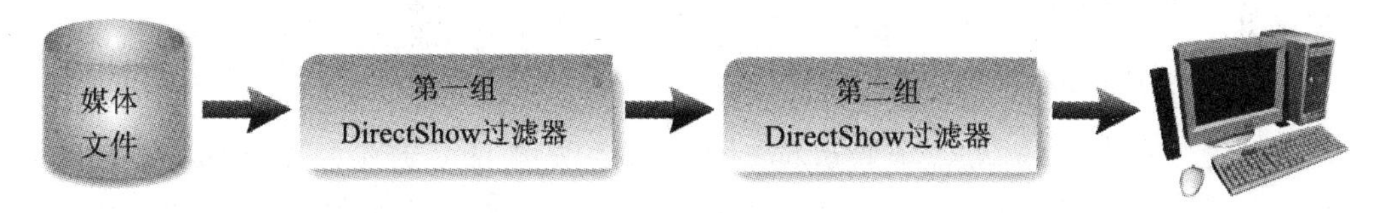

多个过滤器组合使用应用示例

DirectShow 是一个架构非常复杂的组件，但幸运的是它已经将这些复杂架构的创建过程与播放做得非常简单，所以很少有人去研究它的工作原理了。只要利用 RenderFile 与 Run 方法就可以开始播放动画，甚至 MP3 或 AVI 文件也可以。下图是本团队《新无敌炸弹超人》的片头动画画面，使用 DirectShow 播放该动画的部分程序代码如下所示。

```
//声明 DirectShow 必须使用到的对象
    IGraphBuilder *pGraph; //在 DirectShow 中的绘图对象
    IMediaControl *pMediaControl; //在 DirectShow 中的媒体控制对象
    IMediaEvent   *pEvent; //在 DirectShow 中的媒体事件对象

    CoInitialize (NULL) ;

    // 建立基本绘图对象及媒体播放对象
   CoCreateInstance (CLSID_FilterGraph, NULL, CLSCTX_INPROC_SERVER,
                    IID_IGraphBuilder, (void **) &pGraph) ;
```

```
pGraph→QueryInterface(IID_IMediaControl, (void **)&pMediaControl);
pGraph→QueryInterface (IID_IMediaEvent,  (void **) &pEvent) ;

// 读取媒体文件
pGraph→RenderFile (L"炸弹超人.mpg", NULL) ;

// 开始播放动画
pMediaControl→Run () ;

// 等待动画播放结束
long evCode;
pEvent→WaitForCompletion (INFINITE, &evCode) ;
```

【执行结果】

用 DirectShow 控制播放的片头动画

10-7-6　DirectPlay

DirectPlay 提供了控制网络上数据传输的函数，方便开发者作为设计多人联机游戏之用。虽然 Windows 中已经提供名为“Winsock”的网络组件，与其他 API 一样简单易学，不过许多基本工作（如联机建立、玩家管理、封包传递）还是得靠软件工程师自己动手 DIY，对于简单的小游戏使用起来相当方便，但如果要达到中型以上网络游戏的阶段，还是需要 DirectPlay。

DirectPlay 是为了满足近年来流行的网络游戏而开发的 API，它还支持许多通信协议，让玩家可以利用各种联网的方式来进行网络游戏，同时还提供网络聊天的功能以及保密的措施。

在使用 DirectPlay 来开发网络游戏时，DirectPlay 可以协助分析几种不同的通信协议之间的差异。简单地说，如果使用 DirectPlay，便可以编写一套支持 IPX、TCP/IP、序列、调制解调器，以及其他不同网络通信协议的程序代码，否则就必须自行开发这些不同且繁杂琐碎的通信协议程序代码。

课后练习

1. 集成开发环境有哪些好处?
2. 试说明使用 Visual Basic 来从事游戏设计的优缺点。
3. 请简单说明 Java 程序跨平台的能力。
4. 试说明 OpenGL 的特性与功能。
5. 为什么不直接使用 Windows 提供的讯息或 API 函数来取得使用者的输入状态?
6. 什么是 COM 界面?
7. MFC 的功能是什么? 试说明。
8. 请说明 Java 在游戏上的两种展现方式。
9. 试简单说明 Flash 的动画功能。
10. 什么是计算器三维图形?
11. OpenGL 有哪几种函数的分类?
12. 请简述 OpenGL 的运作原理。
13. 什么是 DirectGraphics?
14. DirectSound 组件的功能是什么?
15. DirectInput 组件对于操作设备的定义原则。
16. 试说明 DirectShow 的功能与播放原理。

第 11 章 细说游戏引擎

在现实生活当中，引擎就好比汽车的心脏，不仅影响着车子本身的性能与速度，还决定了车子的稳定性和特有的性能，而车子的行驶速度与驾驶者操纵的优越感都必须建立在引擎的基础上。游戏引擎是一种概略名称，玩家在游戏中所体验到的剧情、角色、美工、音乐、动画及操作方式等内容都是经由游戏引擎直接控制的。有些引擎只负责处理 3D 图像，比如《雷神之槌》（Quake3）、《毁灭战士》（Doom3）游戏。在游戏开发过程中，如果提供了绘图引擎函数库，程序设计师就不需浪费大量时间去处理繁杂的 3D 绘图与成像工作，可以专注于游戏程序的细节与性能设计。

Id Software 是 Doom 及 Quake 系列的研发商

目前的游戏引擎已包含图形、音效、控制设备、网络、人工智能与物理仿真等功能，游戏公司通过稳定的游戏引擎来开发游戏，可省下大量研发时间。例如，笔者公司曾花费高达 2000 万台币开发《巴冷公主》的 3D ARPG 引擎，事后评估发现，如果当时直接购买专业的游戏引擎可能更为划算。下图为《巴冷公主》游戏运行时的画面。

使用巴冷 3D ARPG 引擎开发的《巴冷公主》游戏画面

11-1　游戏引擎的角色

游戏引擎（Game Engine）在游戏中到底扮演什么角色？它对于游戏未来发展产生了哪些影响呢？简单地说，有了一套好的游戏引擎，游戏程序设计师便可以专注于游戏程序的细节与性能设计。游戏引擎在一套游戏中扮演的角色和汽车引擎类似，大家不妨把游戏引擎看成是事先精心设计的链接库搭配一些对应的工具，游戏中的剧情表现、画面呈现、碰撞的计算、物理系统、相对位置、操作表现、玩家输入行为、音乐及音效播放等动作都必须由游戏引擎直接控制。

在游戏产业发展最辉煌的时期，对于每一家游戏厂商而言，几乎都只关心要如何尽量多开发出一些新款的游戏，并且也都费尽心思要将这些游戏卖给玩家。尽管当时大部分游戏都显得有点简单粗糙，但是每一款游戏平均所开发的时间最少也要八、九个月以上，一方面受到当时成像技术的限制，另一方面也因为每一款游戏几乎都要从头撰写新的程序代码，以至于造成了大量的重复程序代码。

11-1-1　游戏引擎的特性

一些游戏开发者开始着手研究较为节省成本的方式，就是将前一款类似题材游戏中某些部分的程序代码，拿来作为新游戏的基本框架，以降低开发时间与成本，这也是早期发展游戏引擎的主要目的。像是日本 ENIX 公司（现在已经和 SQUARE 合并成 SQUARE ENIX）从 1986 年开始推出的勇者斗恶龙系列，从第一代到第四代都是使用相同的游戏引擎制作。

使用游戏引擎虽然比一般从设计底层制作容易，但仍有许多困难存在。目前市面上的游戏引擎往往伴随着昂贵的授权金，一般企业根本无法负担。基本上，每一款游戏都有属于自己的引擎，不过一套游戏的引擎要能够真正获得其他人的肯定，并且成为之后制作游戏的一项标准实在是不容易。由于早期引擎开发的难度不高，游戏公司通常都选择自行开发符合自己产品制作需求的游戏引擎。

由于目前有几种主机平台可以执行游戏，再加上每一种游戏平台有其基本的市场占有率，因此现在大部分游戏开发厂商会除了考虑单一主机平台外，也可以在设计时间将跨平台的因素考虑进去，达到设计单一游戏却可以在各种不同平台环境正常执行的效果，以扩大此游戏的市场占有率。

不过由于各种游戏主机平台的硬件设计不完全相同，如果希望所设计出来的游戏可以达到跨平台的目的，就必须设法将与平台相关的程序代码写入游戏引擎的函数库中。另外，3D 游戏引擎的设计也必须考虑目前市面上玩家所使用的各种 3D 图形加速芯片，因为这会影响到整个游戏的流畅度。

时至今日，游戏引擎越来越专业复杂，所呈现的分工效果也越来越惊人。针对如音效、网络、人工智能、影像与物理运算等不同需求部分，有许多不同的引擎被开发出来，就像框架打好后，关卡设计师、建模师、动画师可往里填充内容，让游戏设计公司能快速解决各个部分的开发问题。虽然有许多好处，但目前游戏引擎往往都是使用复杂的 API 或函数库，但函数库的使用对一般程序人员来说复杂度还是过高，增加了开发困难度。例如 Valve 公司所推出的游戏《战栗时空 2》（Half-life 2） 里的物理运算，就是使用的 Havok 物理引擎，至于其他部分，则是搭配上由 Valve 公司自行研发的 Source 引擎来建构整个游戏。

11-1-2 游戏引擎的发展史

尽管 2D 引擎有着相当悠久的历史，例如《异域镇魂曲》（Planescape：Torment）、《博德之门》（Baldur's Gate），但它们的应用范围还是被局限在《龙与地下城》风格的角色扮演游戏。严格来说，游戏引擎起源于公元 1992 年。当时《德军总部》这款游戏开创了第一人称射击游戏的大门。由其首推在 x 与 y 轴的基础上增加了一个 z 轴坐标，在宽度与高度所构成的平面上增加了一个向前与向后的深度空间，这个具有 z 轴的游戏画面对于一些习惯于 2D 游戏的玩家们来说可是一个史无前例的惊喜。

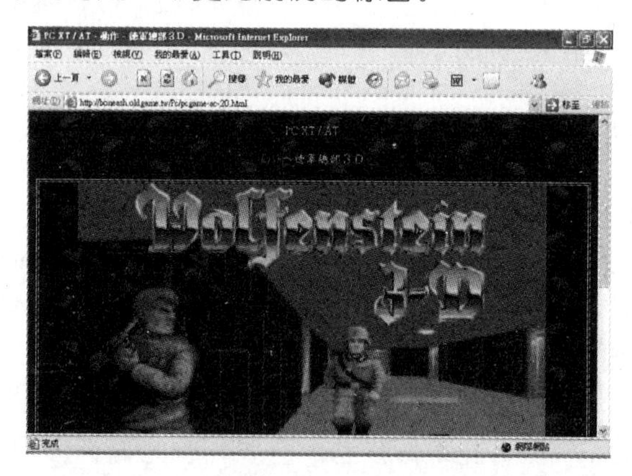

《Wolfenstein 3D》界面

在游戏引擎诞生初期，ID Software 公司同样发行了一款非常成功的第一人称射击游戏——《毁灭战士》（Doom）。尽管《毁灭战士》游戏的关卡还停留在以 2D 为主的空间，但它的引擎却可以使墙壁的厚度随意变化，路径的角度也可以任意设置，虽然 Doom 引擎在游戏画面上缺乏足够的细腻感，但是却可以表现出惊人的现场环境特效。

在 1993 年年底，Raven 公司取得 Doom 引擎的授权，这也成为第一个对外授权的商业引擎。在此之前，游戏引擎只是作为一种自产自销的开发工具，而且从来就没有一家游戏厂商考虑过要依靠游戏引擎来赚钱，不过由于 Doom 引擎的成功，这无疑也为游戏产业打开了另一片新天地。

接着于 1994 年，3D Realms（原名为 Apogee）公司使用了一个名为 Build 的引擎，并且该公司以 Build 引擎开发了《毁灭公爵》（Duke Nukem 3D）游戏。这款游戏就已经具备了所有第一人称射击游戏的所有标准技术。在毁灭公爵推出后不久，Id Software 推出了《雷神之槌》（Quake），这为 3D 引擎带来了突破性的发展。Quake 引擎不但是当时第一款完全支持多边形模型，还是联机游戏的始祖。在 Quake 推出一年之后，Id Software 公司又推出《雷神之锤 2》（Quake2）游戏。

《雷神之锤 2》采用了一套全新的引擎，这个引擎可以更充分地利用 3D 的加速效果与 OpenGL 技术，在图形成像和网络方面也有了更佳的效果支持。接下来 ID Software 公司意识到第一人称的游戏要有人与人之间的互动才有更多乐趣，于是他们在 Quake2 引擎的架构上加入了许多网络机制的成分，他们这种破天荒的做法推出了一款完全没有单人过关模式的网络游戏——《雷神之锤 3 之竞技场》（Quake 3 Arena），这个引擎直到多年后仍然被一些主流游戏选用。

在此还要补充一点，正当 Quake2 在独霸整个游戏引擎市场的时候，Epic 游戏公司的《虚幻》（Unreal）问世了。虽然当时的《虚幻》游戏只能在 300×200 的分辨率下运行，不过它却可以呈现出相当惊人的画面效果，在游戏中，除了可以看到精致的建筑物之外，还可以看到许多出色的特效。《虚幻》的游戏引擎可能是当时被使用最广的一款引擎。介绍至此，我们大致知道虽然游戏引擎的进化过程复杂且辛苦，不过这对于游戏而言，提高了游戏质量，从游戏的技术层面来说，游戏引擎也在不断地突破新技术。

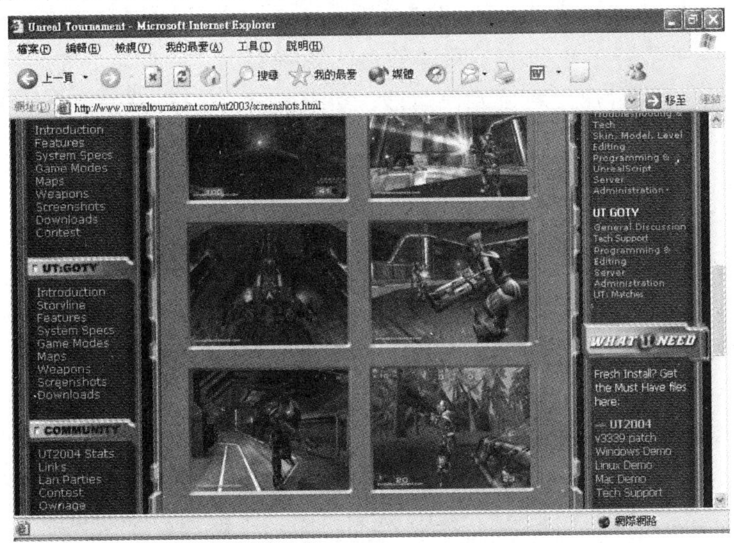

《Unreal Tournament》的游戏画面

11-1-3 游戏引擎的未来与 Unity3D

从游戏引擎的发展史可以看出，这几年推出的游戏引擎依旧延续了近几年来的发展趋势，它们不断追求游戏中的真实互动效果，例如 MAX-FX 引擎与 Geo-Mod 引擎追求游戏画面的真实感。MAX-FX 引擎是第一款支持辐射光影成像技术（Radiosity Lighting）的引擎，能为物体营造出一种十分真实的光影效果，还具有高超的人工智能演算功能。

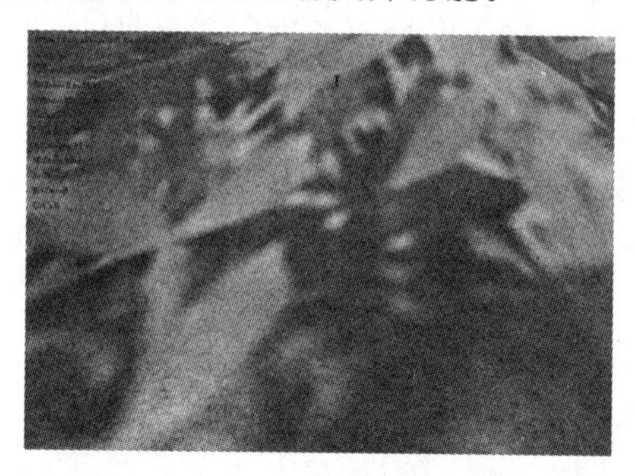

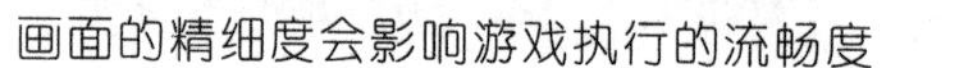

画面的精细度会影响游戏执行的流畅度　　3D 游戏的镜头设计不当会造成操控机制的缺陷

事实上，由于受到各方面技术的限制，3D 引擎要将第一人称射击游戏放入大型网络环境中的构想至少在目前还很难实现，目前只能在局域网上联机。一般而言，大型的网络游戏多半是流程节奏较慢的角色扮演游戏，目前所使用的游戏引擎都无法为数百名玩家同时参与大型战斗提供动态环境支持。一个好的游戏引擎，应该可以提供跨平台的游戏开发功能、最新的动画或绘图技术，以及实用的游戏制作工具。因此，目前利用 3D 游戏引擎来开发游戏可提高程序代码的重用性，并为游戏开发商降低成本，这已经成为一种新的游戏开发趋势。

在目前游戏产业竞争激烈的市场环境中，由于游戏引擎研发需要耗费大量的时间及金钱，所以现今的游戏开发商分成了两种截然不同的类型：一种是完全投入游戏引擎的开发，另一种是购买现成的游戏引擎来制作游戏。许多优秀的游戏开发商正在退出游戏开发的市场，转而进入引擎授权市场。

例如，Unity 3D 是目前广泛被业界使用的跨平台直观式的游戏引擎，是以 3D 为主的开发环境，而且开发界面以所见即所得的方式呈现，可用于开发 Windows、Mac OS、Linux 单机游戏或是 iOS、Android 等移动设备的游戏，甚至还可以开发在线游戏，在网页浏览器安装插件后即可执行。由于使用 Unity 来开发游戏不必具有太专业的程序技术，Unity 还能够跟其他厂牌的多媒体制作工具以及 Plug-in 搭配，包括 3D 建模、动画、手绘软件等，支持 AgeiaPhysX 物理引擎、粒子系统、光影材质编辑、地形编辑器等，并且拥有透过 RakNet 支持网络多人联机的功能与支持 DirectX 与 OpenGL 的图形优化技术。

由于 Unity 3D 操作简易，大幅降低了游戏开发的门槛，Unity 引擎最重要的好处是开发成本非常便宜，但却拥有华丽精彩的 3D 效果，给予玩家强烈的视觉享受，即使是个人工作室制作游戏也不再是梦想，相当受游戏业界的欢迎。不像其他游戏引擎的授权金动辄上百万，整套专业版 Unity 3D pro 的价格约在 3000 美金，最新版 Unity 5 于 2015 年 3 月 3 日发布，大家可从官方网站（http://unity3d.com/unity/download）下载 Unity3d 引擎。

Unity 教学网站

然而请大家记住，真正让玩家喜欢的游戏不一定需要最好的引擎。因为最后决定一款游戏是否成功的因素是使用技术的人而不是技术本身。但是我们也承认最好的引擎可以带来更多的可能，让看似天马行空的构想得以实现。游戏的精彩与否取决于故事内容的丰富性而不是框架。简单地说，游戏引擎只能为我们带来游戏技术的提升，而不能决定游戏是否更加好玩。

11-2　游戏引擎功能简介

游戏引擎在游戏中无可避免地必须要处理一些复杂运算，而设计时所选用的算法的优劣，会直接影响引擎的执行性能，并表现在整体游戏的质量与执行流畅度上。每一款游戏引擎所提供的功能和特性都不相同，不过大部分游戏引擎都会具备以下功能。

11-2-1　光影效果处理

光影处理是指光源对游戏中的人、地、物所展现的方式，也就是利用明暗法来处理画面，这对于游戏中所要呈现的美术风格有相当的影响力。在游戏中为了让这些物体或场景展现地更逼真，通常会加入光源。这和现实生活中的视觉一致，当人物或物体移动时，依光源位置的不同，会呈现出不同的影子大小及位置，而这些游戏中的光影效果必须依靠游戏引擎来控制。例如许多游戏为了达到半透明效果，都会采用 AlphaBlend 技术。另外，各物体间光线的折射与反射和光源的追踪都是光影处理的一环，除了刚才所陈述的基本光学的处理外，一些优秀的引擎还可以做到动态光源、彩色光源等进阶的光学行为。以下是巴冷 3D 引擎中对光影处理的效果图：

巴冷 3D 引擎中对光影处理的效果

例如，当游戏中的光线照射在游戏人物皮肤上会产生透射与复杂的光线反应和质感表现，甚至在光源移动时，还能观察到光线穿透人物皮肉较薄部分会呈现粉色的半透光现象。下图是本团队所开发的《英雄战场》游戏引擎中的光影处理效果。

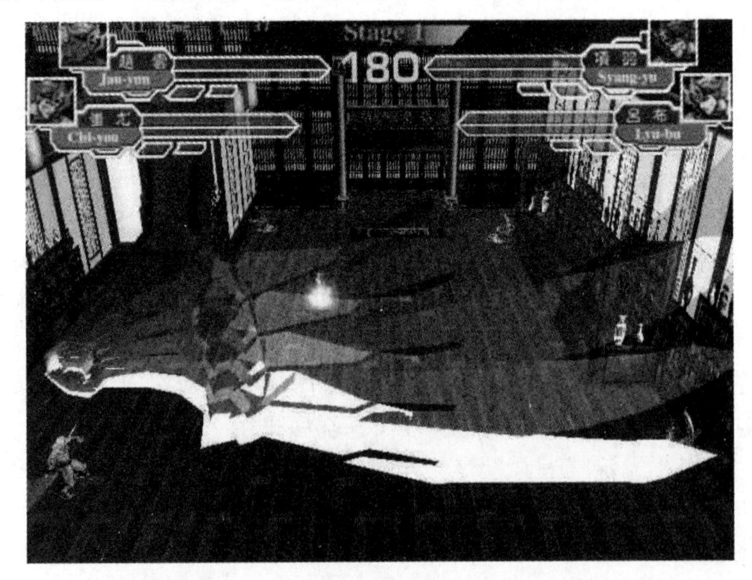

各物体间光线的折射与反射都是光影处理的一环

11-2-2　行为动画系统

功能完备的游戏引擎还必须包含行为动画系统，因为现实中角色的行为模式也被实现在游戏中，包含人物的行为模型而且具有路径规划及人物间的感情交流等。通常可以将行为动画系统区分成以下两种，方便动画设计者为角色设计一些丰富的动作造型。

■ 骨骼行为动画系统

骨骼行为动画是利用内置的骨骼数据带动物体而产生的行为运动，可以把骨骼系统看作是人体运动的仿真。例如，人体是由头、躯干、手臂、腿等部分所组成，而这些部分又可划分成更小的单元，如果分别为这些单元定义出相关的可能运动模式，就可以组成整个人体复杂的运动行为。下图所示为骨骼行为动画系统的一个示例。

骨骼系统是人体运动仿真的对象，引擎中要说明网格上各支点的骨骼牵动与控制

通常，对于视觉效果要求不高的 3D 游戏画面，这种骨骼行为动画系统比较节省计算机系统资源，而且运算速度快。不过，如果要在 3D 引擎中实现对精致度要求较高的动画系统，就需要预先制作好皮肤和骨骼的图像与关联表，并且记录下皮肤网格上各网格点分别受哪些骨骼的牵动与控制。下图所示为笔者所在团队的张简毅仁先生用骨架对象与反向运动（IK）对象来辅助机器人运动的设置。

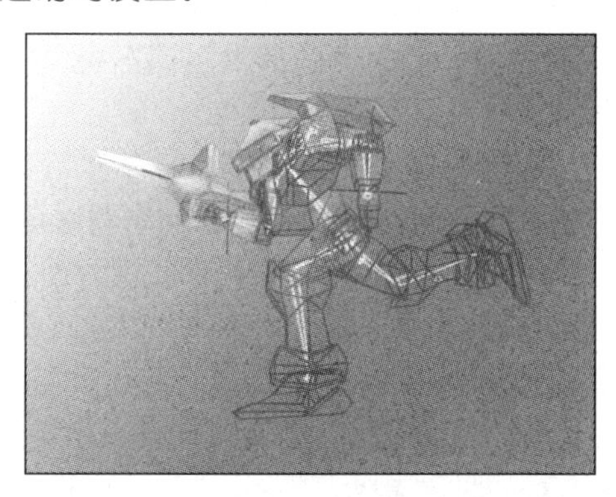

机器人的骨架与 IK 对象

经过外观制作、材质制作与画面成像设置后，最终的 3D 模型如下图所示。

最终完成的机器人模型

■ 模型行为动画系统

第二种行为动画系统是为角色模型设计一套完整的属性，由属性值来控制角色的行为动画，这种系统称为“模型行为动画系统”。我们知道，对于一个游戏中虚拟人物的仿真系统而言，核心技术就是如何在 3D 世界中有效地呈现与控制一个虚拟人物的行为模型。总的来说，如果想让游戏中角色的行为与动作更逼真，就必须设计适当的模型。

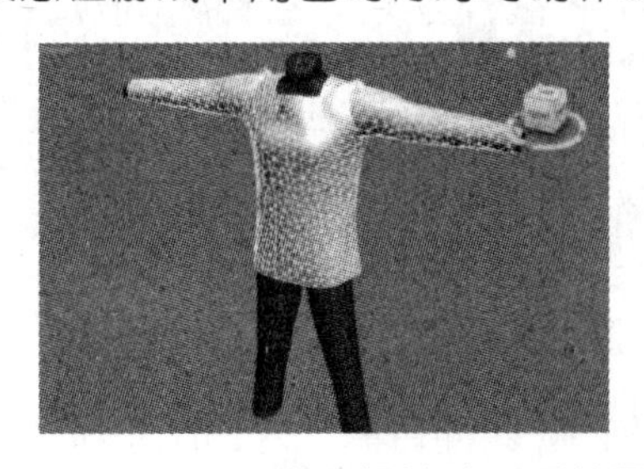

模型行为动画系统可仿真游戏人物的行为

11-2-3 画面成像系统

当游戏中的模型制作完毕后，美工人员会依照角色中不同的面，将特定的材质贴到角色中的每一个面上，再通过游戏引擎中的成像技术将这些模型、行为动画、光影及特效实时展现在屏幕上，这就是画面成像的基本原理。

画面成像在游戏引擎的所有环节中最复杂，而且它的运算结果可以直接影响最后输出的游戏画面。也就是说，成像引擎越细腻，最终生成的游戏画面就越有真实感，包括刮风、下雪等真实的天气变化，以及各种全新的地形环境。在游戏设计中，画面成像的视觉效果分为 3 种类型：2D、2.5D 与 3D。

2D 游戏的画面是以固定正视角为主，并且人物的移动通常只有水平左右与垂直上下之分，像《棒打猪头》《超级玛丽》二代、三代，以及早期任天堂的绝大多数游戏都是 2D 游戏。下图所示为一款 2D 游戏的平视效果图。

2D 游戏（平视）

2.5D 游戏则是利用了某种视角来欺骗人类的视觉，像下图中的小恐龙，它实际上是一个 2D 画面，因为采用的是 45° 视角（不是正视角），用户就产生了立体感的错觉。2.5D 游戏画面实质上是利用特殊的视觉为平面影像制造出三维效果。通常，2.5D 游戏的角色在移动上比 2D 游戏具备更多的方向，可以进行前进、后退、跳跃等动作。

2.5D 游戏画面可以带来 3D 视觉效果

理论上，全 3D 的游戏可以从各种角度来观看游戏中的角色。但通常为了简化游戏的制作，提高操作的便利性，3D 游戏会提供几个固定的角度供玩家切换，在切换到 45° 角时，如果只单看一张画面，很难分辨出是 2.5D 还是 3D 的。当然，必要时也可以平视游戏中的角色。下图是从不同角度观看 3D 角色的效果。

45° 角俯视

80° 角俯视

平视

3D 游戏画面

11-2-4 物理系统

游戏引擎中的物理系统可以让游戏中的物体在运动时遵循某些自然界中特定的物理规律。对于一套游戏来说，物理系统可以增添游戏的真实感。例如在许多赛车游戏中，早期的游戏是让所有的车辆共享简单且单一的物理系统，但近年来相同类型的游戏则尝试通过为每一个车辆赋予不同的物理系统来体验不同的驾驭感受，这也就集成了相当丰富的物理引擎模拟真实世界的驾驶体验，让游戏的丰富性与变化性大幅提高。

另外，在物理系统中会套用符合物理原理的算法，并在游戏中表现出需要表现的效果，例如对粒子爆炸、碰撞、风动效果、重力加速度等物理现象的模拟。在 3D 游戏引擎中，配合功能强大的物理系统和粒子系统，可以更加有效地处理游戏中物体间的各种碰撞，使整个游戏世界更为真实。下图所示为粒子系统在游戏中的两种截然不同的视觉感受。

粒子特效为游戏带来不同的视觉感受

当玩家操纵的角色或物体跳起时，游戏引擎会根据物理原理的相关参数来决定这些角色的弹跳行为。例如，在笔者所在公司设计的 3D 格斗游戏《英雄战场》中，人物跳起的高度及下降的速度都是由真实的物理定律所决定的，界面如下图所示。

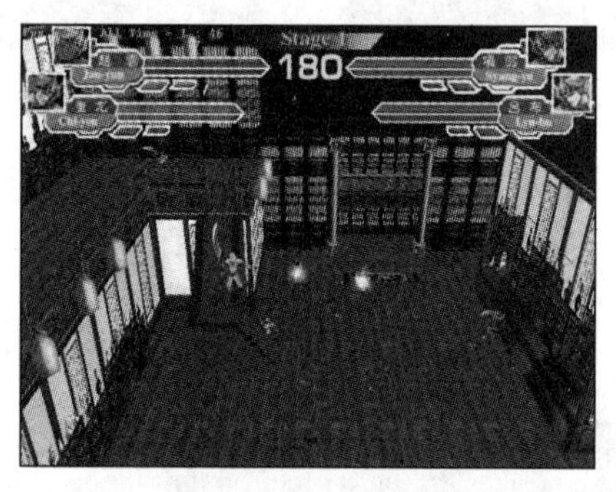

游戏中主角跳起的高度与速度是由物理定律决定的

碰撞侦测是从游戏引擎中的物理系统中分离出来的一个子系统，主要用来侦测游戏中各物体是否碰撞，并在有障碍物的环境中通过碰撞侦测与路径搜索计算物体的移动路径。碰撞侦测在游戏中应用的场合很多，比如人物走到窗口跟前就停下来，碰触到其他的物体就会往回走。碰撞侦测的作用就是决定当游戏中的两个物体接触后各自做出什么样的反应。如果没有碰撞侦测，子弹就永远不会击中主角的身体，而人物也可以像崂山道士那样穿墙而行。下图所示画面即是游戏中运用了碰撞侦测技术来控制角色运动路径的画面。

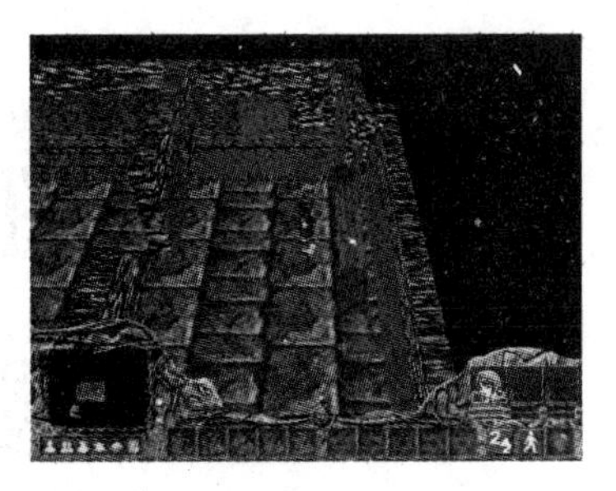

碰撞侦测可以确保物体间不会产生穿透现象

11-2-5　网络与输入装置

游戏引擎还有一个重要的职责，那就是它必须担负起玩家与计算机之间沟通的责任。游戏的输入来自玩家的键盘、鼠标、游戏杆或其他外部的输入信号，所以游戏引擎就必须要包含处理玩家输入信号的技术。另外，如果某些游戏还支持网络互连，那么网络功能也就会被包含在游戏引擎之中，负责管理服务器（Server）与客户端（Client）之间的网络通信。

下图所示即是笔者团队利用 DirectPlay 所提供的网络函数库设计的《炸弹超人》游戏，它提供了时下流行的 IPX 局域网与 TCP/IP 因特网的对战模式，无论是玩家单枪匹马独自作战，还是分组群体作战，相互抢夺宝物、厮杀对轰，都能享受到 8 人同时联机的互动乐趣。

DirectPlay 降低了网络游戏开发的复杂度

课后练习

1. 什么是游戏引擎？
2. 请说明光影效果处理的作用。
3. 通常可以将行为动画系统区分成哪两种？
4. 画面成像的基本原理。
5. 试描述 2.5D 游戏的特性。
6. 物理系统的作用是什么？
7. 请说明碰撞侦测应用的时机。
8. 请简述 MAX-FX 引擎的作用。
9. 试简述 Unity 3D 引擎的特点。

第 12 章 游戏编辑工具软件

多元化的游戏编辑工具软件可以协助开发人员进行数据的编辑与相关属性的设置，也有利于日后数据的除错。在游戏开发过程中，常需要一些实用的工具程序来简化或加速游戏团队成员的开发流程，而这些工具是为了游戏中的某一些功能而开发的，如地图编辑器、数据编辑器、剧情编辑器等。

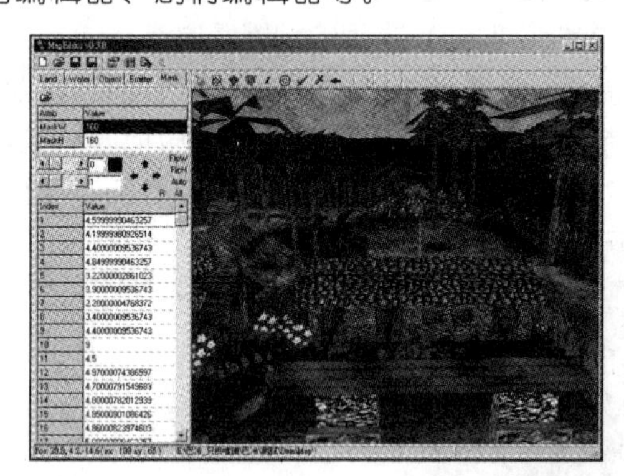
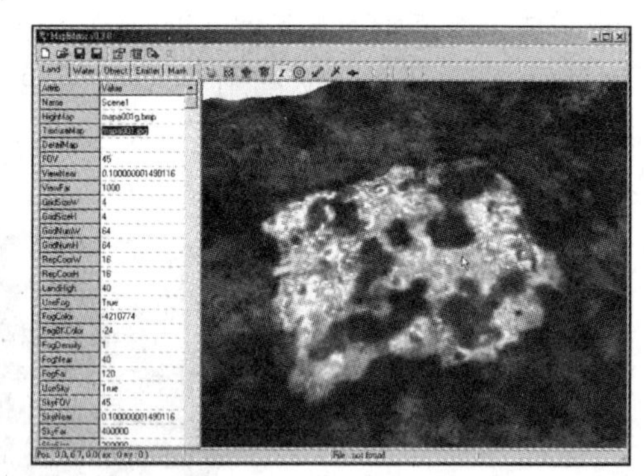

巴冷公主游戏的 3D 地图编辑器

例如，当游戏开发团队考虑到游戏整体的流畅度或者在建构 3D 场景时，经常因为没有实用与兼容的编辑工具软件而造成各团队包括企划人员、程序人员和美术人员间工作的牵制，延误了游戏制作的进程。

12-1 游戏地图的制作

一套游戏往往是一组策划团队绞尽脑汁的成果，并且是经过长时间修改编制而成的结晶。而游戏的灵魂就在于它的游戏背景。不管是过去、现在还是未来，都有一定的时代背景显示在画面上，基于时代背景的合理化条件，策划人员就必须将游戏场景里的所有地形、建筑物及对象归纳出来，并且配合美工人员进行图像的绘制。

梦幻城游戏地图的草图与完成图

当然，在一套大型游戏的开发过程中，美工人员不可能将每张大型图片都画出来供程序使用，通常是利用单一组件的表现方式来显示全场景的外观。例如，我们将一棵树的图片组件放置于场景中，如下图所示。

放置一棵树的图片组件

然后利用相同的手法将这棵树复制成很多组件，最后再贴到背景中，如下图所示。

将树复制成多个组件

在上述过程中，我们只使用一张背景地图与一张树组件图片，就完成了一个游戏场景的设计。如果再增加几个地图组件，那么游戏中的地图就会立刻显得丰富多彩了，如下图所示。

添加地图组件

12-1-1　地图编辑器

在游戏的制作过程中，无论是 2D 还是 3D 游戏，都需要使用地图编辑器来制作场景。首先策划人员将游戏中所需要的场景元素告诉程序设计师与美工人员，然后程序设计师利用美工人员所绘制出的图像来编写一套游戏场景的应用程序，最后把这个程序提供给策划人员用来编制游戏场景。

不管哪一种类型的游戏，只要牵涉到场景的地图部分，都可以利用这一原则来开发一套实用的地图编辑器。制作实用的地图编辑器，首要条件就是地图上的所有元素都必须以等比例绘制，也就是将地图上的元素按一定的比例来制作。例如，地图中的人物为 1 个方格单位，树为 6 个方格单位，房子为 15 个方格单位，如下图所示。

按比例绘制后的图像

这样，制作出的人物与其他地图上的对象就形成等比例的关系，如果按照上图所示比例进行绘制，那么可以得出以下结果：

人物：树 = 1：6
树：房子 = 6：15
人物：树：房子 = 1：6：15

以 3D 地图编辑器为例进行介绍。在地图编辑器上，我们可以编辑 3D 图形的地表、全景长宽、地形凹凸变化、地表材质、天空材质，以及地形上所有存在的对象（如房子、物品、树木、杂草等）。

12-1-2　属性设置

游戏中最难处理的部分就是游戏场景，要考虑到游戏性能的提升（场景是消耗系统资源的最大因素）、未来场景的维护（方便美工人员改图与换图）等多方面因素，所以才需要编写地图编辑器。一套成熟的地图编辑器，不仅可以帮助策划人员编辑心目中的理想场景，还可以作为美工人员修改图像的依据。

在地图场景上，如果某个部分不符合策划人员的想法，只要将场景中错误的地方利用地图编辑器修改一下即可，无须请美工人员重新绘制这个场景，因为修改大型场景对美工人员来说是一件相当辛苦的工作。如果场景的图像不够用，策划人员还可以请美工人员再绘制其他小图像来弥补场景的不足。小图像画出来之后，策划人员只要给新增图像设置代码即可，这对于地图的未来扩充性有相当大的帮助。下图是《巴冷公主》游戏中的地图与相关图像组件。

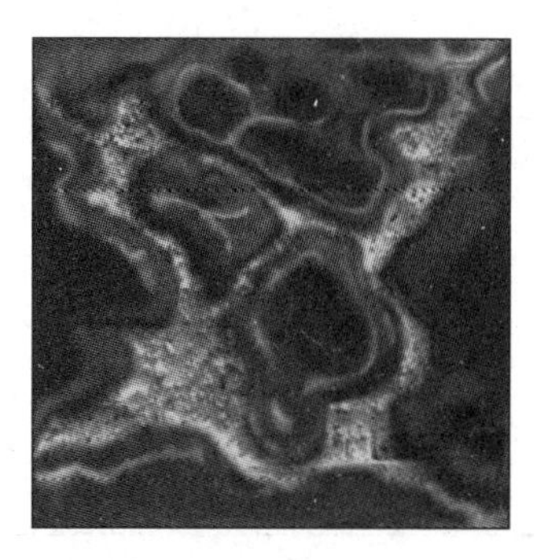
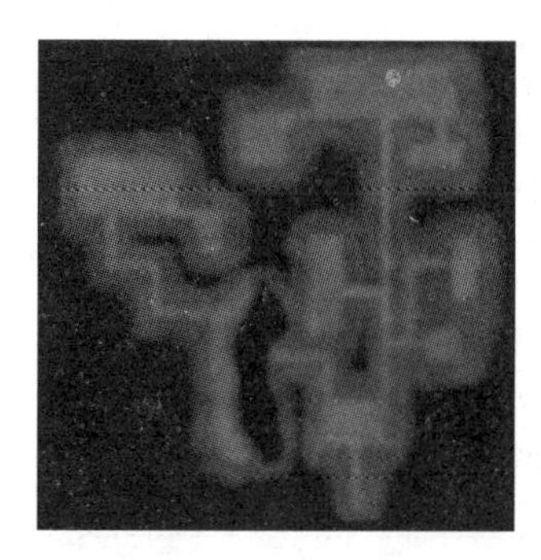

地图部分场景

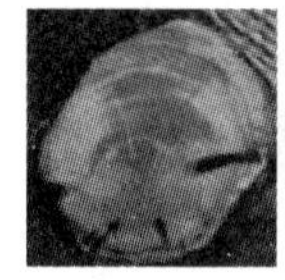

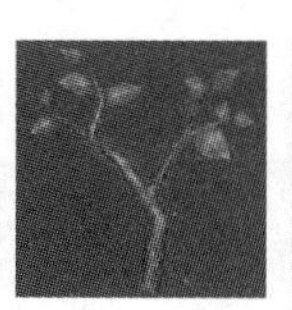
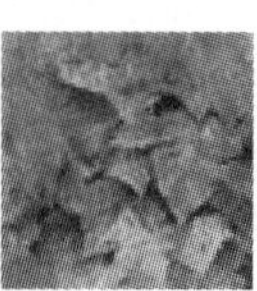
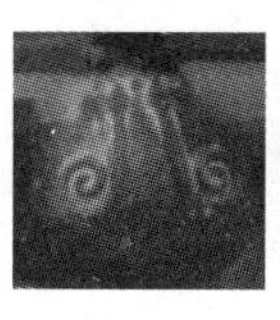
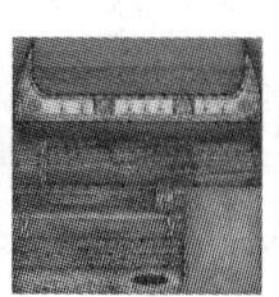
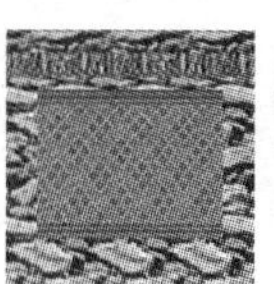
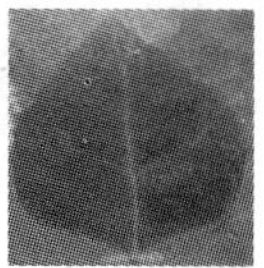

地图中的小图像

在场景图像中也可以为这些小图像设置它们特有的属性，如不可让人物走动（墙壁）、可让人物走动（草地）、让人物中毒（沼泽）等，这些属性都可以在地图编辑器上设置，其属性设置值如下表所示：

属性设置值

元素	编号	长/宽	是否让人物可经过该图像（1/0）	是否会失血（1/0）	行动是否缓慢（1/0）
草地	1	16/16	1	0	0
泥沼	2	16/16	1	1	1
石地	3	16/16	1	0	1
高地	4	16/16	0	0	0
水洼	5	16/16	0	0	0

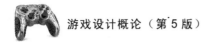

这些属性值会直接影响人物的移动情况。例如，人物在石地地形上移动时，行动会变得很缓慢，人物在经过泥沼地形时会导致失血等。这里笔者只列出了几项基本的属性设置值，在一套成功的游戏中，光是地图属性就可能有好几十种变化，而这些与现实相符的地图属性会让玩家在游戏中大呼过瘾。

12-1-3 地图数组

当编写游戏主程序的时候，处理地图上的场景贴图是相当重要的。不过，在游戏进行中，主程序会进行大量的计算工作，比如路径查找，所以如果不想浪费系统资源，只能在地图场景上下功夫。例如，将地图上的各种图像编辑成一系列的数字类型数组并且提供给游戏主程序来读取。换句话说，我们用一种特殊的数字排列方式来表示地图上图像的位置。例如，我们用下表所示的几个数字来表示地图元素。

地图元素

图像	代表数字
草地	1
泥沼	2
石地	3
高地	4
水洼	5

在地图编辑器上，如果我们看到如下图（左）所示的地形，那么游戏中与其对应的地形就如下图（右）所示。

1	3	1	1	1	3
1	4	1	2	1	1
3	1	2	1	1	1
2	1	1	1	4	4
1	2	5	5	2	1

数字编辑的地形图

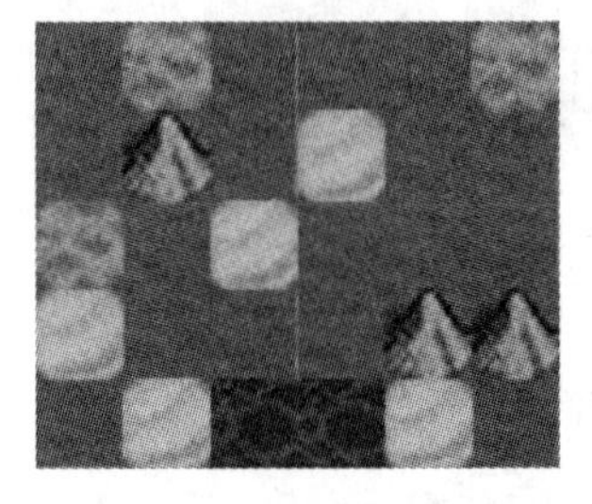

将数字转化成图像的结果

当用户将地图编辑的结果存储起来后，就可以在文件里将所用到的图像加以筛选，在游戏主程序读取该地图数据时，只要去读取需要的图像就可以了。而地图上的数组又可以用来显示画面中应该显示的图像。这样更减少了系统资源的浪费，如下图所示。

屏幕

1	3	1	1	1	3
1	4	1	2	1	1
3	1	2	1	1	1
2	1	1	1	4	4
1	2	5	5	2	1

用地图上的数组来显示图像

12-2　游戏特效

“特效”是一个可以烘托游戏质量的重要角色，一套模式固定的游戏，对玩家没有任何吸引力，除非它是继承之前的经典游戏或流行的热门游戏，否则很难被玩家接受，游戏设计者就是要用游戏中华丽的画面显示来吸引玩家的目光。

对一套大型游戏来说，程序设计师必须要依照策划人员的规划，将所有特效编写成控制函数，供游戏引擎显示。当游戏中的特效不多时，这种方法还可以接受，但是如果游戏中特效很多，多到超过一千多种，那么让程序设计师一个个编写特效函数的做法就太不经济了。因此就想到了一个解决办法，就是请程序设计师编写一个符合游戏特点的特效编辑器供所有开发团队使用。如果一个人可以利用特效编辑器做出两百种特效，那么只要五个人就可以编写一千多种特效了。下图所示为《巴冷公主》游戏中千奇百怪的魔法特效。

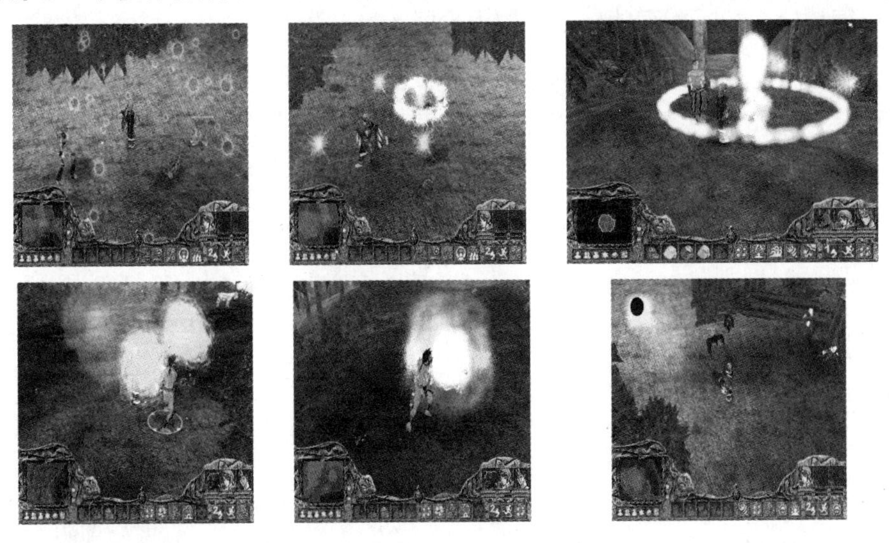

12-2-1　特效的作用

游戏中的特效可以通过 2D、3D 的方式来表现。当策划人员在编写特效的时候，首先必须将所有的属性都列出来，以方便程序人员编写特效编辑器。

在游戏中，特效也是一种对象，它可以被放置在地表上，例如利用地图编辑器将特效（如烟、火光、水流）“种”在地表上。以一个 3D 粒子特效为例，它的属性就必须包括特效原始触发地坐标、粒子的坐标位置、粒子的材质、粒子的运动路径与方向等。

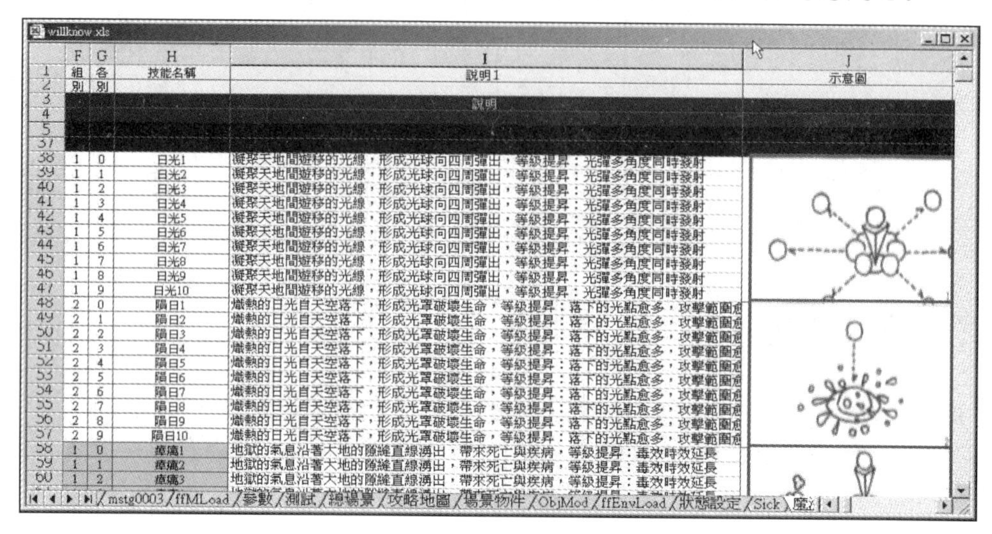

willknow.xls

	F	G	H	I	J
1	組	各	技能名稱	說明1	示意圖
2	別	別			
3				說明	
38	1	0	日光1	凝聚天地間遊移的光線，形成光球向四周彈出，等級提昇：光彈多角度同時發射	
39	1	1	日光2	凝聚天地間遊移的光線，形成光球向四周彈出，等級提昇：光彈多角度同時發射	
40	1	2	日光3	凝聚天地間遊移的光線，形成光球向四周彈出，等級提昇：光彈多角度同時發射	
41	1	3	日光4	凝聚天地間遊移的光線，形成光球向四周彈出，等級提昇：光彈多角度同時發射	
42	1	4	日光5	凝聚天地間遊移的光線，形成光球向四周彈出，等級提昇：光彈多角度同時發射	
43	1	5	日光6	凝聚天地間遊移的光線，形成光球向四周彈出，等級提昇：光彈多角度同時發射	
44	1	6	日光7	凝聚天地間遊移的光線，形成光球向四周彈出，等級提昇：光彈多角度同時發射	
45	1	7	日光8	凝聚天地間遊移的光線，形成光球向四周彈出，等級提昇：光彈多角度同時發射	
46	1	8	日光9	凝聚天地間遊移的光線，形成光球向四周彈出，等級提昇：光彈多角度同時發射	
47	1	9	日光10	凝聚天地間遊移的光線，形成光球向四周彈出，等級提昇：光彈多角度同時發射	
48	2	0	隕日1	熾熱的日光自天空落下，形成光罩破壞生命，等級提昇：落下的光點愈多，攻擊範圍	
49	2	1	隕日2	熾熱的日光自天空落下，形成光罩破壞生命，等級提昇：落下的光點愈多，攻擊範圍	
50	2	2	隕日3	熾熱的日光自天空落下，形成光罩破壞生命，等級提昇：落下的光點愈多，攻擊範圍	
51	2	3	隕日4	熾熱的日光自天空落下，形成光罩破壞生命，等級提昇：落下的光點愈多，攻擊範圍	
52	2	4	隕日5	熾熱的日光自天空落下，形成光罩破壞生命，等級提昇：落下的光點愈多，攻擊範圍	
53	2	5	隕日6	熾熱的日光自天空落下，形成光罩破壞生命，等級提昇：落下的光點愈多，攻擊範圍	
54	2	6	隕日7	熾熱的日光自天空落下，形成光罩破壞生命，等級提昇：落下的光點愈多，攻擊範圍	
55	2	7	隕日8	熾熱的日光自天空落下，形成光罩破壞生命，等級提昇：落下的光點愈多，攻擊範圍	
56	2	8	隕日9	熾熱的日光自天空落下，形成光罩破壞生命，等級提昇：落下的光點愈多，攻擊範圍	
57	2	9	隕日10	熾熱的日光自天空落下，形成光罩破壞生命，等級提昇：落下的光點愈多，攻擊範圍	
58	1	0	瘟瘋1	地獄的氣息沿著大地的隙縫直線湧出，帶來死亡與疾病，等級提昇：毒效時效延長	
59	1	1	瘟瘋2	地獄的氣息沿著大地的隙縫直線湧出，帶來死亡與疾病，等級提昇：毒效時效延長	
60	1	2	瘟瘋3	地獄的氣息沿著大地的隙縫直線湧出，帶來死亡與疾病，等級提昇：毒效時效延長	

mstg0003 / ffMLoad / 參數 / 測試 / 總場景 / 攻略地圖 / 場景物件 / ObjMod / ffEnvLoad / 狀態設定 / Sick

一个 3D 粒子特效

12-2-2 特效编辑器

程序设计师在接手策划人员的特效示意图之后，便可以着手设计特效编辑器。在上述 3D 特效例子中，由于是以 3D 特效为主，所以必须将策划人员绘制的示意图设置成三维坐标图，并且编写所有粒子拥有的属性，如下表所示。

所有粒子拥有的属性

属性设置值	说明
PosX/PosY/PosZ	粒子 x 坐标/y 坐标/z 坐标
TextureFile	粒子的材质
BlendMode	粒子的颜色值
ParticleNum	粒子的数量
Speed	粒子的移动速度
SpeedVar	粒子移动速度的变量
Life	粒子的生命值
LifeVar	粒子生命值的变数
DirAxis	运动角度

关于上表粒子的属性编辑，请参考之前所讲的粒子特性与种类。当用户编辑出粒子的所有属性后，程序设计师只要再调用 3D 成像技术，便可以轻易地编写出如下图所示的特效编辑器。

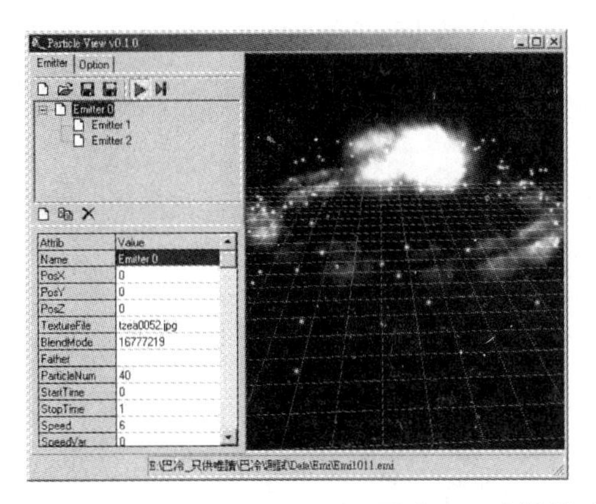

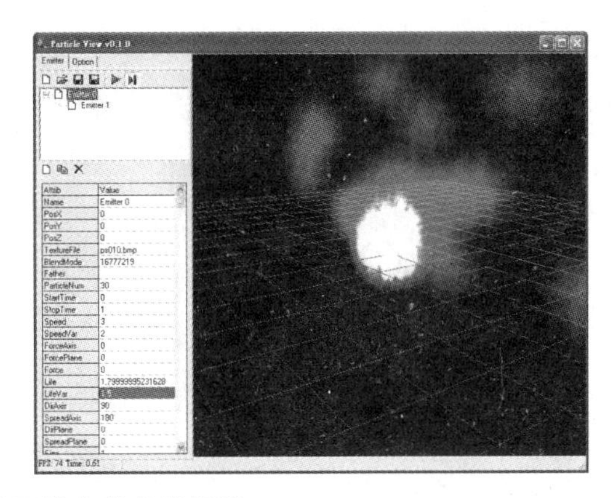

配合 3D 成像技术开发的特效编辑器

12-3　剧情编辑器

贯穿一套游戏的主要因素是游戏的剧情，而剧情通常用来控制整个游戏的进程。我们可以将游戏中的剧情分为两大类，一类是主要的 NPC 剧情，另一类是旁支剧情，下面就针对这两大类剧情来详加介绍与说明。

12-3-1　剧情架构

在开始介绍游戏中的两大类剧情前，首先来看一下游戏的主要流程是如何进行的，如下图所示。

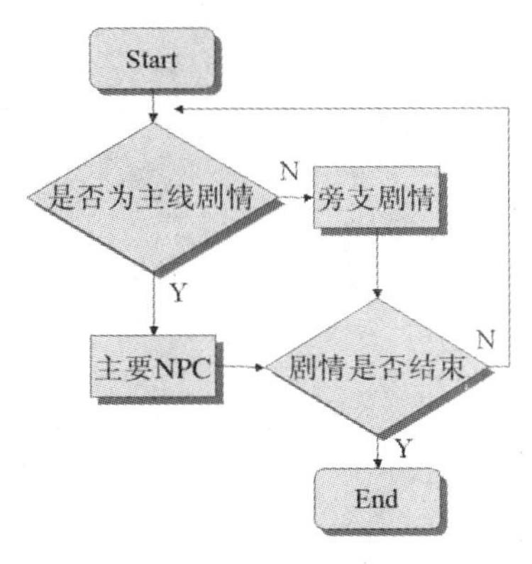

游戏的主要流程

在游戏中，为了让剧情发展更加曲折，可以在主要的剧情上另外编辑一些与次要人物的对话，而这些加入的人物对话是以不影响整个游戏主进程为原则的。当然，在规划游戏剧情的时候，也可以将主要的 NPC 剧情由单线扩展成多线的剧情。

为了让故事再增加一些复杂性，还可以继续分类下去。

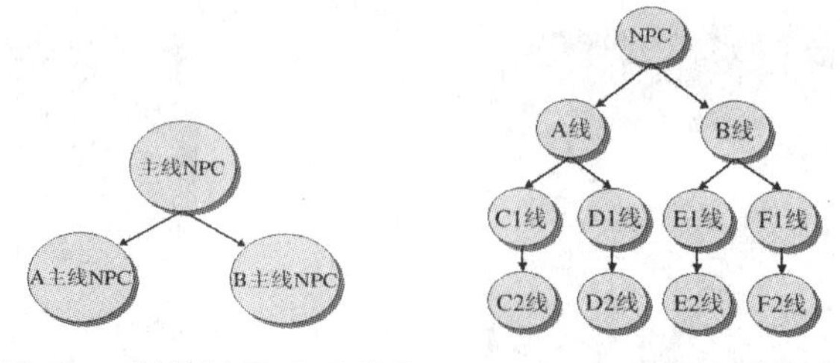

将单线 NPC 剧情扩展成多线剧情　　　　发展更复杂的多线剧情

值得注意的是，不要为了故事的丰富性而随意增加一些无谓的剧情，不然会导致玩家对游戏失去兴趣，而且对于剧情架构而言，也会让程序设计师难以维护。不过笔者还是建议用“多线”的方式来逐步展开游戏故事的剧情，唯一的条件就是最后还要让这些多线式的剧情再结合起来。多线式剧情的架构图如下图所示。

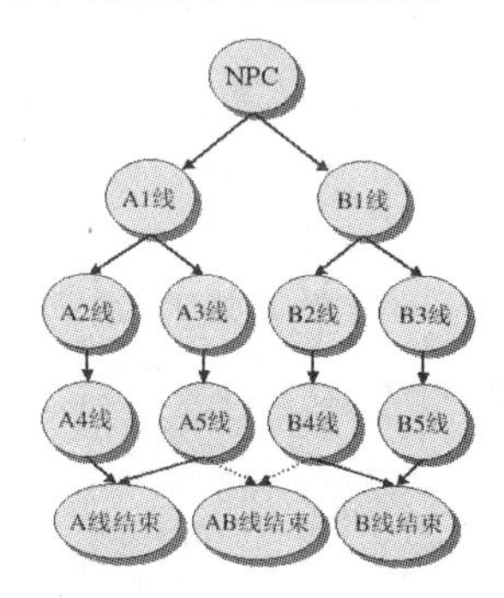

将多线式的剧情再结合起来

12-3-2　非玩家人物

在一个时间背景里，不能只有一个主角存在于游戏世界中，还需要有另外一些人物来陪衬，这些陪衬的人物就称为“非玩家人物”（Non Player Character, NPC）。这些非玩家人物可以为玩家带来剧情上的进程提示，或者给玩家所操作的主角带来武器与装备的提升。玩家不可以主动操作这些人物的行为，因为它们是由策划人员所提供的 AI（人工智能）、个性、行为模式等相关的属性决定的，程序设计师已经按策划意图把这些人物的行为模式设计好了。

NPC 人物可能是玩家的朋友，也可能是玩家的敌人，为了让游戏的剧情能够延续下去，与这些 NPC 人物的对话内容就显得非常重要。下图所示为《巴冷公主》游戏中五花八门的 NPC 人物。

《巴冷公主》游戏中的一些 NPC 人物

12-3-3 旁支剧情

旁支剧情在游戏中起陪衬的作用，如果一套游戏少了旁支剧情，总会让玩家觉得少了几分乐趣。严格来说，旁支剧情不能影响游戏中主要剧情的进展，它们会让玩家在游戏中取得一些特定且有用的物品，如道具、金钱或经验值等。玩家在游戏中的某个村庄里、在路上会遇到一些 NPC 人物，他们可能会说出一些无关紧要的话，例如：“今天天气真好！”或“请给我钱好吗？”，甚至会有更惊人的话语，例如“我有一个非常棒的道具，价格是 99999999，你要不要买？”

笔者曾经玩过这类游戏，在艰难的挣够买道具的钱后，去购买那个道具，谁知道得到的只是一个很普通的补血剂，当时真是欲哭无泪，如此一大笔钱竟然被一个言而无信的 NPC 人物给骗光了。虽然这是一个很简单的例子，但是已经成功达到了玩家与游戏之间的互动，这样玩家会更加喜欢这类游戏。

12-3-4 剧情编辑器

所谓剧情编辑器，就是让用户可以依据自己的喜好，在一定的指令条件下，编辑属于自己的故事剧情。剧情编辑器中的指令称为“编辑 Script 指令”。下图所示即是一段编写好的剧情。

```
,,[EVENT] = 555,,,,,,,,,,
,,,ID_TALK,IDS_NORMAL,MAN100,,是噢～,f100,1,00,,,,勇士2说明
,,,ID_TALK,IDS_NORMAL,MAN100,,我是想回送一些猎物給做糯米糕的老奶奶，至于・・・,f100,1,00,,,,勇士2说明
,,,ID_SYSTEM,IDS_SHOWICON,MAN100,,M800010,,,,,勇士2说明
,,,ID_TALK,IDS_NORMAL,MAN100,,我也不太记得到底吃了几个？,f100,1,00,,,,勇士2说明
,,,ID_TALK,IDS_NORMAL,MAN100,,只知道我是第二个去吃的・・・,f100,1,00,,,,勇士2说明
,,,ID_TALK,IDS_NORMAL,MAN100,,桌子上剩下的糯米糕，被我吃了一半・・・,f100,1,00,,,,勇士2说明
,,,ID_SYSTEM,IDS_SHOWICON,MAN100,,M800016,,,,,勇士2说明
,,,ID_TALK,IDS_NORMAL,MAN100,,但这～实在太好吃了・・・,f100,1,00,,,,勇士2说明
,,,ID_TALK,IDS_NORMAL,MAN100,,于是我～又多拿了一个・・・,f100,1,00,,,,勇士2说明
,,,ID_SYSTEM,IDS_SETFLAG,,FLAG_RICEEVENT = 3,,,,,,糯米糕事件起动
,,[/EVENT], ,,,,,,,,
```

用剧情编辑器的指令编辑剧情

为了让用户在游戏中编辑故事剧情，剧情编辑器就必须规划出一系列的“指令”供用户输入。例如当用户在编辑一个 NPC 人物的对话时，剧情编辑器就必须提供一个让 NPC 人物说话的指令，如下所示：

```
TALK MAN01, "你好吗？"
```

其中，“TALK”是剧情编辑器提供给 NPC 人物说话的指令，“MAN01”是定义 NPC 人物的编号，“你好吗？”则是 NPC 人物所说的话，这就是剧情编辑器的主要指令用法。其实，还可以将上述的“TALK”指令进行扩充，增加细节参数的部分，例如：

```
TALK  NPC 人物编号, "对话字符串",NPC 人物动作,NPC 人物示意图,示意图方向 (L/R)
```

剧情编辑器的指令参数设置要靠策划人员来详细规划，策划人员必须将游戏中可能发生的状况与发生后的状况一一列出供程序人员设置剧情编辑器指令时使用，而程序人员可以将剧情编辑器规划成如下图所示的流程。

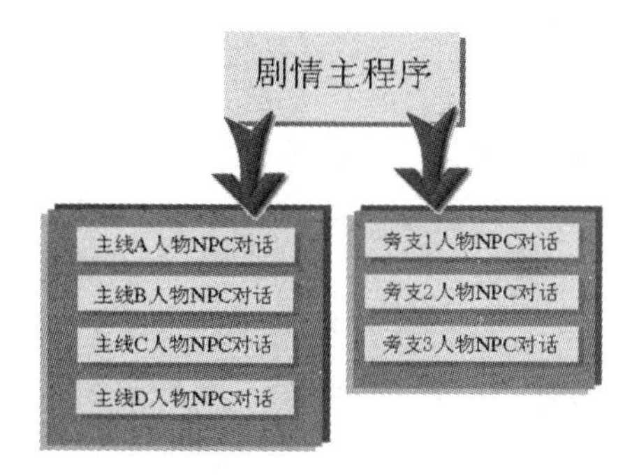

剧情编辑器的流程规划

策划人员根据流程图规划的 NPC 人物指令可能如下表所示。

指令	附加参数	说明
TALK	NPC 人物编号,"对话字符串",NPC 人物动作,NPC 人物示意图,示意图方向（L/R）	NPC 人物的对话
MOVE	NPC 人物编号，x/y 坐标，移动速度，移动方向（1/2/3/4）	NPC 人物移动
ATT	NPC 人物编号，被攻击的 NPC 人物编号，NPC 人物动作	NPC 人物攻击某一个 NPC 人物(包括主角)
ADD	加数，被加数	指令内的加法运算（通常用来计算人物的血量）
DEL	减数，被减数	指令内的减法运算（通常用来计算人物的血量）

成功的策划人员，应该可以规划出游戏中所有可能发生的事，供程序设计人员编写剧情编辑器。用户可以利用想象力将游戏从头到尾运行一遍，将所有可能发生的事件与行为都记录起来，最后归纳成一连串的行为指令。

12-4 人物与道具编辑器

在一套游戏中，人物与道具是最难管理的数据，因为它们在游戏中使用的数量最多。如果想有效地管理这些数据，并且考虑到日后维护，建议用户使用 Microsoft Office 所提供的软件——Excel。Excel 是一个电子表格软件，具有明确可见的表格化字段，不仅方便管理游戏的数值数据，而且还方便维护这个庞大的数据库。更重要的是，Excel 的功能相当齐全，不管是排序数据、还是查找某些特定的数据都非常方便。

12-4-1 人物编辑器

在游戏开发中，我们可以根据人物的个性与特征进行人物的相关设置，例如某个高大且体格健壮的角色通常会归类为攻击力强、魔法力（智力）弱、防御力一般的属性，也就是属于头脑简单、四肢发达的人；对于较为年长的老人，往往会以神秘的魔法攻击为主，通常归类于攻击力弱、魔法力（智力）高、防御力弱的属性，例如游戏中的巫师、魔法师。下表列出了几个人物设置中常会用到的属性。

人物设置中常会用到的属性

属性	说明
LV	人物的等级
EXP	人物的经验值
MAXHP	人物的最大血量
MAXMP	人物的最大魔法量
STR	人物的攻击力
INT	人物的魔法力（智力）

在 Excel 中编辑出来的人物属性和对应的人物形象，类似于下图所示。

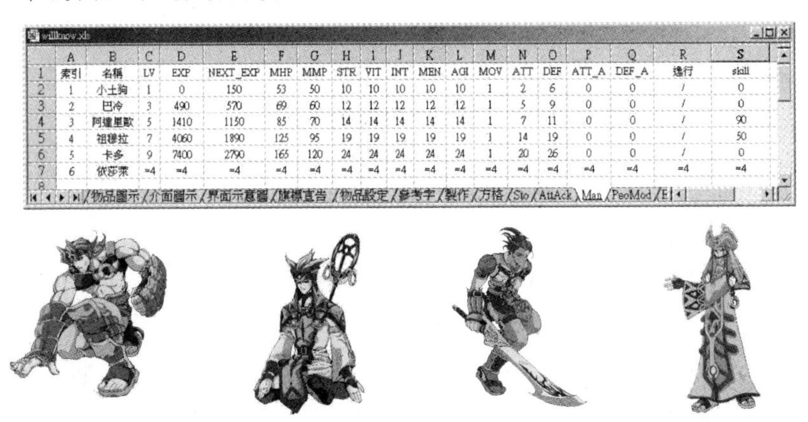

索引	名稱	LV	EXP	NEXT_EXP	MHP	MMP	STR	VIT	INT	MEN	AGI	MOV	ATT	DEF	ATT_A	DEF_A	逸行	skill
1	小土狗	1	0	150	53	50	10	10	10	10	10	1	2	6	0	0	/	0
2	巴冷	3	490	570	69	60	12	12	12	12	12	1	5	9	0	0	/	0
3	阿達里歐	5	1410	1150	85	70	14	14	14	14	14	1	7	11	0	0	/	90
4	祖穆拉	7	4060	1890	125	95	19	19	19	19	19	1	14	19	0	0	/	50
5	卡多	9	7400	2790	165	120	24	24	24	24	24	1	20	26	0	0	/	0
6	依莎柰	=4	=4	=4	=4	=4	=4	=4	=4	=4	=4	=4	=4	=4	=4	=4	=4	=4

不同游戏人物的属性表和部分角色形象

同理，游戏中的怪物也能用 Excel 来进行属性值的设置，如下图所示。

怪物名稱	說明	等級	GET	GET	生命力	力量	智力	精神	速度	移動	攻擊	防禦	魔法	屬
怪獸名稱			Get	Get									Mag	A
monster's name		Lv	Exp	Item	Hp	Str	Int	Men	Agi	Mov	Att	Def	Mag	性
		Lv	Exp	Item	Hp	Str	Int	Men	Agi	Mov	Att	Def	Att	A
背上一顆星羊	村上春樹的羊	99	9999	0.99	1	1	1	1	9999	1	1	1	1	1
鬼族頭目阿達卡	巨人族遷居到島上的一族，因時出鬼沒且殘忍成性而被稱為鬼族	100	9999	0.01	4999	100	100	100	100	5	150	180	180	2
魔人HERO		99	9999	0.99	9999	1	1	1	1	1	1	1	1	1
兔子3	理由同上	98	6969	0.98	100	1	1	589	999	9	1	9999	1	1
台灣黑熊3	擁有巨大力量，台灣山區生物的霸者	97	5000	0.97	999	200	200	200	200	4	200	200	200	1
鬼族戰士	巨人族遷居到島上的一族，因時出鬼沒且殘忍成性而被稱為鬼族	95	1000	0.95	500	100	100	100	100	5	100	100	100	5
雲豹3	台灣高山特有的肉食性生物	94	940	0.94	499	98	72	80	155	9	100	85	75	5
白狼	狡猾而詭詐的森林穿梭者	93	990	0.98	800	90	105	64	107	6	94	66	105	3
白山豬	山間的獨行者	92	920	0.92	800	500	100	100	30	7	500	405	100	5
細夢族惡靈巫師	長期困居於地下城中的幽靈	91	910	0.91	250	1	100	9999	50	4	1	100	500	1
殭屍3	久前死去的人們，因為對於生命有著極深的執著而拒絕承認死	90	900	0.9	400	95	95	95	96	3	95	95	96	2
阿達里歐ZERO		90	900	0.9	400	95	96	95	96	3	95	96	95	4
細夢族惡靈年輕男子	長期困居於地下城中的幽靈	89	890	0.89	200	100	75	50	100	5	235	300	25	1
大蟒蛇3	巨大而兇猛的巨大蟒蛇	88	880	0.88	600	90	90	90	90	3	115	100	43	4
細夢族惡靈中年男子	長期困居於地下城中的幽靈	87	870	0.87	500	100	75	50	75	5	235	300	25	1
頭顱怪3	能進行"茲馬茲塔與特夫"的出草頭顱，受惡靈侵佔而長出六隻	86	860	0.86	300	50	100	255	75	6	155	99	89	4
細夢族惡靈男童	長期困居於地下城中的幽靈	85	850	0.85	350	30	30	50	142	9	66	300	37	1
惡鷹3	兇猛的台灣高山飛禽	84	840	0.84	200	55	55	55	200	8	150	75	45	6
細夢族惡靈年輕	長期困居於地下城中的幽靈	83	830	0.83	300	50	100	50	100	5	80	300	100	1
寶箱怪物3	會一直產生出哈烏內3	82	820	0.82	1100	1	1	275	1	0	1	108	1	3
細夢族惡靈中年	長期困居於地下城中的幽靈	81	810	0.81	350	50	100	50	90	5	80	300	100	1
卡多ZERO		80	810	0.81	350	50	100	50	90	5	80	300	100	5
骸靈3	骨骸3→惡靈3	80	800	0.8	350	100	1	9999	100	6	100	100	1	2
屍骸靈3	殭屍3→骨骸3→惡靈3	96	800	0.96	400	95	95	95	95	3	95	95	95	2
哈烏內烏3	巫師飼養的鳥，用以詛咒敵人，是一種可怕的敵人	79	790	0.79	250	40	150	247	100	7	86	67	51	6

用 Excel 编辑怪物属性值

至于人物与怪物的属性配置是否恰当，就要看策划人员的功力了。对于设计人员来说，属性的配置可称得上是一门大学问，因为它是游戏开发初期到游戏开发完成之后唯一一个修改不完的工作。

那么我们应该如何来配置这些属性呢？举一个例子，如果主角的等级很高但很轻易就被一只小怪物给打死了，这对于玩家而言是接受不了的。其实策划人员可以利用很简单的方式来避免这种情况的发生，就是在编辑这些属性前，可以建立一个合理的公式表，如下图所示。

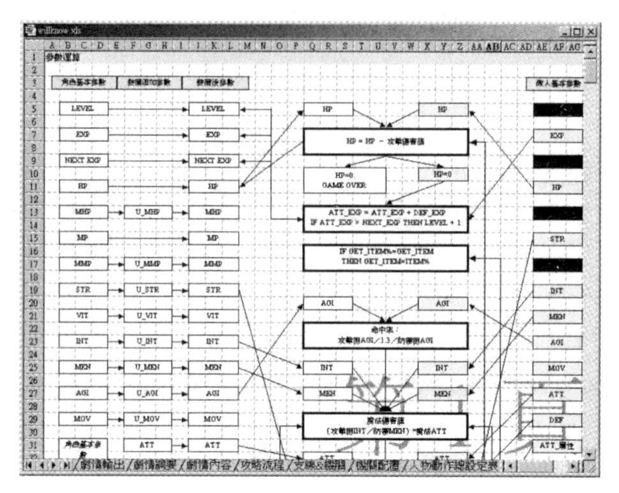

编辑游戏中的合理公式表

以角色的失血情况为例，可以写出如下的公式：

> 敌方防御力/（（人物 STR+STR 加值）×0.1）=失血量
> 200/（（100+50）×0.1）=13.3

虽然在设计公式时可能要花点心思，但是对于日后设置人物属性时非常有用。

至于游戏中的人物最好在设计时也能明确的画出相关隶属关系图，以下是本公司所研发的《仲夏之战》游戏中人族与兽族的关系图。

故事缘起：自盘古开天以来就是个由人兽两族所统领的世界。人族自古以来就有着较高的文明发展，对于粗野鄙俗的兽族自是以蛮夷视之。而天生拥有原始技艺的兽族虽然能纵横原野、自给自足，却长期受到人族的轻视。在人族文明建设逐渐扩张的情况下，日益威胁着兽族生存的空间。于是双方成见不断扩大、冲突频传，长久以来一直都是处于剑拔弩张的状态。受不了人族一再的欺压，兽族巫师召唤出上古巨魔——蚩尤，欲将人族一举攻克。而人族君王项柳见人族即将灭于旦夕，于是将自己高超剑技与无边的法力封印于叩天石，献于昆仑仙界的九天玄女，望仙界相助，使人族免于灭族之祸；天感诚心，九天玄女遂派天神兵共同对抗蚩尤。与之大战数十昼夜，终于击败蚩尤，将其躯体深埋冥界；而其元神则封于兽族圣地，并派遣一天神兵镇守此地。九天玄女见世间大魔已除，遂断神凡两界的通道，而当年项柳舍身祈神的叩天石则成了人族王室历代相传的圣物。数百年过后，人兽之间依旧是烽烟四起、纷扰不休。

人族：

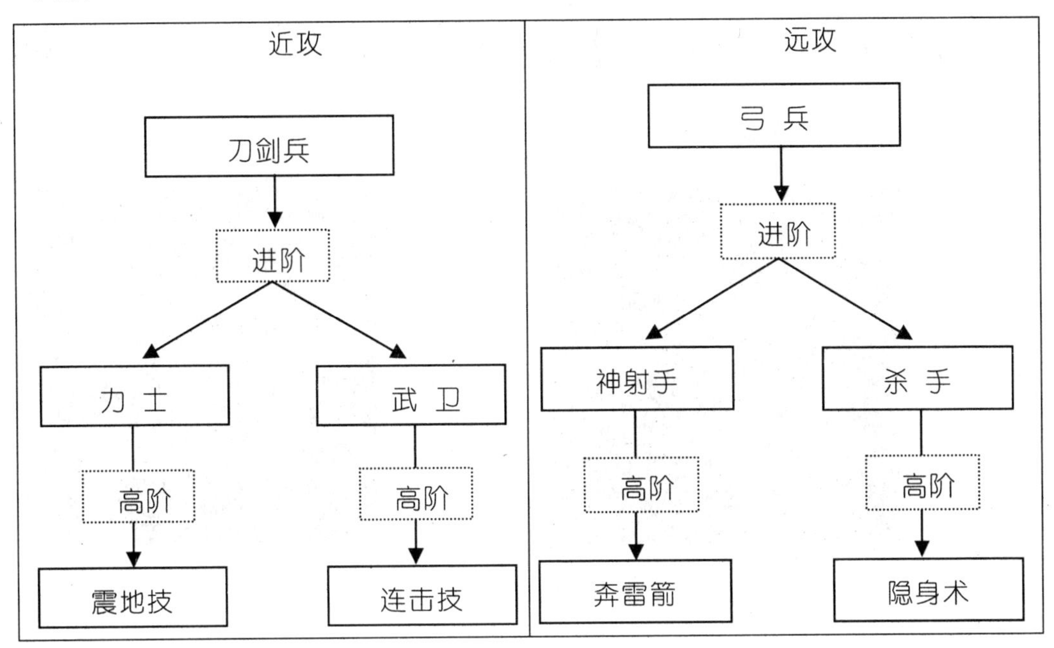

兽族：

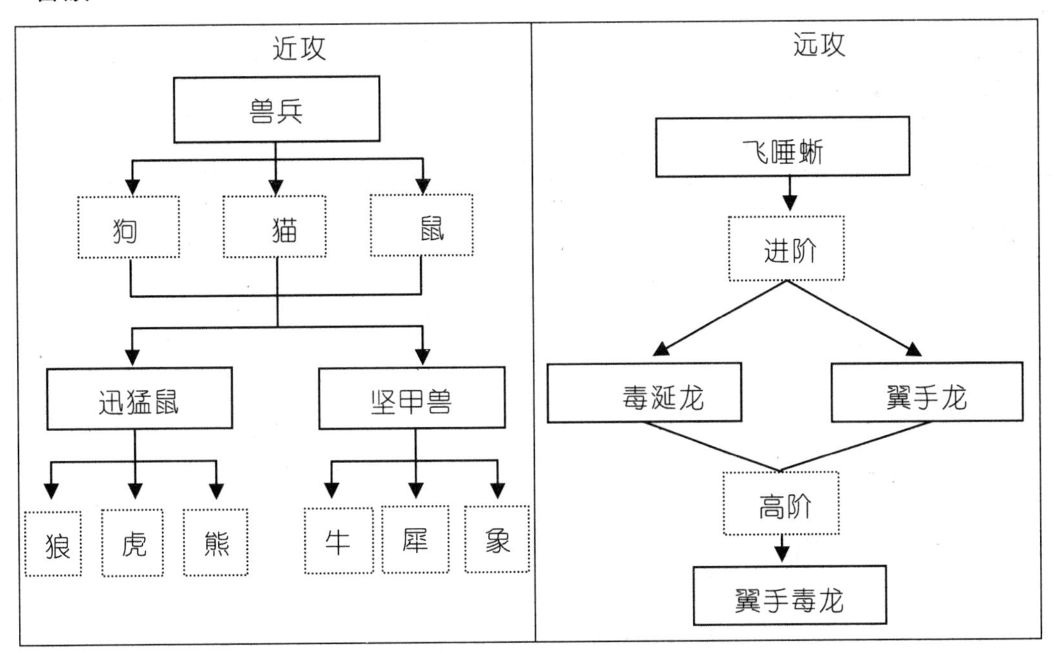

人族：兵种升级可分两个阶段,第一阶段可选择职业（不同的职业有不同的属性比重，如力士重力量，武卫重技法）第二阶段可习得该职业所特有的技能。

兽族：近攻型兵种只有一阶段的升级，但是每一级都有 3 种不同的样式。

12-4-2　人物动作编辑器

人物动作编辑器可以用来编辑 3D 人物的动作。在 MD3 格式中，可以将人物的所有动作都存放在一个文件中，而人物动作编辑器又将这种动作加以分类，设计者必须使用人物动作编辑器来设置与这些模型动作相关的数据，供游戏引擎使用。下图所示就是人物动作编辑器的执行画面。

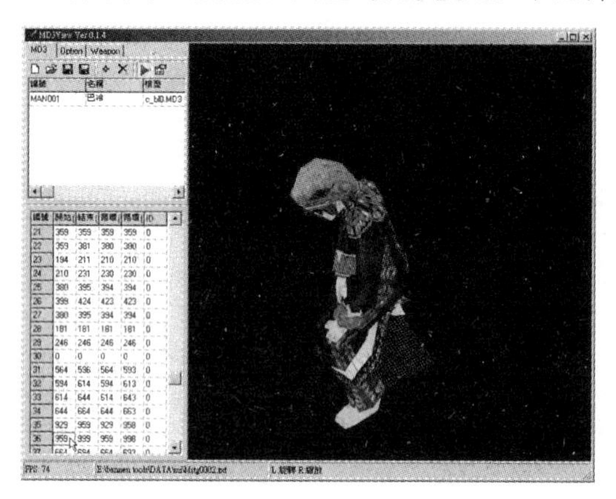

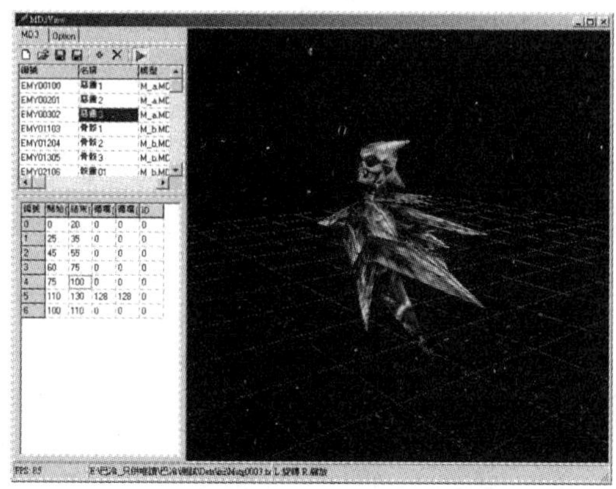

人物动作编辑器的执行画面

12-4-3　武器道具编辑器

在游戏中的战斗状态下，经常会随机出现各种武器及道具，或者出现与主角配合的必杀技。虽然这些道具看起来不是那么的起眼，但是它们的存在却让角色扮演类游戏增色不少。而这些为数众多的武器道具也可以利用 Excel 进行管理与维护。下图所示为一个武器编辑器对应的 Excel 表格和相应的武器，以及一个道具编辑器对应的 Excel 表格和相应的道具。

■ 武器

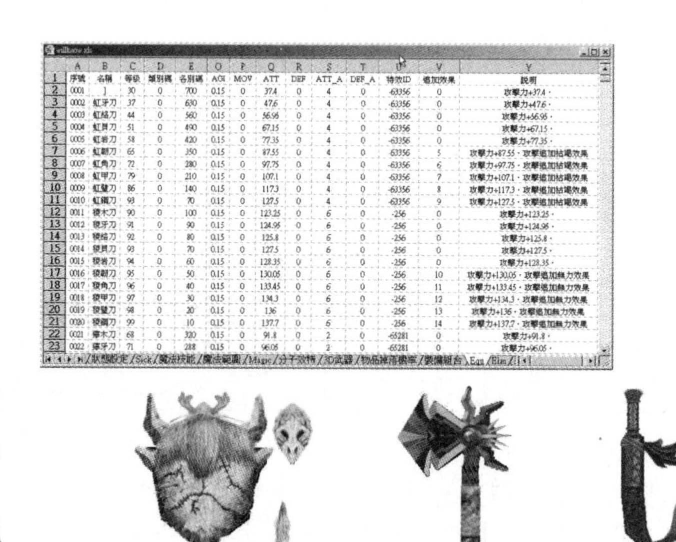

序號	名稱	等級	類別碼	各別碼	AGI	MOV	ATT	DEF	ATT_A	DEF_A	特效ID	追加效果	說明
0001	]	30	0	700	0.15	0	37.4	0	4	0	-63356	0	攻擊力+37.4·
0002	虹牙刀	37	0	630	0.15	0	47.6	0	4	0	-63356	0	攻擊力+47.6·
0003	虹絡刀	44	0	560	0.15	0	56.95	0	4	0	-63356	0	攻擊力+56.95·
0004	虹貝刀	51	0	490	0.15	0	67.15	0	4	0	-63356	0	攻擊力+67.15·
0005	虹岩刀	58	0	420	0.15	0	77.35	0	4	0	-63356	0	攻擊力+77.35·
0006	虹翻刀	65	0	350	0.15	0	87.55	0	4	0	-63356	5	攻擊力+87.55·攻擊追加枯竭效果
0007	虹角刀	72	0	280	0.15	0	97.75	0	4	0	-63356	6	攻擊力+97.75·攻擊追加枯竭效果
0008	虹甲刀	79	0	210	0.15	0	107.1	0	4	0	-63356	7	攻擊力+107.1·攻擊追加枯竭效果
0009	虹鬘刀	86	0	140	0.15	0	117.3	0	4	0	-63356	8	攻擊力+117.3·攻擊追加枯竭效果
0010	虹鋼刀	93	0	70	0.15	0	127.5	0	4	0	-63356	9	攻擊力+127.5·攻擊追加枯竭效果
0011	狼木刀	90	0	100	0.15	0	123.25	0	6	0	-256	0	攻擊力+123.25·
0012	狼牙刀	91	0	90	0.15	0	124.95	0	6	0	-256	0	攻擊力+124.95·
0013	狼絡刀	92	0	80	0.15	0	125.8	0	6	0	-256	0	攻擊力+125.8·
0014	狼貝刀	93	0	70	0.15	0	127.5	0	6	0	-256	0	攻擊力+127.5·
0015	狼岩刀	94	0	60	0.15	0	128.35	0	6	0	-256	0	攻擊力+128.35·
0016	狼翻刀	95	0	50	0.15	0	130.05	0	6	0	-256	10	攻擊力+130.05·攻擊追加無力效果
0017	狼角刀	96	0	40	0.15	0	133.45	0	6	0	-256	11	攻擊力+133.45·攻擊追加無力效果
0018	狼甲刀	97	0	30	0.15	0	134.3	0	6	0	-256	12	攻擊力+134.3·攻擊追加無力效果
0019	狼鬘刀	98	0	20	0.15	0	136	0	6	0	-256	13	攻擊力+136·攻擊追加無力效果
0020	狼鋼刀	99	0	10	0.15	0	137.7	0	6	0	-256	14	攻擊力+137.7·攻擊追加無力效果
0021	獰木刀	68	0	320	0.15	0	91.8	0	2	0	-65281	0	攻擊力+91.8·
0022	獰牙刀	71	0	288	0.15	0	96.05	0	2	0	-65281	0	攻擊力+96.05·

各种武器的属性值及相应武器

■ 道具

	C	E	F	G	H	I	J	K	L	M	N	O	P	Q
1	名稱	說明40	特效	使用對象	HP	MP	MHP	MMP	STR	VIT	INT	MEN	AGI	追加狀態一
2	輕血療劑	單人生命力回復25%	394	14	0.25	0	0	0	0	0	0	0	0	0
3	血療劑	單人生命力回復50%	395	14	0.5	0	0	0	0	0	0	0	0	0
4	強血療劑	單人生命力回復75%	396	14	0.75	0	0	0	0	0	0	0	0	0
5	精煉血療劑	單人生命力回復99%	397	14	0.99	0	0	0	0	0	0	0	0	0
6	輕活醫藥	全體生命力回復20%	398	25	0.2	0	0	0	0	0	0	0	0	0
7	活醫藥	全體生命力回復40%	399	25	0.4	0	0	0	0	0	0	0	0	0
8	強活醫藥	全體生命力回復60%	400	25	0.6	0	0	0	0	0	0	0	0	0
9	精煉活醫藥	全體生命力回復80%	401	25	0.8	0	0	0	0	0	0	0	0	0
10	輕創治劑	單人生命力回復100點	402	14	100	0	0	0	0	0	0	0	0	0
11	創治劑	單人生命力回復200點	403	14	200	0	0	0	0	0	0	0	0	0
12	強創治劑	單人生命力回復400點	404	14	400	0	0	0	0	0	0	0	0	0
13	精煉創治劑	單人生命力回復600點	405	14	600	0	0	0	0	0	0	0	0	0
14	輕復體藥	全體生命力回復100點	406	25	100	0	0	0	0	0	0	0	0	0
15	復體藥	全體生命力回復200點	407	25	200	0	0	0	0	0	0	0	0	0
16	強復體藥	全體生命力回復300點	408	25	300	0	0	0	0	0	0	0	0	0
17	精煉復體藥	全體生命力回復400點	409	25	400	0	0	0	0	0	0	0	0	0
18	輕凝神劑	單人靈動力回復25%	410	14	0	0.25	0	0	0	0	0	0	0	0
19	凝神劑	單人靈動力回復50%	411	14	0	0.5	0	0	0	0	0	0	0	0
20	強凝神劑	單人靈動力回復75%	412	14	0	0.75	0	0	0	0	0	0	0	0
21	精煉凝神劑	單人靈動力回復99%	413	14	0	0.99	0	0	0	0	0	0	0	0
22	輕厚靈藥	全體靈動力回復20%	414	25	0	0.2	0	0	0	0	0	0	0	0
23	厚靈藥	全體靈動力回復40%	415	25	0	0.4	0	0	0	0	0	0	0	0
24	強厚靈藥	全體靈動力回復60%	416	25	0	0.6	0	0	0	0	0	0	0	0
25	精煉厚靈藥	全體靈動力回復80%	417	25	0	0.8	0	0	0	0	0	0	0	0
26	輕魂魄劑	單人靈動力回復50點	418	14	0	50	0	0	0	0	0	0	0	0
27	魂魄劑	單人靈動力回復100點	419	14	0	100	0	0	0	0	0	0	0	0

部分道具属性值和相应道具图片

武器和道具的属性设置比人物属性设置简单，只要在武器上设置一系列的等级，再以等级来区分攻击力的强弱即可。如果还要更细分武器的属性，可以再加入武器增强值（除攻击力之外的附加值）、武器防御值（可提升人物防御力）等。

12-5　游戏动画

当我们在游戏中制作 3D 动画时，经常需要模拟一些动画场景，这时就需要使用动画编辑器。动画的编辑有点像动画的剪辑，当动画被编辑完成后，我们可以把它当作一部卡通短片来看，因为图形与声音效果都具备了。

基本上，动画与卡通影片相同，使用的都是视觉暂留的原理，将一张张动作连续的图片，依照特定的速度播放，从而产生动画效果，在图片的显示速度上，一般每秒 20~30 张的帧速率是较为理想的。

制作动画编辑器的方法有以下两种，第一种是制作动画并显示于地图中，这种做法是针对单一独立的对象，如风车转动或冒烟等；第二种方式就是直接制作两三张背景图，也就是说地图本身就是动画，如流动的水、飞翔的老鹰或是湖边的涟漪等，如下图所示。

动画编辑器制作出来的动画

动画编辑器制作出来的动画（续）

另外，动画编辑器具有集成音效的功能，可以在这里加入音效数据或其他数据，供其他动画特效使用。

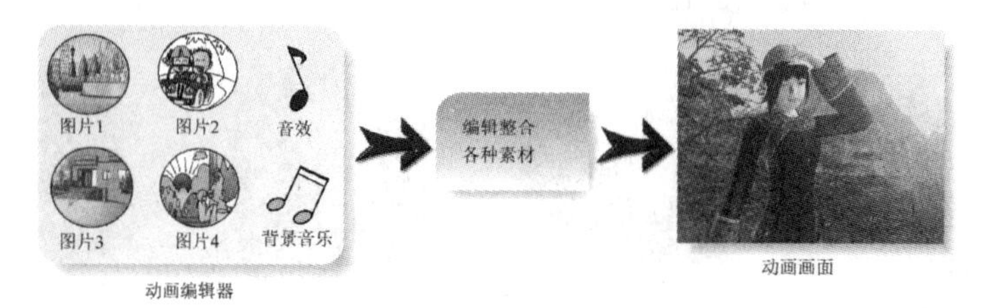

动画编辑的概念图

上图所示为动画编辑的概念图，一张单页的图片可能由若干张图片组成。当然，这些图片都可以加入效果参数，如果没有将音效数据存放进去，动画与音效的同步将会变得很困难。例如当游戏中的武士挥剑时，需要搭配挥剑的音效，而我们必须将音效的数据存放入动画中，才能在播放这个动作的时候产生音效效果。

课后练习

1. 游戏中最难处理的部分是什么？
2. 试讨论游戏中的特效。
3. 编辑工具软件的作用是什么？
4. 什么是地图编辑器？
5. 游戏中的剧情可以将它区分为哪两大类？
6. 什么是非玩家人物？
7. 什么是动画编辑器？

第 13 章 2D游戏贴图制作技巧

随着近年来各种软、硬件技术上的突破，游戏厂商无不使出浑身解数制作标榜着高解析、高质量与高精细游戏画面的各种类型游戏。在游戏中最吸引玩家眼球的是千奇百怪的画面，只有抓住了玩家的视觉爱好，开发的游戏才能更容易被接受。在 2D 游戏中，要做到哪种程度才能被接受呢？其实最笨的方法就是在平面图片上下功夫。但是这样做可能会引发更多问题，一来会累垮所有的美工人员，二来会使游戏画面没有动态变化，看起来非常单调乏味，挑剔的玩家很难从游戏中得到乐趣。

本章将重点介绍在游戏开发过程中经常用到的贴图技巧，例如基本贴图、动画贴图、横向滚动条移动、前景背景移动等。通过贴图技巧提高 2D 图片的变化性，展现游戏画面的制作技术及动态效果。

13-1 2D 基本贴图简介

2D 贴图在游戏开发过程中是非常重要的一环，主画面的菜单选项、战斗场景、游戏环境设置、角色互换、动画展现等方面都可以使用适当的贴图技巧，将美术设计人员精心设计好的图案充分展现在需要出现的地方。

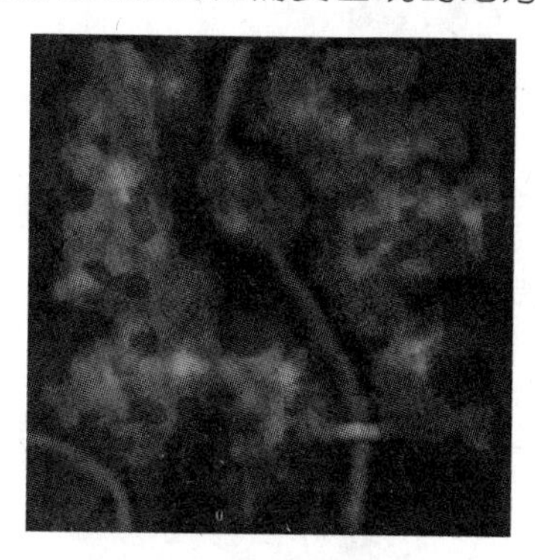

战斗场景原始地图

制作完成的场景地图

在 2D 贴图过程中，如果善加利用某些算法功能，能使 2D 贴图的效果更具多变性，甚至还可以产生动态视觉效果，同时也可以大量降低美术人员的工作量。接着再由 2D 美术设计人员设计几种不同性质的基本图案，例如草地、沙地、水泥地、湖泊、树林等，再透过 2D 贴图的方式，由企划人员及美术人员合作制作各种关卡等相关场景。

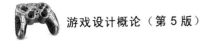

13-1-1　2D 坐标系统

在真正开始讨论游戏制作过程贴图的各种技巧前，我们先来认识一下绘图中的相关坐标系统。首先可以从两个角度来探讨 2D 坐标系统，一种是数学 xy 坐标系统，另一种是屏幕 xy 坐标系统。在数学 xy 坐标系统中，x 坐标代表的是象限中的横向坐标轴，坐标值向右递增；y 坐标代表的是象限中的纵向坐标轴，坐标值向上递增，如下图所示。

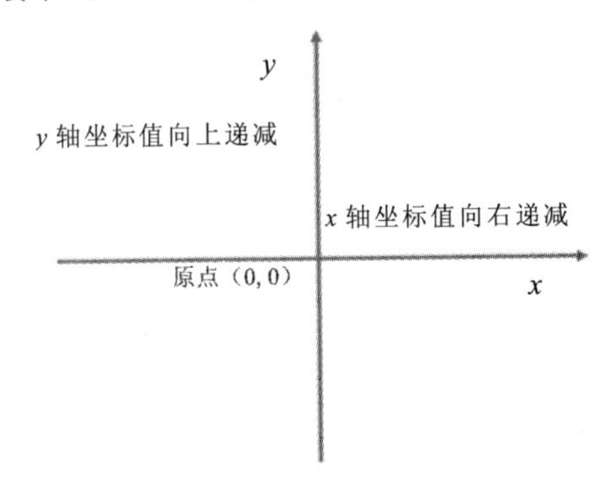

数学中的 xy 坐标系统

显示器的屏幕由一堆像素（Pixel）组成，所谓的像素就是屏幕上的点。一般我们说的屏幕（或画面）分辨率为 1024×768，指的就是屏幕或画面在宽度方向可以显示 1024 个点，在高度方向可以显示 768 个点。屏幕上的显示方式如下图所示。

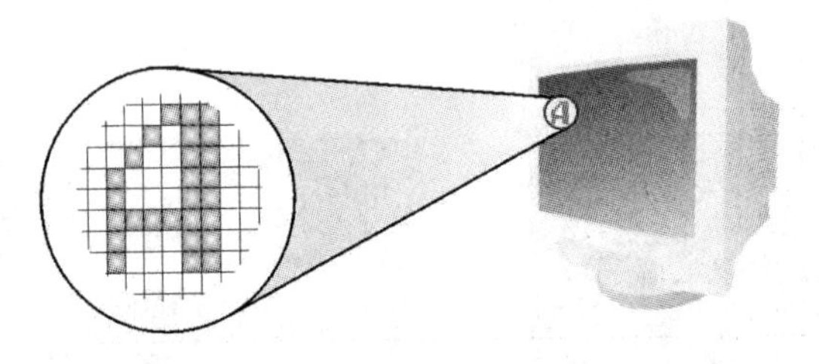

显示器的屏幕是由像素组成

屏幕上的 xy 坐标系统也可以接受负值（小于 0），如果 x 或 y 坐标为负值，那么对应点就位于屏幕外。也就是说，如果 x、y 坐标中的任何一个为负值，对应点就不会被显示在屏幕上，屏幕坐标系的示意图如下图所示。

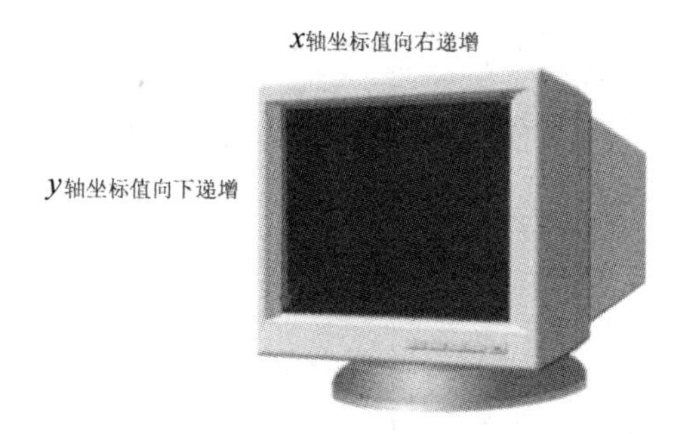

屏幕 xy 坐标系 xy 轴的显示方式

屏幕中坐标系统的大小可以由显示器的分辨率来决定，而屏幕分辨率的高低通常要看显卡或显示器是否支持。我们经常用到的屏幕分辨率有 320×200、640×480、800×600 及 1024×768，它们是屏幕能对应的坐标点，例如 640×480 指 x 坐标轴上有 640 个像素点，y 坐标轴上有 480 个像素点。

显卡性能的优劣主要取决于所使用的显卡芯片，以及显卡上的内存容量。显卡内存的功能是加快图形与影像处理速度。另外，显卡的运行效果、分辨率与颜色数都是需要考虑的参考指标。屏幕的分辨率越大，可视范围也相对越大，例如 Super-VGA 卡可设置 640×480、800×600、1024×768、1280×1024 4 种分辨率，而颜色数主要以 65 536（2^{16}）、16 777 216（2^{24}）及 4 294 967 296（2^{32}）3 种为主，颜色数越高，所能展现的色彩越丰富。

13-1-2　贴图与显卡

无论是 2D 游戏还是 3D 游戏，都必须使用贴图技巧来展现游戏画面。所谓的贴图操作，就是将图片贴到显卡内存中，再经过显卡显示在屏幕上的过程，如下图所示，用户可以使用 GDI、Windows API、DirectX 或 OpenGL 等工具来进行游戏的贴图操作。

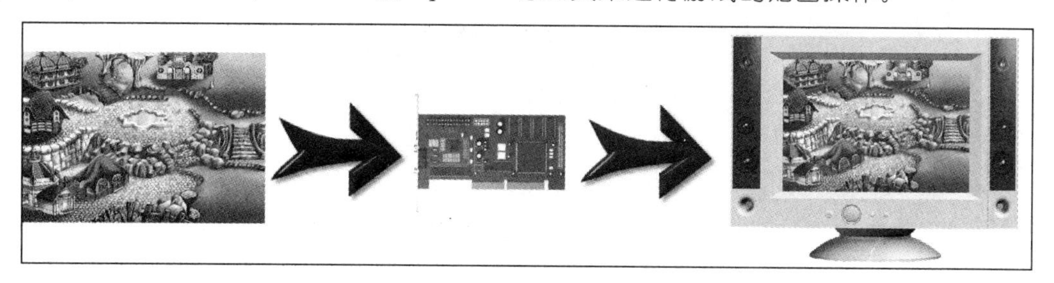

游戏贴图过程

我们知道，屏幕上有 x 与 y 坐标点，而图片本身也有长与宽，并且所有的图片都是以矩形来表示的。如果要在一张纸上画出一个矩形，只要知道这个矩形在纸上的左上角坐标以及矩形的长和宽，就能画出一个矩形来，如下图所示。

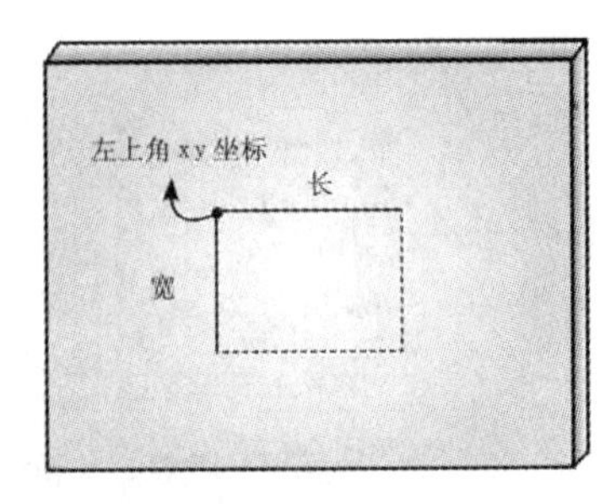

已知矩形的左上角坐标及长和宽就能画出矩形来

同样，用户如果知道图片在屏幕上的左上角 x、y 坐标及图片本身的长和宽，就可以将图片贴在屏幕上。只要图片左上角的 x 或 y 坐标发生变化，图片在屏幕上的显示位置就会随着改变，如下图所示。

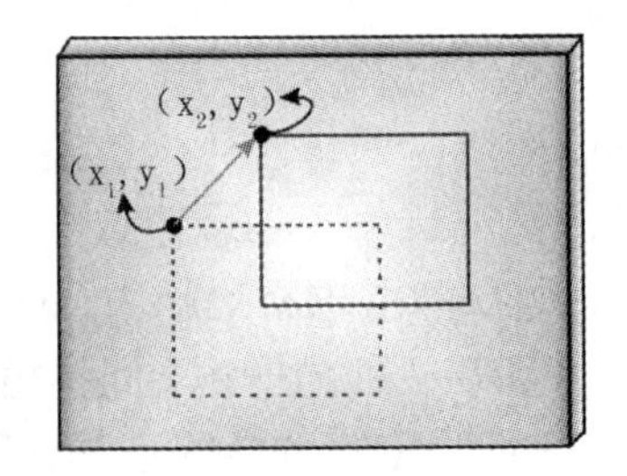

改变图片左上角的 x 或 y 坐标就会改变显像位置

例如，要将图片从屏幕的左边慢慢移动到右边，可以利用程序代码编写一个循环，这个循环用来改变图片在屏幕上的 x 点坐标，让这种效果看起来就像是图片自己在移动一样，如下图所示。

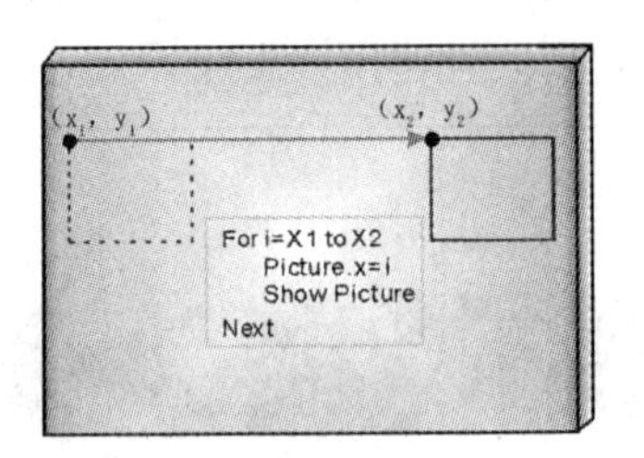

利用程序代码来控制图片移动

13-1-3 图形设备接口

GDI 是 Graphics Device Interface 的首字母缩写，中文可译为“图形设备接口”，是 Windows API 中相当重要的一个成员，包括所有显像驱动的视频显示及输出功能，想了解游戏中的贴图功能，就必须对 GDI 有所认识。

一个游戏程序，不论是采用全屏幕方式还是采用窗口模式，都必须先建立一个窗口，然后再将屏幕上的显示区域划分为屏幕区(Screen)、窗口区(Window)和内部窗口区(Client) 3 种。

屏幕上的显示区域

在接着介绍之前，必须先了解一个名词：设备描述表（Device Context，DC），它指的就是屏幕上程序可以绘图的地方。如果要在整个屏幕区上绘图，那么设备就是屏幕，而设备上下文就是屏幕区上的绘图层。例如，要在窗口中绘图，那么设备就是窗口，DC 就是窗口上可以绘图的地方，也就是内部窗口区。

窗口内部可以绘图的地方就是设备上下文

13-2　游戏地图制作

游戏地图是游戏中不可缺少的画面。要制作游戏地图，最简单的办法就是直接使用绘制好的地图，但对于一些画面简单且具有重复性质的地图或场景，有一个比较聪明的解决办法，就是利用地图拼接的方式把各个小地图组合起来，生成更大型的地图。

游戏中的场景地图（Map）是由一定数量的图块（Tile）拼接而成的，就和铺设地板的瓷砖一样。在 2D 游戏中所采用的场景图块形状可分成两种：一种是“平面地图”，另一种是“斜角地图”。因此在编写场景游戏引擎的时候就应该依照图块形状的不同而编写不同的拼接算法。

使用少量的图块来构造一个较大的场景，这样做的优点是可以减少内存的消耗，方便计算从一处走到另一处所要消耗的时间或体力（通过率）、物体间的遮掩、动态场景的实现等。地图拼接的优点在于节省系统资源，因为一张大型地图会占用较多的内存空间，且加载速度较慢，如果游戏中使用了较多的大型地图，那么在游戏运行时的效率肯定会降低，而且需要相当可观的内存空间。

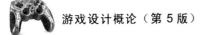

13-2-1 平面地图贴图

首先来谈谈基本的平面地图贴图，这种贴图方式相当直观，就是利用一张张四方形的小图块来组成同样是四方形的大地图，下图是一张由 3 种不同颜色的图块所组合成的平面地图。

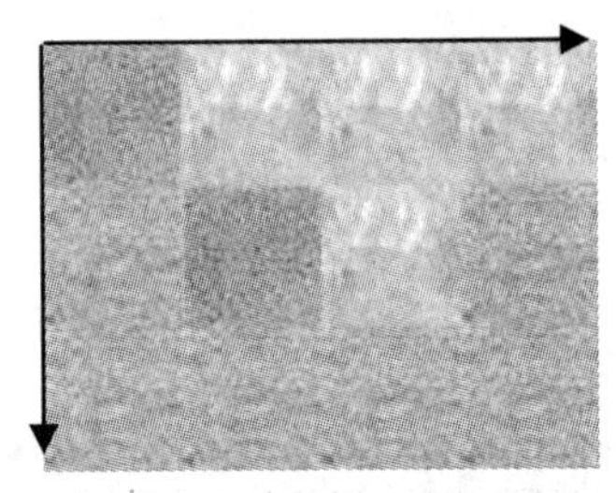

由小图块组合成的平面地图

上图中的地图由 4×3 张小图块组成，列方向是 4 张图块，行方向是 3 张图块，在这里使用列与行这样的字眼是因为要使用数组来定义地图中出现图块的内容。可以看到一共出现了 3 种不一样的图块，这是因为程序会先以数组来定义哪个位置上要出现哪一种图块，使拼接出来的地图能符合游戏的需求。假设图中 3 种不同图块的编号分别为 0、1、2，这个一维数组以行列的方式排列，用户将看到每一个数组元素对应到上图中的图块位置。那么可以利用下面的一维数组来定义地图。

```
int mapIndex[12] = {0,1,1,1,          //第 1 行
                    2,0,1,2,          //第 2 行
                    2,2,2,2 };        //第 3 行
```

在这里需要注意的是，由于是使用一维数组来定义地图的内容，因此上面数组中的每个元素的索引值是[0...11]，因为程序里计算图块贴图的位置或者计算整张地图的长宽尺寸都是以行列来进行换算，所以必须将数组的索引值转换成对应的列编号与行编号，转换的公式如下：

```
列编号 = 索引值 / 每一列的图块个数（行数）;
行编号 = 索引值 / 每一列的图块个数（行数）
```

以下图来验证上面的公式，方格中的编号是一维数组的元素索引值。

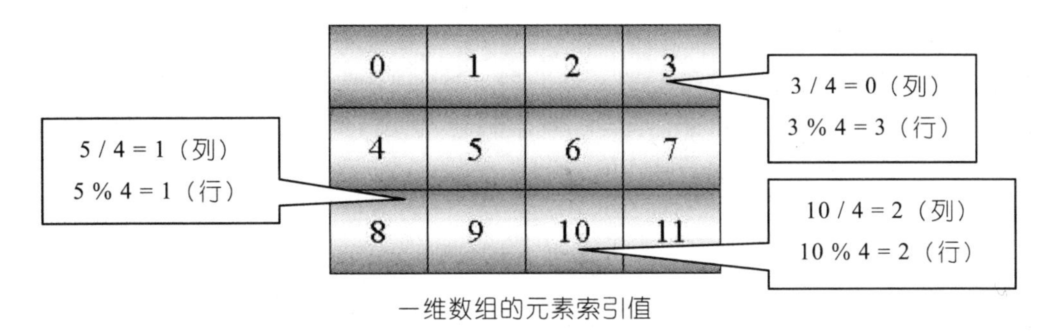

一维数组的元素索引值

下图是笔者运用不同的小图块拼接出一张简单地图的执行结果，用户只要更改常数中列数与行数的值，并重新定义 mapIndex[]数组中的值，就可以组合出大小尺寸以及内容都不尽相同的平面地图。

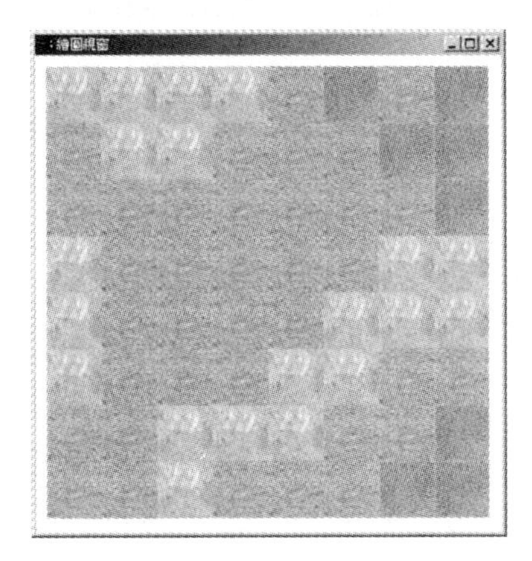

用多种小图块拼接出的简单地图

13-2-2　斜角地图贴图

斜角地图是平面地图的一种变化，它将拼接地图的图块内容，由原先的四方形改变成仿佛由 45°角俯视四方形时的菱形图案，这些菱形图案所拼接完成后的地图就是一张由 45°俯视的斜角地图了。这几年，斜角视觉的场景效果在 2D 游戏中倍受好评，它是 2D 平面游戏走向 3D 立体的效果变化，PC 游戏中较为有名的有《仙剑奇侠传》，它就是以这种斜角视觉的场景效果掳获了不少玩家的心。

基本上，斜角地图的拼接同样也使用和平面地图一样的行与列的概念，由于地图拼接时只使用位图中的菱形部分，因此在贴图坐标的计算上会有所不同。以下图所示说明菱形图块与方形图块在贴图时的差异，其中数字部分是图块编号。

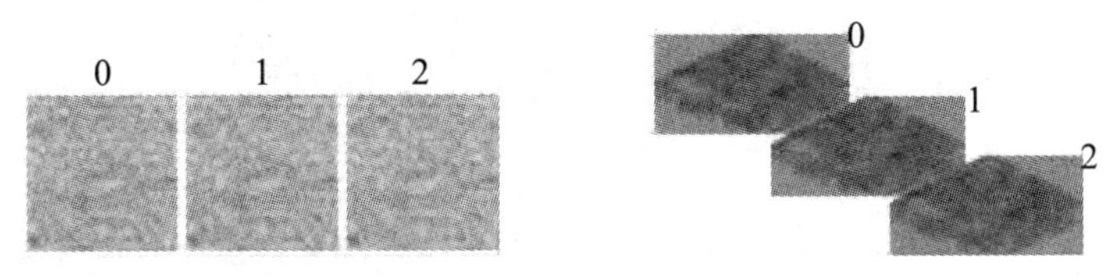

方形图块与菱形图块的差异

上图中左边的图是四方形图块的拼接，而右边的图则是菱形图块的拼接，四方形图块拼接是由图块编号换算成行编号与列编号再换算成贴图坐标。对于斜角地图拼接来说，在换算贴图坐标时，由于只要呈现图块中的菱形部分，因此在贴图排列的方式上会有不同，因而贴图坐标的计算公式就会不一样。

另外，在每个图块拼接的时候，还必须要加上一道透空的手续，假如直接按照求得的贴图坐标来进行贴图，可能会产生如下图所示的效果。

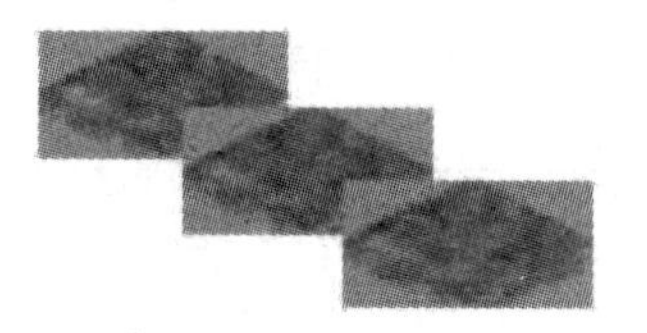

未去背的部分会遮盖到前一张图块中要显示的菱形部分

在斜角地图拼接时，各个图块编号与实际排列的情况如下图所示。

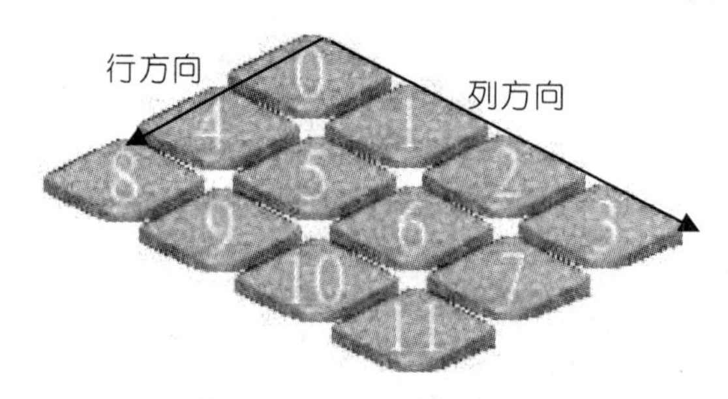

图块编号与实际排列的情况

上图同样是一张由 4×3 个小图块所拼接而成的地图，其中的数字是图块编号，对于每一图块，必须先算出它的行编号与列编号才能计算它实际的贴图坐标，行、列编号的求法跟上一小节所使用的公式一样。

```
列编号 = 索引值 / 每一列的图块个数（行数）;
行编号 = 索引值 / 每一列的图块个数（行数）
```

求出了行编号和列编号，然后就可以算出图块贴图时左上角的坐标。除此之外，我们还必须要知道图块中菱形部分的宽和高，假设图块中菱形的宽与高分别是 w 和 h，如下图所示。

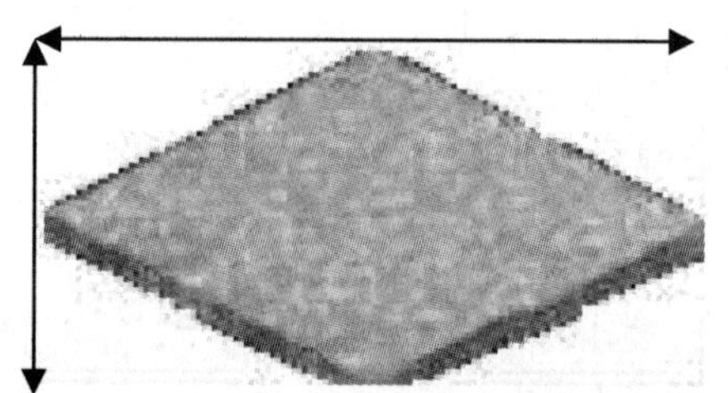

已知图块中菱形部分的长和高

那么图块左上角贴图坐标的计算公式如下：

```
左上角 x 坐标 =xstart + 行编号*w/2 - 列编号*w/2;
左上角 y 坐标 =ystart + 列编号*h/2 + 行编号*h/2
```

上面公式中的 xstart 与 ystart 代表第一张图块左上角贴图坐标的位置，我们以下图为例来说明这个公式的衍生概念。

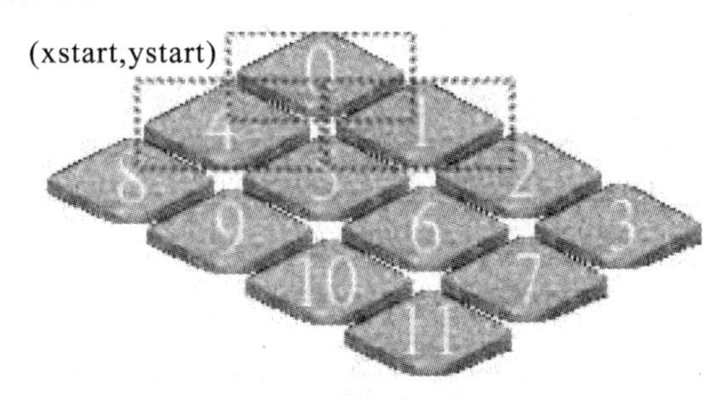

利用虚线框标识图块的范围

上图中，利用虚线框来标识图块真正的矩形范围，进行贴图时会自定义第 1 张图块的贴图位置，然后其他图块的贴图坐标再由此向下延伸。假设图块 0 的贴图坐标是（xstart,ystart），然后考虑图块 1 的矩形范围，它左上角贴图的坐标是（xstart+w/2,ystart+h/2），然后是图块 2 的矩形范围，它的坐标又变成（xstart+w/2*2,ystart+h/2*2），依此类推并加入行编号与列编号来定义，可以得到下面的这个求图块贴图坐标的公式：

```
左上点 x 坐标 =xstart + 行编号*w/2;
左上点 y 坐标 =ystart + 列编号*h/2
```

这是当图块都属于同一列的情况。现在我们来考虑下一列的图块 4，图块 4 的左上角贴图坐标是（xstart-w/2,ystart+h/2），而图块 5 的左上角贴图坐标是（xstart-w/2+w/2,ystart+h/2+h/2），图块 6 的左上角贴图坐标为（xstart-w/2+w/2*2,ystart+h/2+h/2*2），从这里可以看出，同一列上坐标变化都是一样的，贴图坐标都是往右下方递增半个图块的长与高的单位。

如果在同一行（图块 0、4、8）上的坐标变化，则是往左下方递减半个图块的长（x 轴方向）以及递增半个图块的高（y 轴方向），因此利用图块的行编号与列编号可定义出前面的贴图坐标公式。最后我们可以算出每个图块的坐标，并完成斜角地图的拼接，此时要将整块地图贴到窗口中必须知道地图的宽度与高度，计算的方式如下图所示。

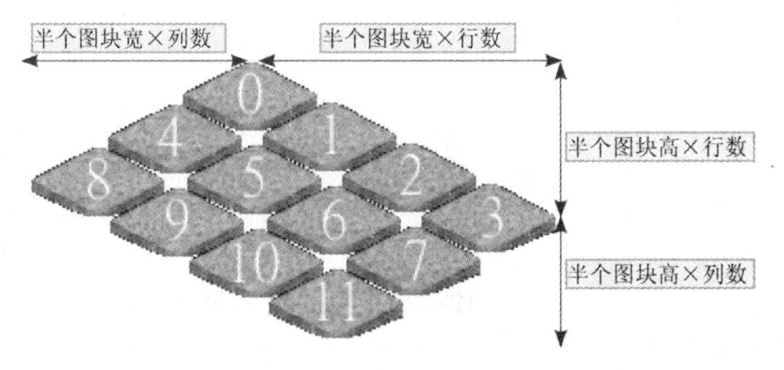

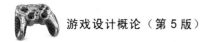

由上图可以很容易地推出整张地图的宽与高，计算公式如下：

```
地图宽=（列数+行数）*w/2;
地图高=（列数+行数）*h/2
```

将上一个平面拼接地图以 45° 俯视的斜角地图呈现，执行结果如下图所示。

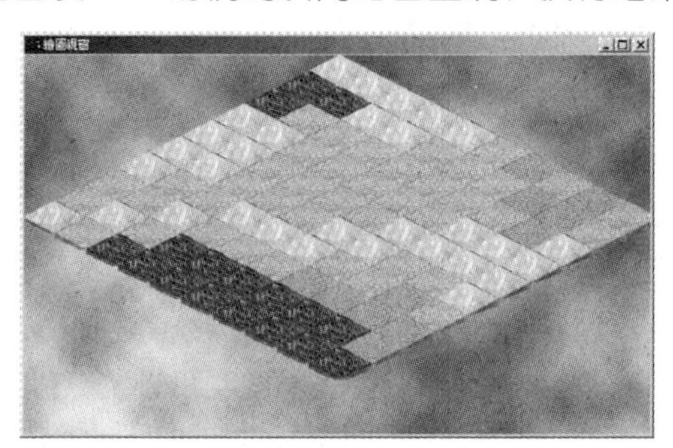

以 45° 俯视的斜角地图呈现

13-2-3 景物贴图

学会了游戏地图的拼接技巧，就要懂得如何在地图上布置景物，例如花草树木、房子等。景物的点缀将使游戏地图更具多样化。

当完成了地图拼接后，景物部分就应该容易多了。这时同样可以使用一个与地图数组相同大小的数组来定义哪个图块位置上要出现哪些景物，因为景物图大小与图块大小并不相同，因此还要将景物贴图的坐标稍做修正，使这些景物可以出现在正确的位置上。笔者以在 64×32 的斜角图块上贴上一张 50×60 的树木图来做说明。

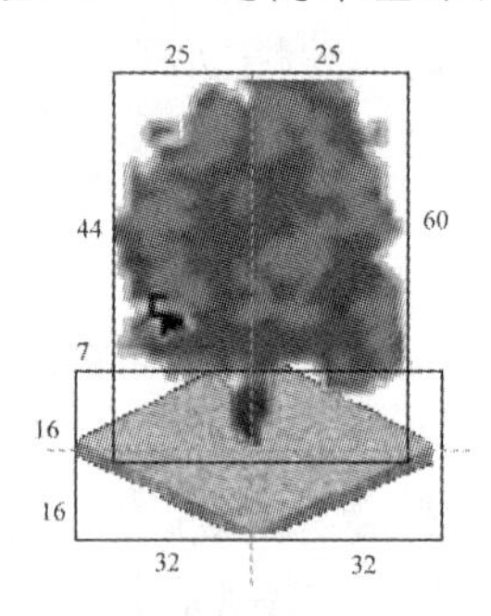

在斜角图块贴上一张树木图

由此可以看出，若斜角图块的贴图坐标是（x，y），那么树木图的 x 轴坐标必须向右移动 32-25=7 个单位，y 轴坐标则必须向上移动 60-16=44 个单位，则树木图的贴图坐标为（x+7，x-44）。按照这样的方法，再对其他景物的实际贴图坐标做修正，最后得到的贴图就是所要的游戏地图场景了。

下面笔者将在上一个范例里的斜角地图中加入两个不同景物，展现不同的游戏地图面貌，执行画面如下图所示。

在斜角地图上加入不同景物后的地图面貌

13-2-4　人物遮掩

人物遮掩可以分成两种情况，一种是人物与人物之间的遮掩，另外一种是人物与地图中的建筑、树木等障碍物之间的遮掩。第一种情况的解决办法可以在一个具有位置属性的基础图块上再衍生出其他的图块，这样就可以在视觉方向上对人物的位置进行排序，从远到近分别画出各图块与人物，这样就可以实现人物的遮掩效果。当然，排序算法的选择就依照个人的喜好了。

至于第二种情况，每一个图块都是有高度的，那么图块高度如何来定义呢？参见下图。

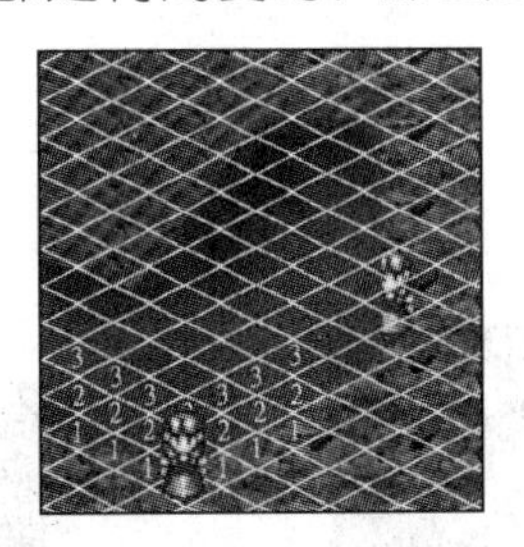

定义出图块的高度

一般建筑物图块的高度是与现实一致的，下图中的房子从墙角往上的高度依次分别为 1、2、3，这些在编辑场景的时候就必须要定义好。人物也是有高度的，它的高度是从下向上依次递增，如下图所示。

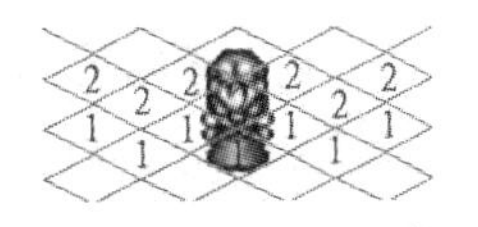

人物的高度从下向上递增

这些编号与地图中图块的编号有些类似，只不过是上下颠倒过来的。这些高度是为了确定图块的遮掩而定义的，当设计者想显示一个场景的时候，一般会先画地图，然后再画人物，因为人物有可能会被建筑物遮住，所以这时就要重画人物位置的部分地图场景。也就是说，从下往上按照顺序比较人物与图块的高度，如果图块的高度大于人物的高度则图块就会遮住人物，所以此图块要重画，如果是人物遮住图块的话，则图块就不需要重画。

13-2-5　高级斜角地图贴图

前面已经介绍过斜角地图与透空图的制作原理，例如，使用一整张地图来制作斜角地图，可能会为每个场景制作地图。下面介绍如何采用重复贴图的方式制作斜角地图，这样的方式可以减少图片文件的运用并增加场景的变化性，不过必须额外编写程序代码来进行贴图判断。

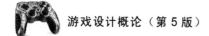

由于地图必须重叠拼接，所以在使用贴图的方式制作斜角地图时，必须先了解前面谈到的透空图做法。也就是在贴图时，图片的背景透明，如此重复贴图才不至于使背景覆盖了其他的图片，用户可以从下图中比较出两者的不同，右面的图就是处理过后的透空图。

无透空与经过通空后两图的比较

因为拼接时必须使用透空图，所以地图中每个小方格的制作都必须经过两次贴图的操作，我们把使用的地图方格图片大小设置为 32×16 像素，但贴图时会将其贴为 64×32 的大小，也就是原图的两倍，这样地图中的方格才不至于过小，使用的方格放大图如下图所示。

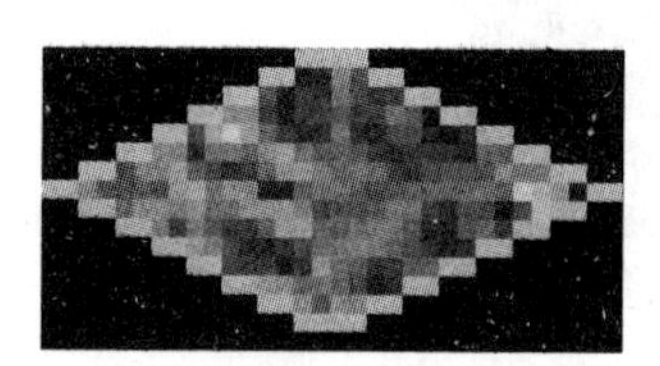

地图方格

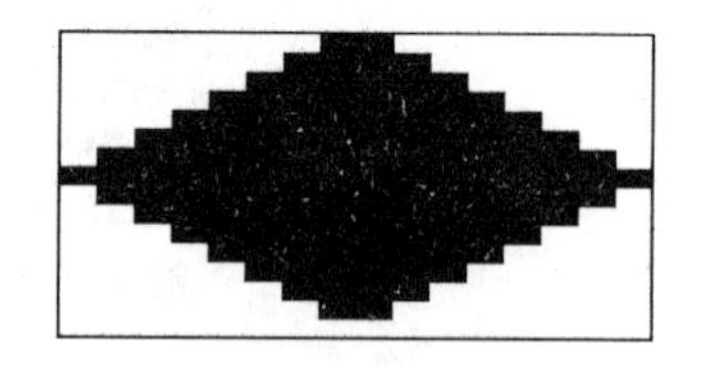

屏蔽图

为了让用户看出拼接时的边界，地图方格原图中先将周围较明显的绿色加以标识。在实际游戏制作中去除边界颜色，看起来就如同大型地图一般。在此笔者使用了循环来进行地图的贴图与拼接操作，并加上了人物的移动效果，我们使用键盘进行人物移动操作。这张地图看来很大，其实也只用了两张小图片而已，移动的方式与结果如下图所示。

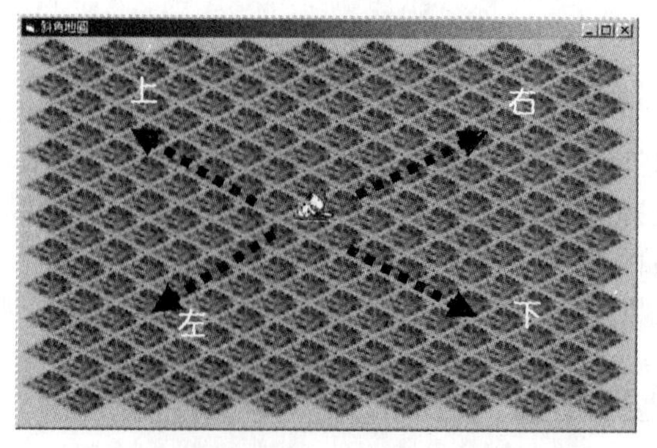

使用了循环的贴图与拼接操作后生成的图片

仔细观察这个地图，会发现地图拼接时的问题——周围会出现锯齿状，我们可以在周围补贴上一些地图方格以改进这个问题，甚至可以采用更简便的做法，由窗口外围开始贴图，让地图超过窗口可显示的范围，这样就不用额外花时间在周围方格的贴图操作上，下图是将方格周围的边界线去除后生成的结果。

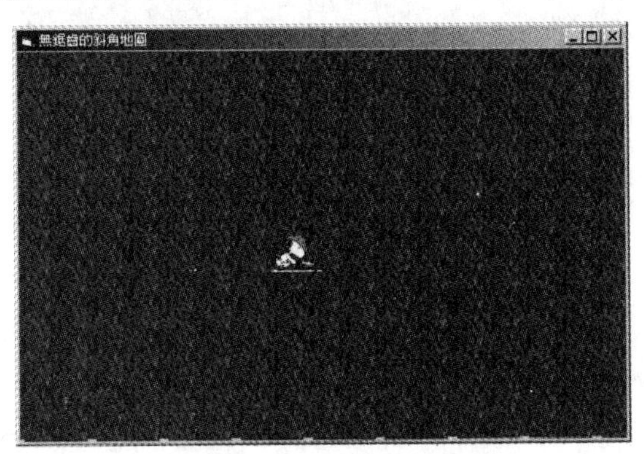

无锯齿、无边界的斜角地图

当斜角地图中有障碍物时，如何绘制地图就成为关键了。当使用数组来制作障碍物地图时，数组元素值为 0 表示没有障碍物，大于 0 表示有障碍物，用户可以为每个不同种类的障碍物进行编码，这样只要改变数组中的元素值就可以改变地图上的景物配置。

第一步要解决坐标定位的问题，必须将绘图坐标中的每一个点与数组中的元素索引相配合，这样才不至于有移动判断上的问题，完成的成果与坐标定位方式如下图所示。

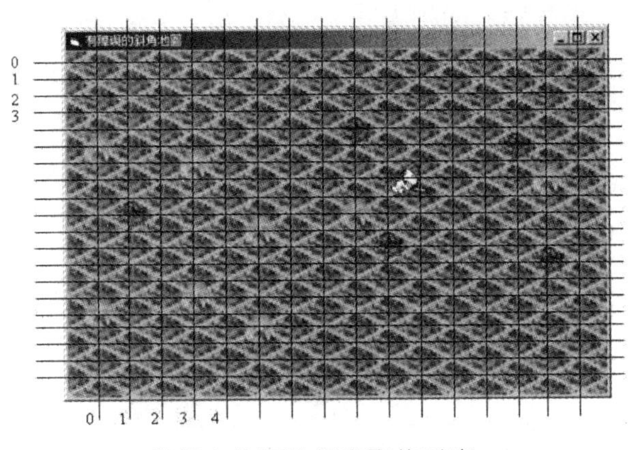

坐标定位与数组索引的对应

简单地说，场景中只有两种障碍物，数组元素值设置为 1 表示骷髅头，设置为 2 表示树木，在实际游戏制作中用户可以设置更多种类的障碍物。在进行人物的移动判断时，只要对数组的元素值进行检查即可，如果不为 0 就表示有障碍物，所以画面上的人物就不能向此格移动，下图为更换了无边界背景之后的执行结果。

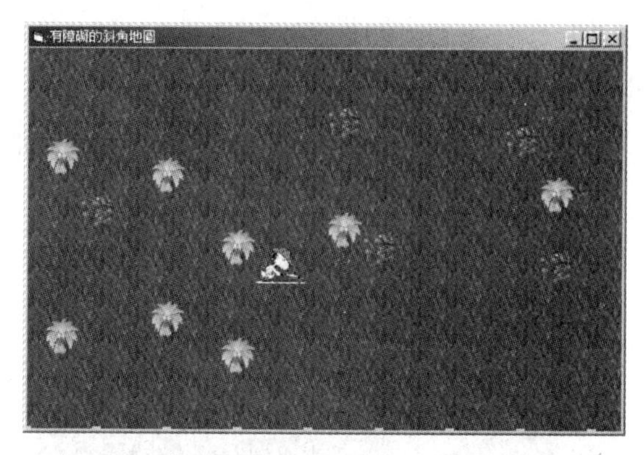

少了方格线，看起来已有游戏的感觉了

这样的设计方法虽然简单，可以简化程序设计的逻辑，但是存在一个潜在的问题，使用数组来标识障碍物的存在，当某些场景中障碍物不多时，数组中大多数元素值都会是 0，这就形成所谓的“稀疏数组”。这些内容为 0 的元素相当于没有存储任何的信息，但仍占用一定的内存空间，尤其是在地图越来越大时，这个情况可能会更严重。特别是当内存空间成为设计的考虑时，稀疏数组的问题仍然必须依赖数据结构来加以解决。

13-3　2D 画面绘图特效

相信用户对屏幕绘图的基本概念与技巧大概有了初步的了解，下面要介绍的是在设计 2D 游戏画面时，用户经常会用到的相关绘图特效。

13-3-1　半透明效果

半透明在游戏中常用来呈现若隐若现的特殊效果。事实上，这种效果的运用相当频繁，例如薄雾、鬼魂、隐形人物等都会以半透明的手法来呈现。半透明效果就是前景图案与背景图案像素颜色进行混合的结果。下图是将位图经过半透明处理后显示在背景上的样子。

经过半透明处理后的图片

要将前景图与背景图的像素颜色进行混合，就必须先了解位图的基本结构，位图是由许多像素组成的，每一个像素都由三原色“红（R）、绿（G）、蓝（B）”来决定该像素的色彩。位图的优点是可以呈现真实风景，而缺点则是影像经过放大或缩小处理后，容易出现失真的现象，如下图所示。

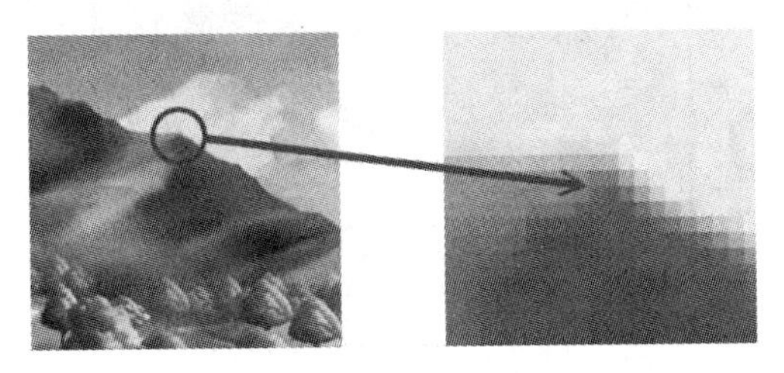

位图放大后会产生失真现象

要呈现半透明效果，必须将前景图与背景图在对应像素点上对颜色按某一比例进行调配，这个比例叫作“不透明度”。假如没有进行半透明处理，单纯地将一张前景图贴到背景图上的一块区域，前景图的不透明度是 100%，而背景图在这一区域上的不透明度则是 0%，前景图完全不透明，看不见任何背景，也就是说在这块区域上背影图的色彩完全派不上用场。

如果这时候有半透明的效果，让前景图看起来稍微透明一点，就必须先决定不透明度的值，假如不透明度是 70%，也就是说前景图像素颜色在显示位置上的比例是 70%，剩下的 30%就是取用背景像素的颜色了。如果将要显示区域内的每一个像素颜色按一定的不透明度进行合成，那么最后整个区域所呈现出来的就是半透明效果了。综上所述，可以整理出一个制作半透明效果的简单公式：

半透明图色彩 = 前景图色彩 × 不透明度 + 背景图色彩 × （1-不透明度）

以前景图的不透明度 30%和背景图的不透明度 70%进行半透明处理，制作出的图片效果如下图所示。

经过半透明处理后生成的图片

下图则是取得前景图与背景图颜色值，以前景图的不透明度 50%和背景图的不透明度 50%进行半透明处理，制作出的半透明效果。

经过半透明处理后制作的图片

13-3-2 透空半透明效果

上一小节的范例里说明了半透明效果，从中不难发现，在结果画面中似乎能看到前景图四周还留着原来位图的矩形轮廓，感觉有点美中不足。如果要解决这一问题，可以先做透空处理后再进行半透明处理，这样就可以制作出更完美的透空半透明效果了。

透空处理是利用贴图函数直接与已经贴在窗口中的背景图进行两个必要的 Raster 运算。透空半透明效果则必须多使用一个内存 DC 与位图对象，先在内存 DC 上完成透空，再取出 DC 上的位图内容来进行半透明处理。下图所示为一张需要用来做透空半透明处理的位图。

用来制作前景图透空的位图

程序设计上，必须先在内存 DC 上完成图案透空，再取出其内容与背景图进行半透明处理，最后展示透空半透明效果。程序最终执行结果如下图所示。

经过处理后制作的最终图片

13-3-3　透空效果

由于所有的图片文档都是以矩形方式来存储的，而且在贴图时我们有可能会把一张怪物图片贴到窗口的背景图上。在这种情况下，如果直接进行贴图就可能会出现如下图所示的效果。

直接贴图后的图片效果

如果希望前景图与背景图完全融合，就必须将前景图背景的黑色底框去掉，这项操作就称为透空处理，或称为去背。这时可利用 GDI 的 BitBlt（）贴图函数以及 Raster 值的运算来将图片中不必要的部分给去除，使图中的主题可以与背景图完全融合。下面以恐龙图的透空为例子介绍透空效果的制作过程。

首先准备一张位图，它的色彩分配必须是如下图所示的样子。

需要做透空处理的图片

上图中左边的图就是要去背贴到背景上的前景图，右边的黑白图则称为“屏蔽图”，在去背的过程中会用到它。接着把要去背的位图与屏蔽图合并成同一张图，透空的时候再按照需要来进行裁剪。

有了屏蔽图，就可以利用贴图函数来生成透空效果了，屏蔽图和原始贴图中各像素点的颜色值分布如下图所示。

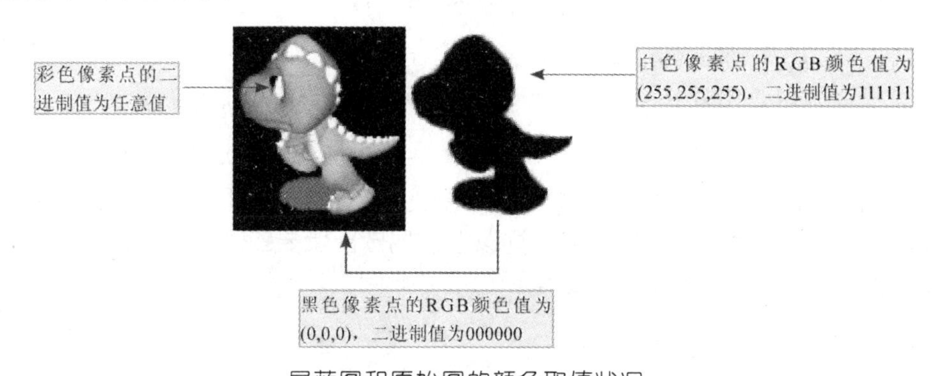

屏蔽图和原始图的颜色取值状况

步骤 1：将屏蔽图与背景图做 AND（Raster 值为 SRCAND）运算，再将运算结果贴到目地 DC 中，对图像各部分的计算结果分析如下。

（1）屏蔽图中的黑色部分，与背景图做 AND 运算：

000000…← 屏蔽图中黑色图点的颜色值
AND) 011010…← 背景图中彩色图点的颜色值
000000…← 运算后变成黑色

（2）屏蔽图中的白色部分，与背景图做 AND 运算：

111111…← 屏蔽图中黑色图点的颜色值
AND) 101010…← 背景图中彩色图点的颜色值
101010…← 运算后还是原来背景图的色彩

经过 AND 逻辑与运算后，得到的结果如下图所示。

经过 AND 运算后生成的图片

步骤 2：将前景图与背景图做 OR（Raster 值为 SRCPAINT）运算，然后将运算结果贴到 DC 中。对图像各部分的计算结果分析如下。

（1）前景图中的彩色部分，与上一张图做 OR 运算：

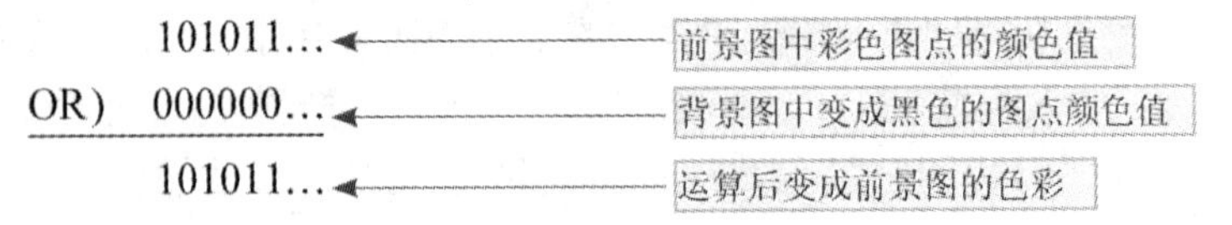

（2）前景图中的黑色部分，与上一张图做 OR 运算：

000000…← 前景图中黑色图点的颜色值
OR) 101010…← 背景图中彩色图点的颜色值
101010…← 运算后还是原来背景图的色彩

经过这个步骤后，生成的画面就是我们所要的透空图，如下图所示。利用 BitBlt（）贴图函数以及 Raster 运算值的设置，我们可以很容易做出所要的透空效果，这种方法在设计 2D 游戏的画面时使用相当频繁，所以用户必须要学会。

生成的透空图

课后练习

1. 半透明在游戏中应用在哪些场合？
2. 试说明人物遮掩的情况。
3. 透视图在建筑美术设计的领域里，有哪几种较为特殊的表示法？
4. 2D 坐标系统有哪几种？
5. 显示适配器性能的优劣与否取决于什么？
6. 什么是 GDI（Graphics Device Interface）与设备描述表（Device Context, DC）？
7. 在 2D 游戏中所采用的场景图块形状可分成哪两种？
8. 什么是斜角地图？

第 14 章 2D游戏动画

大部分比较精致的游戏都会在游戏中加入开场动画，有时候为了游戏关卡与关卡间的转场，常常也需要运用一些动画的表现手法来间接提升游戏的质感，并借助动画中剧情的展现为游戏加入一些令人感动的元素。不论在影视媒体、网站画面或广告画面的开场中都可以看见它的踪影。游戏中展现动画的方式有两种：一种是直接播放影片文件（如 AVI、MPEG），常用在游戏的片头与片尾；另一种是游戏进行时利用连续贴图的方式制造动画的效果。

《巴冷公主》游戏的开场动画

14-1 2D 动画的原理与制作

2D 动画主要是以手绘的方式呈现，在平面的舞台区域范围内，分别设置不同层次的背景、前景或角色的移动，透过对象前后堆栈的关系来呈现画面的丰富度，或称为平面动画。简单来说，动画的基本原理就是由连续数张图片依照时间顺序显示所造成的视觉效果，其原理与卡通影片相同，可以自行设定每张图片停滞的时间来造成不同的显示动画速度。也就是以一种连续贴图的方式快速播放，再加上人类“视觉暂留”的因素，从而产生动画效果。

所谓“视觉暂留”现象，指的就是眼睛和大脑联合起来欺骗自己所产生的幻觉。当有一连串的静态影像在面前快速地循序播放时，只要每张影像的变化够小、播放的速度够快，就会因为视觉暂留而产生影像移动的错觉。而连续贴图就是利用这个原理，在相框中一直不断地更换里面的照片，这些照片会依照动作的顺序而排列，就如同播放卡通一样。

14-1-1　一维连续贴图

贴图包含两个部分，一个是放置图片的框，如同日常生活中的相框一样；另一个是图片，也就是像放在相框里的照片一样。

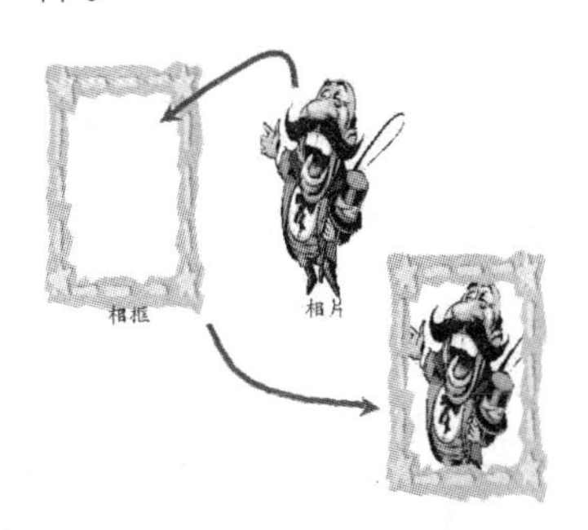

贴图的过程

我们先来看以下 6 张影像，每一张影像的不同之处在于动作的细微变化，如果能够快速的循序播放这 6 张影像，那么你便会因为视觉暂留所造成的幻觉而认为影像在运动了。这时大家应该了解到动画效果只不过是快速播放影像罢了。

连续的贴图所产生的播放效果

然而在此有一个关键性问题值得思考，就是到底该以多快的速度来播放动画？也就是说何种播放速度下会产生人类最佳的视觉暂留现象？电影播放的速度为每秒 24 个静态画面，基本上这样的速度已经足够令大家产生视觉暂留，而且还会令你觉得画面非常流畅（没有延迟现象）。由于衡量影像播放速度的单位为“FPS”（Frame Per Second），也就是每秒可播放的画框（Frame）数，一个画框中即包含一个静态影像。

如上图所示，将人物的跑步动作分成 6 个，假设一个动作图的长为“W”、宽为“H”，且每一张图的长与宽都一样，就可以利用数学中“等差数列”的公式计算出某一个图的位置，等差数列的公式如下所示：

$a_n=a_1+(n-1)*d$

其中，a_1 为首项；

a_n 为第 n 项；

n 为项次；

d 为等差值。

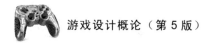

由于第一张人物操作图的 x 轴坐标为“0”，所以“a_1”就为“0”，不过，笔者还是建议用户将这个值也填上去，因为以后可能不会将物体连续动作图放在框内的（0,0）坐标上，所以最好是自动补上这个值，以识别第一项的值。

例如，要算出第 3 张的 x 轴坐标上的位置，可以将已知的值代入等差级数的公式中，得到我们所需要的值。如下列公式所示：

$a_3 = a_1+(3-1)*W$

$a_3 = 0+2W => a_3=2W$

在上述算式中，a_3 就是第 3 张图的 x 轴偏移坐标，而第 3 张图的 y 轴偏移坐标是 0，所以可以很轻易地取得第 3 张人物的动作。

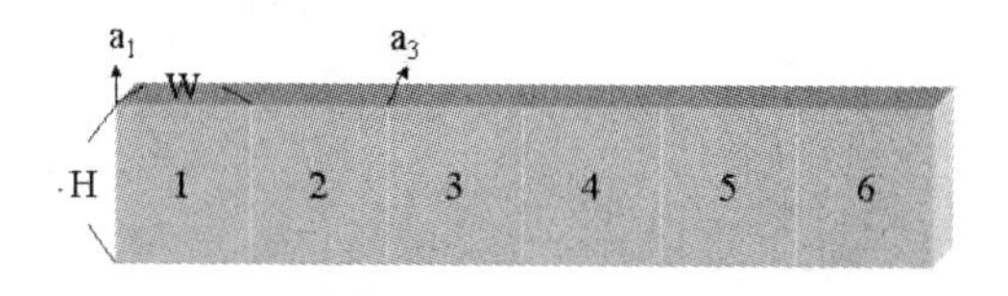

求得第 3 张图人物的动作

依此类推，如果人物动作要从第一张播放到第六张的时候，用户就可以编写一个循环分别求出这几张图片的等差数列 xy 坐标。如此一来，图形框内便能播放人物的连续动画了，程序代码如下：

```
For i=1 to 6
srcPicture.X = 0 +(i-1)*W
srcPicture.Y = 0
Delay(1)  '暂停 1 秒
Next
```

以上的方式是介绍图像帧在一维方向的移动，我们是利用 For 循环来达到动画的效果的。其实也可以利用 Windows API 来制作游戏的动态效果。其中 Windows API 的 SetTimer() 函数可以为窗口建立一个定时器，并且每隔一段时间就发出 WM_TIMER 信息，这种特性可以用来播放静态的连续图片，并产生动画的效果。此函数的使用语法如下：

```
SetTimer(    HWND  接收定时器信息的窗口,
              UINT      定时器代号,
              UINT      时间间隔,
              TIMERPROC    处理调用函数);
```

例如，设置每隔 0.5 秒发出 WM_TIMER 信息定时器的程序代码如下所示。

```
SetTimer(1,500,NULL);
```

例如下面是设置成每隔 0.5 秒发出 WM_TIMER 信息定时器的程序代码：

```
SetTimer(1,500,NULL);
```

了解了定时器的使用方式之后，将下图中几张人物连续摆动的位图运用定时器来产生动画效果。

人物摆动的位图

执行结果如下图所示，用户可以看到一个左右摇摆的娃娃。

左右摇摆的娃娃

在动画的表现上，定时器的使用虽然简单方便，但是这种方法仅适用在显示简易动画以及小型游戏程序中。如果要显示顺畅的游戏画面，使玩家感觉不到延迟，那么游戏画面就必须在一秒钟内更新至少 25 次以上，这一秒钟内程序还必须进行信息的处理和大量数学运算，甚至音效的输出等操作，而使用定时器的信息来驱动这些操作，往往达不到我们要求的标准，这样就会产生画面显示不顺畅或游戏响应时间太长的情况。

■ 游戏循环的作用

在这里要介绍一种“游戏循环”的概念，游戏循环是将原有程序中的信息循环并加以修改，其中内容判断目前是否有要处理的信息，若有则进行处理；否则便依设置的时间间隔来重绘画面。由于循环的执行速度远比定时器发出的时间信号来得快，因此使用游戏循环可以更精准地控制程序执行速度并提升每秒钟画面重绘的次数。下面是笔者所率团队设计的游戏循环程序代码：

```
01 //游戏循环
02     while ( msg.message!=WM_QUIT )
03     {
04         if ( PeekMessage ( &msg, NULL, 0,0 ,PM_REMOVE) )    //侦测信息
```

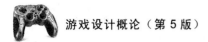

```
05          {
06              TranslateMessage ( &msg ) ;
07              DispatchMessage ( &msg ) ;
08          }
09      else
10      {
11          tNow = GetTickCount () ;            //取得当前时间
12          if (tNow-tPre >= 40)
13              MyPaint (hdc) ;
14      }
15  }
```

然后以游戏循环的方式，进行窗口的连续贴图，更精确地制作游戏动画效果，并在窗口左上角显示每秒画面更新次数。

每秒更新 10 次的画面

14-1-2 二维连续贴图动画

本节还要介绍另外一种动画排列方式——二维连续贴图动画，如下图所示。

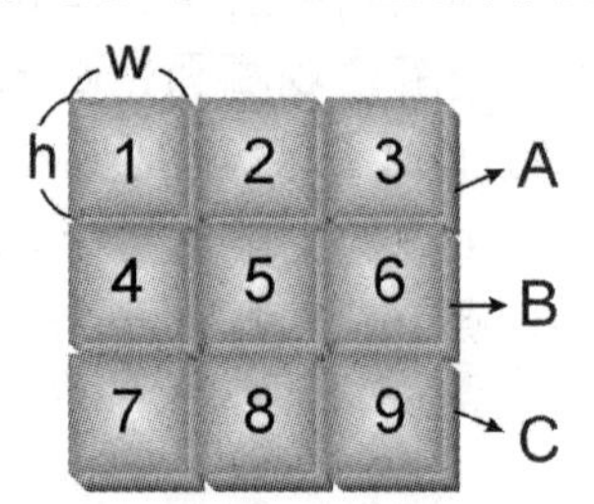

二维连续贴图动画的排列方式

这种排列是将物体的操作串成一张大图，而大图又分成三行，分别是 A、B 及 C，看起来像二维数组的排列。如果只计算 A 排中的某一个图素，对用户来说已经不是什么难事了，只要使用等差级数便可以得知 1、2 或 3 的图像坐标了。

如果现在要读取 B 排与 C 排的图素坐标，就必须分别计算出它的偏移 w 值与 h 值，假设用户要在图形文件里读取 5 号图素的 xy 坐标值，其方法如下所示：

W_5 = w　'此为第 5 号图素的左上角 x 坐标

```
H5 = h    '此为第 5 号图素的左上角 y 坐标
```

上述算式是利用肉眼从图示中看出的，如果图素数量较多，再用肉眼去辨别势必会很辛苦。这时建议用户使用一种公式来解决这种情形。如上图已知的值有横向总张数 3 张、纵向总张数 3 张，而以横向坐标（x 坐标）来说，可以取 5 除以 3 的余数来当作是第 5 张横向的张数；同理，也可以取 5 除以 3 的余数来当作是第 5 张纵向的张数，计算公式如下：

```
Wn = Ax1+[(n MOD  横向总张数)-1]*单张宽度
→W5 = 0+[(5 MOD 3)-1]*w
Hn = Ay1+[(n MOD  纵向总张数)-1]*单张长度
→H5 = 0+[(5 MOD 3)-1]*h
```

- A_{x1}：第一张左上角的 x 坐标值。
- A_{y1}：第一张左上角的 y 坐标值。
- MOD：取得余数的函数。

也可以将公式编写成如下形式：

```
Wn = Ax1+(n /横向总张数)*单张宽度
→W5 = 0+(5/3)*w
Hn = Ay1+(n/纵向总张数)*单张长度
→H5 = 0+(5/3)*h
```

因为以除法而言，不管是横向或纵向都能够取得目前张数减 1 的值，所以不必自行减去 1 了。现在我们以上述的公式来算出第 5 张图素的位置坐标，如下列所示：

```
W5 = 0+[(5 MOD 3)-1]*w
→W5 = 0+[1-1]*w→W5 = w
H5 = 0+[(5 MOD 3)-1]*h
→H5 = 0+[1-1]*h→H5 = h
```

看完以上说明，将其应用到实现二维帧的贴图算法中，使用的图片如下图所示。

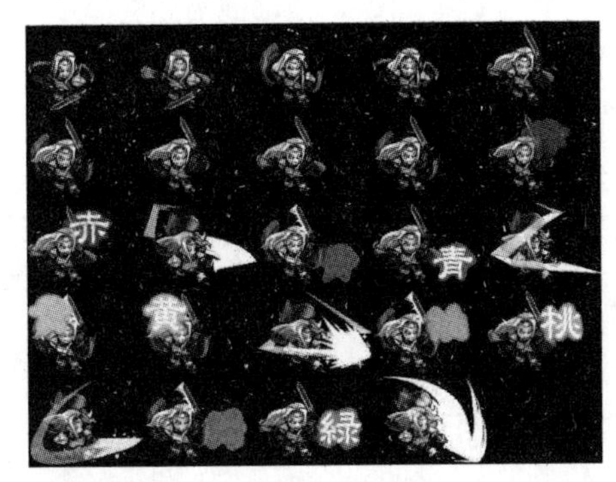

使用的图片

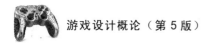

假如播放的顺序是由左而右、由上而下，为了指定播放的帧为图片中的哪一块区域，必须使用绘图函数协助计算帧播放的位置，假如用户使用的是 Visual Basic，那么就可使用 PaintPicture 函数，参数的指定说明如下所示：

```
    PaintPicture (source, dx, dy, dwidth, dheight, sx, sy, swidth, sheight, opcode)
    source：绘图来源对象；
    (dx, dy)：目标区坐标；
    (dwidth, dheight)：目标区绘图区域大小；
    (sx, sy)：来源区坐标；
    (swidth, sheight)：来源区图形区域大小；
    opcode：vb 句柄。
```

在程序实现时会先将图片加载到 Visual Basic 的 PictureBox 组件中，并预先将之设置为“不可视”，然后使用 PaintPicture 函数进行绘图区域的计算并绘制至窗体上。当然用户可以使用 Timer 组件来控制动画播放的速度，下图为在窗体上显示的组件配置。

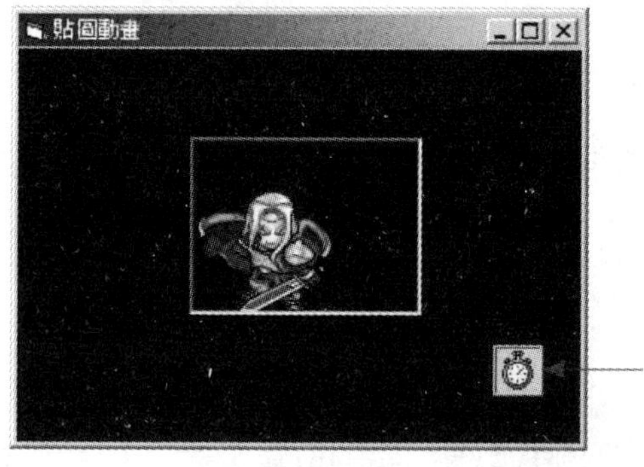

在窗体上显示组件位置

这种方式也有额外负担的成本，因为必须额外花费时间计算绘图来源区域，不过优点是可以直接加载整张图片。当然也可以将图片切割成数个图片文件，播放时再依序加载，这样做虽然可以省去计算绘图来源区域的时间，但却必须花费时间在图片的加载上。

14-1-3 透空动画

“透空动画”是制作游戏动画时一定会运用到的基本技巧，它结合了图案的连续显示及透空效果来产生背景图中的动画效果。然后用程序设计来显示连续动态的前景图案，并在显示之前进行透空，产生透空动画效果。在这个范例中使用了下图中的恐龙跑动连续图，每一张跑动图片的宽和高为 95×99。透空动画的制作前提是必须在一个暂存的内存 DC 上完成每一张跑动图的透空，然后贴到窗口上，这样在更新时才不会出现因为透空贴图过程而产生的闪烁现象。

恐龙连续跑动图

下面是笔者所率团队设计的一段自定义绘图函数程序代码。

```
01  //****自定义绘图函数**********************************
02  // 1.恐龙跑动图案透空
03  // 2.更新贴图坐标
04  void MyPaint(HDC hdc)
05  {
06      if(num == 8)
07          num = 0;08
09
10      //于 mdc 中贴上背景图
11      SelectObject(bufdc,bg);
12      BitBlt(mdc,0,0,640,480,bufdc,0,0,SRCCOPY);
13
14      //于 mdc 上进行透空处理
15      SelectObject(bufdc,dra);
16      BitBlt(mdc,x,y,95,99,bufdc,num*95,99,SRCAND);
17      BitBlt(mdc,x,y,95,99,bufdc,num*95,0,SRCPAINT);
18
19      //将最后画面显示于窗口中
20      BitBlt(hdc,0,0,640,480,mdc,0,0,SRCCOPY);
21
22      tPre = GetTickCount();          //记录此次绘图时间
23      num++;
24
25      x-=20;                          //计算下次贴图坐标
26      if(x<=-95)
27          x = 640;
28  }
```

下图所示为透空动画的执行结果。

透空动画后的动画效果图

14-1-4　贴图坐标修正

动画制作需要多张连续图片，如果这些连续图片规格不一，那么进行贴图时就还要做贴图坐标修正的操作，否则就可能产生动画晃动、不顺畅的情形。如下图所示的恐龙上下左右跑动的连续图片就必须在游戏程序中做贴图坐标修正的操作。

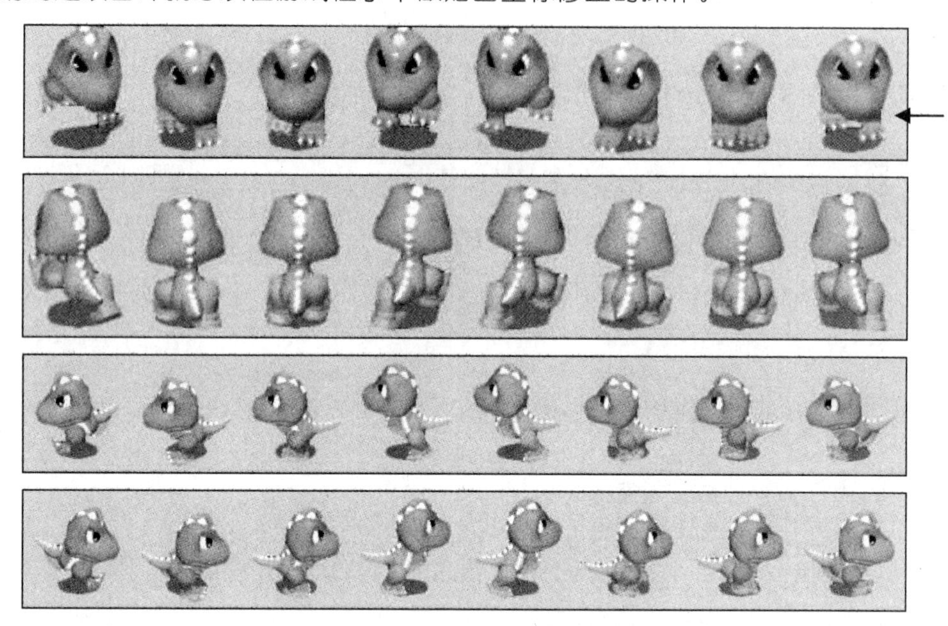

大小不一的恐龙图片

从上图中大概可以看出，恐龙在同一方向上的跑动图案大小是一样的，但在不同方向上的尺寸却略有不同，这在动画贴图的时候会有一点小问题，假设图中这只恐龙的动作是原本面向左然后变成面向下，恐龙本身并没有移动。那么程序就必须先贴面向左的图案再贴面向下的图案，如果这两次贴图操作都使用相同的左上角的贴图坐标，那么产生的结果就会如下图所示。

恐龙图片经过两次贴图操作后的动画效果

上图中的两次贴图，恐龙做的是由左向下转的操作，但它的阴影所在位置竟然移动了，这也意味着恐龙在这个操作过程中产生了移动，而事实却并非如此。这样的贴图方式会让动画产生瑕疵，所以必须对贴图坐标做修正操作，如下图所示。

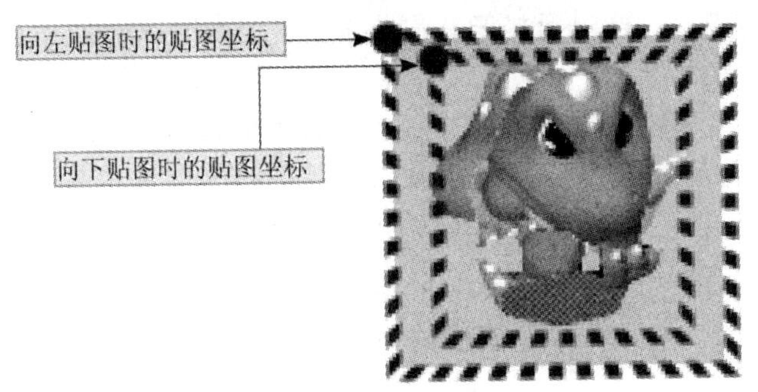

做修正操作的恐龙动画

上图中是以阴影部分作为贴图的基准，在恐龙动作转而面向下时做贴图坐标的修正，使第 2 次贴图时的阴影部分能够与上一次重叠，还可以看出第 2 次贴图的左上角坐标与第 1 次相比稍稍向右下方移动了，这样的修正也是为了让动画在展示时能有更好的视觉效果。

14-1-5　排序贴图的技巧

“排序贴图”的问题源自于物体远近呈现的一种贴图概念，之前的贴图方式都是对距离较远的物体先进行贴图操作，然后对近距离物体进行贴图操作，一旦定出贴图顺序后就无法再改变，这种做法在画面上的物体会彼此遮掩的情况下就不适用，下图是以实际的图示来做说明。

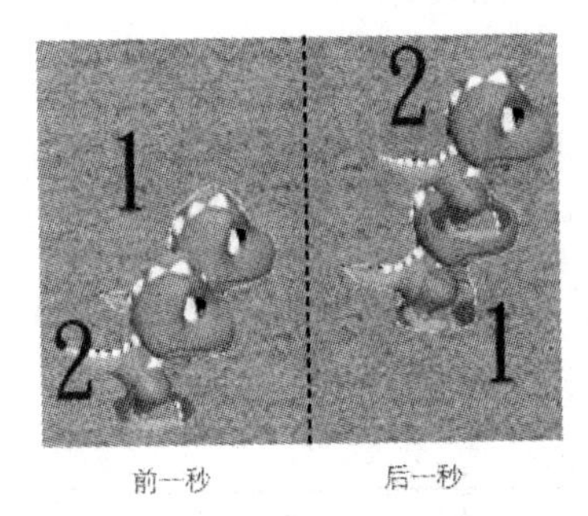

彼此遮挡的恐龙不适用排序贴图

在上图中把两只恐龙做了编号，首先会进行 1 号恐龙的贴图操作，接着再进行 2 号恐龙的贴图操作。在前一秒里，可以看到画面还很正常，可是到了后一秒的时候，画面却怪怪的，这是因为此时的 2 号恐龙已经跑到了 1 号恐龙的后面，但是贴图顺序还是先贴 1 号恐龙图案再贴 2 号恐龙图案，形成了后面的物体反而遮掩住前面的物体这种不协调的画面。

为了避免因为贴图顺序而产生的错误画面，必须在每次窗口重新显示时动态地决定画面上每一个物体的贴图顺序，要如何动态决定贴图的顺序呢？这里采用的方法就是“排序”。

例如，现在有 10 只要进行贴图的恐龙图案，我们先把它存在一个数组之中，从 2D 平面的远近角度来看，y 轴坐标比较小（在窗口画面较上方）的是比较远的物体，如果以恐龙的 y 轴坐标（在排序中称为关键字）来对恐龙数组由小到大做排序，最后会使 y 轴坐标小的恐龙排在数组前面，而进行画面贴图时则由数组从小到大一个个处理，这样就达到“远的物体先贴图”的目的了。要进行排序，必须先决定使用的排序法，在这里笔者推荐使用气泡排序法（Bubble Sort）。

要让多只恐龙可以随机跑动，可在每次进行画面贴图前先完成排序操作，并对恐龙跑动做贴图坐标修正，让动画能呈现更接近真实的远近层次效果。为了实现这种效果我们自定义绘图函数 MyPaint（），部分程序代码如下：

```
01  /****自定义绘图函数**********************************
02  // 1.对窗口中跑动的恐龙进行排序贴图
03  // 2.恐龙贴图坐标修正
04  void MyPaint(HDC hdc)
05  {
06      int w,h,i;
07
08      if(picNum == 8)
09          picNum = 0;
10
11      //于 mdc 中先贴上背景图
12      SelectObject(bufdc,bg);
13      BitBlt(mdc,0,0,640,480,bufdc,0,0,SRCCOPY);
14
15      BubSort(draNum);
16
17      for(i=0;i<draNum;i++)
18      {
19          SelectObject(bufdc,draPic[dra[i].dir]);
20          switch(dra[i].dir)
21          {
22              case 0:
23                  w = 66;
24                  h = 94;
25                  break;
26              case 1:
27              w = 68;
28              h = 82;
29              break;
30          case 2:
31              w = 95;
32              h = 99;
33              break;
34          case 3:
35              w = 95;
36              h = 99;
37              break;
38      }
39      BitBlt(mdc,dra[i].x,dra[i].y,w,h,bufdc,picNum*w,h,SRCAND);
40      BitBlt(mdc,dra[i].x,dra[i].y,w,h,bufdc,picNum*w,0,SRCPAINT);
41  }
42
43  //将最后画面显示于窗口中
44  BitBlt(hdc,0,0,640,480,mdc,0,0,SRCCOPY);
45
46  tPre = GetTickCount();          //记录此次绘图时间
47  picNum++;
```

```
48
49  for(i=0;i<draNum;i++)
50  {
51      switch(rand()%4)            //随机决定下次移动方向
52      {
53          case 0:                     //上
54              switch(dra[i].dir)
55              {
56                  case 0:
57                      dra[i].y -= 20;
58                      break;
59                  case 1:
60                      dra[i].x += 2;
61                      dra[i].y -= 31;
62                      break;
63                  case 2:
64                      dra[i].x += 14;
65                      dra[i].y -= 20;
66                      break;
67                  case 3:
68                      dra[i].x += 14;
69                      dra[i].y -= 20;
70                      break;
71              }
72              if(dra[i].y < 0)
73                  dra[i].y = 0;
74              dra[i].dir = 0;
75              break;
76          case 1:                     //下
77              switch(dra[i].dir)
78              {
79                  case 0:
80                      dra[i].x -= 2;
81                      dra[i].y += 31;
82                      break;
83                  case 1:
84                      dra[i].y += 20;
85                      break;
86                  case 2:
87                      dra[i].x += 15;
88                      dra[i].y += 29;
89                      break;
90                  case 3:
91                      dra[i].x += 15;
92                      dra[i].y += 29;
93                      break;
94              }
95              if(dra[i].y > 370)
96                  dra[i].y = 370;
97              dra[i].dir = 1;
98              break;
99          case 2:                     //左
100             switch(dra[i].dir)
101             {
102                 case 0:
103                     dra[i].x -= 34;
104                     break;
```

```
105                 case 1:
106                     dra[i].x -= 34;
107                     dra[i].y -= 9;
108                     break;
109                 case 2:
110                     dra[i].x -= 20;
111                     break;
112                 case 3:
113                     dra[i].x -= 20;
114                     break;
115             }
116             if(dra[i].x < 0)
117                 dra[i].x = 0;
118             dra[i].dir = 2;
119             break;
120         case 3:                         //右
121             switch(dra[i].dir)
122             {
123                 case 0:
124                     dra[i].x += 6;
125                     break;
126                 case 1:
127                     dra[i].x += 6;
128                     dra[i].y -= 10;
129                     break;
130                 case 2:
131                     dra[i].x += 20;
132                     break;
133                 case 3:
134                     dra[i].x += 20;
135                     break;
136             }
137             if(dra[i].x > 535)
138                 dra[i].x = 535;
139             dra[i].dir = 3;
140             break;
141     }
142 }
143 }
```

其中，前半段程序会先将数组中各恐龙依目前所在坐标进行排序贴图的操作；后半段程序则是随机决定下次恐龙的移动方向，并计算下次所有恐龙的贴图坐标。因此每次调用此函数时就会进行窗口画面的更新，产生恐龙四处移动的效果，如下图所示。

画面产生恐龙四处移动的效果

14-2　横向滚动条移动效果

在 2D 横向滚动条或纵向滚动条游戏中，有时会以循环移动背景图的方式，让玩家在游戏的过程置身在动态的背景环境中，例如在大型游戏机上较为风靡的《越南战役》系列游戏。另外还有一些游戏结合了横向滚动条的技术与 3D 场景的特效，让 2D 的游戏场景看起来更逼真，例如 PS 平台上的《恶魔城——月下夜想曲》。下面来为用户介绍 2D 游戏中经常运用到的动态背景表现手法。

14-2-1　单一背景滚动

单一背景滚动方式是利用一张相当大的背景图，当游戏运行的时候，随着画面中人物的移动背景的显示区域也跟着移动。要制作这样的背景滚动效果其实很简单，只要在每次背景画面更新时，改变显示到窗口中的区域即可。例如下图中的这张背景图，由左上到右下画了 3 个框代表要显示在窗口中的背景区域，而程序只要按左上到右下的顺序在窗口上连续显示这 3 个框的区域，就会产生背景由左上往右下滚动的效果。

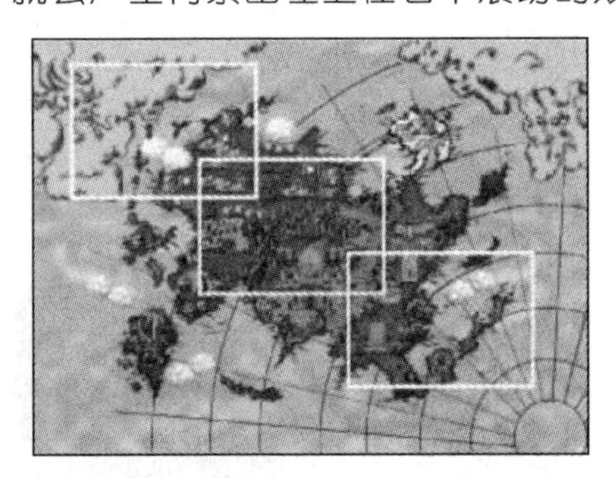

在一张大的背景图上制作背景滚动效果

例如，屏幕显示模式为 640×480，而背景图是一张 1024×480 的大型图形，如果将背景图放置在屏幕中，就会生成如下图所示的效果。

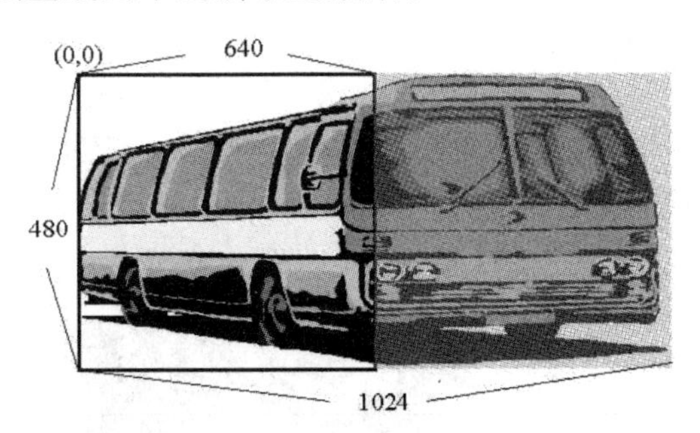

背景图超出屏幕显示范围的效果图

右边灰色屏蔽部分在屏幕上是看不到的，用户只能在屏幕上看到公交车的左半部，如果想看到公交车的右半部，就必须将屏幕画框移向公交车的右半部。这种做法当然是办不到的。因为屏幕画框是不能移动的，所以想看到公交车的右半部，只能是通过移动公交车的图才能实现，如下图所示。

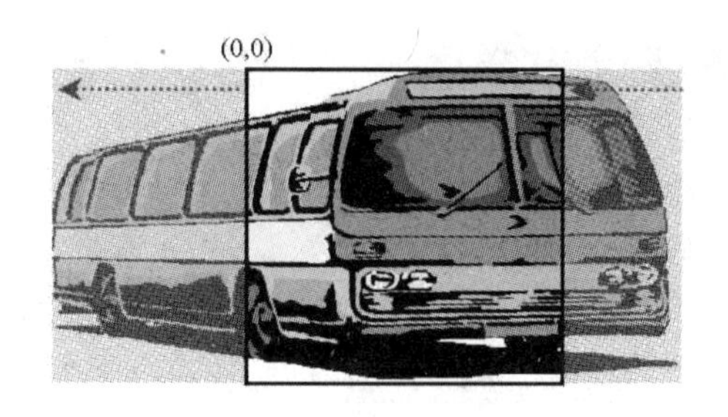

移动公交车的图才能通过屏幕看到右半部

如果要观看背景图上的（x_1, y_1）坐标，而且画框长为 W、宽为 H，就可以从背景图的（x_1, y_1）坐标点上取得长为 W、宽为 H 的图框，并且将它贴在屏幕的画框上（贴在显卡内存上），以 Direct Draw 的贴图函数为例，语法如下：

```
画框.BltFast（画框上的左上角 x 坐标，画框上的左上角 y 坐标,原始图,Rect（X1,Y1,W,H））
```

这样就可以看到大型图形的全貌了。依此类推，用户也可以将大型图形的某部分取出，然后贴到所要贴的位置上，如下图所示。

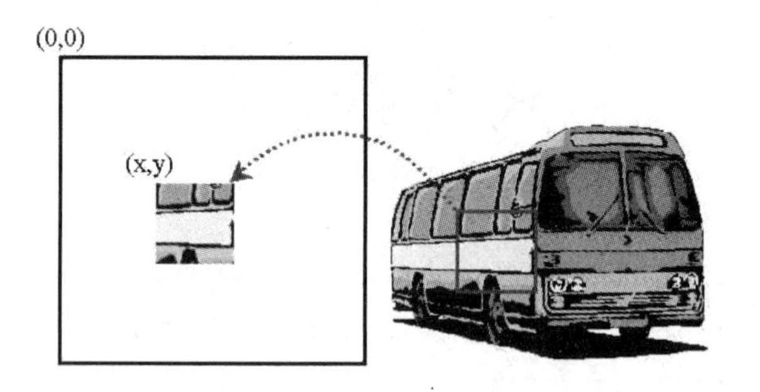

取公交车的一部分贴到要贴的位置上

14-2-2 单背景循环滚动

循环背景滚动就是不断地进行背景图的裁剪与接合，也就是将一张图的前页贴在自己的后页上，然后在窗口上显示出一种背景画面循环滚动的效果。

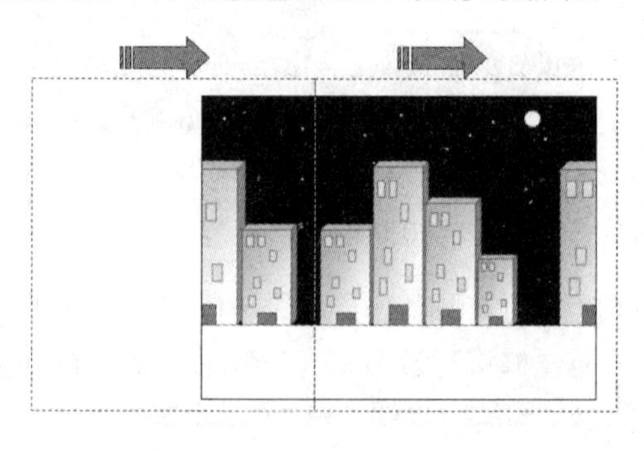

背景画面循环滚动的效果

假设地图会不断滚动，则贴图时右边的图像方块所指定的图片来源区域会逐渐变窄，消失的部分则在左边的方块中再度出现，其道理就如同幻灯片播放，将图片的尾端与前端接起来，再不断地滚动播放一样，如下图所示。

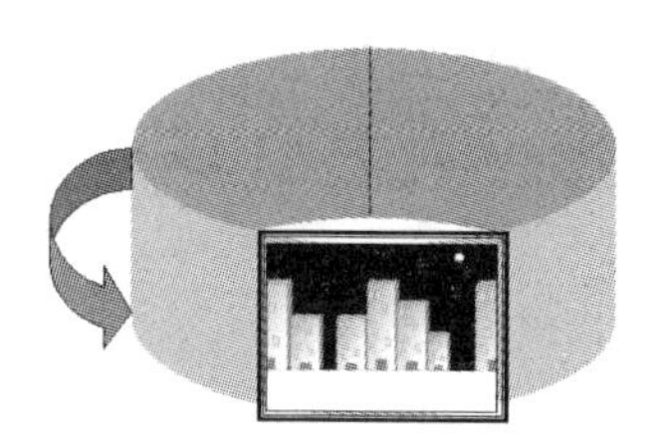

不断滚动播放的图片

对于这样的滚动条动画，用户只需要两个贴图指令并配合固定时间播放就可以制作。需要注意的就是图片的衔接问题，为了突显动画效果，还可以在滚动中加入人物作为位移的对比，如下图所示。

加入参照物进行位移的对比

上图中的人物实际上是静止不动的，由于背景滚动的关系，使人物看起来像是在走动，利用背景与前景的位移关系可制作出动态效果。

下面再来详细说明背景图由左向右滚动的概念，假设下图（左图）是前一秒画面更新时所看到的样子（外围的框线代表窗口）。而下一秒的时候背景向右滚动，因此背景图向右移动，应该如下图（右图）所示。

更新前所看到的图片

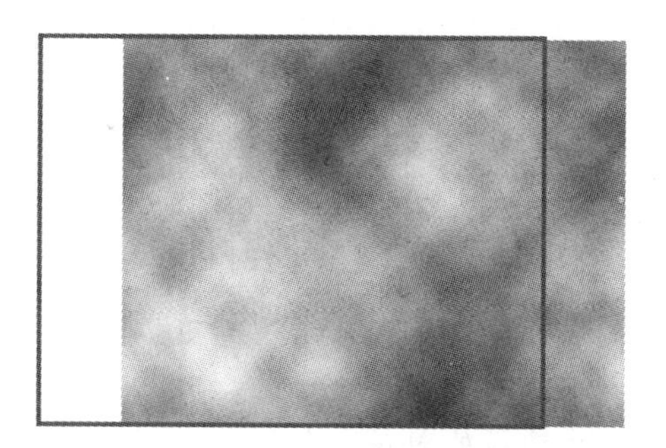

下一秒所看到的图片

由上图中可看出，背景图部分与前面的图相比已经往右移动了，而超出窗口的部分在制作循环背景的过程中会把它贴到左边的空闲窗口区域，从而重新组合成一张仍等于窗口大小的新背景图。

这种背景图滚动的概念可以利用两次贴图方式来完成。假设最原始的背景图已经被选用到一个 DC 对象中，背景图的尺寸大小为 640×480 且刚好与窗口大小相同，另外会在另一 DC 对象上来完成背景图两次贴图的操作。

步骤 1：截取原背景图右边部分进行贴图操作到另一 DC 中，假设当前要截取的右边部分宽度为 x，如下图所示。

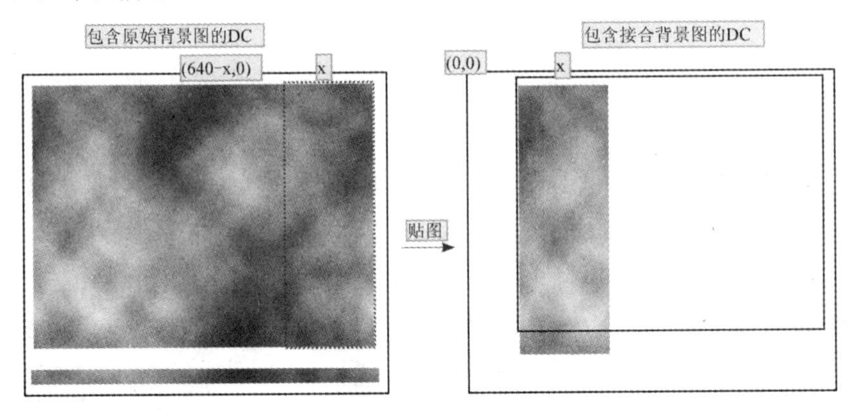

截取右半部并贴图到另一 DC 中

步骤 2：截取原背景图左边部分进行贴图操作并放置到另一 DC 中的右半部分，从而完成向右滚动的新背景图，如下图所示。

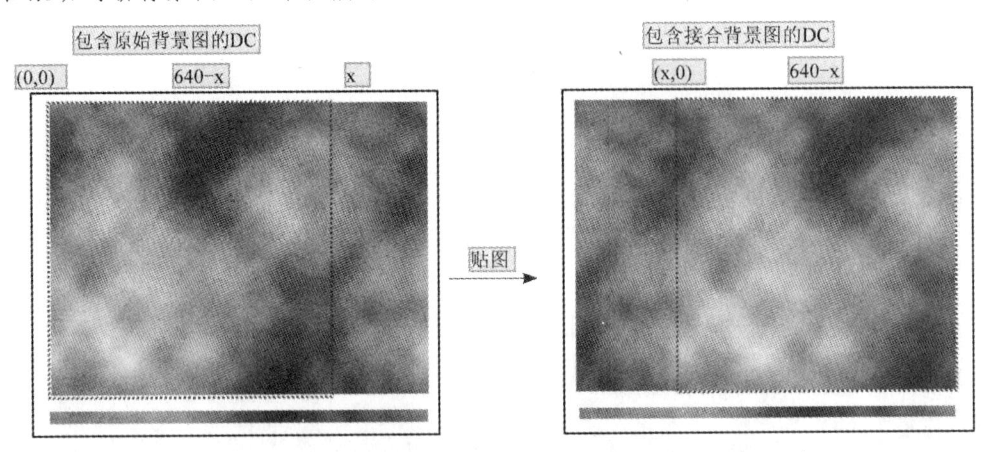

将原背景图贴图到新 DC 中的过程

步骤 3：将结合后的背景图显示于窗口中，之后递增 x 值，重复步骤 1、2、3 来产生背景图慢慢向右滚动的效果。而当 x 值递增到大于或等于背景图的大小时，便将 x 的值重置为 0，并产生循环的效果。

下面笔者将利用一张 640×480 的背景图制作背景由左向右循环滚动的动画。其中 MyPaint()函数每次被调用时，都会进行背景图结合，并在画面上显示背景图，利用 BitBlt()函数进行 3 次贴图来完成。程序代码如下所示。

```
//****自定义绘图函数*********************************
// 切割与接合背景图产生循环背景
void MyPaint(HDC hdc)
{
    //裁取背景图右边部分进行贴图
    BitBlt(mdc,0,0,x,480,bufdc,640-x,0,SRCCOPY);

    //裁取背景图左边部分进行贴图
    BitBlt(mdc,x,0,640-x,480,bufdc,0,0,SRCCOPY);

    //将接合后的背景图贴到窗口中
    BitBlt(hdc,0,0,640,480,mdc,0,0,SRCCOPY);

    tPre = GetTickCount();

    x += 10;
    if(x==640)
        x = 0;
}
```

14-2-3　多背景循环滚动

多背景循环滚动的原理其实与前一小节所讲的类似，不过由于不同背景在远近层次及实际视觉的移动速度并不相同，因此以贴图方式制作多背景循环滚动时，必须要决定不同背景贴图的先后顺序以及滚动的速度。

例如，下图是笔者所设计的多背景循环滚动游戏的程序执行画面，画面中出现了几种背景及前景的恐龙跑动图。

游戏执行画面

读者可观察上图来决定要构成这幅画面的贴图顺序，从远近层次来看，天空最远，其次是草地，山峦叠在草地上，然后是房屋，最后才是前景的恐龙。所以进行画面贴图时顺序应该是：

```
天空→草地→山峦→房屋→恐龙
```

另外，不知用户有没有发现，当进行山峦、房屋及恐龙的贴图操作时，还必须再加上透空的操作，才能使这些物体叠在它们前一层的背景上。

决定了贴图时的顺序后，就要考虑背景滚动时的速度，由于最远的背景是天空。所以在前景的恐龙跑动时，滚动应该是最慢的，而天空前的山峦滚动速度应该比天空还要快一点，至于房屋与草地因为相连所以滚动速度相同，而且又要比山峦还快一点，如此便决定出所有背景的滚动速度应该是：

```
天空<山峦<草地=房屋
```

在这里前景的恐龙只让它在原地跑动，由于背景自动向右滚动，因此就会形成恐龙向前奔跑的视觉效果。以下是运用贴图技巧并调整不同背景循环滚动的速度，展示具远近层次感的多背景循环滚动条。当每次调用 MyPaint()函数时，会先在 mdc 上完成所有画面图案的贴图操作再显示到窗口上，然后设置下次各背景图的切割宽度以及前景图的跑动图编号，程序如下所示。

```
//****自定义绘图函数**********************************
// 1.依各背景远近顺序进行循环背景贴图
// 2.进行前景恐龙图的透空贴图
// 3.重设各背景图切割宽度与跑动恐龙图图号
void MyPaint(HDC hdc)
{
    //贴上天空图
    SelectObject(bufdc,bg[0]);
    BitBlt(mdc,0,0,x0,300,bufdc,640-x0,0,SRCCOPY);
    BitBlt(mdc,x0,0,640-x0,300,bufdc,0,0,SRCCOPY);

    //贴上草地图
    BitBlt(mdc,0,300,x2,180,bufdc,640-x2,300,SRCCOPY);
    BitBlt(mdc,x2,300,640-x2,180,bufdc,0,300,SRCCOPY);

    //贴上山峦图并透空
    SelectObject(bufdc,bg[1]);
    BitBlt(mdc,0,0,x1,300,bufdc,640-x1,300,SRCAND);
    BitBlt(mdc,x1,0,640-x1,300,bufdc,0,300,SRCAND);
    BitBlt(mdc,0,0,x1,300,bufdc,640-x1,0,SRCPAINT);
    BitBlt(mdc,x1,0,640-x1,300,bufdc,0,0,SRCPAINT);

    //贴上房屋图并透空
    SelectObject(bufdc,bg[2]);
    BitBlt(mdc,0,250,x2,300,bufdc,640-x2,300,SRCAND);
    BitBlt(mdc,x2,250,640-x2,300,bufdc,0,300,SRCAND);
    BitBlt(mdc,0,250,x2,300,bufdc,640-x2,0,SRCPAINT);
    BitBlt(mdc,x2,250,640-x2,300,bufdc,0,0,SRCPAINT);

    //贴上恐龙图并透空
    SelectObject(bufdc,dra);
    BitBlt(mdc,250,350,95,99,bufdc,num*95,99,SRCAND);
    BitBlt(mdc,250,350,95,99,bufdc,num*95,0,SRCPAINT);

    BitBlt(hdc,0,0,640,480,mdc,0,0,SRCCOPY);

    tPre = GetTickCount();
```

```
        x0 += 5;            //重设天空背景切割宽度
        if(x0==640)
            x0 = 0;

        x1 += 8;            //重设山峦背景切割宽度
        if(x1==640)
            x1 = 0;

        x2 += 16;           //重设草地及房屋背景切割宽度
        if(x2==640)
            x2 = 0;

        num++;          //重设跑动图号
        if(num == 8)
            num = 0;
}
```

14-2-4　互动地图滚动

地图滚动比连续背景图滚动更容易制作，从基本的横向地图滚动开始，其中的背景图与显示窗格如下图所示。

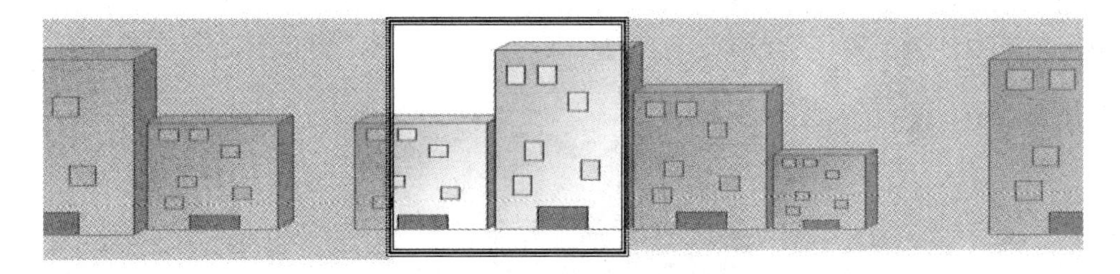

地图滚动效果图

通常用户只要判断图片的哪些区域需贴到显示窗格中就可以了，但是必须注意这个地图是有边界的，而不像之前的背景图循环贴图，所以还要判断窗格是否达到左右边界。用户可以利用窗格的中心与边界距离来判断，程序中只要使用一个变量就可以了。下图是笔者设计的可用左右方向键来操作地图滚动的小程序的执行画面。

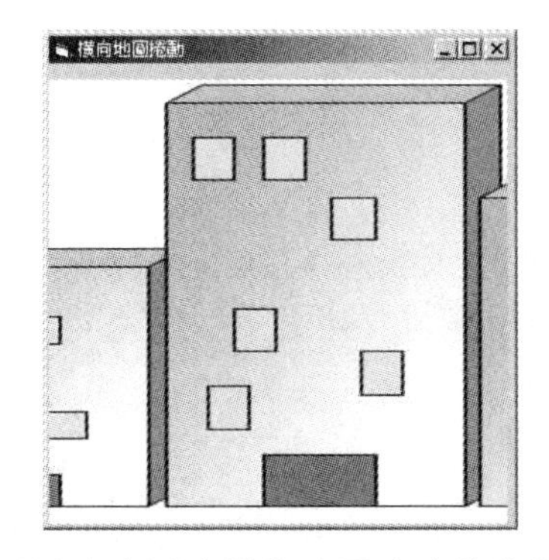

可通过左右键来操作地图滚动的背景图

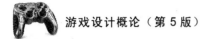

熟悉了横向地图滚动方式后，要制作二维地图轴动就变得很容易了。首先必须准备一张大地图，在贴图时每次只显示其中一个小区域，这是二维地图的基本滚动原理，如下图所示。

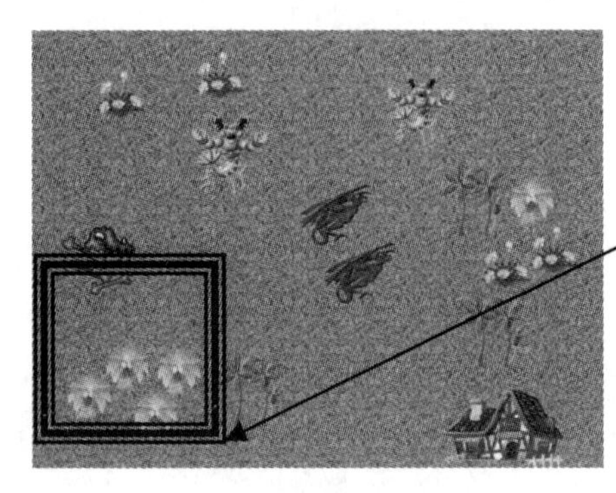

二维地图的滚动原理

使用键盘来进行地图滚动操作，也必须判断显示方块是否已抵达地图的上下左右任一边界，如果遇到边界就不再继续滚动，判断方式同样使用显像方块的中心坐标。这时只要使用两个变量即可。以下地图滚动程序中，加入了一个人物作为操作中心点，实际上人物是静止的。在地图滚动时由于背景移动，使得结果看起来像是人物在移动，当然，这个程序还没有加入对地图上障碍物的判断，只是用来示范简单的地图滚动效果。执行画面如下图所示。

以人物为中心制作地图滚动效果

14-2-5 屏蔽点的处理技巧

在 2D 游戏中，经常会出现主角或敌人不能直接通过所谓的障碍物，他们可能要跳起来通过障碍物或者是将障碍物击破后通过，如下图所示。

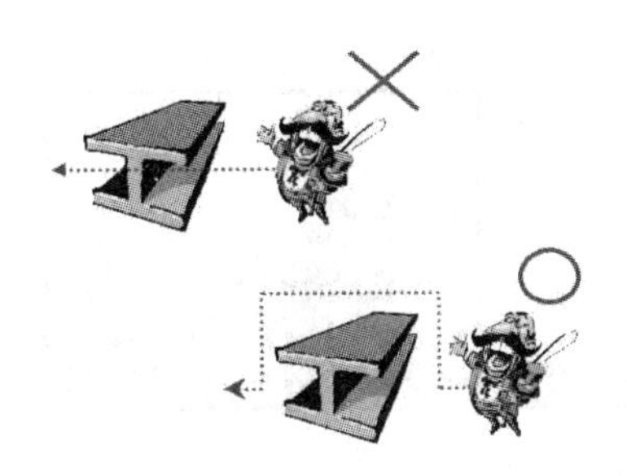

人物要通过障碍物必须要跳过去

这种必须要跳跃的障碍物，我们称之为“屏蔽点”，存在屏蔽点的目的是告诉玩家这个地方不可以直接通过，在设计游戏时遇到的问题就是在横向滚动的 2D 游戏中，要如何才能让这些屏蔽点可以和背景图同时移动。在此笔者以一个简单的数组屏蔽图为例，如下图所示。

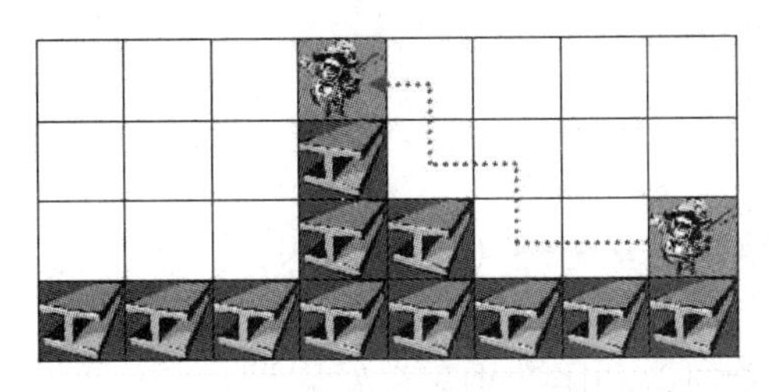

人物要通过障碍物

主角人物必须通过所有的障碍物，假如在数组中设置障碍物的值为 1，可以让主角移动通过的数组值设置成 0，如下列所示：

```
A(8,4)={
    0,0,0,0,0,0,0,0,
    0,0,0,1,0,0,0,0,
    0,0,0,1,1,0,0,0,
    1,1,1,1,1,1,1,1}
```

假设游戏开始是显示第 4 行到第 8 行的数组图，如下图所示。

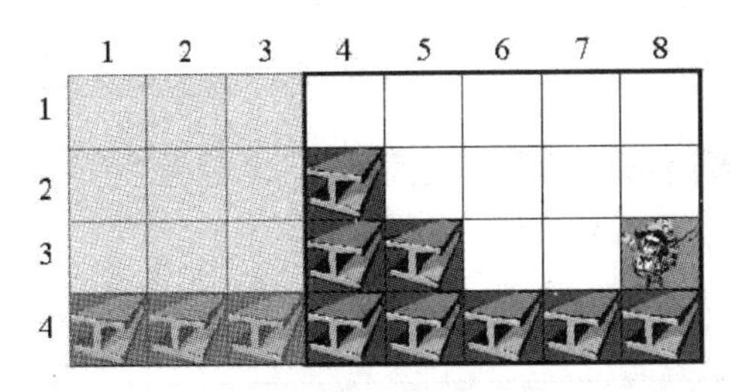

显示障碍物的数组图

然后让主角向左移动一格，也就是让背景屏蔽向右推一格，如下图所示。

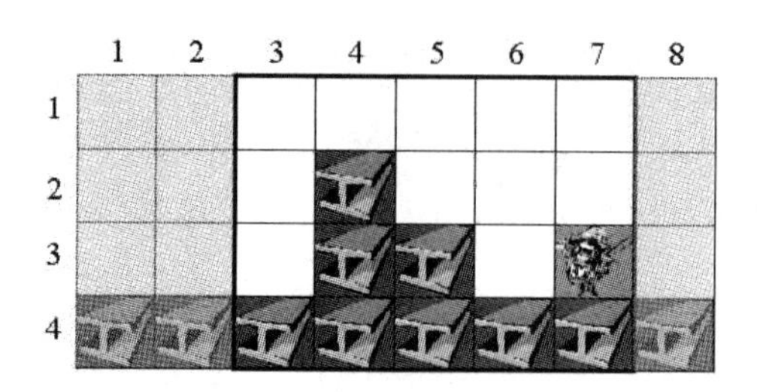

背景向右移动也就是人物向左移动的过程

此时所显示的是第 3 行到第 7 行的数组值，现在所说的情况就是所要讨论的重点。在这种情况下，就必须求出可以显示的数组坐标值，如同上面的例子，游戏一开始显示的是第 4 行到第 8 行的数组值，所以可以将显示数组值的程序代码写成如下列所示：

```
a=4
For i=a To a+4
   For j=1 To 4
Draw(i,j)
   Next
Next
```

如此一来，便可以利用数组里的值（1 或 0）来判断是否要将障碍物显示在屏幕上，依此类推，就可以做到显示所有数组移动后的画面了。

事实上，障碍物的判断可以利用数组来设置障碍物的位置，在每次移动人物之前就先对比数组中的元素值，看看下个移动的位置是否有障碍物的存在。再以一个简单的障碍物判断范例来说明，如下图所示。

钢筋为障碍物，人物遇到障碍物会无法通过

根据上图，就可以直接设置一个二维数组来记录障碍物的位置，其中标识为 1 表示该处存在障碍物。

```
1, 1, 1, 1, 1
0, 0, 0, 0, 1
0, 0, 1, 0, 0
0, 1, 1, 0, 0
1, 1, 1, 1, 0
```

程序将使用键盘进行操作，每一次按下按键时，就必须进行一次数组元素检查，看看下个位置元素值是否被标识为 1，所以必须有两个变量来记录人物当前的位置。

现在只是简单的障碍物判断，还没使用到背景滚动与贴图，如果要加上背景滚动，就要把背景滚动范例再结合数组值判断，假设所使用的背景如下图所示。

结合数组值来判断的背景图

根据这个背景图，我们可以定义出一个数组来记录每个障碍物的位置，我们的数组定义如下所示：

```
0, 0, 0, 0, 0, 0, 0, 0
0, 0, 0, 1, 0, 0, 0, 0
0, 0, 0, 1, 1, 0, 0, 0
1, 1, 1, 1, 1, 1, 1, 1
```

如果结合背景滚动功能将会多出一项考虑，就是在按下按键进行操作时，究竟是该移动人物，还是该滚动背景图。如果处理不好，很可能会发生贴图的残像问题。这个程序的具体做法是当人物在背景图的右半区域活动时就滚动背景图，如果人物在背景图的左半区域活动时就移动人物，这样就不会出现贴图的残像问题，程序判断的依据是人物在数组中的索引位置，下图是程序设计的执行结果。

可滚动背景的障碍超越程序

课后练习

1. 游戏中展现动画的方式有哪两种？
2. 什么是“FPS”（Frame Per Second）？
3. 透空动画的作用是什么？
4. 什么是单一背景滚动？
5. 请说明“屏蔽点”的作用。
6. 试简述多背景循环滚动条的原理。
7. 试简述 2D 动画。

第 15 章
3D游戏设计与算法

3D 游戏开发的基础知识所涵盖的范围相当广泛。在程序设计领域，除了必须具备一定的程序设计功能外，还要有丰富的开发经验与缜密的除错能力。当然还必须对图学、3D 算法、光学与物理学等知识有一定的了解。不过这些基本条件与常识，对于想要投入 3D 游戏设计的人员来说，无疑是一项相当大的挑战。

3D 场景对象的展示

3D 游戏，简单来说就是以 3D 立体多边形的形态呈现在玩家面前，让整个游戏玩起来更有立体感和临场感，并且更能表现互动性，必须通过 3D 算法及特殊贴图的技巧来实现，如预先画好的 3D 场景（Pre-render）可以表现出较细致的材质感。

一套 3D 游戏的制作过程，可以从脚本的企划与构思，设计剧中人物与外围场景开始，然后交给 3D 建模人员建立模型（如通过 3DS Max 与 Maya 软件），可以选一套合适的 3D 引擎来整合，并且安排接口控制角色的制作与逻辑，同时将人物场景导入 3D 引擎中，最后通过玩家的耐玩度测试及调整就可以完成了。如果是网络游戏，上线之后还必须定时维护服务器或视情况增减服务器。

本公司团队自行开发的实时 3D 坦克对战游戏

15-1　3D 坐标系统简介

3D 为英文词汇 Three-dimensional 的缩写，即三维，也就是立体的意思。三维效果来自于增加了一个深度（相对于高度、宽度）的知觉。事实上，计算机画面只是看起来很像真实世界，在计算机中所显示的 3D 图形，只是因为显示像素间色彩灰度不同而使人眼产生视觉上的错觉，而要呈现这样的效果就必须通过 3D 坐标系统。

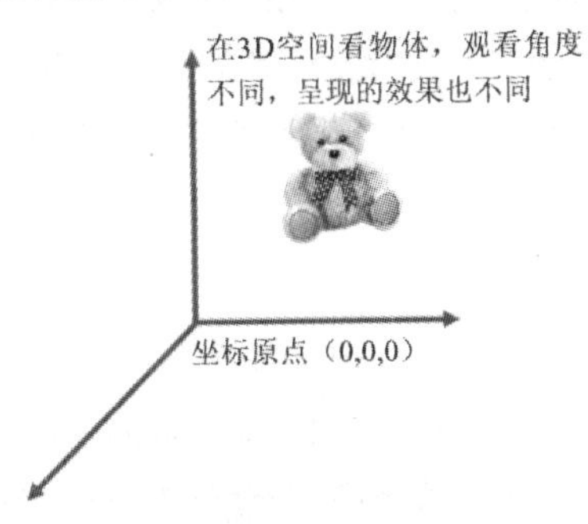

3D 空间与 3D 坐标

任何物体在 3D 空间中的位置，都可以利用坐标系统来进行描述。坐标系统通常会有一个原点及从原点延伸出的 3 个坐标轴，形成特定的空间——3D 空间。由 2D 空间增加到 3D 空间，可以看成是由平面变化成立体，因此在 3D 空间中的图形，一定比 2D 空间多了一个坐标轴，通常在 3D 空间中任一点表示为（x, y, z），由于多了一个 z 坐标轴，因此也就多了深度的差别。

对于计算机屏幕的图像而言，只能表现出 2D 空间的坐标系统，如果要将 3D 虚拟空间坐标系统显示在屏幕上，就必须将 3D 空间中的物体转换成屏幕所能接受的 2D 坐标系统。这个过程通常会使用到“Model”“World”及“View”3 种坐标系统，它们之间会以 4 种不同的转换方式来表现。下面就分别来说明这些坐标系统以及它们之间的转换关系。

15-1-1　Model 坐标系统

Model 坐标系统是物体本身的坐标系统，物体本身也有一个原点坐标，而物体其他参考顶点的坐标则是相对于原点的，如下图所示。

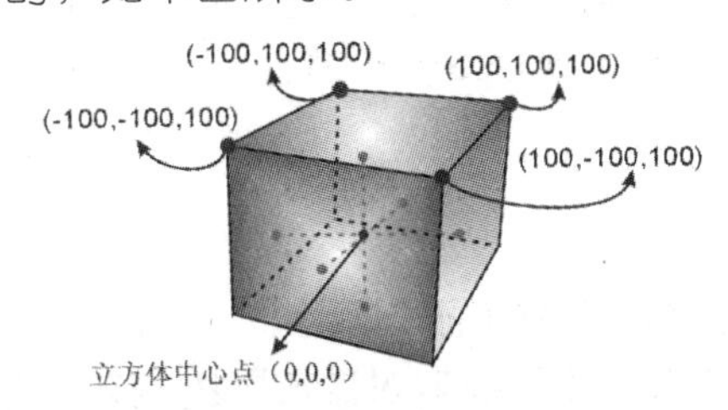

立方体的其他顶点坐标是相对于原点的

在上图中，（100,100,100）的顶点坐标是相对于参考原点（0,0,0）的距离值，这种由几何图形参考出来的坐标系统，就称为“Model 坐标系统”。

15-1-2　World 坐标统统

在 3D 游戏世界里，一个场景可能由两个以上的对象构成，设计者需要将这些对象摆放在特定的位置上，如果只使用“Model 坐标系统”来表现物体在 3D 空间中的位置显然是不够的，因为“Model 坐标系统”只能用来表示物体本身的坐标系统，而不能被其他物体所使用，并且其他物体本身也有自己的“Model 坐标系统”。

在 3D 场景中，有几个目标物体就会有几个 Model 坐标系统，而且这些 Model 坐标系统又不能表示它自己在 3D 世界里的真正位置，所以就必须再定义出另外一种可供 3D 世界物体参考的坐标系统，并且使所有的物体都能正确地摆放在应该出现的位置上，而这种另外定义出来的坐标系统就称为“World 坐标系统”。

15-1-3　View 坐标系统

当有了物体本身的“Model 坐标系统”和能够表现物体在 3D 空间中位置的“World 坐标系统”后，还必须要有一个能观看两者的坐标系统，只有这样屏幕的显示才会有据可依，而这个用于观看的坐标系统我们称为“View 坐标系统”。

15-2　坐标转换

3D 游戏的设计过程中，如果空间中存在两个以上的坐标系统，就必须使用其中的一个坐标系统来描述其他的坐标系统，而其他坐标系统必须要经过特殊的转换才能被这个坐标系统所接受，我们把这种转换的过程称为“坐标转换”。

15-2-1　坐标转换过程

在 3D 世界里，坐标转换过程是相当复杂的，必须经过 4 个不同的转换步骤才能显示在屏幕上。坐标转换的流程是先将一个物体的“Model 坐标系统”转换成“World 坐标系统”，再将“World 坐标系统”转换成“View 坐标系统”，然后经过投影转换在“View 坐标系统”计算出的投影空间的坐标上，最后参考 ViewPort 中的参数，将位于分割区内的坐标进行最后的二维转换后显示在屏幕上。虽然这套过程相当复杂，但是可以用一些开发工具来进行坐标转换的底层运算，如 Direct3D 及 OpenGL 等。

15-2-2　极坐标

直角坐标是以 x、y、z 轴来描述物体在 3D 空间中位置的坐标。除了直角坐标外，还有一种极坐标，也常被应用于立体坐标系统中对象位置的描述。极坐标是使用 r、θ、a 三个变量来描述空间中的点，下图所示为直角坐标和极坐标的示意图。

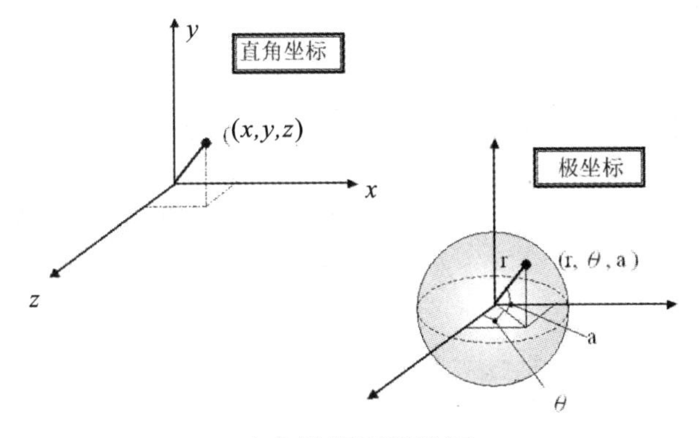

直角坐标和极坐标

其中，x、y、z 与 r、θ、a 可以互换，但必须用三角函数来进行计算，它们之间的换算公式如下：

$$x=r\cos\theta\sin a$$
$$y=r\sin\theta$$
$$z=r\cos\theta\cos a$$

从数学角度来说，在 3D 空间中表示物体的位置，极坐标会比直角坐标更方便些，但我们平常听说最多的还是直角坐标系统，因为直角坐标除了表达方式简单外，还因为大多数计算机的绘图函数调用的也都是直角坐标。

使用极坐标，用 r、q、a 画出空间中的每一个点，将会得到一个立体图形，如果将这个立体图形投影至 xy 平面，看起来像一个心的形状，因此称之为心脏线公式。

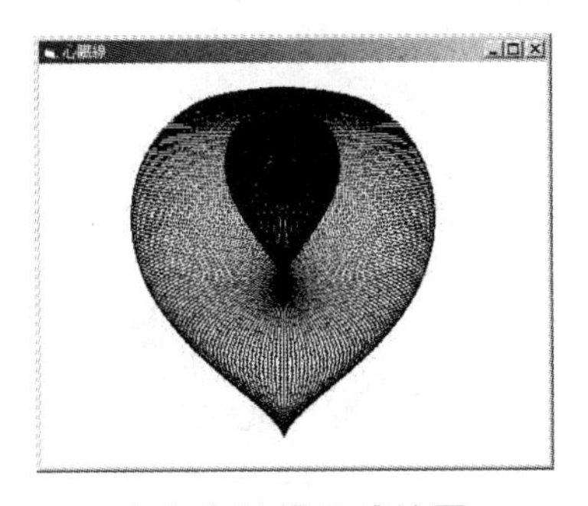

实作心脏线公式绘图

15-3　矩阵运算

矩阵可以想象成是一种二维数组的组合，我们也可以将矩阵的观念应用在 3D 图学的领域，例如在游戏的 3D 场景中，位于三度空间中的某一物体，通过矩阵的运算可以很容易地进行投影、扩大、缩小、平移、旋转等操作。另外，我们经常使用矩阵来进行坐标转换工作，是因为矩阵的表示比较容易记忆与识别。例如 Direct3D 与 OpenGL 等开发工具也都是利用矩阵的方式来让我们进行坐标转换的。

15-3-1 齐次坐标

在计算机图形学中，矩阵是以 4×4 矩阵的方式来呈现的，我们把这种矩阵的运算对象及产生的结果坐标称为“齐次坐标”（Homogeneous Coordinate）。“齐次坐标”具有 4 个不同的元素，其表示法为（x, y, z, w），如果要将齐次坐标表示成 3D 坐标，则为（x/w, y/w, z/w）。通常，w 元素都会被设置成“1”，用来表示一个比例因子，如果是针对某一个坐标轴的话，则可以用来表示该坐标轴的远近，不过在这种情况下 w 元素会被定义成距离的倒数（1/距离），如果要表示无限远的距离，还可以将 w 元素设置成“0”，而 Z-Buffer 的深度值也是参考此值而来的。

> Tips
> 深度缓冲区（Z-Buffer 或 Depth Buffer）是由 Dr. Edwin Catmull 在 1974 年提出的算法，它是一个相当简单的“隐藏面消除”技术。实际上，深度缓冲区是利用一块分辨率与显示画面相同的区域来记录算图后每一点的深度，也就是 z 轴的值。

前面讨论的坐标转换过程，物体的初始坐标为（x, y, z），而 Direct3D 或 OpenGL 开发工具会将它转换成（x, y, z, 1）的齐次坐标，接下来的“World 坐标系统”“View 坐标系统”“投影矩阵坐标系统”的转换都是利用这个齐次坐标来进行计算的。3D 坐标转换包括 3 种转换运算，分别为平移、旋转及缩放，下面就来探讨这 3 种 3D 坐标转换的具体方法。

15-3-2 矩阵缩放

矩阵缩放（Scaling）指的是物体沿着某一个轴进行一定比例缩放的运算。

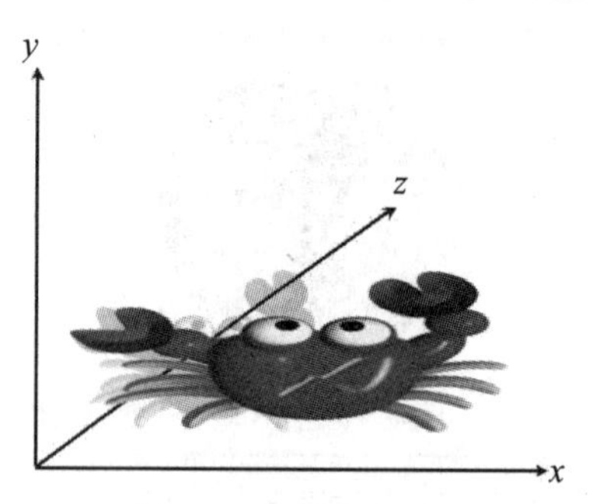

螃蟹沿着 x 轴放大

在矩阵缩放的过程中，物体的顶点距离原点越近，其位移数值就会越小，而处在原点上的顶点则不会受到位移的影响。例如顶点坐标为（x, y, z），在三个轴上按（hx, hy, hz）的比例缩放，最后得到的顶点坐标为（x', y', z'），其矩阵的表示法如下：

$$\begin{bmatrix} x' \\ y' \\ z' \\ 1 \end{bmatrix} = \begin{bmatrix} \eta x & 0 & 0 & 0 \\ 0 & \eta x & 0 & 0 \\ 0 & 0 & \eta x & 0 \\ 0 & 0 & 0 & 1 \end{bmatrix} \begin{bmatrix} x \\ y \\ z \\ 1 \end{bmatrix}$$

15-3-3　矩阵平移

矩阵平移（Translation）就是物体在 3D 空间向着某个方向移动。

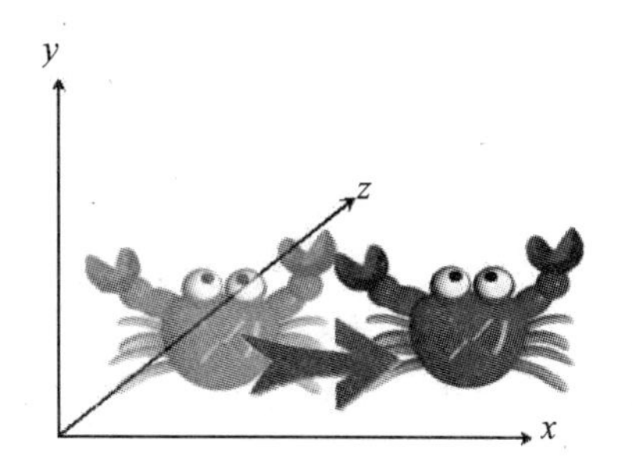

螃蟹在向着某个方向移动

例如，某个物体的顶点坐标为（x, y, z），而它的平移向量为（tx, ty, tz），到达目的地后顶点坐标为（x', y', z'），其矩阵平移运算的表示法如下：

$$\begin{bmatrix} x' \\ y' \\ z' \\ 1 \end{bmatrix} = \begin{bmatrix} 1 & 0 & 0 & tx \\ 0 & 1 & 0 & ty \\ 0 & 0 & 1 & tz \\ 0 & 0 & 0 & 1 \end{bmatrix} \begin{bmatrix} x \\ y \\ z \\ 1 \end{bmatrix}$$

15-3-4　矩阵旋转

矩阵旋转（Rotation）指的是 3D 空间里的某个物体绕着一个特定的坐标轴旋转。

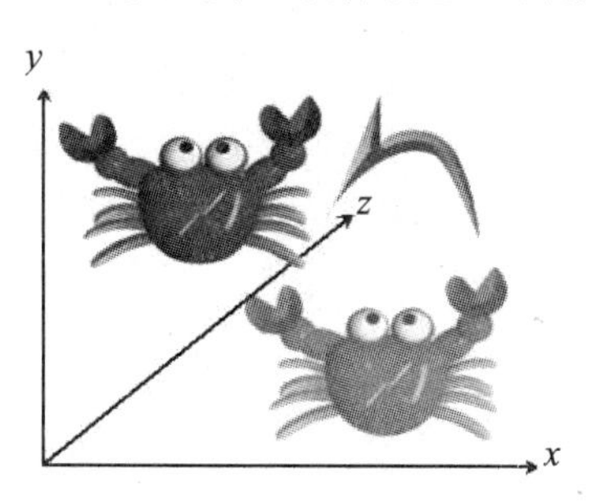

螃蟹在绕着坐标轴旋转

旋转的原则是以原点为中心向着 x 坐标轴、y 坐标轴或者 z 坐标轴以逆时针方向旋转 Ψ 个角度，最后我们可以得到旋转后的顶点坐标（x', y', z'）。下面介绍 x、y、z 坐标轴的旋转矩阵。

■ 绕着 x 轴旋转

$$\begin{bmatrix} x' \\ y' \\ z' \\ 1 \end{bmatrix} = \begin{bmatrix} 1 & 0 & 0 & 0 \\ 0 & \cos\emptyset & -\sin\emptyset & 0 \\ 0 & \sin\emptyset & \cos\emptyset & 0 \\ 0 & 0 & 0 & 1 \end{bmatrix} \begin{bmatrix} x \\ y \\ z \\ 1 \end{bmatrix}$$

■ 绕着 y 轴旋转

$$\begin{bmatrix} x' \\ y' \\ z' \\ 1 \end{bmatrix} = \begin{bmatrix} \cos\emptyset & 0 & -\sin\emptyset & 0 \\ 0 & 1 & 0 & 0 \\ \sin\emptyset & 0 & \cos\emptyset & 0 \\ 0 & 0 & 0 & 1 \end{bmatrix} \begin{bmatrix} x \\ y \\ z \\ 1 \end{bmatrix}$$

■ 绕着 z 轴旋转

$$\begin{bmatrix} x' \\ y' \\ z' \\ 1 \end{bmatrix} = \begin{bmatrix} \cos\emptyset & -\sin\emptyset & 0 & 0 \\ \sin\emptyset & \cos\emptyset & 1 & 0 \\ 0 & 0 & 1 & 0 \\ 0 & 0 & 0 & 1 \end{bmatrix} \begin{bmatrix} x \\ y \\ z \\ 1 \end{bmatrix}$$

如果按照顺时针方向旋转的话，还可以将Ψ角度设置成负值。

15-3-5 矩阵结合律

在 3D 世界里，我们可以使用之前讨论的平移、旋转、缩放来完成许多变化的效果，例如顶点坐标乘上平移矩阵后再乘上旋转矩阵，就可以完成物体在 3D 世界里的平移和旋转效果。不过，要达到这种矩阵的变化效果，必须要乘上相应的运算矩阵，才能得到最后的顶点坐标，这对于特定的矩阵相乘来说，转换过程的运算实在是太复杂了，例如平移矩阵为 A、旋转矩阵为 B、缩放矩阵为 C，而原来的顶点坐标为 K、最后得到的顶点坐标为 K'，其矩阵相乘的公式如下所示：

```
K'=CBAK
```

从这个例子看，必须将顶点坐标 K 乘上平移矩阵 A，得到的值再乘上旋转矩阵 B，然后将得到的值再乘上缩放矩阵 C，最后才能得到顶点坐标 K'的值，如果一个矩阵要做 16 次乘法运算，那么 3 个矩阵就要做 48 次乘法运算。其实，我们可以用数学上的结合律将这种特定矩阵相乘的过程简化。例如将 A、B、C 三个矩阵先结合成另一个矩阵，然后再相乘：

```
m=CBA
K'=mK
```

如果以后要使用这种特定的矩阵相乘时，可以将顶点坐标乘上这个用结合律计算好的矩阵，优点是只要做 16 次乘法运算就可以了，这样的过程就简化了很多。

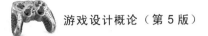

15-4　3D 动画

3D 动画（3D Animation）就是具有 3D 效果的动画。二维动画的绘制处理采用的是平面图形，3D 动画与之不同，采用的是三维坐标体系并通过许多坐标点（Node）来进行图像的成像动作。3D 动画需要针对不同应用环境的需求，在影像制作过程中必须考虑到双眼视差这一特性，精准地掌握场景深浅。

3D 动画非常依赖计算机设备（包括 CPU、内存与显示适配器等），由于成像时需要大量的运算动作，设备性能的差异也会造成动画效果有明显的差别。随着硬件技术发展的突飞猛进，现在的 3D 加速卡可以进行更复杂的运算，因此在 3D 游戏中，几乎可以达到实时成像的 3D 场景。

3DS Max 是 Autodesk 公司生产的 3D 计算机绘图软件。其功能涵盖模型制作、材质贴图、动画调整、物理分子系统及 FX 特效等。它可应用在各个专业领域中，如计算机动画、游戏开发、影视广告、工业设计、产品开发、建筑及室内设计等，是全领域的开发工具。

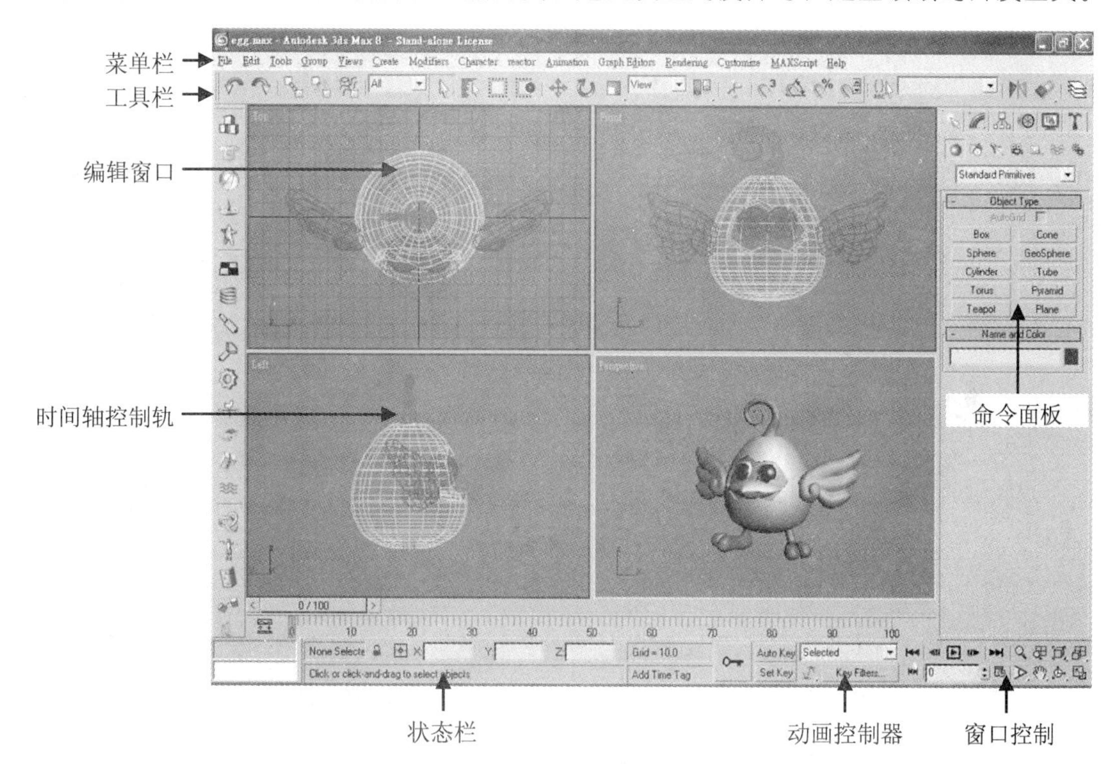

3D 动画的设计不外乎就是建立模型，然后将模型贴好材质，布置好灯光背景，并调整好虚拟的摄影机（包括制造场景深度、空间感、走位效果、声光效果等），设置动画动作等。下面我们将利用 3DS Max 软件为读者简单说明 3D 动画设计的基本流程。

15-4-1　模型对象建立（Modeling Objects）

3D 对象的建立是根据模型本身结构与外形进行编辑。我们可以先建立基本的几何组件，然后使用 Modify 面板内所提供的指令，将模型的外形塑形出来。也可以利用 2D Shape 使用曲线的方式先将外形建立出来，再使用相对应的指令构建出模型。

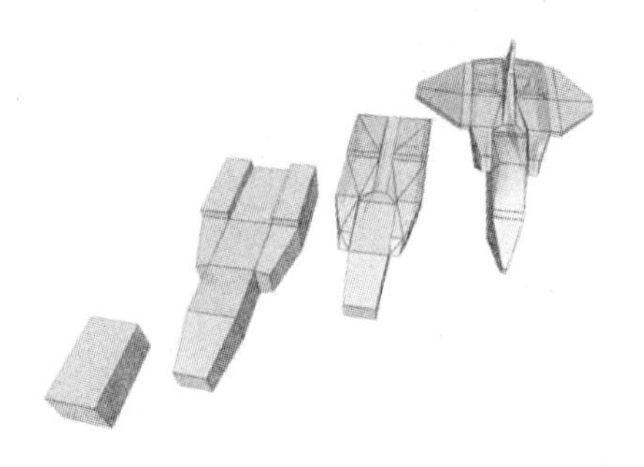

模型建立步骤示意图

3DS Max 提供了许多选项用来建立模型对象，包括建立基础几何对象、2D 曲线、混合对象、Patch 对象、NURBS 及 AEC 对象等，用户可根据需要进行选择。

基础几何对象

2D 曲线

Patch 与 NURBS 对象

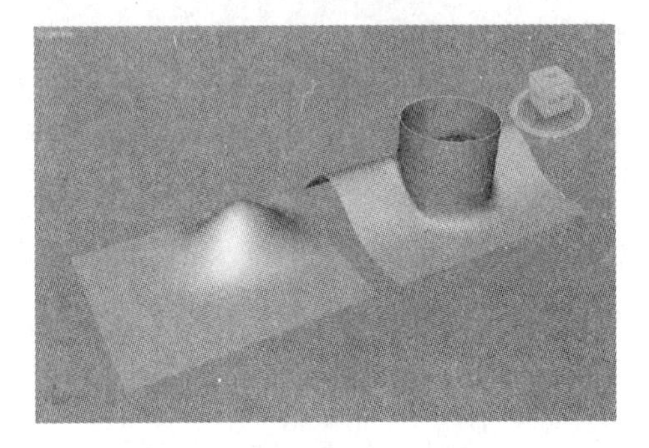

AEC 对象

15-4-2 材质设计（Material Design）

在现实生活环境中，不同类别的对象根据其属性不同，表面会产生各自独特的质感，如木头、石头、玻璃等，在 3DS Max 中用纹路或花纹来表现这些质感，也就是所谓的贴图。简单来说，利用 3DS Max 的材质编辑器（Material Editor），我们可以设计出角色的表面材质与质感，如下图所示。

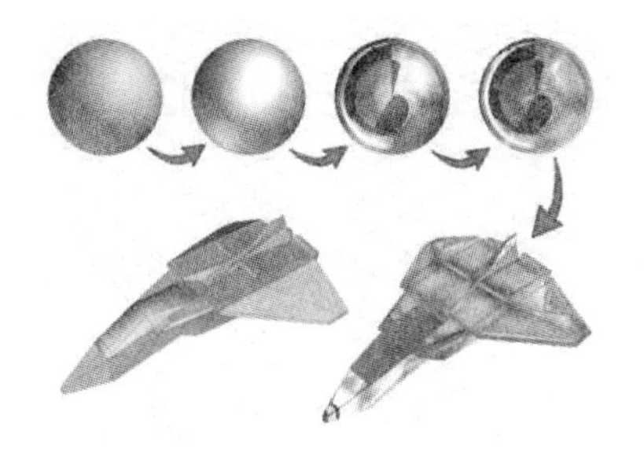

材质建立步骤示意图

在 3DS Max 中，预设的材质有 Standard（标准材质）、Blend（混合材质）、Multi/Sub-Object（多重材质）、Ink'n Paint（卡通材质）、Shell Material（熏烤材质）等 16 种。下图是分别对模型使用 Standard 和 lnk'n Paint 材质所实现的效果。

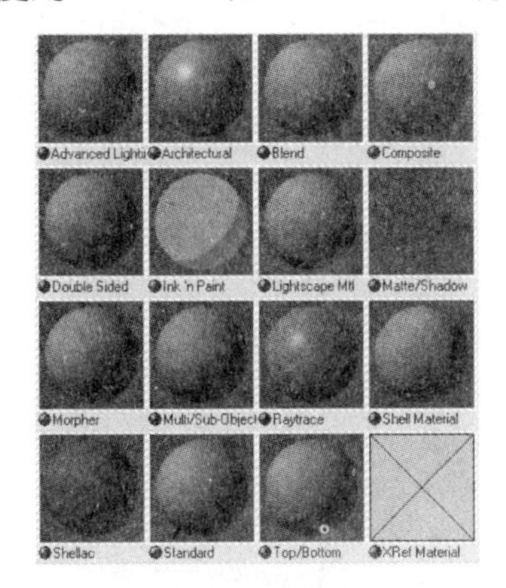

3DS Max 中预设的材质

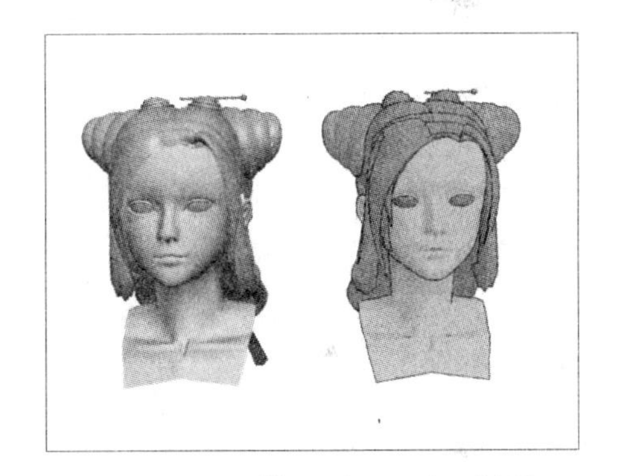

Standard 和 lnk'n Paint 材质

15-4-3　灯光与摄影机（Lights and Cameras）

3DS Max 允许用户在场景中建立数个灯光及不同颜色的效果。所建立的灯光还可以制作出阴影效果，规划投射的影像及环境制作、雾气等效果。用户也可以在自然环境的基础下使用 Radiosity 等高级功能仿真出更真实的环境效果，下图就是利用 3DS Max 做出来的太阳光晕等效果。3DS Max 中的摄影机使用跟现实中的一样，也可进行视角的调整、镜头拉伸及位移等。

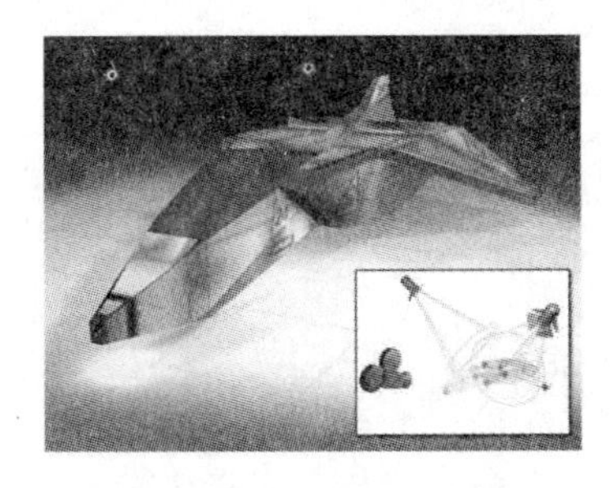

灯光与摄影机表现示意图

亮度及光晕调整　　　　光晕特效

15-4-4　动画制作（Animation）

在 3DS Max 中用户可以使用 AutoKey 的方式来制作动画，开启 AutoKey 按钮后，调整所设计角色的位移、旋转、缩放以及参数即可。通过对灯光及摄影机进行变换可在窗口中拟造出非常戏剧性的效果。用户也可使用系统所提供的 Track View 来提高动画编辑效率或是更有趣的动态效果。

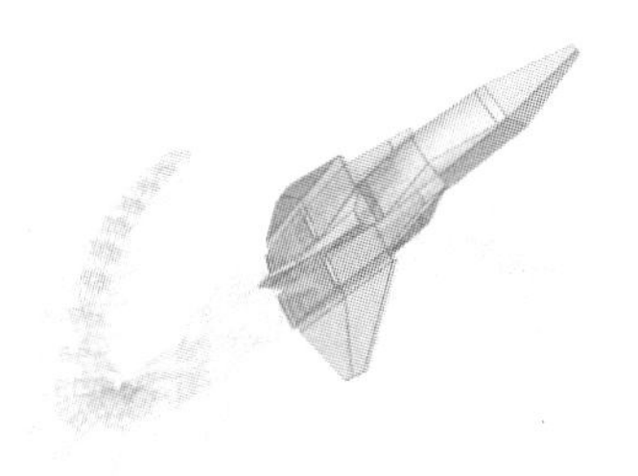

对象动态表现示意图

15-4-5　渲染（Rendering）

3DS Max 的 Rendering 命令提供了许多功能及效果供用户选择使用，包括消锯齿、动态模糊、质量光及环境效果等的呈现。在核心引擎除了默认的着色系统外，也加入了 Mental Ray Renderer 着色在系统中供用户选择。若用户的工作需要使用到网络算图，3DS Max 也提供了完善的网络运算及管理工具让用户使用。下图是在 3DS Max 中对动画进行渲染后的效果。

Rendering 表现示意图

以上介绍的是使用 3DS Max 的工作流程。在实际作业中无论是动画、游戏或是影视方面效果的开发，均不会脱离这个流程，顶多依照工作属性的不同而略微改变顺序。

15-5　投影转换

计算机图形学（CG）是数字化时代不可或缺的一部分。讲到计算机图形学，绝大多数人第一个想到的东西应该就是声光十足的 3D 计算机游戏。计算机图形学可通过便利的软件工具快速将用户的想法与创意表现出来，如下图所示是使用计算机绘图所做出来的画面效果。与其他视觉艺术表现方式不同，使用计算机绘图不像过去一样需要事先准备许多绘图工具，这不仅可省去许多前置时间，在绘制过程中还可根据需求随时修改与存储。

3D 图形的成像效果

在现实世界中，我们生活在一个三维空间里，而计算机屏幕却只能表现二维空间。如果要将现实生活中的三维空间表现在计算机的二维空间里，就必须将三维坐标系统转换成二维坐标系统，并且将 3D 世界里的坐标单位映像到 2D 屏幕的坐标单位上，用户才能在计算机屏幕上看到成像的 3D 世界，这个转换过程就称为“投影”。

由于 3D 空间不同于 2D 空间，当大家在 3D 空间观察物体时，观察点的位置不一样往往会有不同的结果。因此必须定义一个可视平面，再将 3D 物体投影到 2D 的显示平面，以方便使用者观看。在计算机图学的领域中，我们可以使用线性或非线性的方式将 3D 空间的物体映像到 2D 的平面上。至于目前的 3D 投影模式，一般可分为平行投影（Parallel Projection）与透视投影（Perspective Projection）两种。

15-5-1　平行投影

当省略掉三维空间里的一维元素后，就可以得到一个平行投影的图形坐标，这时三维空间中的所有顶点都会从三维空间映像到 2D 平面的平行线上，我们称这种方式为“平行投影”。因为平行投影不考虑立体对象远近感的问题，所以它适用于表现小型的立体对象。

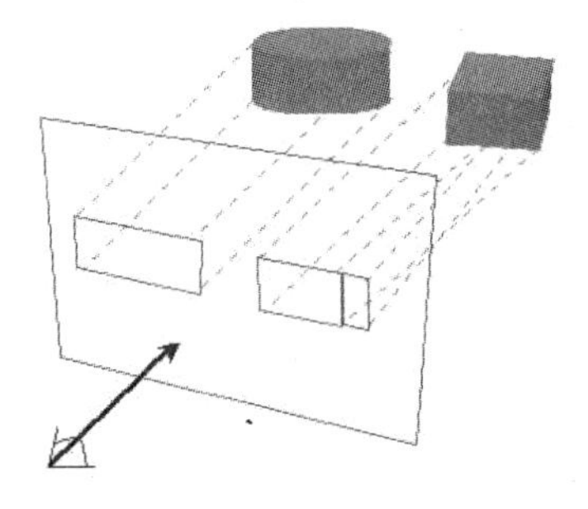

一个小型立体对象的平行投影

如果按投影线与投影面夹角大小进行细分，可以分成两种类型。如果夹角是直角，我们称之为“正交投影”（Orthographic），如果不是直角，则称为“倾斜投影”（Oblique）。这种投影方式跟工程绘图有类似的地方，通常都会使用“正交投影”（顶视、前视和侧视）来转换三维坐标，因为它所呈现出来的画面与现实生活中看到的物体的距离感一样。

如果选择的投影面平行于坐标系统上的 x 轴和 y 轴所在平面，投影线则平行于 z 轴，因此平行投影的转换操作将把空间中所有顶点的 z 坐标去掉。平行投影的基本原理是将 3D 顶点的 z 坐标去掉，但是去掉 z 坐标之后，就容易失去所有原始 3D 空间的深度信息。为了避免这种情况发生，就必须要考虑使用“透视投影”。

虽然平行投影有这种缺点，但是仍被广泛使用在 3D 图形应用领域，例如 CAD 的应用。平行投影技术保留了图像中的平行线和对象的实际大小，这个特性也使平行投影在 3D 投影中拥有重要地位。

15-5-2　透视投影

以平行投影的方式在投影平面上看到的物体不具备远近感，如果是以透视投影技术就可以显示出具有远近感的物体。透视投影建立的对象及图像大小与物体和观察者的距离有关。在透视投影中要表现这种效果其实并不困难，就如同前面所说的 2D 透视图一样，我们看到的是一栋无穷的建筑物以及建筑物两旁空荡荡且笔直的街道，街道消失在无穷远处。透视投影是以场景的现实视觉感受来生成图像的。当道路不是汇集到一点或者建筑物的距离不是离我们越远而越小的时候，街道看起来就会非常的不自然。

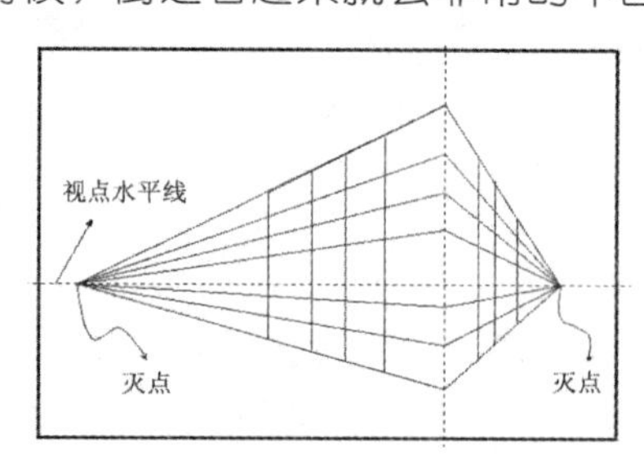

透视投影建立的物体具有远近感

读者可以利用观察者的眼睛去直视远方的一个点，而且光线从所有对象上反射回来，并且汇聚到这个点上，然后经过透视投影的转换，使得每一条光线在映射到眼睛前就已经与观察者面前的平面相交，如果能够找到交叉的横断面，并且描绘那里的点，观察者的注意力就会被欺骗，认为从描绘的点那里发射出的光线实际是来自空间中原始的位置，好像让观察者看到真正的 3D 立体空间一样。

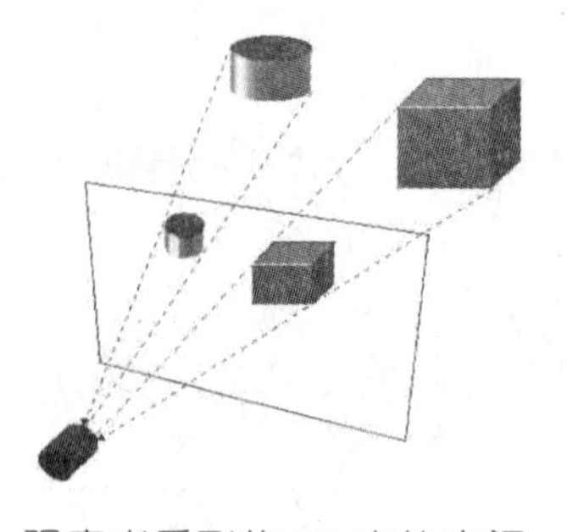

观察者看到的 3D 立体空间

在这种情况下，不难发现原点与图像上的顶点之间的关系。

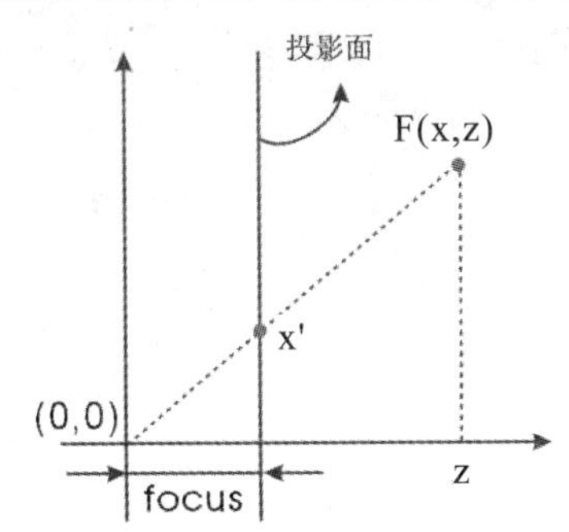

原点与图像上的顶点之间的关系

上图中，观察者的眼睛位于参考坐标系统的原点，而观察者的眼睛与投影面的距离称为“focus”（焦点距离）。目的是要确定哪些顶点可以在光线从 F 点发射到观察者眼睛的时候产生投影面，所以就必须在屏幕上的这个投影面上描绘物体。通过上图可以得到两个已知的事实，两个大小不同的三角形在这个坐标系统上的起点（两者都在原点上）是相同的，这两个三角形的正切值也是相同的，因此可以推算出下面的公式：

$$\frac{x'}{focus} = \frac{x}{z} \Longrightarrow x' = \frac{x * focus}{z}$$

因为它们都有相同的 y 值，所以可以利用下列这两个公式来描述 3D 描绘的情形：

$$y' = y * focus/z$$
$$x' = x * focus/z$$

透视转换产生的图像看起来可能会有一点不自然的失真效果，所以必须要改善其顶点坐标的真实度。在 3D 世界里，视角宽度在 75°～85° 的焦点距离效果是最好的。当然也要取决于场景和屏幕中的几何结构。

15-6　3D 设计算法

游戏的开发与设计是创意的展示，除了讲究游戏的趣味性外，作品的质感与美感，也是玩家关注与重视的焦点。在硬件技术不发达的时期，绘图引擎只能提供一些简单的绘图函数，玩家可能比较注重游戏的趣味度与刺激性。但伴随着硬件技术的发展，3D 加速卡已经可以进行更复杂的运算，因此在 3D 游戏中，经常可以看到几乎可以乱真的 3D 场景，下图所示为《巴冷公主》游戏中用 3D 引擎生成的场景，它能依据游戏场景的不同，通过 3D 引擎实时更新 3D 场景中所有的对象。

《巴冷公主》游戏中的场景就是由 3D 实时引擎建构出来的

15-6-1 LOD 运算法

如果使用程序来处理 3D 物体的显像，肯定是一项非常复杂与艰巨的工作。3D 场景中，对象绘制的基本原理是以大量多边形组合（通常是三角形）的方式来显示出物体逼真的外观。

在游戏的开发过程中，LOD 算法一般用于描述场景中较远的物体，这是因为较远的物体不需要绘制太多的细节。LOD 算法的中文名称是细节层次（Level of Detail, LOD）算法，其实质是调整模型的精细程度，也就是决定物体由多少个三角面构成。好的 LOD 算法，在使用少量三角面的情况下，就可以得到非常接近原始对象的模型。

在实时 3D 真实感游戏的绘制过程中，如果要得到某种特定视觉效果的话，绘制图像算法的选择性就容易被限制住。就拿绘制 3D 场景为例，这种复杂的场景有可能会包含几十甚至几百万个多边形，所以要实现这种复杂场景的绘制确实十分困难。

LOD 技术就是为了简化和降低构成物体三角形数量的一种算法。也就是说，细节层次绘制简化的技术就是在不影响画面视觉效果的条件下，逐步简化景物的表面细节来减少场景几何图形所产生的复杂性，并且还能有效提升图形的绘制速度。这项技术通常由一个原始多面体模型建立出几个不同逼真程度的几何模型，每个模型均会保留一定的层次细节，当观察者从近处观察物体时采用精细的模型；当观察者从远处观察物体时，则会采用较粗糙的模型。通过这样的绘图机制，就可以有效降低场景的复杂度，而且绘制图像的速度也可以大大地提高，如下图所示。

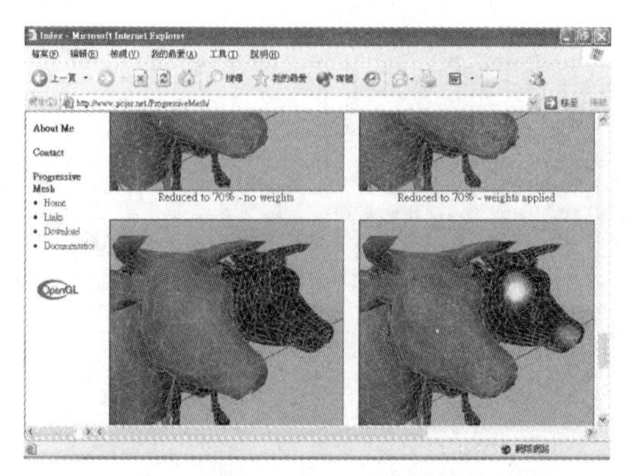

LOD 技术可通过程序调整模型的精细度

15-6-2 光栅处理

基本上，在决定物体外观的显示方式上，我们可以通过 LOD 技术为远近不同的物体设置合适的分辨率。当然，这只局限于对象轮廓的呈现阶段，在实际 3D 场景中绘制物体，还必须考虑每一个面的颜色或材质贴图。

亮面金属效果

硬色调之光源效果

绘制 3D 场景需要考虑物体每一个面的颜色或材质贴图

如果为了达到更加逼真和写实的效果，还要考虑加进光源的变化。因为不同的光源环境因素，对 3D 图像所要呈现出来的效果有直接的影响，甚至还会影响绘图的速度。

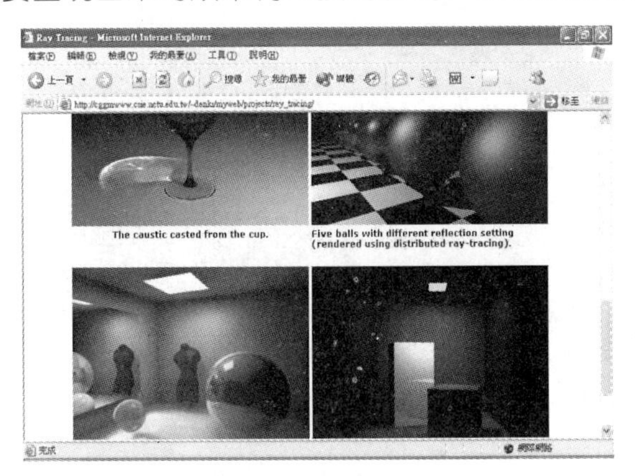

3D 物体的绘制必须考虑到面的颜色与光源

就是说，LOD 技术可让我们透过程序调整模型的精细度，让我们可以做出精细度更高的模型，并可以参考计算机性能自由调整，这样的功能可以让场景中容纳更多的模型单位。当我们确定可以减少绘制的三角形数量之后，再将这些要在 3D 场景中绘制的平面进行坐标转换、光源处理及材质贴图，为物体在 2D 屏幕中的显示做好准备，最后还要进行一道重要手续，就是光栅处理。光栅处理（Rasterization）功能多半由显卡芯片提供，也可以由软件来进行处理，其主要作用是将 3D 模型转换成能显示在屏幕上的图像，并对图像做修正和进一步美化处理，让展现在眼前的画面能更逼真、生动。

15-6-3　物体裁剪法

裁剪（Clipping）是一种对要绘制的物体或图形进行编辑的操作，目的是希望物体在绘制前先删除看不见的区域，以此加快绘制速度。由于物体的形状非常多样化，且不规则，所以要找到适合任意形状和任意裁剪体的裁剪方法并不容易。裁剪算法同时也是执行裁剪图形（2D 区域或 3D 区域）的规范。通常很难找出一种适合任意形状和任意裁剪体的方法，这主要是受到物体形状的约束。

2D 裁剪有多种不同的方法，例如在光栅处理（Rasterization）前，可先进行裁剪操作，进行裁剪工作时，通常会使用矩形裁剪区域（计算机屏幕长宽）的方式，这种简单的裁剪方法也适用于其他投影算法。

所以透视投影只适用于空间中所有顶点的子集上。因为透视转换会倒转与观察者坐标的距离，对 z=0 的顶点来说，它的结果会是无穷远，而且也会忽略观察者后面的顶点。如此一来，必须运用 3D 裁剪技术来确保只有有效的顶点才能进行透视转换。例如，可以用边界体方式进行 3D 裁剪操作，这其中包括了“边界盒”和“边界球”两种方式，如下图所示。

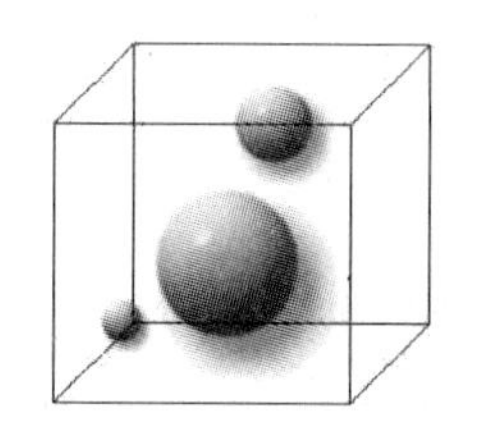

边界盒

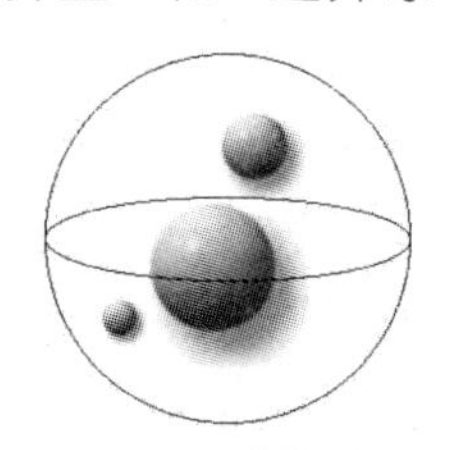

边界球

边界盒可以表示对象的最小和最大空间坐标，而边界球的半径要由从对象中心算起的最远点来决定。如果使用边界盒当作边界体，就能够检查来自物体的所有可能被排除的顶点。举例来说，当边界盒最小的 x 坐标大于最大的 z 坐标时，在 x=z 平面外的对象就可以被排除。同理，边界球也可以使用上述方式来处理裁剪操作。在这种情况下，必须计算从裁剪面到球心的距离。如果这个距离大于球的半径，对象就可以被排除。

15-6-4　画家算法

由于屏幕上物体的某一面可能被其他面挡住，以立方体而言，无论从哪一个角度进行透视，最多只能看到其中的三个面。所以在绘制前，必须先决定有哪些面是可以被看见的。不过，要能精确分析出有所有互相遮挡的三角面，是一件相当困难且耗费运算资源的工作，因为它所涉及的并不是单一三角面本身的处理，而是各三角面之间的关系。

所以在进行去阻挡物测试法工作的同时，还必须考虑到在游戏或 3D 场景中各模型中所有的三角面。大家大概可以想象出它的复杂性，由于有时候三角面并不是整个被挡住，如果还要判断哪些区域被遮住等问题，就会使这个问题更加复杂化。

阻挡物测试法中最简单的方法就是“画家算法”（Painter’s algorithm）。它的原理是不管场景中的多边形有没有挡住其他多边形，只要按照从后面到前面的顺序进行图形绘制，就可以正确的显示所有可见的图形了。简单来说，那就是将离观察者最近的一个多边形最后进行绘制。简单来说，有关游戏中 3D 场景组成各对象模型的三角面，只要对其与观察者距离的远近进行排序，并从较远地方的三角面开始画起，理论上就可以画出正确的结果了。

课后练习

1. 投影转换的作用是什么？
2. 3DS Max 可以运用在哪些范围？请试着列举 5 个项目。
3. 建立模型有哪几种方式？
4. 3DS Max 着色系统有哪两种模式？
5. 3DS Max 预设的材质与贴图各有几项？
6. 什么是 Model 坐标系统？
7. 试叙述坐标转换的原理。
8. 什么是矩阵坐标？
9. 什么是齐次坐标？
10. 深度缓冲区（Z-Buffer 或 Depth Buffer）的意义是什么？
11. 3D 坐标转换通常包括 3 种转换运算，分别为“平移”“旋转”及“缩放”，试简述之。
12. 什么是“正交投影”（Orthographic）和“倾斜投影”（Oblique）？
13. 试简述透视投影与平行投影之间的差异。
14. 光栅（Rasterization）处理的作用是什么？
15. 什么是裁剪（Clipping）功能。
16. “背面剔除（Back Culling）”算法的主要作用是什么？
17. 画家算法的原理是什么？

第 16 章 手机游戏开发实战

随着智能型手机的普及，iOS 及 Android 等手机游戏平台的发展在近几年间急速增长。每个从小爱玩电玩游戏的孩子，大概都曾有过从事游戏设计的梦想，例如以 Android 手机游戏来说，Google Play 平台系统对全世界所有人开放，只要缴纳一笔上传平台的费用，只要有本事，谁都可以把自己写的手机游戏在全球大放异彩。开发游戏与玩游戏，可以说是两种截然不同的过程，但都同样令人觉得很有挑战性。开发一款游戏并不是那么简单的事情，有很多需要克服的问题。

在开始设计如手机这种小型设备游戏前，必须先了解哪些游戏适合在手机上玩，毕竟手机所能支持的功能不能与计算机相比。当然，一般传统 PC 上有的休闲/益智游戏、角色/冒险游戏、射击/动作游戏、棋艺/体育游戏等，手机上也都具备。在手机提升内部存储器、处理图形的速度与性能后，3D 游戏的表现将会大大提升。本章主要的目的是让读者了解在 Android 手机开发环境下设计手机游戏的基本概念与上架的完整过程。

16-1 手机开发环境简介

Java 是一种高级的对象导向设计语言，经过多次修正、更新后逐渐成为一种功能完善的程序语言。其应用范围涵盖因特网、网络通信及精巧的通信设备，并成为企业建构数据库比较好的开发工具。

Java 之所以会成为受瞩目的程序语言，主要原因就是可以在 Web 平台上写出“互动性高”与跨平台的应用程序。目前 Java 已经深入现代化生活中的各个领域，如在 IC 卡部分，有健保 IC 卡、金融卡、识别证等。另外，譬如智能手机游戏及应用程序、PDA、无线通信，以及开发大规模的商业应用，都可以看到无所不在的 Java 应用。

Java 的版本不断更新，官方于 2011 年 7 月推出了 Java SE 7，到了 2014 年 3 月 Oracle 公司发表 Java SE 8（Java Standard Edition 8），其产品名称为 Java SE Development Kit 8（JDK 8）。Java 9 官网公布在 2016 年 9 月发布正式版。较常见的版本有：

- 标准版（Standard Edition，SE）负责的领域是一般应用程序制作、GUI（Graphic User Interface）、数据库存取、网络接口、JavaBeans。

- 企业版（Enterprise Edition，EE）提供许多商业或服务器应用程序的开发组件。
- 微型版（Micro Edition，ME）提供机顶盒、移动电话和 PDA 等电子设备的开发平台。

智能手机应用程序或游戏的开发工作更是需要对 Java 语言有相当程度的了解与程序编写能力。

16-1-1　手机游戏开发门槛

手机游戏开发并不困难，不过要跨人手机游戏产业，必须经过三个门槛，包括制作技术、手机原厂、ISP 供应商。在制作技术方面，市面上有越来越多关于手机开发技术的著作或文件，可以帮助大家顺利跨过这项基本门槛，其他两项说明如下：

■ 与手机原厂谈好合作

手机发展到现在已经成了流行性商品，每隔一阵子就会推出新款式，旧手机就会逐渐被淘汰。不同款式之间、屏幕的大小、按键的配置方式都不尽相同。原因是各品牌的手机都会有属于自己定义的 Java API。与手机原厂谈好合作，才能拿到他们的技术文件进行开发。

■ ISP 供应商愿意协助团队

ISP 是提供使用者连接到因特网与因特网上各种服务的供货商。一般使用者必须先拨号连接到 ISP 机房中的服务器，然后才能连接到因特网上。基本上，手机游戏能不能做起来，ISP 供应商扮演了相当重要的角色。能否架设一个统一的开发平台，对内容生产者来说十分关键。

16-1-2　Android 操作系统

Android 是 Google 公布的智能型手机软件开发平台，结合了 Linux 核心的操作系统，允许人们使用 Android 的软件开发工具包。承袭 Linux 系统一贯的特色，也就是开放原始码（Open Source Software, OSS）的精神，在保持原作者原始码完整性的条件下，不但完全免费，而且允许任意衍生修改及拷贝，以满足不同使用者的需求。Android 早期由 Google 开发，后由 Google 与十数家手机从业者所成立的开放手机（OpenHandset Alliance）联盟所开发，并以 Java 作为 Android 平台下应用程序的专属开发语言，开发时必须先下载 JDK。

当程序设计师开发应用程序时，可以直接调用 Android 基础组件来使用，这样可以减少开发应用程序的成本，使用者可以自行去官方网站下载。

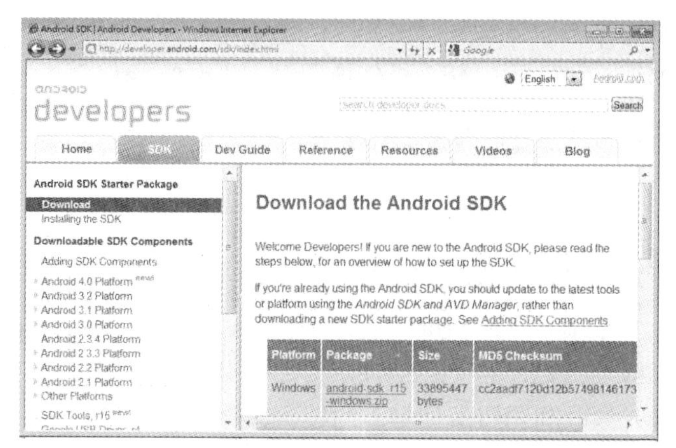

Android SDK 的官方网页

Android 内置的浏览器是以 WebKit 的浏览引擎为基础所开发成的，配合 Android 手机的功能，可以在浏览网页时达到更好的效果，还能支持多种不同的多媒体格式，例如 MPEG4、MP3、AAC、AMR、JPG 等格式。另外，Android 拥有的最大优势就是跟各项 Google 服务的完美整合，不但能享有 Google 上的优先服务，凭着 Open Source 的优势越来越受手机品牌及电信厂商的支持。Android 同时也给予手机从业者更大的空间跟弹性来设计手机。

16-2 Android 开发平台环境建立

在任何一款 Android 系统的手机或平板电脑中，都可以在应用程序里找到“Google Market”，用户可以在“Google Market”上寻找自己喜欢的软件，例如游戏、音乐、辅助工具等。目前 Google 整合了音乐、影片、书籍以及 Android 应用程序和游戏等，提供了一项全新的数字内容服务，命名为 Google Play（网址为 https://play.google.com），方便用户通过各种设备存取这些内容。数字内容是移动服务的重要基础，因此 Android 平台能够为用户整合更多元的数字内容，借助 Google Play 平台将用户的创意转化成应用程序，销售到全世界。

计算机上的 Google Play 首页

手机 Google Market 画面　　　　手机 Google Paly 画面

基本上 Android 游戏从开始编写程序到上架到 Google Play 商城需要经过以下 4 个步骤：

（1）设置 Android 游戏开发环境。
（2）建立 Android 游戏的项目。
（3）建立 Android 可发布文件 Android Package（APK）。
（4）上传到 Google Play 商城。

16-2-1　设置 Android 游戏开发环境

Android 游戏的开发人员可以在个人计算机编写与测试应用程序，完成之后编译成 APK 文件，再上传到软件商城售卖，只要是 Android 系统的手机或平板电脑，或者是 Android 提供的仿真器 AVD，都可以从软件商城下载并使用大家所开发的应用程序。

当具备了编写 Java 程序的能力后，接下来就要提供足够等级的硬件来开发 Android 程序，安装 Android 所提供的 Software Development Kit（SDK）需要下列硬件：

- 支持下列操作系统的个人计算机。

（1）微软 Windows XP、Vista、Win7 、Win8 与 Win10。
（2）苹果 Mac OS X 10.4.8 或更新版本（仅限 X86）。
（3）Linux（i386）。

- 提供连接 Internet 的网络服务。
- Android 系统的手机或平板电脑（非必须）。

然后还需要编写 Java 与 Android 软件的开发组件，可以从网络下载，大约需要 2GB 的空间来安装开发组件，开发组件完全免费，这些组件如下所示：

- Java 语言开发组件 JDK。
- 软件编写工具 Eclipse IDE。
- Android SDK 与外挂组件。

如果打算将自行开发的 Android 游戏上传到 Google Play 让用户下载或售卖，还需要使用 Google Mail 账号申请下列服务：

- Google Play ——用来上传应用程序到 Google Play 的卖家账号。
- Google AdSense ——收取售卖或广告费用。
- AdMob ——你的程序可以植入广告以赚取广告费，或者是用 AdMob 发布你的应用程序广告。

经过以上介绍，大家可以了解到如果想要开发 Android 软件在全球贩卖，除了个人计算机与操作系统需要自行购买之外，就只需要申请 Google Play 的卖家账号，其他工具与开发组件完全免费，非常适合个人与小公司一同来 Android 系统平台淘金，接下来我们一步一步来介绍 Android 游戏从开发到上架的完整流程。

16-2-2 安装 Java 开发组件（JDK）

大家可以在 http://www.oracle.com/technetwork/java/javase/downloads/index.html 下载 JDK 中的 Android 开发组件，JDK 版本更新速度很快，读者看到的版本也许不同，但下载过程大同小异。

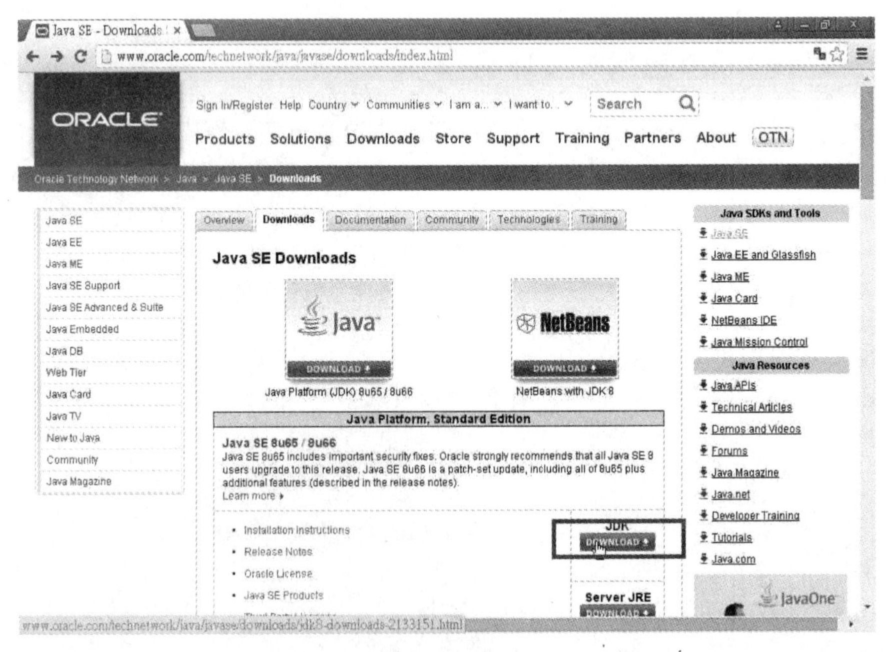

JDK 下载界面

向下拖动滚动条，找到适合的操作系统后，单击即可下载 JDK 组件。本书用的是

Windows X86（32bit）版本。

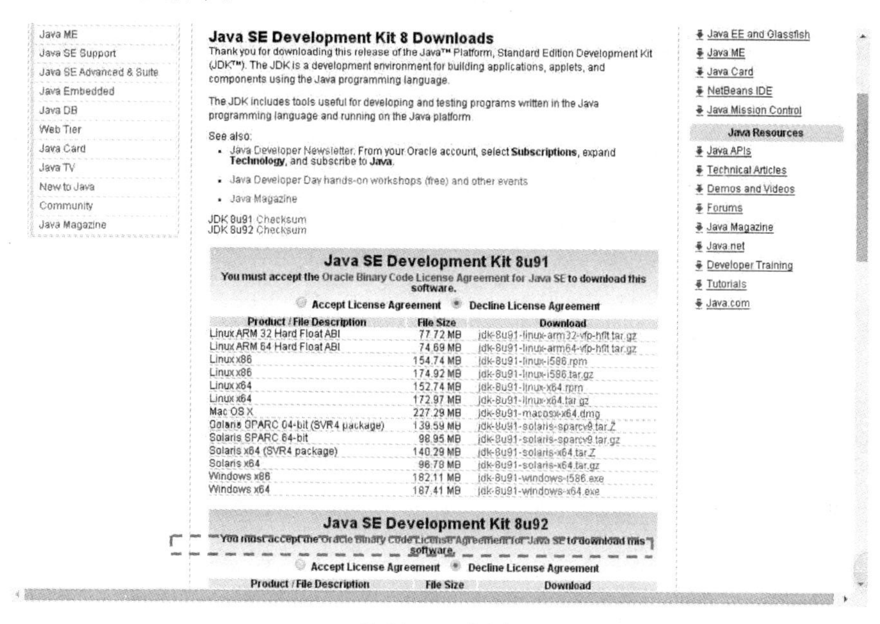

Product / File Description	File Size	Download
Linux ARM 32 Hard Float ABI	77.72 MB	jdk-8u91-linux-arm32-vfp-hflt.tar.gz
Linux ARM 64 Hard Float ABI	74.69 MB	jdk-8u91-linux-arm64-vfp-hflt.tar.gz
Linux x86	154.74 MB	jdk-8u91-linux-i586.rpm
Linux x86	174.92 MB	jdk-8u91-linux-i586.tar.gz
Linux x64	152.74 MB	jdk-8u91-linux-x64.rpm
Linux x64	172.97 MB	jdk-8u91-linux-x64.tar.gz
Mac OS X	227.29 MB	jdk-8u91-macosx-x64.dmg
Solaris SPARC 64-bit (SVR4 package)	139.59 MB	jdk-8u91-solaris-sparcv9.tar.Z
Solaris SPARC 64-bit	98.95 MB	jdk-8u91-solaris-sparcv9.tar.gz
Solaris x64 (SVR4 package)	140.29 MB	jdk-8u91-solaris-x64.tar.Z
Solaris x64	96.78 MB	jdk-8u91-solaris-x64.tar.gz
Windows x86	182.11 MB	jdk-8u91-windows-i586.exe
Windows x64	187.41 MB	jdk-8u91-windows-x64.exe

选择 JDK 版本

接着请在 Android 官方网站 http://developer.android.com/sdk/index.html 下载 Android SDK，笔者示范版本为 r24.4.1，支持 Android 6.0 （API23）版，Windows 系统下 Android 官方网站提供 ZIP 压缩包 android-sdk_r24.4.1-windows.zip 与安装包 installer_r24-windows.exe，本书下载的是 ZIP 压缩包。

进入下载页面后，单击 stand-alone SDK Tools 按钮。

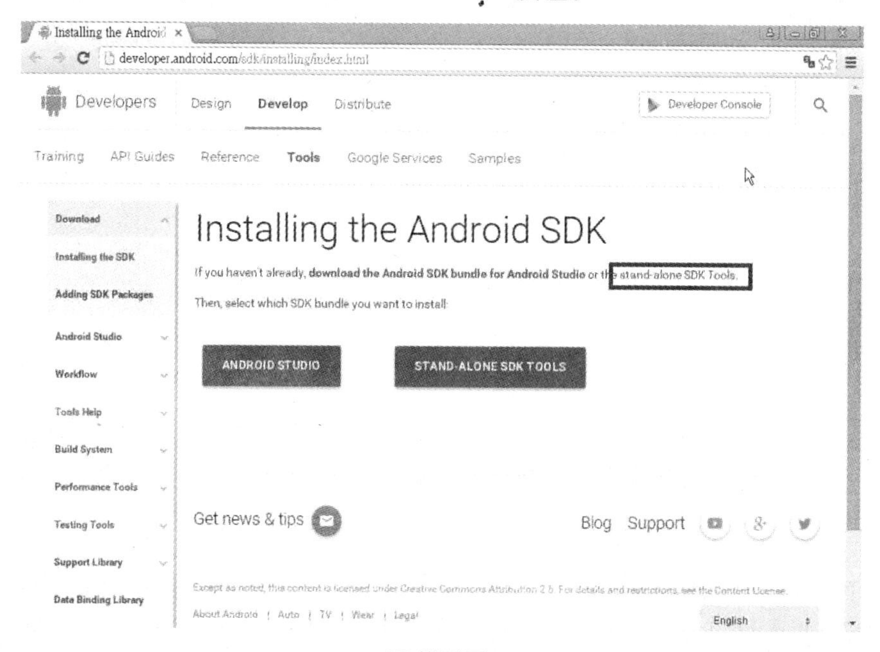

下载页面

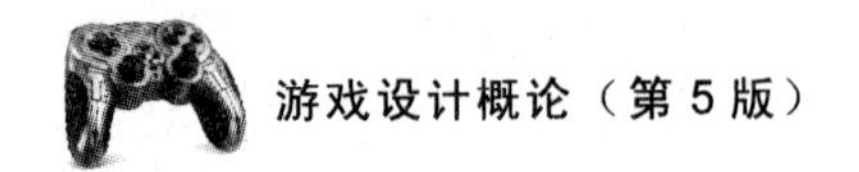

再单击 android-sdk_r24.4.1-windows.zip，下载 android r24 sdk 包。

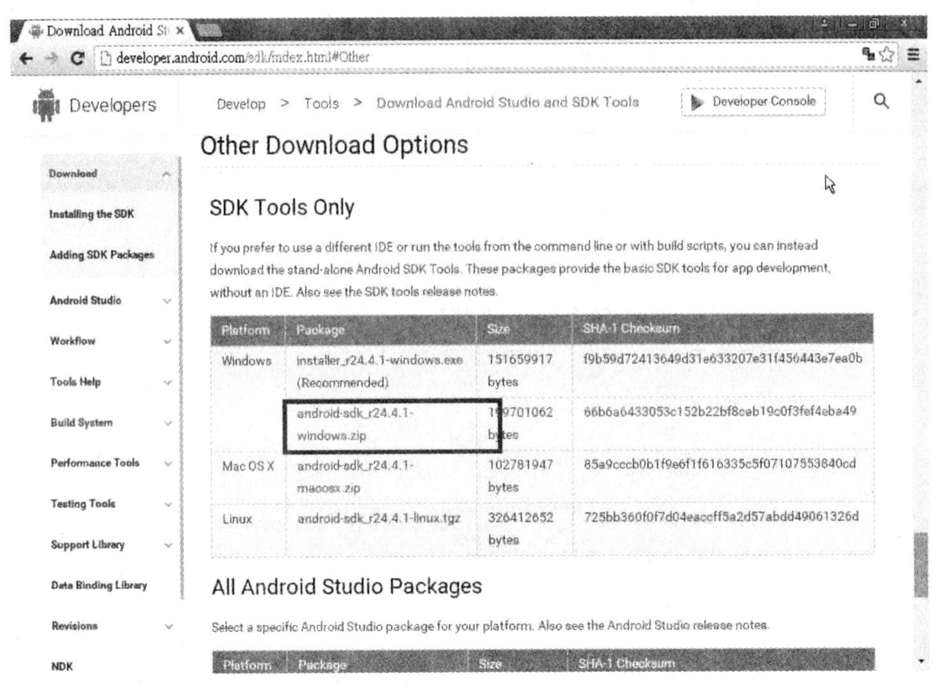

下载 android r24 sdk 包

解压文件夹后，请记住文件夹路径，文件夹里有两个重要的管理工具，AVD Manager 是 Android 仿真器管理程序，在没有 Android 系统的硬件配备或功能不足时，可以取代实体手机进行开发，SDK Manager 是 Android SDK 管理工具，Android 开发相关组件都可以利用此工具下载。

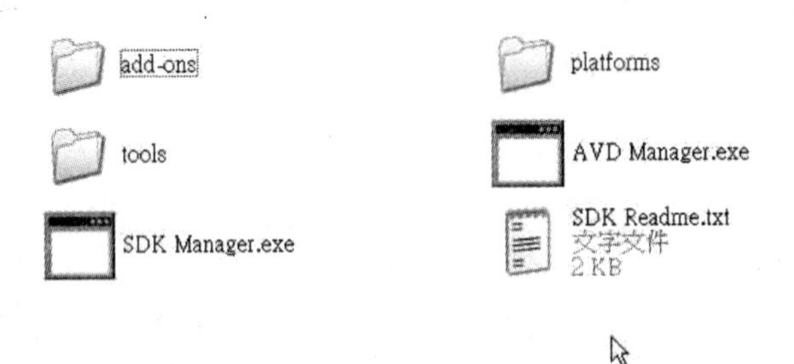

解压文件夹

R24 sdk 已预安装 Android 6.0（API23），除此之外仍需要安装常用的 SDK，请先执行 SDK Manager 勾选要下载的项目，再单击 Install 即可进行下载。建议在硬件空间许可的情况下，全部项目都勾选下载，而硬件容量不许可时建议勾选以下项目：

- Android 2.3.3（API10）—— 支持 95%以上的硬件版本（建议在开发时选择此版本）。
- Android 4.1.2（API16）—— 目前主流的硬件版本。
- Tools —— 在开发时一些方便的辅助工具。

- Extras —— 其他 API，建议下载以下两个项目。

1.Google Play Services——Google Play 服务工具，提供 admob 广告、Google+ 群组。Google Play Game——游戏记录等工具，如果你的软件打算以广告为主要收入来源，可以考虑将广告内嵌在软件之中，Google Admob 是一个不错的选择。

2. Google Play Licensing package——如果你的软件是付费使用，并且在 Google Play 上架发行的话，这个组件可以避免使用者随意复制发布的风险，让软件多一层保护。

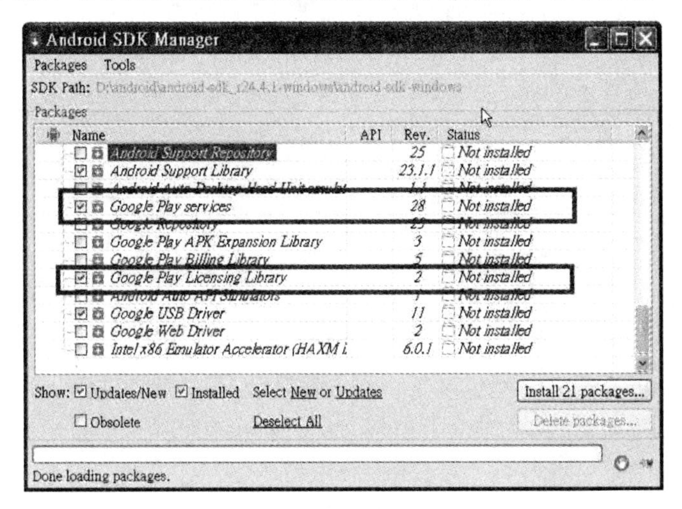

勾选要下载的项目

勾选要下载的项目后，单击 Install 按钮进入下载确定页面，如果没问题，再单击 Install 按钮即可开始下载。

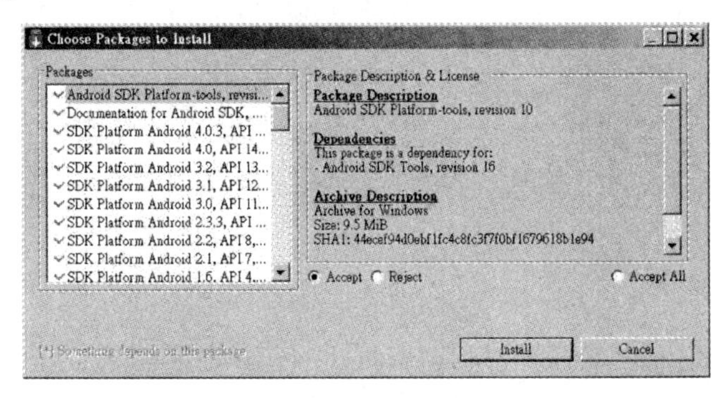

单击 Install 按钮

16-2-3　安装 Java 工具 Eclipse IDE

接下来大家可以在 http://www.eclipse.org/downloads/ 下载 Java 工具 Eclipse IDE，单击 Eclipse IDE for Java EE Developers 后的下载按钮即可下载，本书用的是 Windows 32bit 压缩包 eclipse-epsilon-1.2-win32.zip。

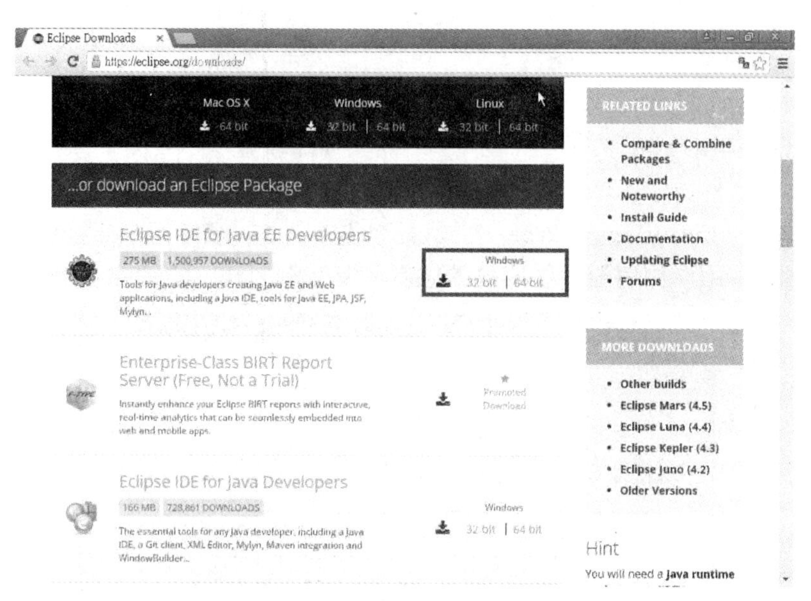

下载 Java 工具 Eclipse IDE

至于下载的 Eclipse 是 ZIP 压缩文件，只要解压缩到指定文件夹，再双击 Eclipse.exe 就可以启动。

解压到指定文件夹

解压缩之后，请先修改 Eclipse 执行时的内存空间，打开目录下的 eclipse.ini，将最下面两行

```
-Xms40m
-Xmx512m
```

改成

```
-Xms512m
-Xmx1024m
```

并增加一行

```
-XX:MaxPermSize=1024m
```

改完后请存档。

当大家第一次启动 Eclipse 时，会要求输入工作目录，之后在 Eclipse 建立的项目都会放在指定的目录中。

启动 Eclipse

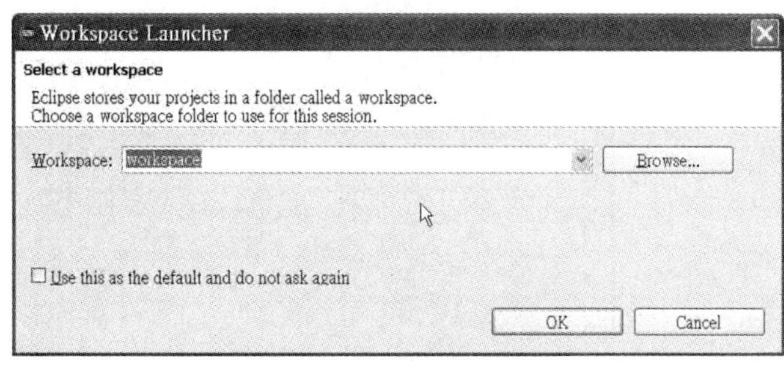

输入工作目录

启动完成后，我们要将编辑工具 Eclipse 与 Android 开发工具包进行连接，让 Eclipse 可以使用 Android 强大的外挂工具，请单击菜单 Help→Install New Software 来开启安装画面。

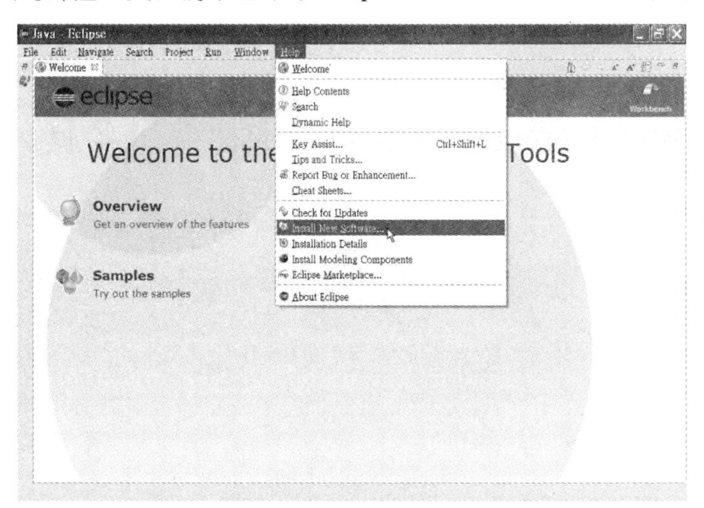

开启安装画面

在 Work with 后的下拉框中输入网址 https://dl-ssl.google.com/android/eclipse/，按 Enter 键后即可下载可安装的外挂组件。

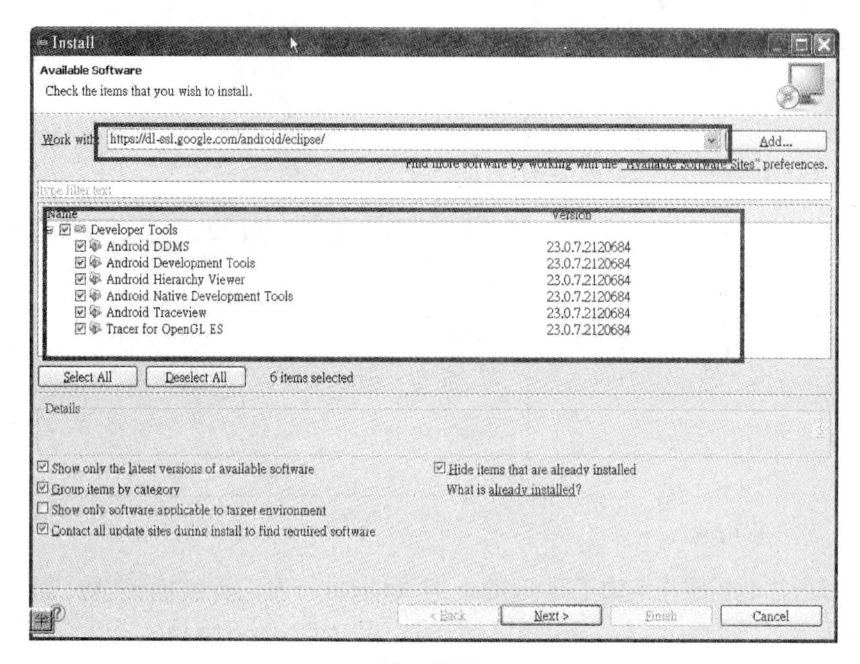

输入网址

全部勾选后，单击 Next 按钮进入下载组件的确认画面。

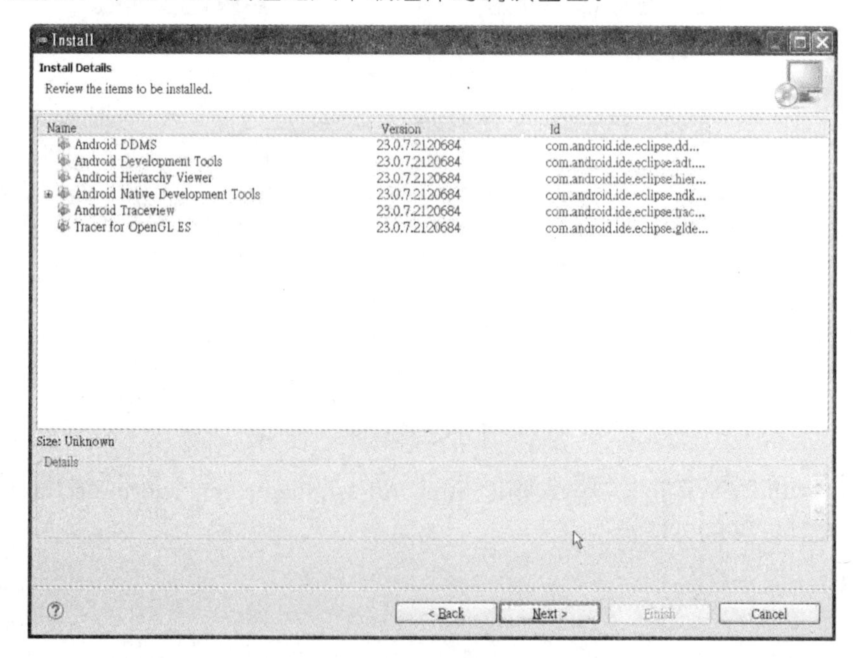

单击 Next 按钮

再次单击 Next 按钮进入版权声明画面，选择 I accept the terms of the license agreements，再单击 Finish 按钮即可开始下载外挂组件。

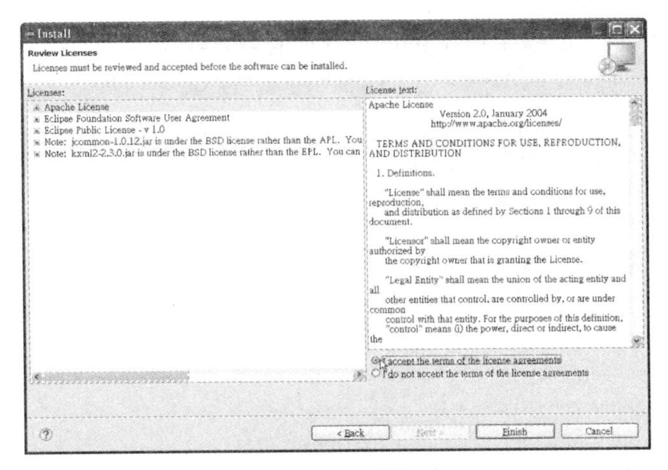

单击 Finish 按钮

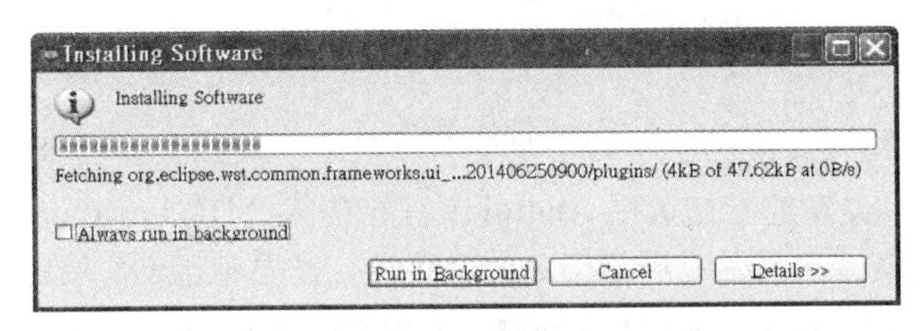

下载外挂组件

下载完成后，请单击 Yes 按钮重新启动 Eclipse。

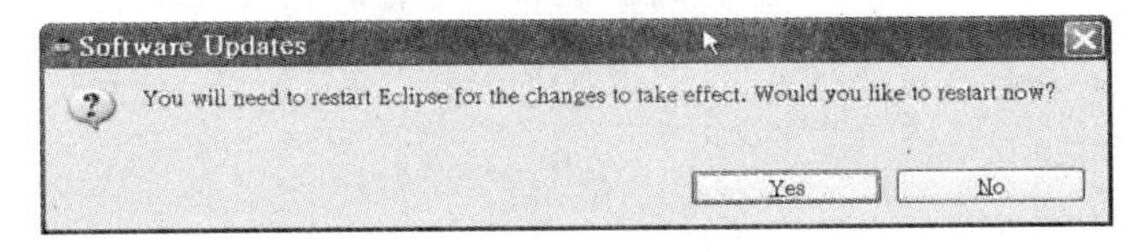

单击 Yes 按钮

重新启动后，会要求安装 Android SDK，由于我们先前已经下载 Android SDK，所以这里我们用手动的方式安装，请单击 Cancel 按钮，之后有新的 Android SDK 也可以用此方式更换。

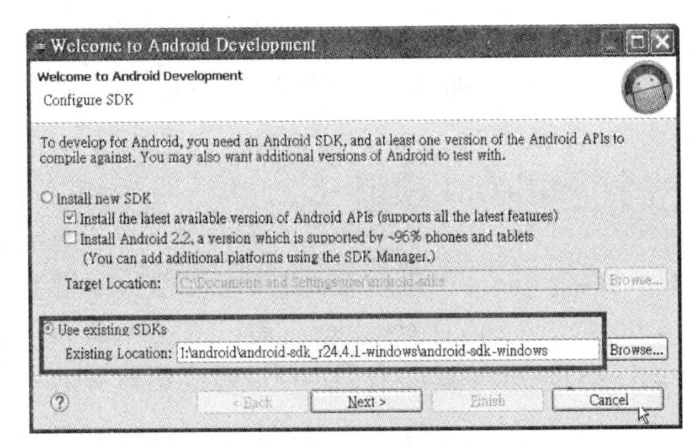

单击 Cancel 按钮

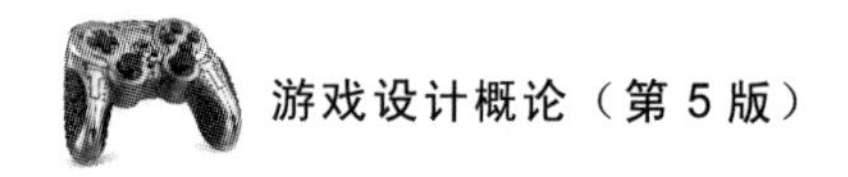

Eclipse 启动完成后，选择菜单 Window→Preferences。

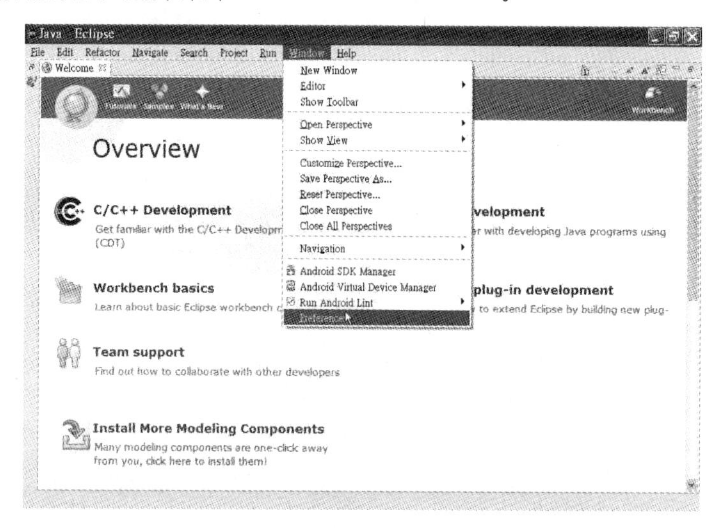

选择菜单

请在 Preferences 设定框左边选择 Android，在右边的 SDK Location 输入框输入刚刚下载 Android SDK 的文件夹路径。再单击 Apply 按钮，然后单击 OK 按钮即可。

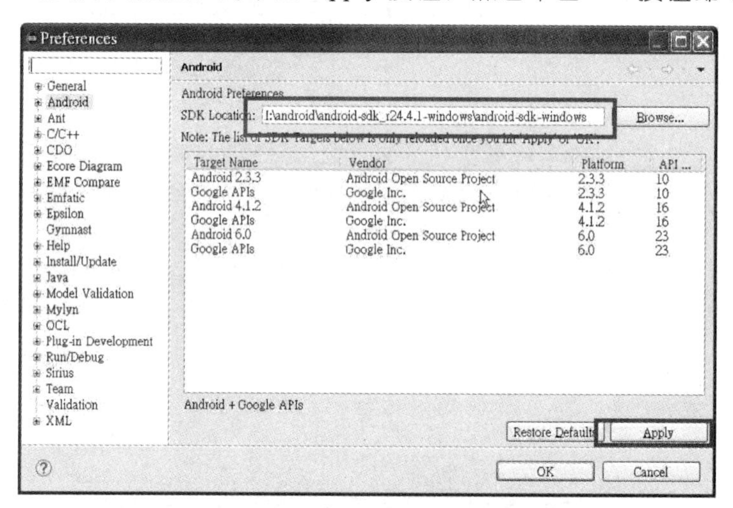

单击 Apply 按钮后单击 OK 按钮

16-3 建立第一个 Android 项目

如果手边没有货真价实的 Android 系统手机和平板电脑，或者手边的设备硬件功能不足，可以使用 Android SDK 提供的 AVD Manager 工具来建立 Android 仿真器，AVD Manager 的全名为 Android Virtual Device Manager，我们也可以建立仿真器以取代实体硬件作为暂时性测试硬件。

16-3-1　仿真器的建立与设定

请选择菜单 Windows→AVD Manager 开启 AVD Manager 设定页面。

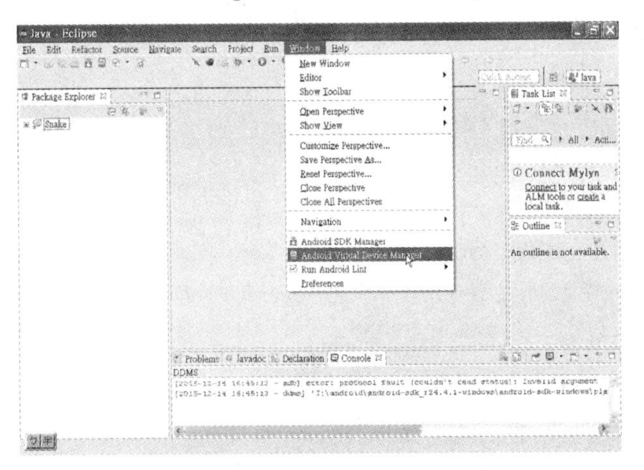

选择菜单

Android Virtual Device 有默认的仿真器，单击标签 Device Definitions，选择适合自己项目的仿真器，本书用 Nexus One 仿真器，双击即可建立完成。

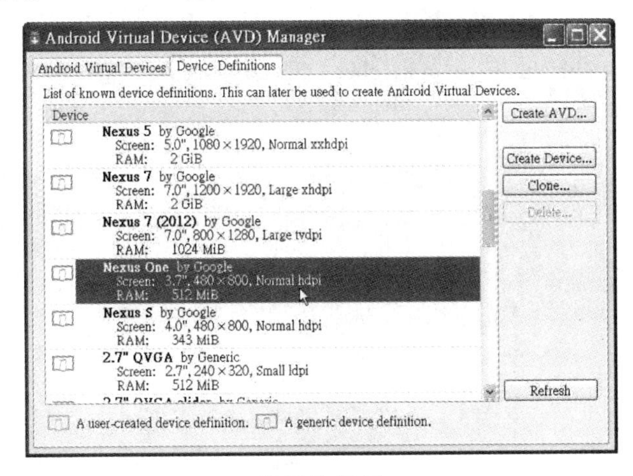

选择仿真器

也可以单击 Create a new AVD 自定义建立仿真器，并设定仿真器的硬件内容。

- Name——Android 仿真器硬件名称。
- Target——仿真器的 Android 系统版本。
- SD Card——Android 仿真器内 SD Card 的容量，请注意，大多数手机都可以安装 SD Card，但平板只有部分支持，软件开发时若需要存放大量数据，请考虑将数据存储于 SD Card 中。
- Snapshot——设定是否存储执行过的状态，下次启动仿真器时会直接自动还原最后一次的使用情况。

- Skin——设定屏幕分辨率，常见的 3.5 寸以上屏幕的分辨率为 WVGA800（800 × 480），3.5 寸以下为 HVGA（320 × 480），也可以选 Resolution 直接指定屏幕分辨率，其他常见的屏幕分辨率参考如下所示。
  - QVGA——240 × 320
  - HVGA——320 × 480
  - WQVGA400——240 × 400
  - WQVGA——432 × 400
  - WVGA800——800 × 480
  - WVGA854——854 × 480
- Hardware——手机的硬件功能，单击 New 即可新增硬件功能。常见的有以下项目：
  - Device ram size——硬件内存大小。
  - Keyboard——是否有 QWERTY 实体键盘。
  - SD Card——是否支持 SD Card。
  - DPad——是否有方向键。
  - Track-ball——是否有轨迹球。
  - Accelero meter——是否有加速度传感器。
  - GPS——是否有 GPS。
  - Camera——是否有相机。
  - LCD pixel width , LCD pixel height , LCD color depth , LCD backlight——相机的宽、高、像素与闪光等功能。

以上功能默认值都是启动，也就是说，只要指定缺少的功能即可。例如你的软件需要 GPS，但并不是每支手机都有 GPS 功能，这时就可以将仿真器的 GPS 功能关闭，方便编写没有 GPS 功能的状况。

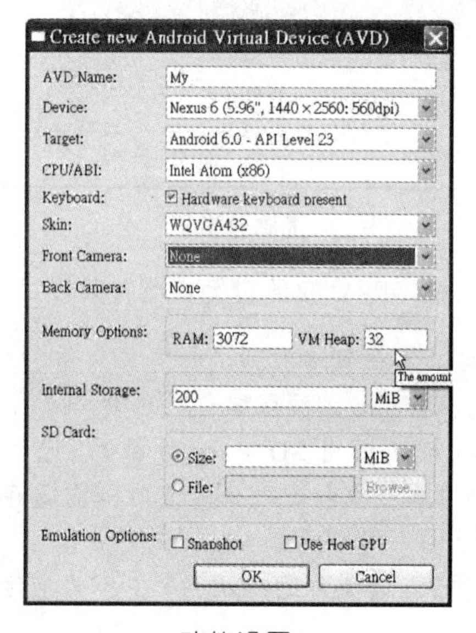

功能设置

设定完成后单击 Create AVD 按钮即可，要执行 Android 仿真器，请在列表盒选择仿真器，单击 Start 按钮即可启动仿真器。

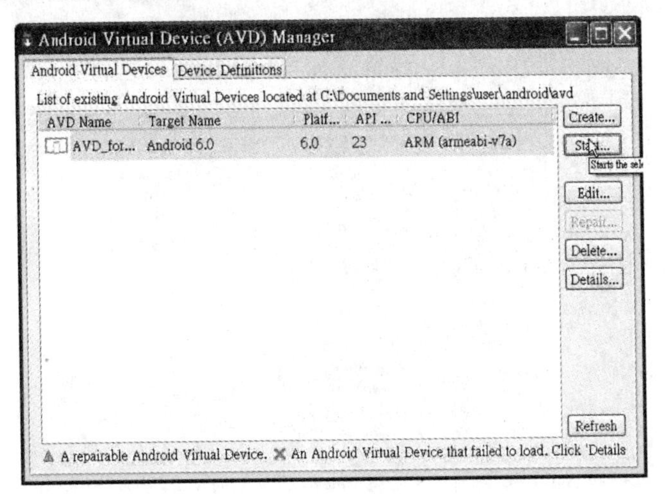

至于仿真器启动画面，可以设定启动时的屏幕尺寸、快照功能等，单击 Launch 按钮即可启动。

设定启动画面

在 Windows 系统下，Android 仿真器启动时非常慢，2.0 系统需要 3~5 分钟，3.0 以上系统需要 5~15 分钟，请耐心等候。

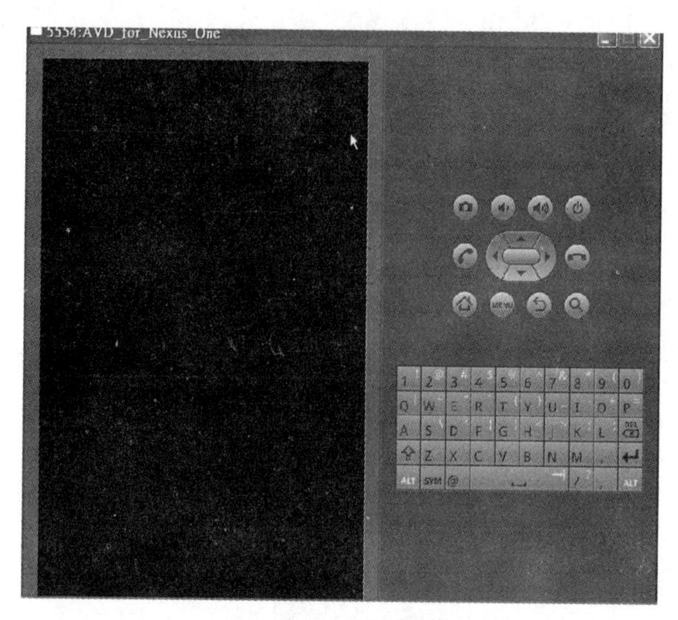

成功启动仿真器界面

经过漫长的等待之后，Android 仿真器终于启动完成，仿真器除部分功能外，可以当成一般手机使用，操作方式和 Android 系统完全相同，可以上 Google Play 下载软件，开启 Browser 上网或执行 Android 游戏软件。

虽然 Android 仿真器的功能和一般 Android 系统的手机或平板电脑无异，但仿真器仍然不是真正的硬件，不能真的用来接收来电、拨电话，也不支持 USB 与蓝牙等。除了功能上的限制之外，运行速度也比实际硬件慢很多，若手边没有 Android 系统的硬件，仿真器用来测试一些状况是许可的，但最好能尽快取得实体手机。

由于 Android 仿真器启动非常慢，所以在开发 Android 软件时，请先用手动方式启动仿真器，结束开发时再关闭 Android 仿真器，否则每次测试软件又要经过漫长的启动时间。

使用仿真器功能

16-3-2　开始建立 Android 游戏项目

安装完 JDK、Android SDK、Eclipse 及 Android AVD 后，你已经有足够的环境足以开发 Android 软件并编写 Android 程序代码。现在我们用 Android SDK 的范例程序 Snake（贪吃蛇）来实际了解开发流程。

步骤 1： 当启动 Eclipse 后，单击工具栏 New 或菜单 File→New→Project...，建立一个新的 Eclipse 项目。

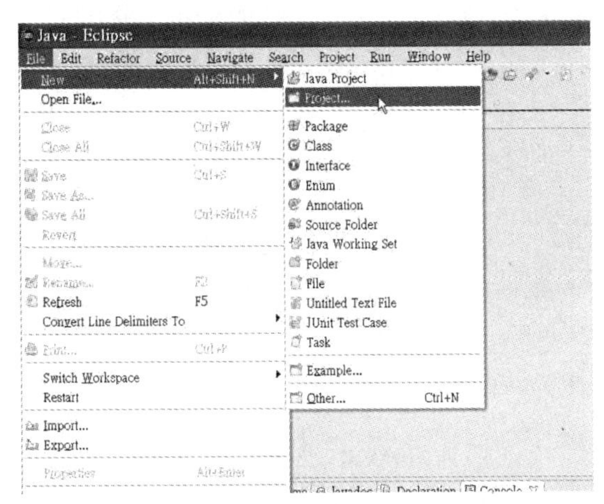

单击 Project

步骤 2： 打开 New Project 对话框，选择 Android→Android Sample Project，单击 Next 按钮。

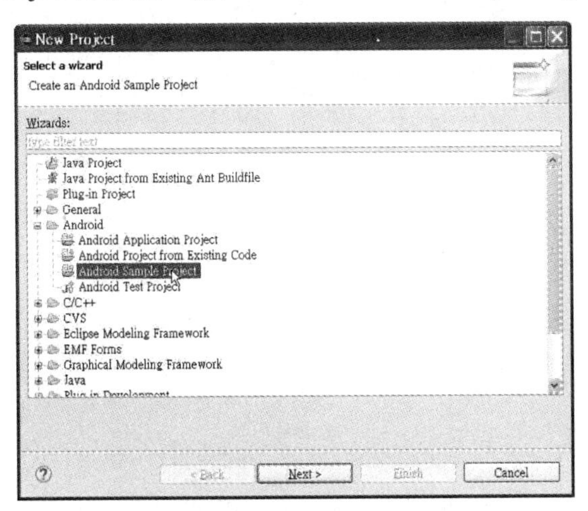

选择项目

步骤 3： 选择要使用的 Android SDK，Platform 为 Android 系统名称，API Level 为 Android SDK 编号，建议选 2.3.3，如果要兼容旧手机，建议选 2.3.3（API 10）版，2.3.3 版足以应付大多数的手机，由于 Android 硬件有向下兼容的特性，选 2.3.3 版的应用程序可以在 2.3.3 版或更新版本的 Android 硬件执行，但若在比 2.3.3 版更旧的版本执行时可能某些功能无法使用，请多加测试并确定无误之后再发行。另外，若要在应用程序内嵌 AdMob 广告，最低版本为 Android 3.2（API 13）版，可以先用 2.3.3 版进行开发，之后编写 AdMob 相关程序代码时再转换为 3.2 版即可，当然也可以直接使用最新的 6.0 版。勾选好版本名称后，请单击 Next 按钮。

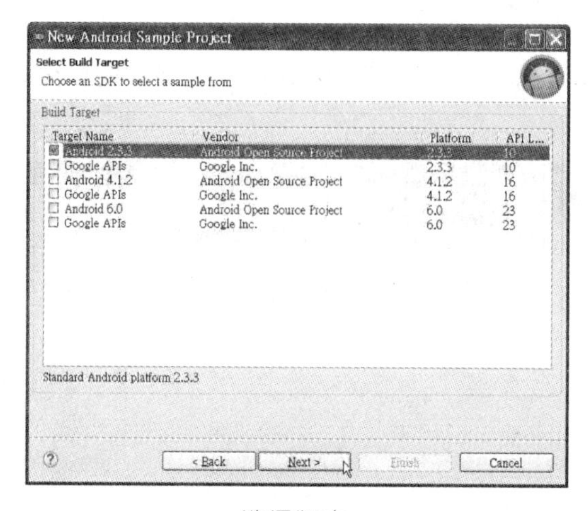

选择版本

步骤 4： 请选择贪吃蛇范例项目 Snake，接着单击 Finish 按钮即可。

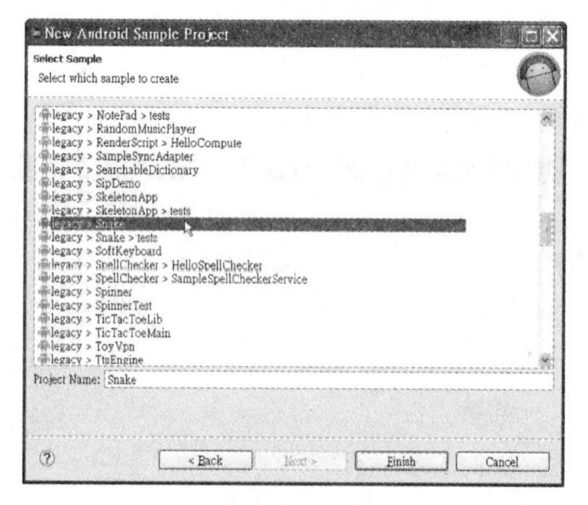

选择范例项目

也可以选择其他范例，比较重要的范例有：

- ApiDemos——这个范例展示了 Android API 的使用方式，从用户界面到应用程序生命周期组件都有介绍。
- NotePad——数据库的存取方式。
- SoftKeyboard——拟键盘（又称软键盘）的输入范例。
- LunarLander——示范绘图和动画的游戏。
- Snake——贪吃蛇，绘制与按钮范例。

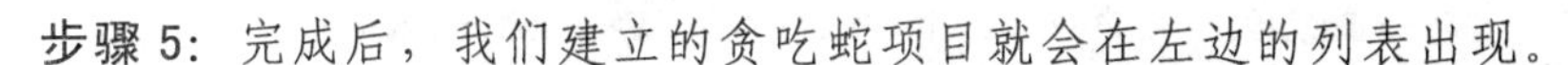

步骤 5：完成后，我们建立的贪吃蛇项目就会在左边的列表出现。

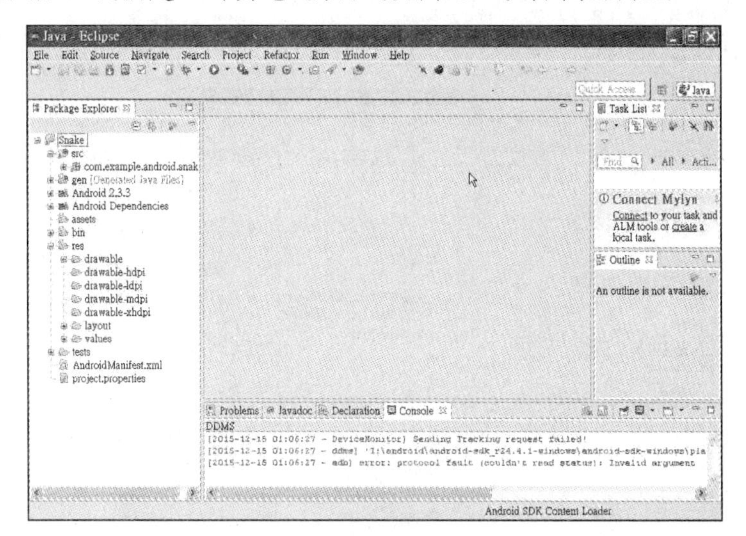

出现贪吃蛇项目

默认的项目目录下也会出现贪吃蛇的项目数据，项目目录的路径与 Eclipse 的项目树状列表完全一致，以供日后备份还原用。

项目目录的路径

16-3-3　手机程序的执行

Snake 范例已经是一个可以完整执行的项目，不用撰写或修改任何地方即可执行，我们让 Snake 在手机上执行，设定执行时默认的 Android 系统，选择菜单 Run→Run Configurations...开启执行设定页面。

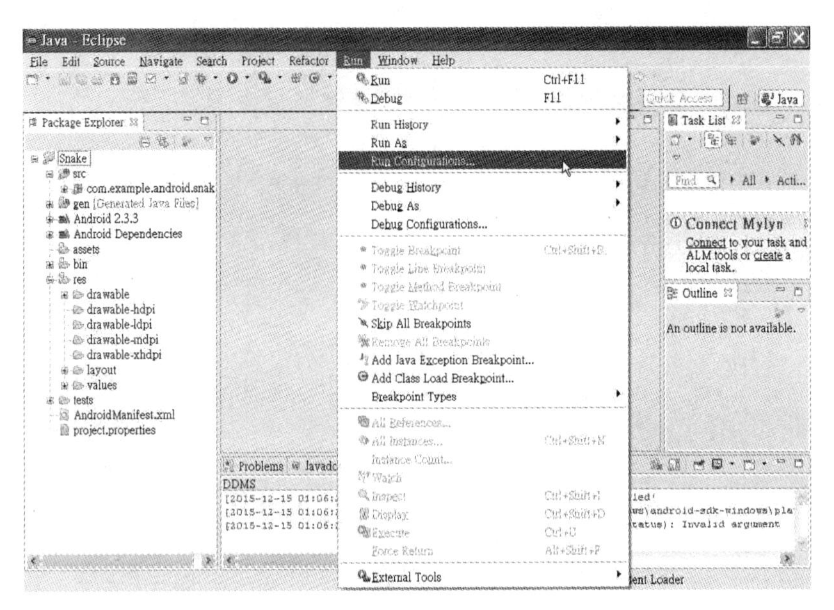

选择菜单

接着在下图中的左边列表选取目前项目 Android Application→Snake Test，右边标签选 Target，选择盒选 Manual 为手动选用已联机的 Android（包含已启动的 Android 仿真器）手机或平板电脑，也可以选择 Automatic 指定默认的 Android 仿真器。

用过 Android 仿真器就知道，仿真器启动时会很慢，如果每测试一次软件就要重新启动一次仿真器，会浪费掉相当多的等待时间，所以不建议勾选 Automatic，建议在开发 Android 程序时，先手动启动仿真器，再进行测试的工作。

设定完成后要设为默认值请单击 Apply 按钮，再单击 Run 按钮即可。

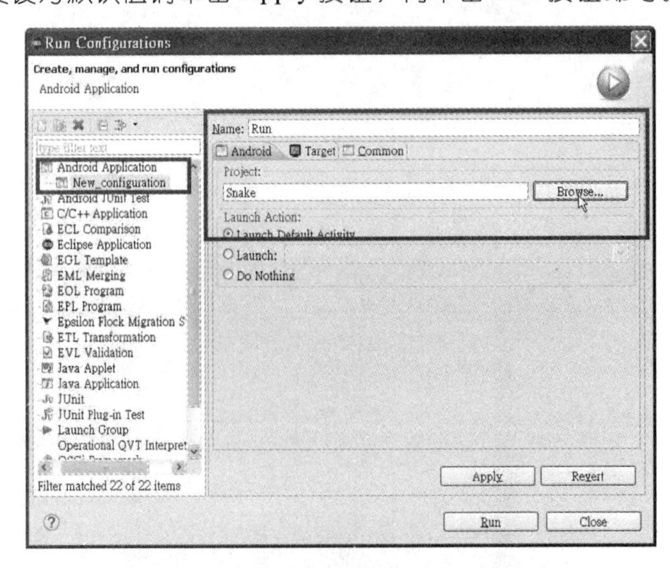

仿真器设置

之后如果要执行，只要单击工具栏中的 Run 按钮即可，也可以用 Debug 进入除错模式。

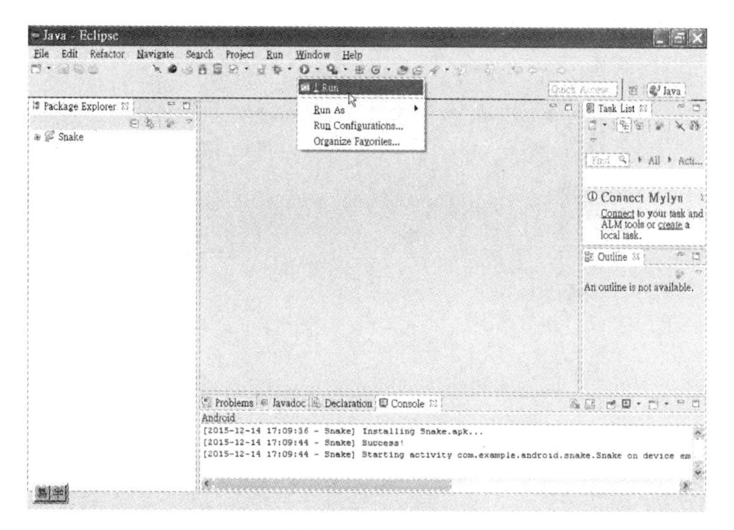

单击 Run 按钮

选择要执行的 Android 设备，再单击 OK 按钮。

如果已启动 Android 仿真器，已联机的设备会出现名为 emulator-5554 的硬件。而列表盒中的另外两个项目为笔者的 Sony Ericsson XPERIA 与 Samsung 平板电脑，如果手机已连接到计算机但并未出现在列表中，请到手机或平板电脑的官方网站下载安装同步软件。

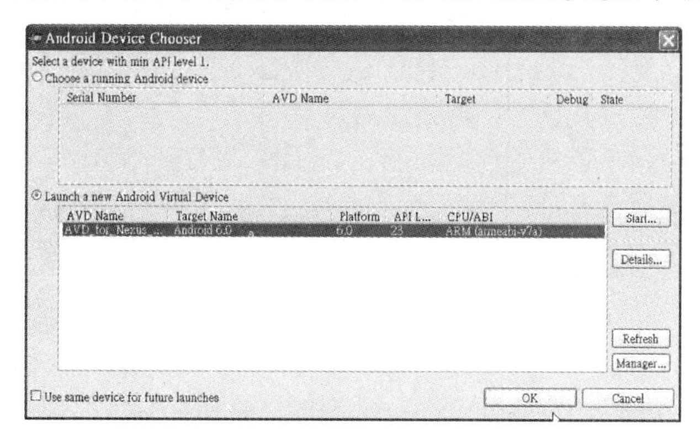

选择要执行的 Android 设备

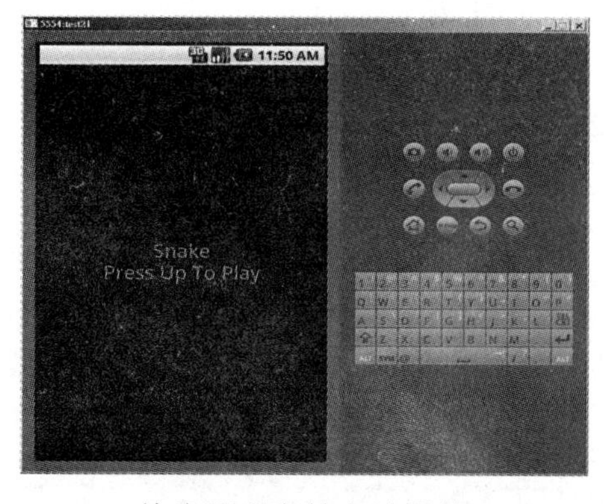

仿真器贪吃蛇启动屏幕

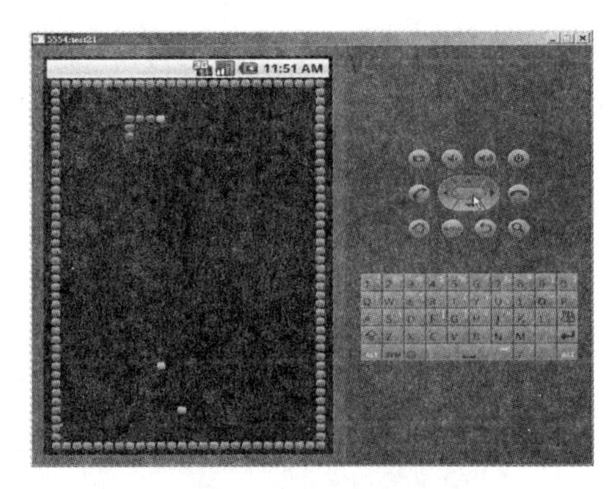

仿真器贪吃蛇游戏画面

16-3-4　内嵌 AdMob 广告

对于有关 AdMob 的详细内容，我们在之后的章节会说明。这里我们将介绍如何用少许程序代码将 AdMob 广告放进应用程序中。

AdMob 广告有两种显示方式，你的应用程序可能特别适合其中一个类别，也可能两者都适用。

1. 横幅广告：横幅广告只会盖住代管应用程序的部分用户接口，但显示时间较长，最适合即使放弃部分空间也不会中断用户体验的版面配置。至于画面上方、下方或是文字列表中，在设计版面时通常会先预留广告的位置。

2. 插页式广告：插页式广告是全屏幕广告，显示时会盖住其代管应用程序的用户接口。这类广告出现时可让使用者选择关闭广告或继续前往其实际网址，然后再将控制权交还应用程序。

目前 AdMob 被包在 Google Play Services 中，所以我们要做的第一件事就是把 Google Play Services 加到项目中，请先从列表中选取 File（文件）→New（新增）→Project（项目），项目类型请选择 Android Project from Existing Code（使用现有程序代码的 Android 项目）。

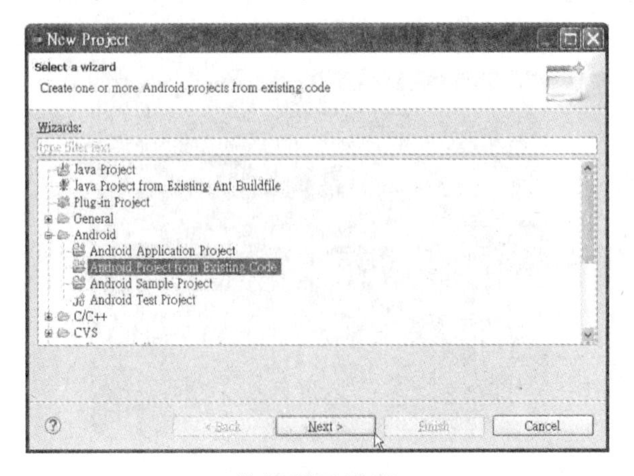

选择项目类型

如果已从 SDK Manager.exe 下载了 Google Play Services ，该函数库在 SDK 目录下的 extras\google\google_play_services\libproject\google-play-services_lib，如下图所示。

查看路径

确定路径之后，将路径粘贴在 Root Directory 上，再按 Enter 键，就会出现 google-play-services_lib 复选框，勾选该复选框后单击“Finish”按钮即可。

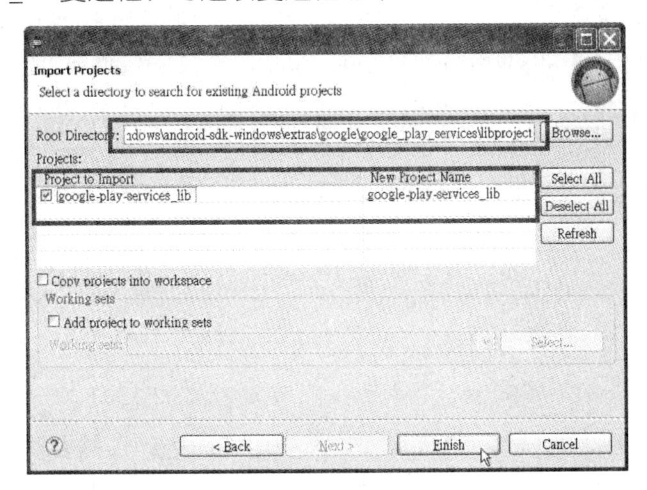

粘贴路径

接着将 Google Play Services lib 加入参考，请在 Snake 项目上单击鼠标右键，然后选择“Properties（资源）”。

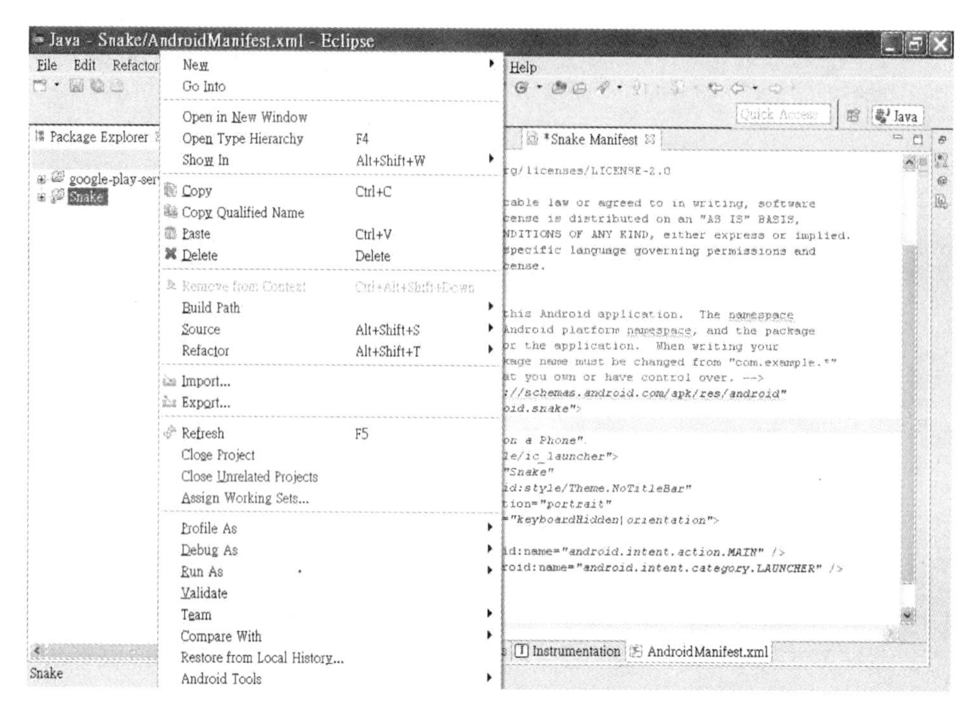

在 Snake 项目上单击鼠标右键

接着在左边列表选择 android，右边选单上单击 Add，将 Google Play Services lib 加入 library 参考中。

接着就可以开始编写程序代码了，程序执行时要先确认硬件的 Google Play Services 版本，请选择项目列表的 AndroidManifest.xml，输入以下程序代码。

```
            <meta-data android:name="com.google.android.gms.version"
      android:value="@integer/google_play_services_version" />
```

新增一个 AdMob 广告活动(activity)：

```
            <activity
android:name="com.google.android.gms.ads.AdActivity"

android:configChanges="keyboard|keyboardHidden|orientation|screenLayout|u
iMode|screenSize|smallestScreenSize"
            android:theme="@android:style/Theme.Translucent" />
```

至于新增用户许可使用功能，Android 为保护用户，当软件需要使用某些硬件功能时，必须在下载与安装程序时通知用户，让使用者选择是否使用该软件，如果同意系统才会下载安装，使用者无法关闭提示功能。

由于 AdMob 广告内容必须从网络更新，所以要让使用者知道需要使用手机的网络通信功能：

```
        <uses-permission android:name="android.permission.INTERNET"/>
      <uses-permission
android:name="android.permission.ACCESS_NETWORK_STATE"/>
```

```
android:versionName="1.0" >

<uses-sdk
    android:minSdkVersion="11"
    android:targetSdkVersion="21" />

<!-- AdMob 必要的网络权限-->
<uses-permission android:name="android.permission.INTERNET"/>
<uses-permission android:name="android.permission.ACCESS_NETWORK_STATE"/>

<application
    android:allowBackup="true"
    android:icon="@drawable/ic_launcher"
    android:label="@string/app_name"
    android:theme="@style/AppTheme" >

    <!--google play services 版本-->
    <meta-data android:name="com.google.android.gms.version"
    android:value="@integer/google_play_services_version" />

    <activity
        android:name=".MainActivity"
        android:label="@string/app_name" >
        <intent-filter>
            <action android:name="android.intent.action.MAIN" />

            <category android:name="android.intent.category.LAUNCHER" />
        </intent-filter>

-screens android:largeScreens="true" />

ion android:icon="@drawable/ic_launcher" android:label="@string/app_name">

 google services -->
meta-data
 android:name="com.google.android.gms.version"
 android:value="@integer/google_play_services_version" />


ty android:name="Snake" android:configChanges="keyboardHidden|orientation"
id:screenOrientation="nosensor" android:theme="@android:style/Theme.NoTitleBar">
nt-filter>
tion android:name="android.intent.action.MAIN" />

tegory android:name="android.intent.category.LAUNCHER" />
ent-filter>
ity>

<activity android:name="com.google.android.gms.ads.AdActivity"
android:configChanges="keyboard|keyboardHidden|orientation|screenLayout|uiMode|screenSize|smallestScreenSize"
android:theme="@android:style/Theme.Translucent" />

tion>
```

接下来建立 AdMob 显示窗口，请打开部署设定，在文件列表的 res\layout\snake_layout.xml 中输入窗口相关属性。需要注意的是，ads:adUnitId 字段要输入“发布商的横幅广告 ID”，取得方式在 AdMob 网站申请内嵌广告时才会产生，在后面介绍申请 AdMob 账号时会有详细说明。

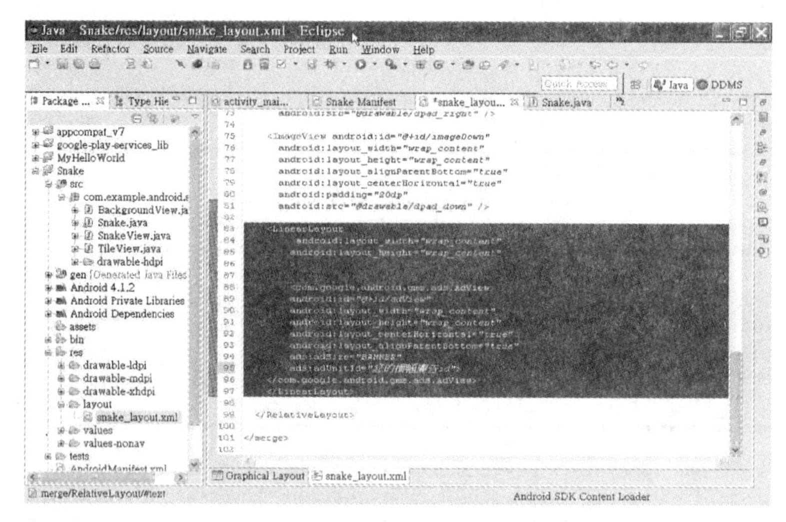

显示窗口

```
<LinearLayout
     android:layout_width="wrap_content"
    android:layout_height="wrap_content"
    >

    <com.google.android.gms.ads.AdView
    android:id="@+id/adView"
    android:layout_width="wrap_content"
    android:layout_height="wrap_content"
    android:layout_centerHorizontal="true"
    android:layout_alignParentBottom="true"
    ads:adSize="BANNER"
    ads:adUnitId="你的横幅广告 id">
</com.google.android.gms.ads.AdView>
</LinearLayout>
```

请在上面的标注区加上命名空间：xmlns:ads="http://schemas.android.com/apk/res-auto"。

```
<?xml version="1.0" encoding="utf-8"?>
<!-- Copyright (C) 2007 The Android Open Source Project

     Licensed under the Apache License, Version 2.0 (the "License");
     you may not use this file except in compliance with the License.
     You may obtain a copy of the License at

          http://www.apache.org/licenses/LICENSE-2.0

     Unless required by applicable law or agreed to in writing, software
     distributed under the License is distributed on an "AS IS" BASIS,
     WITHOUT WARRANTIES OR CONDITIONS OF ANY KIND, either express or implied.
     See the License for the specific language governing permissions and
     limitations under the License.
-->

<merge xmlns:android="http://schemas.android.com/apk/res/android"
    xmlns:ads="http://schemas.android.com/apk/res-auto"
  xmlns:app="http://schemas.android.com/apk/res/com.example.android.snake">

  <com.example.android.snake.BackgroundView
    android:id="@+id/background"
    android:layout_width="match_parent"
    android:layout_height="match_parent"
    app:colorSegmentOne="@color/muted_red"
    app:colorSegmentTwo="@color/muted_yellow"
    app:colorSegmentThree="@color/muted_blue"
    app:colorSegmentFour="@color/muted_green"
     />
```

在应用程序启动时显示 AdMob 窗口。将 admob 广告 API 输入到程序中，接着打开文件列表 src\com.example.android.snake\Snake.java，并输入下面的程序代码。

```
import com.google.android.gms.ads.AdListener;
import com.google.android.gms.ads.AdRequest;
import com.google.android.gms.ads.AdView;
import com.google.android.gms.ads.InterstitialAd;
```

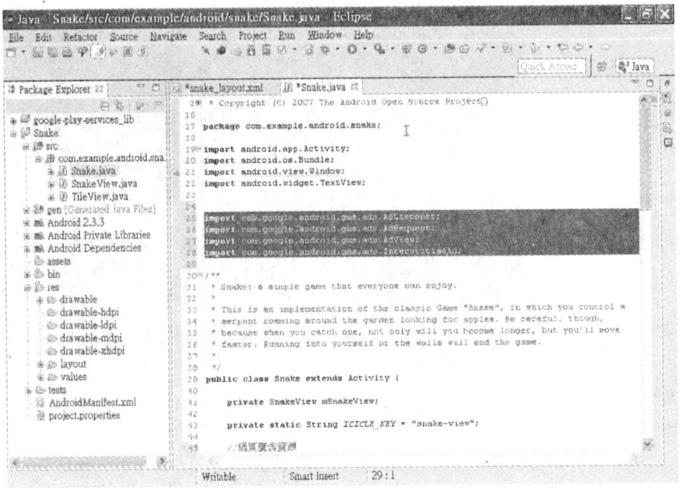

查看窗口中的程序

并且加入插页广告对象

```
//插页广告资源
InterstitialAd mInterstitialAd ;
```

在 OnCreate 中显示广告。

```
 //调用横幅广告
AdRequest adRequest ;
AdView mAdView = (AdView) findViewById(R.id.adView);

adRequest = new AdRequest.Builder().build();
mAdView.loadAd(adRequest);
 //调用插页广告

adRequest = new AdRequest.Builder().build();
mInterstitialAd = new InterstitialAd(this);
mInterstitialAd.setAdUnitId("你的插页广告 id");
//确定插页广告加载完成才会显示广告
mInterstitialAd.setAdListener(new AdListener()
{

    @Override
    public void onAdLoaded() {
        if( mInterstitialAd.isLoaded())
            mInterstitialAd.show();
        super.onAdLoaded();
    }
});
mInterstitialAd.loadAd(adRequest);
```

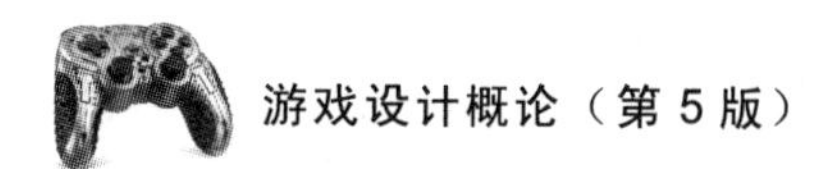

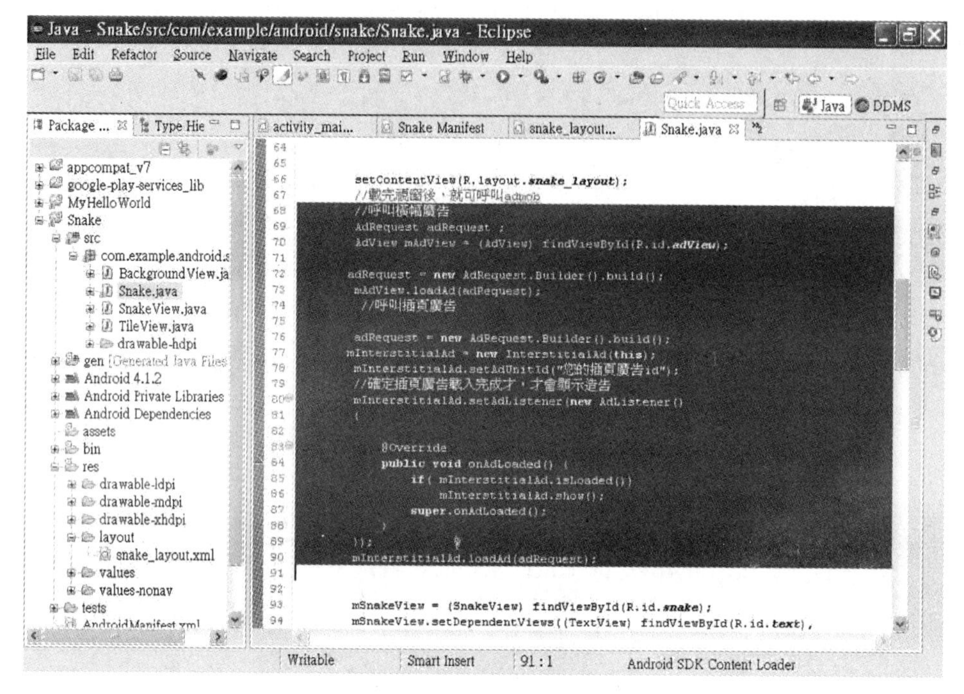

窗口中的程序

完成后，启动应用程序就可以看到 AdMob 广告了。

AdMob 广告

16-4 APK 文档的制作

对于撰写完成的程序，我们还要做成手机可以用的 APK 文档，让使用者可以从商城、网络下载或是复制到 SD Card，安装到手机里执行。

16-4-1 Android APK 文件设定

必须详细说明软件的基本信息，让 Android 系统判定你的应用程序是否可以执行，并通知使用者必须要使用哪些硬件功能。

首先，必须准备 5 张图示（ICON），尺寸分别为 72×72，48×48，32×32，96×96，144×144，可以包含 Alpha 的 PNG 文件。做好之后请分别拉到 Eclipse 的 res\drawable-hdpi

（72 × 72）、res\drawable-ldpi（48 × 48）、res\drawable-mdpi（36 × 36）、res\drawable-xhdpi（96x96）与 res\drawable-xxhdpi（144 × 144）中。文件名必须全部相同，建议取名为 ic_launcher.png。

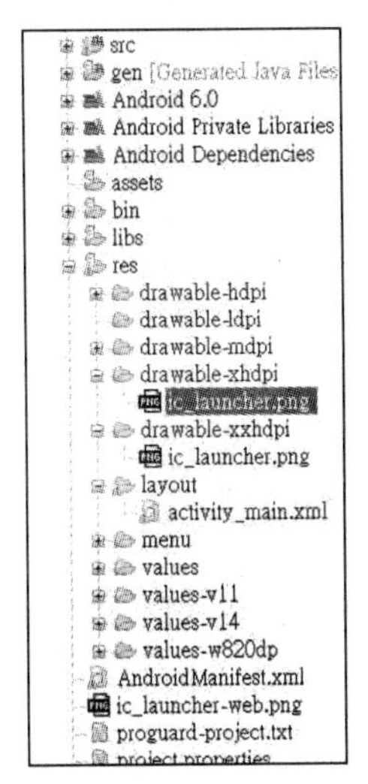

为文件取名

请打开文件列表的 AndroidManifest.xml，在 Manifest 标签页设定版本信息，Package 为 Java 程序签名，如果没有和软件市场的名称冲突的话，用默认值即可。Version code 是软件的版本编号，用来处理程序更新，Version name 是版本名称，选择 User Sdk 之后，右边 Min SDK version 为 Android 系统最低版本编号，Target SDK version 为 Android 系统建议版本编号。版本编号并非指通用的 Andriod x.x 版，而是指 Android SDK 里的 API Level 编号。

设定版本信息

在 Application 标签页设定应用程序名称与小图标，Label 为软件名称，Icon 为小图标。请输入资源文件 Icon 路径“@drawable/ic_launcher”或单击 Browse 按钮设定，Icon 与 Latel 会在 Android 系统的程序列表中显示。

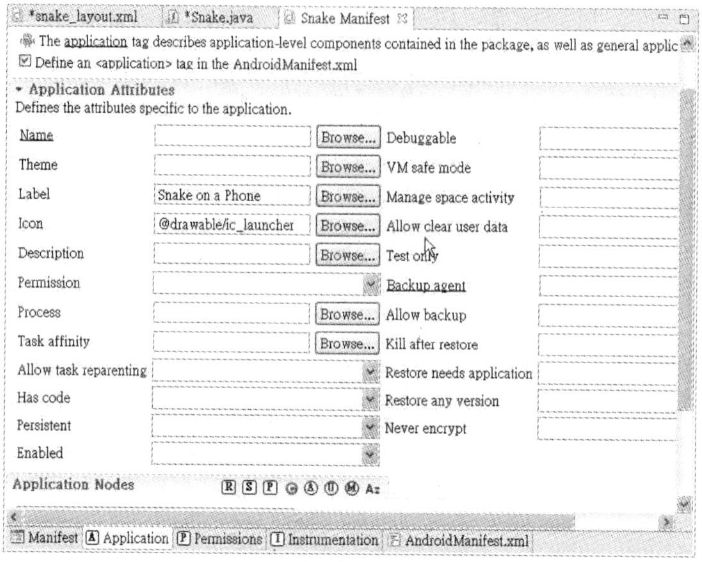

*snake_layout.xml | *Snake.java | Snake Manifest

The application tag describes application-level components contained in the package, as well as general applic

Define an <application> tag in the AndroidManifest.xml

Application Attributes

Defines the attributes specific to the application.

Name		Browse...	Debuggable	
Theme		Browse...	VM safe mode	
Label	Snake on a Phone	Browse...	Manage space activity	
Icon	@drawable/ic_launcher	Browse...	Allow clear user data	
Description		Browse...	Test only	
Permission			Backup agent	
Process		Browse...	Allow backup	
Task affinity		Browse...	Kill after restore	
Allow task reparenting			Restore needs application	
Has code			Restore any version	
Persistent			Never encrypt	
Enabled				

Application Nodes

Manifest | Application | Permissions | Instrumentation | AndroidManifest.xml

设定应用程序名称与小图标

也可以单击 AndroidManifest.xml 直接修改程序代码。

```
    package="com.example.android.snake"        android:versionCode="1"
android:versionName="1.0">
    <uses-sdk android:minSdkVersion="7" android:targetSdkVersion="7"/>
      <application                     android:icon="@drawable/ic_launcher"
android:label="Snake on a Phone">
```

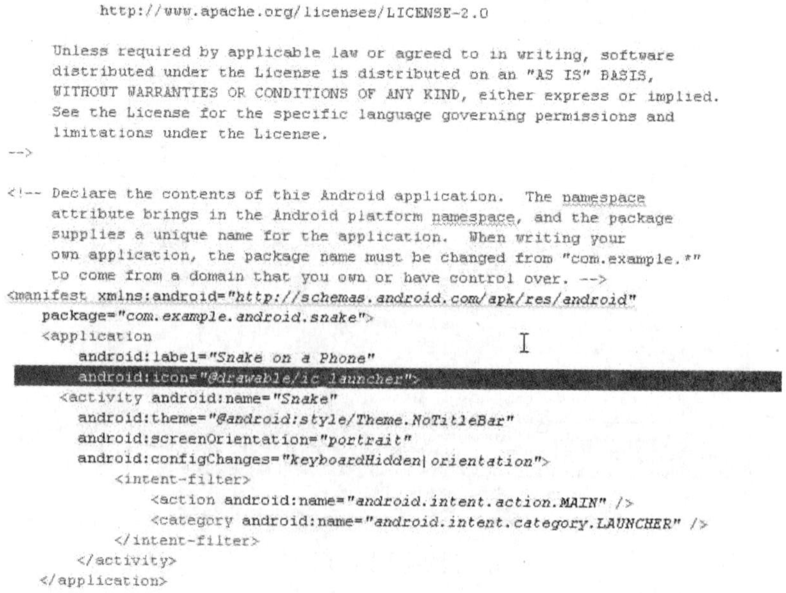

```
        http://www.apache.org/licenses/LICENSE-2.0

     Unless required by applicable law or agreed to in writing, software
     distributed under the License is distributed on an "AS IS" BASIS,
     WITHOUT WARRANTIES OR CONDITIONS OF ANY KIND, either express or implied.
     See the License for the specific language governing permissions and
     limitations under the License.
-->

<!-- Declare the contents of this Android application.  The namespace
     attribute brings in the Android platform namespace, and the package
     supplies a unique name for the application.  When writing your
     own application, the package name must be changed from "com.example.*"
     to come from a domain that you own or have control over. -->
<manifest xmlns:android="http://schemas.android.com/apk/res/android"
    package="com.example.android.snake">
    <application
        android:label="Snake on a Phone"
        android:icon="@drawable/ic_launcher">
      <activity android:name="Snake"
        android:theme="@android:style/Theme.NoTitleBar"
        android:screenOrientation="portrait"
        android:configChanges="keyboardHidden|orientation">
            <intent-filter>
                <action android:name="android.intent.action.MAIN" />
                <category android:name="android.intent.category.LAUNCHER" />
            </intent-filter>
        </activity>
    </application>
```

16-4-2　产品密钥与 APK 输出

在左边标签 Project Explorer 的项目名称处单击鼠标右键，在菜单中选择 Android Tools→Export Signed Application Package，建立打上产品密钥的 APK。

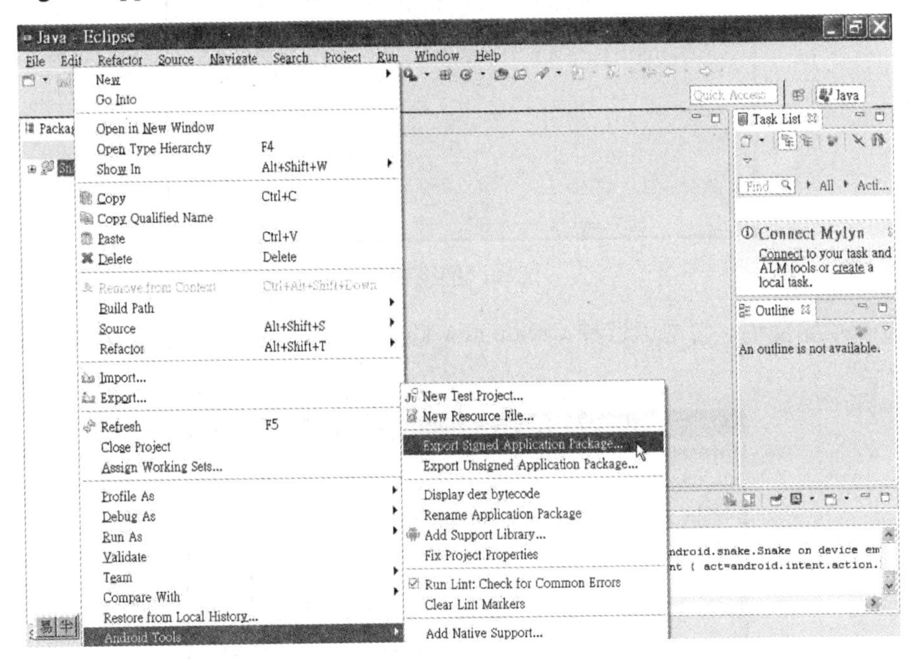

选择菜单项

选择要做成 APK 的项目，单击 Next 按钮。

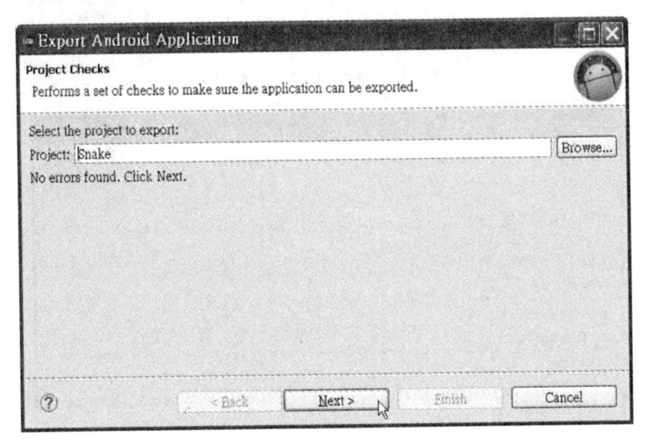

选择项目

在选择产品密钥（Keystore selection）页面单击 Location 字段的 Browse 按钮，选择产品密钥，在 Password 一栏输入密码，单击 Next 按钮。

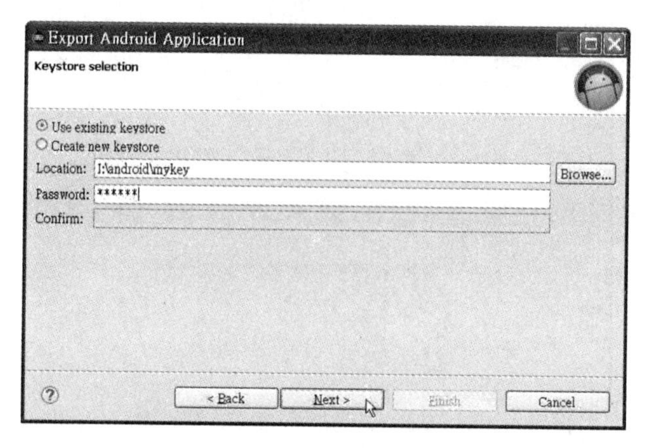

选择产品密钥

如果没做产品密钥，也可以选择 Create new keystore 产生新的产品密钥，单击后输入数据即可产生。

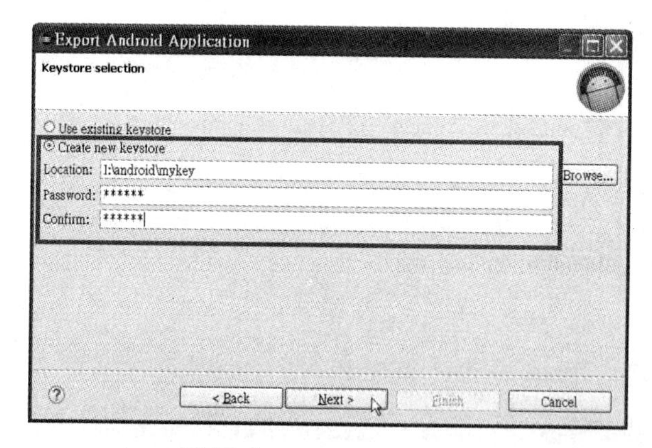

选择 Create new keystore

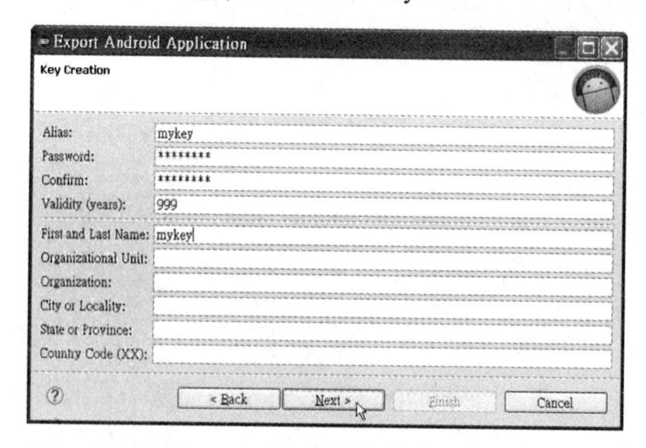

输入数据

确认产品密钥，输入密码后单击 Next 按钮。

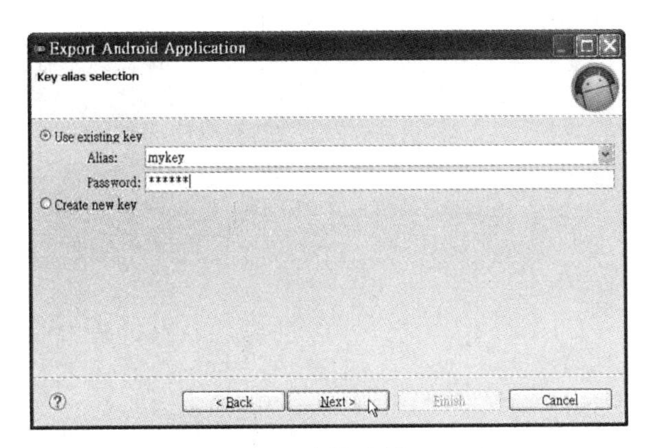

确认产品密钥

确认输出 APK 的文件名与路径之后，单击 Finish 按钮，这样手机程序发布组件 APK 就完成了。

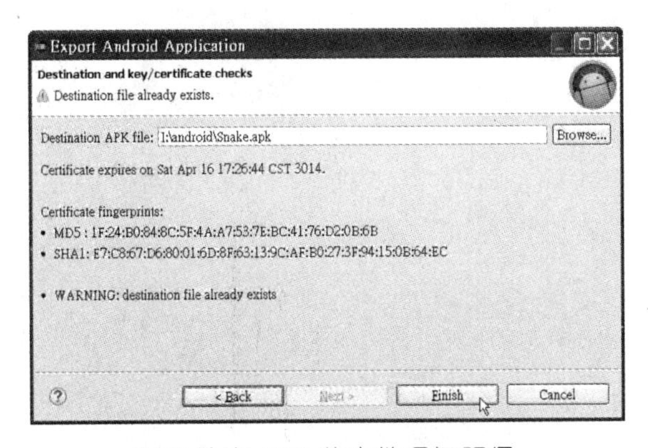

确认输出 APK 的文件名与路径

放到手机的 sd 卡后，使用手机程序安装器，即可安装 APK。

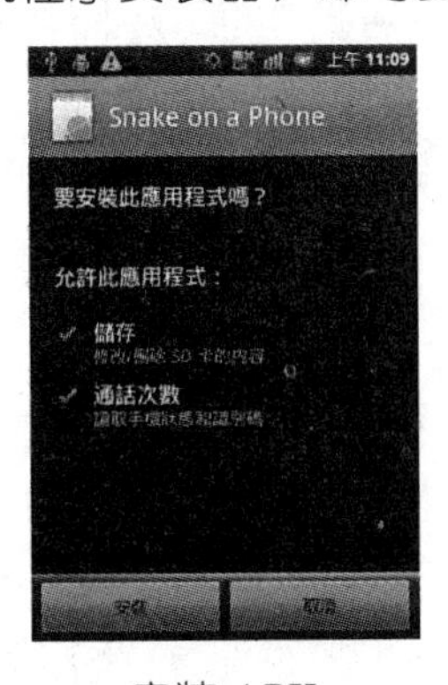

安装 APK

Android 是属于开放式系统，手机制造商不同，每款手机的硬件多少都有差异，请尽量找不同硬件手机安装测试，这项工作算是整个开发流程中最耗时耗力但又无法省略的工作。

16-4-3　将软件上传到安卓市场

软件编写完成、测试结束后，我们可以将其上传到安卓市场，这样安卓用户就可以在市场下载安装或是付费购买。如果有需要还可以自行连上官网或打客服电话询问上架的相关事宜。下面列出了几个知名度还不错的商城，提供给读者参考。

安卓市场：http://apk.hiapk.com/

机锋：http://bbs.gfan.com/

木蚂蚁：http://www.mumayi.com/

本章详细介绍了 Android 应用程序的开发流程，相信你已经深刻了解。Android **自由市场**让你只需花费很少的费用，不论是个人还是公司，不必经过昂贵且耗时的认证过程，选择需要的获利模式，都可以开发出功能强大的应用程序。可以选择在全球售卖你的软件，在网络平台中赚取高额的报酬。